中南大学出版社

矿山地质选集

第五卷 工艺矿物学研究与矿山深部找矿

主编　汪贻水
　　　彭　觥
　　　肖垂斌

中南大学出版社
www.csupress.com.cn

内容简介

《矿山地质选集》是值中国地质学会矿山地质专业委员会成立 35 周年之际，根据"国务院关于加强矿山地质工作的决定"，将我国各矿山地质工作者及中国地质学会矿山地质专业委员会 35 年来在做好矿山地质工作方面所取得的成绩、进展和突破，以其阶段性总结、著作、论文形式集结出版，以达到承前启后，促进提升的作用。选集共分十卷，内容包括矿山地质实用手册，实用矿山地质学理论与工作，六十四种有色金属及中国铂业，矿山地质与地球物理新进展，工艺矿物学研究与矿山深部找矿，3DMine 在矿山地质领域的研究和应用，尾矿库设计、施工、管理及尾矿资源开发利用技术手册，铅锌矿山找矿新成就，铜金矿山找矿新突破，矿山地质理论与实践创新。

本卷为《矿山地质选集第五卷：工艺矿物学研究与矿山深部找矿》，由《矿山地质选集》丛书主编汪贻水、彭觥、垂斌选编自《矿山地质创新》（主编王峰、韩润生、汪贻水，冶金工业出版社 2013 年出版）及《矿山深部找矿》（主编李水明，副主编汪贻水、彭觥等，冶金工业出版社 2013 年出版），另有部分未发表过的工艺矿物学的论文在本卷中一起集结出版。本卷重点介绍了随着国内外新的测试方法和技术设备的出现，在工艺矿物学研究领域所取得的新进展及其研究成果对矿山选冶加工的指导意义；另外本卷还介绍矿山深部找矿的重大成就和所作贡献。

本书主要供矿山地质工程师使用，对从事矿山地质领域的科研、设计、教学、矿山管理人员也是一部极为重要的参考书。

《矿山地质选集》编委会

前　言

今年是中国地质学会矿山地质专业委员会成立 35 周年。35 年来，全国矿山地质找矿、勘探和开发取得了巨大成就，矿山地质学的理论研究和矿山地质找矿的新技术、新方法也有了长足的进展，发表的地质论著数以千计。此次就中国地质学会矿山地质专业委员会成立 35 周年之际，我们选择了部分论文著作编辑出版这套《矿山地质选集》，共分为十卷。第一卷为矿山地质实用手册，第二卷为实用矿山地质学理论与工作，第三卷为六十四种有色金属及中国铂业，第四卷为矿山地质与地球物理新进展，第五卷为工艺矿物学研究与矿山深部找矿，第六卷为 3DMine 在矿山地质领域的研究和应用，第七卷为尾矿库设计、施工、管理及尾矿资源开发利用技术手册，第八卷为铅锌矿山找矿新成就，第九卷为铜金矿山找矿新突破，第十卷为矿山地质理论与实践创新。

自中华人民共和国成立特别是改革开放 30 多年以来，广大地质工作者在全国范围内开展了大规模的矿产勘查工作，作出了巨大贡献，有力地为我国工农业生产及国民经济增长提供了矿产资源保障。矿业的发展，也给矿山地质工作带来了极为繁重的任务，但意义也极为重大。2006 年 1 月 20 日国发[2006]4 号文《国务院关于加强地质工作的决定》指出："矿山地质工作对合理开发利用资源、延长现有矿山服务年限意义重大。按照理论指导、技术优先、探边摸底、外围拓展的方针，搞好矿山地质工作。加强矿山生产过程的补充勘探，指导科学开采。加快危机矿山、现有油气田和资源枯竭城市接替资源勘查，大力推进深部和外围找矿工作。开展共伴生矿产和尾矿的综合评价、勘查和利用。做好矿山关闭和复垦的地质工作。"

为贯彻上述宗旨，中国地质学会矿山地质专业委员会及其有关矿山 35 年来，竭尽全力，将扩大矿山接替资源、延长矿山服务年限作为首要任务，为发展矿山地质工作作出了重要贡献，为许多大、中型矿山提供了大量的补充资源，例如中国铂业——金川大型铜镍（铂）硫化物矿床；中国古铜都——铜陵及周边地区找矿理论及实践；紫金矿业及山东玲珑金矿的找矿进展；戈壁明珠——锡铁山铅锌矿和西南麒麟——会泽铅锌矿以及广东凡口铅锌矿的深边部找矿突破，均使这些大矿山获得了新的生命，全国矿山地质工作也取得了宝贵的经验。

为适应建设资源节约型、环境友好型社会的总体要求，必须以科技进步为手段，以管理创新为基础，以矿产资源节约与综合利用为重要着力点，全面提高矿产资源开发利用效率和水平。多年实践证明，工艺矿物学研究在矿产资源评价和矿产综合利用过程中起到了极其重要的作用，尤其在低品位、共伴生、复杂难选等矿产资源及尾矿资源的开发利用过程中取得了明显的效果。许多矿山在这一方面取得了重要进展和可观的效益。

加强矿山管理和环境地质工作，合理规划地质资源的开采，防止乱挖滥采，提高采、选回收率，减少贫化损失和浪费，也是矿山地质的一项重要工作，要大力开发利用排弃物质，变废为宝，增加矿山收益。

矿产资源是矿业发展的基础，人才资源是矿业发展的保障。中国地质学会矿山地质专业委员会成立 35 年来，一直得到我国老一辈地质学家的关心和支持。一方面是他们对学会和对矿山地质发展的关心和支持，另一方面，在他们的培养和帮助下，大批年轻的矿山地质工作者不断成长、崛起。在大家共同努力下，开创出今天的矿山地质事业的大好局面。《矿山地质选集》所收录的部分论文著作，反映了我国老一辈和新一代地质工作者在矿山地质理论研究、矿山地质地球物理找矿新方法新技术、计算机技术和 3DMine 软件在矿山地质中的应用、矿山深边部找矿等方面的新进展、新突破。只是鉴于选集篇幅所限，无法将 35 年来矿山地质工作者的论文全部选入，敬请谅解！

展望未来，虽形势大好，但任务仍然艰巨。唯有以此为新的起点，努力攀登新的高峰！

让我们共同努力吧！

《矿山地质选集》编委会
2015 年 3 月

目　录

工艺矿物学在矿山地质和开发中的应用

矿山深部找矿理论与实践

工艺矿物学在矿山地质和开发中的应用

矿产地质勘查中的工艺矿物学研究

肖仪武

（北京矿冶研究总院矿物加工科学与技术国家重点实验室，北京，100044）

摘　要：若能从矿点的发现或地质勘查阶段就重视工艺矿物学的研究，了解矿石的工艺性质，就能对矿石的可利用性作出更为正确的评价，为找矿靶区的确定和矿业投资的决策提供科学依据，规避投资风险。

关键词：矿产勘查；工艺矿物学；投资风险

在合理开发和利用矿产资源中，工艺矿物学的地位与作用越来越为人们所重视。多年的科研、生产实践表明，若能从矿点的发现或地质勘探阶段就重视工艺矿物学的研究，了解矿石的工艺性质，将会使人们获得对矿床更全面的认识，因而能作出更为正确的评价；若能在矿山、选矿厂建设前期就对矿石进行详尽的工艺矿物学研究，将会对选矿试验方案的选择和最佳工艺流程的确定起到重要的指导作用，为找矿靶区的确定和矿业投资的决策提供科学依据，规避投资风险。下面就举几个实例加以说明。

1　银矿

通过普查工作发现该银矿为一个大型的氧化程度高的银矿床，含 Ag 154 g/t，其他伴生元素还有 Cu 0.27%、Pb 0.33%、Zn 0.19%、As 0.35%。

矿石的矿物组成比较复杂。银矿物主要为硫砷铜银矿、砷硫锑铜银矿、辉银矿，其次为硫铁银矿、少银黄铁矿、银铁矾；铜矿物主要为孔雀石、蓝铜矿，其次为黄铜矿、斑铜矿、铜蓝、辉铜矿、锑黝铜矿等；铅矿物主要为砷铅矿，偶尔可见方铅矿及白铅矿；砷矿物主要为臭葱石，另有很少量毒砂；锌矿物为闪锌矿；铁矿物主要为褐铁矿、赤铁矿等。脉石矿物主要为方解石，其次为石英，其他还有黏土矿物、绢云母、白云母、白云石、长石、重晶石、蛇纹石等。

矿石中的银矿物硫砷铜银矿、砷硫锑铜银矿、辉

银矿主要以不规则状产出，有时呈星点状嵌布于脉石矿物中。从表 1 可见，矿石中银矿物的嵌布粒度都比较细，90% 左右的银矿物嵌布粒度小于 0.074 mm；而在 −0.010 mm 粒级中，其占有率高达 13.21%，这将直接影响银的选矿回收指标的提高。

表 1　矿石中银矿物的粒度组成（%）

粒　级/mm	含　量	累　计
>0.074	10.31	10.31
0.074~0.043	13.44	23.75
0.043~0.020	35.92	59.67
0.020~0.015	11.82	71.49
0.015~0.010	15.30	86.79
<0.010	13.21	100.00

根据银的赋存状态，采用浮选回收矿石中的银是可行的，浮选回收对象主要为银复硫盐及硫化银矿物及其他伴生的铅、铜等硫化矿物，这样可生产出银精矿产品。由于氧化矿石性质复杂，一方面要使细粒银矿物能较好地单体解离，另一方面又不至于过磨泥化，恶化浮选工艺流程，因此采用合理的磨矿工艺十分重要。矿石中有害元素砷含量较高，相当一部分砷与银、硫结合赋存于硫砷铜银矿、砷硫锑铜银矿及其他银矿物中，砷在银精矿中必然富集。要获得较好的

银回收率和降低精矿含砷量将会比较困难。

2　钛铁矿

该矿石的矿物组成相对简单，属赋存于辉长岩体中的高磷低钛的岩浆型矿床，规模较大，可以露天开采。在预查阶段开展了工艺矿物学研究。矿石含 TiO_2 7.31%、Fe 24.71%、P_2O_5 2.75%、S 0.018%。矿石中含钛矿物为钛铁矿；含铁的矿物主要为铁硅酸盐矿物，其铁的占有率为 64.98%，钛铁矿中的铁占全铁的 20.24%，磁铁矿中铁仅占 7.76%。

钛铁矿主要以不规则粒状嵌布在脉石矿物中，有时与细粒、微细粒磁铁矿和赤铁矿紧密共生在一起。磁铁矿多与赤铁矿构成集合体以不规则状沿钛铁矿边缘分布；微细粒磁铁矿常星散分布在脉石矿物中，有时在脉石矿物中呈网脉状嵌布，以这种形式分布的磁铁矿粒度约 5 μm，磁铁矿与钛铁矿或脉石矿物相互之间解离较困难。磷灰石是矿石中主要有害杂质成分，多以不规则状、圆粒状、椭圆状嵌布在硅铝酸盐矿物中，与钛铁矿、磁铁矿关系不密切，粒度粗，易于单体解离，对钛精矿质量影响很小。

表 2　矿石中钛铁矿和磁铁矿的粒度分布（%）

粒度范围 /mm	矿物名称			
	钛铁矿		磁铁矿	
	含量	累计	含量	累计
>0.589	0.67	0.67		
0.589～0.417	4.78	5.44		
0.417～0.295	13.19	18.63		
0.295～0.208	20.18	38.81	0.84	0.84
0.208～0.147	21.02	59.83	0.59	1.43
0.147～0.104	15.43	75.26	2.40	3.83
0.104～0.074	11.66	86.92	6.64	10.47
0.074～0.043	8.10	95.02	15.09	25.56
0.043～0.020	2.64	97.66	15.31	40.87
0.020～0.015	1.30	98.96	13.56	54.43
0.015～0.010	0.73	99.69	9.07	63.50
<0.010	0.31	100.00	36.50	100.00

由表 2 可以看出，矿石中钛铁矿的嵌布粒度相对较粗，主要集中在 0.043～0.417 mm 粒级，而磁铁矿嵌布粒度则很细，主要集中在 -0.074 mm 粒级，其中 -0.010 mm 粒级就占了 36.50%。由于磁铁矿主要

呈微细粒状、脉状分布于脉石矿物和钛铁矿中，即使细磨，大部分的磁铁矿也难于与脉石矿物和钛铁矿解离，难以用弱磁选回收磁铁矿，而当在强磁选条件下回收钛铁矿时，与脉石矿物连生的磁铁矿又会和与其连生的脉石矿物一起进入钛铁矿精矿中，从而造成钛铁矿难以富集。采用重选－浮选联合工艺流程回收钛铁矿可能效果会好些。总的来说，该矿石为难处理矿。

3　钼矿

该钼矿的含矿岩石为闪长岩，其中角闪石、金云母、长石及石英构成岩石的主体矿物，在岩浆晚期残浆和热液阶段，残浆及热液沿着主体矿物的裂隙或主体矿物边界侵入，形成辉钼矿细脉，所以整体来看辉钼矿是呈脉状产出的。矿石中钼品位较高，平均为 0.15%。

矿石中其他金属矿物含量低，主要为辉钼矿，其次为磁黄铁矿、黄铁矿、磁铁矿、钛铁矿、针铁矿等；脉石矿物主要为角闪石、辉石、长石、方解石、白云石等；此外还含有影响钼精矿品位的滑石和石墨。

在辉钼矿脉内，辉钼矿呈半自形长片状晶体产出，有的晶体因压力影响出现弯曲。在离辉钼矿主脉较远的部位，辉钼矿呈细小弥散片状晶体及鳞片状分布在脉石矿物边缘或分散于脉石矿物之间。这种结构的辉钼矿细小，难于与脉石矿物解离。滑石在矿石中含量不高，但由于滑石具有很好的天然可浮性，它对辉钼矿浮选的影响却不小。矿石中滑石主要与方解石共生，其次与白云石、角闪石及蛇纹石共生，它是由透闪石及蛇纹石蚀变而成的。石墨主要嵌布在白云石颗粒周边，粒度较细，多在 10 μm 以下。

表 3　辉钼矿的粒度分布（%）

粒度范围 /mm	辉钼矿	
	含量	累计
>0.208	2.03	2.03
0.208～0.147	4.78	6.81
0.147～0.104	4.40	11.21
0.104～0.074	6.21	17.42
0.074～0.043	18.84	36.26
0.043～0.020	23.62	59.88
0.020～0.015	11.59	71.47
0.015～0.010	10.71	82.18
<0.010	17.82	100.00

辉钼矿的嵌布粒度较细，74 μm以上的辉钼矿只占 17.42%， -10 μm 粒级辉钼矿就占了 17.82%。

表 4   磨矿产品辉钼矿解离度测定结果（%）

-74 μm 占有率	辉钼矿单体	与脉石连生体
60	55.30	44.70
70	62.59	37.41
80	64.40	35.60

从解离度测定结果看， -74 μm 60% 的磨矿产品中辉钼矿的解离度为 55.30%，磨至 -74 μm 占 80% 时辉钼矿的单体解离度也只有 64.40%。矿石中辉钼矿的嵌布粒度细，细磨后辉钼矿单体解离效果也不好，这一定会影响钼的回收率。虽然矿石中滑石、石墨的含量只有 1.25%，但相对于辉钼矿的矿物量（0.24%）来说还是比较高的，由于它们都属于易浮矿物，因此，矿石细磨后会使易浮的滑石及石墨大量进入钼精矿中，使精矿品位降低。此外矿石中还含有一定量的蛇纹石、金云母、绿泥石及透闪石等矿物，这些矿物可浮性虽没有滑石及石墨强，但比长石、石英及碳酸盐矿物可浮性好，同时这些矿物易先被磨细而泥化，夹带严重，也会影响钼精矿的质量。因此，可以视该矿石为难选矿石。

4   结语

西方发达的矿业大国十分重视金属矿产资源开发全过程的工艺矿物学研究。而我国目前只注重为制订合理的选矿工艺流程方案而开展原矿石的工艺矿物学研究，忽视矿产资源勘查阶段和选矿厂生产过程中有关产品的工艺矿物学研究。

加拿大 Falconbridge Limited 在 Sudbury 有一铜镍资源，Falconbridge Technology Centre 通过系统获取有代表性的三种不同类型的钻探岩心样品做浮选实验并利用 QEMSCAN（矿物自动分析仪）的工艺矿物学研究对此新资源做了评价，结果表明三种矿石可浮性不同，但它们的磨矿产品解离度几乎相同，表明可浮性差异是由矿石中蛇纹石、滑石和辉石含量不同造成的。这使人们在此资源开发之前就掌握了该资源的可加工利用性质。这表明在地质勘探工作中进行详细的工艺矿物学研究，将为资源开发决策提供重要的矿石可利用信息，便于对矿产资源的可利用性进行合理评价。因此，应该加强矿产地质勘查过程中的工艺矿物学研究，了解矿石性质，降低投资风险。

参考文献

[1] 斯米尔诺夫. 硫化矿床氧化带[M]. 北京：地质出版社，1955.

[2] 王濮，潘兆橹，翁玲宝，等. 系统矿物学[M]. 北京：地质出版社，1987.

[3]《中国矿床》编委会编著. 中国矿床[M]. 北京：地质出版社，1994.

[4] 贾木欣. 国外工艺矿物学进展和发展趋势[J]. 矿冶，2007，（2）：95 - 99.

[5] 曾海等. 我国矿产资源开发利用中的问题及对策分析[J]. 国土资源科技管理，2007，（2）.

某难选铁矿石的工艺特性研究

王 玲

（北京矿冶研究总院矿物加工科学与技术国家重点实验室，北京，100070）

摘　要：为合理开发某难选铁矿，采用化学物相分析、扫描电镜分析、X射线衍射分析等综合手段，对矿石的工艺特性进行系统研究。矿石中铁矿物主要为磁赤铁矿，其次为褐铁矿，还有少量赤铁矿及磁铁矿。针对该难选铁矿石中铁矿物嵌布粒度很细、铁矿物之间以及与铁绿泥石等共生关系密切的特点，矿石必须细磨且进行阶段磨矿。此次分别测定了全部铁矿物集合体及不包括褐铁矿的铁矿物集合体的工艺粒度，前者作为磁选预先抛尾时确定磨矿细度的参考，后者为提高铁精矿品位提供了重要参考依据。

关键词：磁赤铁矿；铁绿泥石；工艺粒度；单体解离度；难选铁矿石

世界铁矿资源丰富，但我国铁矿石富矿少、贫矿多，而且尚存大量未被开发利用的难选铁矿石。复杂难选铁矿石的特点之一为含铁矿物种类繁多、嵌布粒度细且相互共生密切，具有工业利用价值的有磁铁矿、赤铁矿、磁赤铁矿、褐铁矿和菱铁矿等，其中褐铁矿、菱铁矿等弱磁性含铁矿石为较难选别的铁矿石。

1　矿石的化学性质

矿石的多元素分析结果见表1。

表1　矿石多元素分析结果

组　分	TFe	FeO	SFe	Ni	Cr	Co	Mn	S
含量/%	44.20	6.58	43.55	0.85	1.98	0.07	0.55	0.026
组　分	SiO_2	Al_2O_3	CaO	MgO	K_2O	Na_2O	TiO_2	L.O.I.
含量/%	11.53	11.81	0.49	1.33	0.017	0.07	0.24	7.40

从表1结果看，铁是主要回收元素，伴生有用组分主要为镍和钴，能否综合回收利用，需要进一步查明其赋存状态。

2　矿石的矿物组成

通过光学显微镜、扫描电子显微镜、X射线衍射等多种仪器、方法查明，矿石中铁矿物主要为磁赤铁矿（$\gamma-Fe_2O_3$），其次为赤铁矿、褐铁矿及少量磁铁矿；镍矿物主要为镍黄铁矿[$(Fe，Ni)_9S_8$]；其他金属矿物可见微量黄铁矿、金红石等。矿石中脉石矿物主要为铁绿泥石及高岭石，其次为铬尖晶石[$(Fe，Mg)(Cr，Al)_2O_4$]，还有少量方解石、石英、钾长石、钠长石等。

将矿石综合样（-0.074 mm）进行弱磁选，并对磁选精矿及磁选尾矿分别进行X射线衍射分析，分析结果分别见图1、图2，矿石的矿物组成及相对含量见表2。

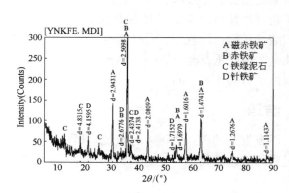

图1　矿石综合样磁性产品的X射线衍射图

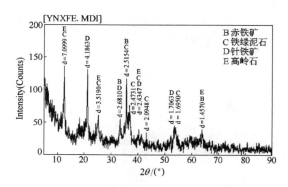

图2　矿石综合样非磁性产品的X射线衍射图

表2　矿石的矿物组成及相对含量

矿物名称	含量/%	矿物名称	含量/%
磁赤铁矿	33.71	铁绿泥石	15.36
磁铁矿	1.86	高岭石	10.33
褐铁矿、赤铁矿①	27.32	方解石	1.85
铬尖晶石	7.03	石英	1.18
镍黄铁矿	0.12	长石等	1.23

① 其中以褐铁矿为主，赤铁矿为次。

3　矿石中重要矿物嵌布特征

3.1　磁赤铁矿

磁赤铁矿主要是磁铁矿在氧化条件下经次生变化作用形成的，磁铁矿中 Fe^{2+} 完全由 Fe^{3+} 所代替，$3Fe^{2+} \longrightarrow 2Fe^{3+}$，有 $1/3Fe^{2+}$ 所占据的八面体位置产生了空位，而晶体结构未变，均为等轴晶系。磁赤铁矿具有与磁铁矿相当的磁性。

磁赤铁矿是该矿石中的主要矿物，也是主要的回收矿物，产出特征十分复杂。绝大部分磁赤铁矿与磁铁矿、赤铁矿紧密共生，以磨矿中几乎不可分离的集合体形式存在（见图3），磁赤铁矿与褐铁矿的嵌布关系也十分紧密且复杂（见图4），需要在很细的磨矿细度下方可相互解离。磁赤铁矿与铁绿泥石常呈细密层状或犬牙交错的嵌布关系产出，尤其是部分铁绿泥石、高岭石呈微细不规则状嵌布于磁赤铁矿中，或磁赤铁矿呈微细粒包裹于铁绿泥石等黏土矿物集合体中（见图5）。磁赤铁矿与铬尖晶石共生关系也比较紧密，磁赤铁矿有时沿中细粒铬尖晶石边缘包裹产出（见图6）。

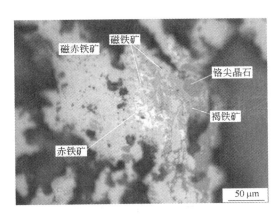

图3　磁赤铁矿与赤铁矿、磁铁矿及褐铁矿紧密共生（反光）

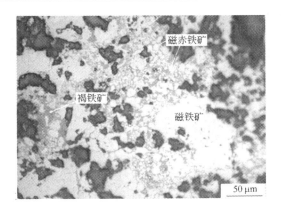

图4　磁赤铁矿与磁铁矿、褐铁矿紧密共生（反光）

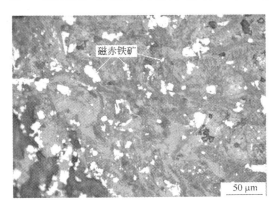

图5　磁赤铁矿与铁绿泥石紧密共生（反光）

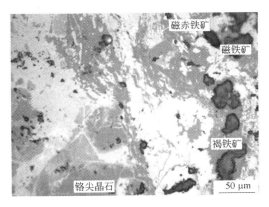

图6　磁赤铁矿与磁铁矿、铬尖晶石及褐铁矿紧密共生（反光）

3.2　赤铁矿

赤铁矿也是矿石中重要的铁矿物之一，大部分赤铁矿交代磁铁矿产出，并与磁赤铁矿、磁铁矿呈十分紧密的共生关系嵌布于铁绿泥石等脉石矿物中，赤铁矿有时也被褐铁矿交代并包裹于其中产出。

3.3　磁铁矿

磁铁矿也是矿石中主要的回收矿物之一，绝大部分磁铁矿被磁赤铁矿、赤铁矿、褐铁矿深度交代，使得磁铁矿一般呈交代残余与磁赤铁矿、赤铁矿、褐铁矿紧密共生产出，还有部分磁铁矿被褐铁矿深度交代后呈微细粒浸染于褐铁矿或褐铁矿与铁绿泥石等黏土矿物集合体中。磁铁矿与铬尖晶石共生也十分紧密，磁铁矿有时沿铬尖晶石边缘产出，磁铁矿晶隙间有时可见铬尖晶石呈微晶固溶体析出。高倍扫描电镜下常可见磁铁矿与磁赤铁矿集合体中包裹微细片状高岭石或铁绿泥石等杂质矿物。部分磁铁矿中还可见微粒镍黄铁矿包裹体（见图7）。

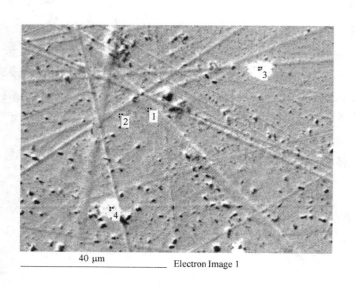

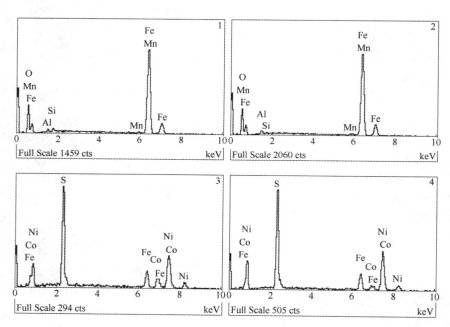

图7　扫描电镜背散射图（上）及重要矿物能谱图（下）

（镍黄铁矿呈微细粒包裹于磁赤铁矿与磁铁矿的集合体中）

1，2—磁铁矿（含杂质 Al，Si）；3，4—镍黄铁矿（含 Co）

3.4　褐铁矿

褐铁矿指针铁矿与绿泥石、高岭石等黏土矿物形成的微晶或隐晶集合体。褐铁矿是矿石中主要的铁矿物之一，常不同程度交代磁铁矿、磁赤铁矿及赤铁矿并与之紧密共生产出，当交代程度较深时，褐铁矿中仅可见磁铁矿、磁赤铁矿及赤铁矿的微细粒残余。褐铁矿与绿泥石等黏土质脉石矿物共生关系也十分紧密，常相互穿插或胶结形成复杂的集合体。

X 射线能谱分析表明，褐铁矿除含铁外，还含有 Al、Si、Ni 等多种元素。另外，褐铁矿本身含水也很高，其理论含铁只有 52.70%。

4　矿石中重要矿物嵌布粒度特征

在显微镜下用线段法测定了矿石中重要矿物的嵌布粒度。考虑到磁赤铁矿与赤铁矿共生关系十分紧密，磨矿时几乎无法单体解离，而磁铁矿、磁赤铁矿的磁性相当,在弱磁选过程中均为目的矿物,所以测定了磁赤铁矿、赤铁矿及磁铁矿集合体的工艺粒度。针对该矿必须细磨且阶段磨的情况,测定了磁赤铁矿、赤铁矿、磁铁矿与褐铁矿集合体的工艺粒度,作为预先磁选抛尾时确定磨矿细度的参考,统计结果见表3。

表3 矿石中重要矿物的嵌布粒度统计结果

粒级/mm	磁赤铁矿、赤铁矿及磁铁矿集合体		磁赤铁矿、赤铁矿、磁铁矿及褐铁矿集合体	
	含量/%	累计/%	含量/%	累计/%
+0.589			3.41	3.41
−0.589 ~ +0.417	2.77	2.77	4.03	7.44
−0.417 ~ +0.295			6.27	13.71
−0.295 ~ +0.208			8.05	21.76
−0.208 ~ +0.147	2.93	5.70	9.66	31.42
−0.147 ~ +0.104	5.18	10.88	10.04	41.47
−0.104 ~ +0.074	8.82	19.70	9.83	51.30
−0.074 ~ +0.043	15.94	35.64	18.54	69.84
−0.043 ~ +0.020	24.88	60.53	17.04	86.88
−0.020 ~ +0.015	7.32	67.85	2.77	89.66
−0.015 ~ +0.010	12.25	80.10	6.06	95.72
−0.010	19.90	100.00	4.28	100.00

注:计算结果取小数点后2位,尾数四舍五入,后同。

从表3结果看出,矿石中磁铁矿的嵌布粒度很细,铁矿物集合体的嵌布粒度相对较粗,但仍以中细粒为主。

从磁赤铁矿、赤铁矿及磁铁矿集合体的嵌布粒度分布情况来看,只有19.70%分布于0.074 mm粒级以上,而0.010 mm粒级以下的分布率高达19.90%。所以在磨矿过程中磁赤铁矿、赤铁矿及磁铁矿集合体的单体解离难度很大。

从磁赤铁矿、赤铁矿、磁铁矿及褐铁矿集合体的嵌布粒度分布情况来看,51.30%的铁矿物集合体分布在0.074 mm粒级以上,4.28%分布在0.010 mm粒级以下。根据铁矿物集合体的嵌布粒度特点,矿石需要细磨才能获得较高品位的铁精矿。

5 矿石中重要矿物的解离度分析

将原矿(0~2 mm)矿样分别磨至不同磨矿细度,测定其中重要矿物的单体解离度,以便更加合理地制定磨矿工艺及选矿工艺流程。不同磨矿细度下磁赤铁矿、赤铁矿及磁铁矿集合体的单体解离度测定结果见

表4。根据磁赤铁矿、赤铁矿及磁铁矿集合体的单体解离度测定结果,当磨矿细度为 −0.074 mm占99%时,集合体的单体解离度为82.51%,单体解离仍不充分,主要与铁绿泥石及褐铁矿连生产出,其次与铬尖晶石连生。

表4 原矿不同磨矿细度下磁赤铁矿、赤铁矿及磁铁矿集合体的单体解离度

−0.074 mm占有率/%	磁赤铁矿、赤铁矿及磁铁矿集合体的单体解离度/%				
	单体	连生体			合计
		与褐铁矿	与铬尖晶石	与脉石	
35	13.86	28.38	10.24	47.52	100.00
45	21.45	22.21	9.92	46.42	100.00
55	38.64	20.54	9.06	31.76	100.00
65	52.71	18.31	8.44	20.54	100.00
75	58.61	17.62	8.11	15.66	100.00
85	61.47	16.06	7.34	15.13	100.00
95	79.91	7.14	4.02	8.93	100.00
98.6	81.74	6.67	3.38	8.21	100.00
99	82.51	6.23	3.31	7.95	100.00

6 矿石中铁、镍的赋存状态

结合化学分析、化学物相分析及显微镜分析,矿石中铁主要以独立铁矿物形式存在,铁矿物以磁赤铁矿为主,其中铁分布率占总铁50.88%,其次为褐铁矿、赤铁矿,其中铁分布率为32.58%,还有少量磁铁矿,其中铁分布率为3.03%。其余铁分布在铁绿泥石、铬尖晶石中,铁分布率为13.46%,还有微量分布于镍黄铁矿、黄铁矿等硫化铁矿物中,分布率仅为0.05%。

矿石中镍的赋存状态比较复杂,其中0.37%的镍以微粒镍黄铁矿形式存在于磁赤铁矿与磁铁矿集合体中,占有率为43.53%;0.27%的镍以吸附态或类质同象形式分布于铁绿泥石中,占有率为31.76%;还有0.21%的镍分散于褐铁矿中,分布率为24.71%。从镍的赋存状态来看,目前镍的回收价值不大。

7 结论

(1)矿石中铁矿物嵌布粒度极细,磁赤铁矿、赤铁矿及磁铁矿集合体在0.074 mm粒级以下的分布率

高达 80.30%，当磨矿细度为 -0.074 mm 占 99% 时，集合体的单体解离度仅为 82.51%，单体解离不充分，要想获得较好铁精矿，矿石必须细磨。

（2）矿石中还有相当部分铁以褐铁矿形式存在，一方面，褐铁矿本身含杂含水较高，其理论含铁只有52.70%；另一方面，褐铁矿与磁赤铁矿、赤铁矿及磁铁矿共生十分密切，相互嵌生关系十分紧密且复杂，即使细磨矿也难以使褐铁矿与其相互解离，褐铁矿进入铁精矿势必影响铁精矿品位的提高。

（3）矿石中铁矿物均与铁绿泥石、高岭石等黏土矿物共生关系密切，在细磨矿条件下，弱磁选时铁绿泥石很容易因连生或机械夹杂被带入铁精矿而影响铁精矿品位。

由此可见，采用弱磁选工艺可回收以磁赤铁矿为主的大部分铁矿物，要想取得理想的铁回收指标，矿石必须细磨且阶段磨矿，磁赤铁矿、赤铁矿、磁铁矿与褐铁矿集合体的工艺粒度可作为预先磁选抛尾时确定磨矿细度的参考。磁赤铁矿、赤铁矿与磁铁矿集合体的工艺粒度及单体解离度为提高铁精矿品位提供了重要参考依据。

参考文献

[1] 刘秀铭，John SHAW，蒋建中，等. 磁赤铁矿的几种类型与特点分析[J]. 地球科学，2010，40(5)：592 - 602.

[2] 孙炳泉. 近年我国复杂难选铁矿石选矿技术进展[J]. 金属矿山，200(3)：11 - 14.

[3] 洪秉信，傅文章. 矿物解离度与工艺粒度关系和解离难易度探讨[J]. 矿产综合利用，2012(1)：56 - 60.

[4] 李维兵，宋仁峰，刘华艳. 我国难选铁矿石选矿技术进步评述[J]. 金属矿山，200(11)：1 - 4.

[5] 印万忠，丁亚率. 我国难选铁矿石资源利用现状[J]. 有色矿冶，2006(增刊)：63 - 68.

[6] 朱立军，傅平秋. 碳酸盐岩发育土壤中的磁赤铁矿及其成因机理研究[J]. 贵州工业大学学报，1997，26(2)：27 - 30.

[7] 王秋林，陈雯，余永富，等. 难选铁矿石磁化焙烧机理及闪速磁化焙烧技术[J]. 金属矿山，2009(12)：73 - 76.

某金矿工艺矿物学研究

方明山[1]　　肖仪武[1]　　童捷矢[2]

（1. 北京矿冶研究总院矿物加工科学与技术国家重点实验室，北京，100044；2. FEI 公司，美国）

摘　要：山东某金矿中金的品位为 5.20 g/t，为查明该金矿的矿石性质和特征，运用传统的光学显微镜以及自动矿物分析仪等大型先进的仪器对该金矿进行了详细深入的工艺矿物学研究。结果表明：矿石中的金矿物及含金矿物嵌布粒度很细，其中又有相当一部分以包体金的形式嵌布于脉石矿物中；而且有 8.37% 的金赋存于碲金矿、碲铜金矿、碲金银矿以及碲银矿（含 Au）中；这两个方面是影响矿石中金的回收的最主要因素。

关键词：金；工艺矿物学；MLA

山东某金矿中金的品位为 5.20 g/t，含量相对较高，但是由于其矿石性质比较复杂，实际生产过程中金的回收效果不佳。为合理开发利用该矿石资源，在运用传统的光学显微镜进行分析研究的基础上综合利用自动矿物分析仪（mineral liberation analyser，简称 MLA）等大型先进的仪器对该金矿进行了详细深入的工艺矿物学研究[1]。

1　矿石的化学成分

矿石的化学分析结果见表 1。化学分析结果显示：矿石中 Au 的品位为 5.20 g/t，Ag 13.47 g/t，含 Fe 2.88%，含 S 0.63%，Cu、Pb、Zn 的含量都很低。可见，样品中最主要的有价元素为 Au。

表 1　矿石的化学分析结果

元素	Au, g/t	Ag, g/t	Fe	S	Cu	Pb	Zn
含量/%	5.20	13.47	2.88	0.63	0.01	0.017	0.17
元素	SiO_2	Al_2O_3	CaO	MgO	K_2O	Na_2O	C
含量/%	49.83	13.00	12.08	1.09	5.93	0.20	2.98

2　矿石的矿物组成及相对含量

矿石中共有 6 种金矿物及含金矿物，分别为自然金、碲金矿、碲金银矿、碲铜金矿、铜金矿以及碲银矿（含 Au）；银矿物主要为碲银矿。矿石中其他金属矿物含量较低，其中最主要为褐铁矿、赤铁矿以及黄铁矿，另有少量的金红石、黄铜矿等。脉石矿物主要为长石、石英、方解石和云母，其次为高岭石、白云石以及少量的磷灰石、萤石、重晶石和锆石等其他矿物。矿石的矿物组成及相对含量见表 2。

表 2　矿石的矿物组成及相对含量

矿物名称	含量/%	矿物名称	含量/%
长　石	25.64	白云石	4.99
石　英	22.98	褐铁矿	3.57
方解石	18.85	赤铁矿	
云　母	15.00	黄铁矿	1.19
高岭石	6.75	其他矿物	1.03

3　矿石中金矿物及含金矿物的嵌布特征

3.1　自然金

自然金是矿石中最主要的金矿物，其主要呈粒状嵌布于黄铁矿以及石英等脉石矿物中；另外还有部分自然金呈长条状产出，嵌布于黄铁矿等矿物的裂隙之中。自然金的嵌布粒度很细，嵌布粒度主要集中于 1~5 μm 之间。

根据自然金与其他矿物的嵌布关系，可将其分为包裹金、粒间金和裂隙金三类[2-3]。矿石中的自然金主要以粒间金的形式嵌布，其次以包体金和裂隙金的形式存在。以这三种形式产出的自然金分别占矿石中总金矿物量的 23.78%、20.92% 和 19.58%，占矿石中总金比例的 32.72%、30.35% 和 27.93%，是矿石中金回收的主要对象。其中以粒间金形式嵌布的自然金与黄铁矿的嵌布关系比较密切，大多嵌布在黄铁矿颗粒间或嵌布于黄铁矿与石英、方解石以及白云石之间（见图 1、图 2），另少量嵌布于长石颗粒之间。而以包体金形式存在的自然金主要包裹于长石、黄铁矿、石英以及高岭石中，另有少量包裹于方解石中。以裂隙金嵌布的自然金则主要嵌布于黄铁矿的裂隙之中。

间。碲金银矿中金的平均含量为 25.11%，银的平均含量为 40.62%，碲的平均含量为 33.43%，另外还含有少量的 Cu。

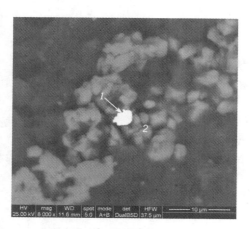

图1　自然金(1)嵌布于黄铁矿(2)颗粒间(背散射图)

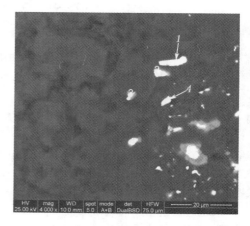

图3　碲金矿(1～4)嵌布于石英中(背散射图)

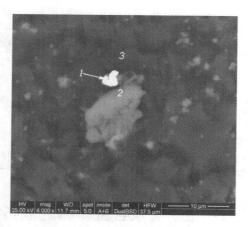

图2　自然金(1)嵌布于黄铁矿(2)与石英(3)颗粒间(背散射图)

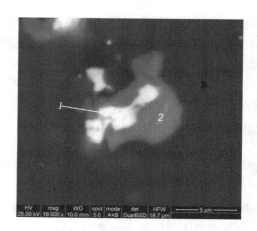

图4　碲金银矿(1)嵌布于黄铜矿(2)中(背散射图)

自然金的扫描电镜能谱分析结果显示：矿石中的自然金普遍含有一定量的银，其中金的平均含量为 89.47%，银的平均含量为 9.92%，另外还含有微量的 Te、Fe、Cu 和 Ni。

3.2　碲金矿、碲金银矿、碲铜金矿及铜金矿

矿石中的碲金矿、碲金银矿、碲铜金矿以及铜金矿相对自然金来说含量较低，但均是矿石中重要的金矿物。

碲金矿主要以粒状嵌布于石英中(见图3)，其次嵌布于长石以及高岭石之中。碲金矿的嵌布粒度主要分布在 1～5 μm 之间。碲金矿中金的平均含量为 41.18%，碲的平均含量为 51.75%，银的平均含量为 4.10%；此外，碲金矿中有少量的 Cu、Fe 和 Se。

碲金银矿主要以包裹体的形式嵌布于黄铜矿以及石英中(见图4)。碲金银矿的粒度分布在 2～7 μm 之

矿石中的碲铜金矿均以包体金的形式嵌布于石英中，其嵌布粒度在 2～5 μm 之间。碲铜金矿中金的平均含量为 54.32%，碲的平均含量为 25.89%，铜的平均含量为 9.92%，银的平均含量为 8.50%；另外碲铜金矿中还有少量的 Fe。

矿石中的铜金矿以包体金的形式嵌布于石英中，其金的含量为 89.31%，铜的含量为 9.48%，银的含量为 1.21%。

3.3　碲银矿(含 Au)

碲银矿是矿石中最主要的银矿物，其中部分碲银矿中含有少量的金，这部分碲银矿中含有的金占总金的 1.35%。这部分碲银矿大多嵌布于长石和褐铁矿中(见图5、图6)，少量嵌布于石英和高岭石中。碲银矿(含 Au)的嵌布粒度较其他金矿物稍粗，集中在 3～8 μm 之间。

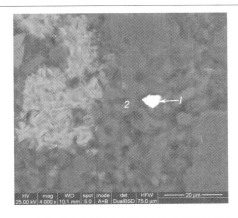

图 5 碲银矿（1）嵌布于长石（2）中（背散射图）

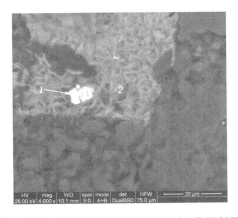

图 6 碲银矿（1）嵌布于褐铁矿（2）中（背散射图）

碲银矿的扫描电镜能谱分析结果显示：碲银矿（含 Au）中金的平均含量相对较低只有 3.88%，银的平均含量为 55.93%，碲的平均含量为 36.27%，硒的平均含量为 2.78%；此外，碲银矿（含 Au）中还有少量的 Fe、Cu。

4 矿石中其他重要金属矿物的嵌布特征

4.1 黄铁矿

黄铁矿是矿石中最主要的硫化矿物，其主要以细粒、微粒不规则状嵌布于脉石矿物中（见图 7），其次以细脉状沿脉石矿物的裂隙或颗粒间隙充填。

矿石中有部分自然金与黄铁矿嵌布在一起，其中有 32.60% 的自然金是以与黄铁矿相关的粒间金的形式存在，这部分自然金中有 33.15% 嵌布于黄铁矿的颗粒之间，其余大部分嵌布于黄铁矿与石英、方解石等脉石矿物的颗粒之间；另外有 13.24% 的自然金以与黄铁矿相关的裂隙金的形式存在；还有 8.47% 的自然金以包体的形式存在于黄铁矿中。以这三种形式存在的自然金共占矿石中总金的 54.31%。可见整体而言，矿石中的金与黄铁矿的有一定的嵌布关系但并不

是很密切。

4.2 褐铁矿

矿石中的褐铁矿主要以细粒、微粒不规则状嵌布于脉石矿物中（见图 8），其次以细脉状沿脉石矿物的裂隙或颗粒间隙充填。矿石中褐铁矿的嵌布粒度主要分布在 20 ~ 50 μm 之间。

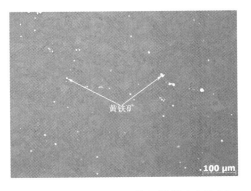

图 7 矿石中黄铁矿呈微细粒嵌布（反光）

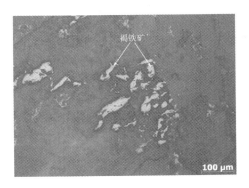

图 8 褐铁矿以细粒不规则状嵌布（反光）

5 矿石中金矿物及含金矿物的嵌布粒度

将矿石中金矿物及含金矿物的嵌布粒度全部换算成等效圆直径后的嵌布粒度特征见表 3，从表 3 中可以看出，碲金矿、铜金矿和碲铜金矿都分布在 1 ~ 5 μm 的粒度范围内；碲金银矿主要分布在 1 ~ 5 μm 的粒度范围内，其次分布在 5 ~ 10 μm 之间；自然金大部分集中分布在 1 ~ 5 μm 的粒度范围内，分布在 5 ~ 10 μm 和 1 μm 以下的各占 7.08% 和 4.67%。碲银矿（含 Au）粒度稍粗，主要分布在 5 ~ 10 μm，其次为 1 ~ 5 μm，少量分布在 10 μm 以上，分布在 1 μm 以下的很少。将所有金矿物及含金矿物合在一起统计，有 75.90% 分布在 1 ~ 5 μm，18.37% 分布在 5 ~ 10 μm，分布 10 μm 以上 和 1 μm 以下的各占 2.91% 和 2.82%。可见，矿石中的金矿物及含金矿物的嵌布粒度很细。

表3　矿石中金矿物及含金矿物的粒度分布

矿物名称	各粒径范围中金的分布情况/%				合计/%
	>10 μm	5 μm ~10 μm	1 μm ~5 μm	<1 μm	
碲金矿	0.00	0.00	100.00	0.00	100.00
铜金矿	0.00	0.00	100.00	0.00	100.00
碲铜金矿	0.00	0.00	100.00	0.00	100.00
碲金银矿	0.00	34.57	65.43	0.00	100.00
碲银矿(含Au)	10.94	47.21	41.27	0.58	100.00
自然金	0.00	7.08	88.25	4.67	100.00
金矿物*	2.91	18.37	75.90	2.82	100.00

注：金矿物*包括矿石中所有的金矿物及含金矿物。

6　矿石中黄铁矿的嵌布粒度

用线段法对矿石中黄铁矿的嵌布粒度进行了详细的统计，其结果见表4。从表中可以看出，其中+0.074 mm粒级仅占8.21%，另外-0.010 mm粒级占有率达29.11%。可见，矿石中黄铁矿的嵌布粒度较细。

表4　矿石中黄铁矿的嵌布粒度组成

粒级/mm	黄铁矿	
	含量/%	累计/%
+0.147	0.72	0.72
-0.147 ~ +0.104	2.05	2.77
-0.104 ~ +0.074	5.44	8.21
-0.074 ~ +0.043	12.52	20.73
-0.043 ~ +0.020	27.02	47.75
-0.020 ~ +0.015	11.70	59.45
-0.015 ~ +0.010	11.44	70.89
-0.010	29.11	100.00

7　矿石中金的赋存状态

矿石中共有五种金的独立矿物和一种含金矿物，分别为自然金、碲金矿、碲金银矿、碲铜金矿、铜金矿和碲银矿(含Au)。矿石中金的元素平衡结果见表5，从表中可以看出，矿石中的金矿物及含金矿物主要为自然金和碲银矿(含Au)，它们各自占总的金矿物及含金矿物量的64.28%和22.14%；其次为碲金矿、碲金银矿、碲铜金矿，它们分别占总量的5.67%、

4.76%和2.86%，铜金矿只占总量的0.29%。赋存于自然金中的金占矿石中总金的91.22%；其次为赋存于碲金矿和碲铜金矿中的金，其分别占矿石中总金的3.66%和2.14%；碲银金矿、碲银矿(含Au)中的金占总金的1.88%和0.69%；铜金矿中的金仅占总金的0.41%。

表5　矿石中金的元素平衡

名称	矿物量占有率/%	金的分布率/%
碲金矿	5.67	3.66
铜金矿	0.29	0.41
碲金银矿	4.76	1.88
碲铜金矿	2.86	2.14
碲银矿(含Au)	22.14	0.69
自然金	64.28	91.22
总和	100.00	100.00

可见，矿石中的金有一部分赋存于碲化物中，由于这些碲化物自身矿物性质决定了它们在氰化浸出的过程中难以被浸出[4-5]，所以通过氰化浸出回收赋存于它们之中的金比较困难。

8　影响金回收的矿物学因素

1)矿石中金矿物及含金矿物的嵌布粒度分析结果显示它们的嵌布粒度很细，有75.90%的金矿物及含金矿物的颗粒粒径分布于1~5μm之间，自然金在该粒级中的分布率更是高达88.25%；矿石中有33.25%的金以包体金的形式嵌布，并且这部分金中有90.9%嵌布于石英、长石以及高岭石等脉石矿石中。可见，嵌布粒度很细且有相当一部分金以包体形式嵌布于脉石中是影响金回收的最主要因素之一。

2)矿石中含有少量的黄铁矿，但矿石中只有部分自然金与黄铁矿嵌布在一起，这部分自然金共占矿石中总金的54.31%。可见，矿石中的金与黄铁矿的有一定的嵌布关系但并不是很密切，所以仅通过浮选富集硫化物的方法回收金效果不会很理想。

3)矿石中91.22%的金赋存于自然金中；另有8.37%的金赋存于碲金矿、碲铜金矿、碲银金矿以及碲银矿(含Au)中，这部分金主要以细粒包体形式嵌布于石英、长石以及高岭石等脉石矿物中，浮选富集比较困难，加之本身矿物性质特征决定它们在氰化浸出的过程中也较难被浸出，所以这部分金回收难度很大，对金的回收率会造成较大的影响。

9 结论

矿石中 Au 的品位为 5.20 g/t，为样品中最主要的有价元素；含 Ag 为 13.47 g/t，含 Fe 为 2.88%，含 S 为 0.63%，其他金属元素含量都很低。矿石中共有六种金的独立矿物及含金矿物，分别为自然金、碲金矿、碲金银矿、碲铜金矿以及铜金矿和碲银矿（含 Au）；银矿物主要为碲银矿。

矿石中的金矿物及含金矿物嵌布粒度很细，其中又有相当一部分以包体金的形式嵌布于脉石矿物中，所以原矿需要细磨。矿石中 91.22% 的金赋存于自然金中；另有 8.37% 的金赋存于碲金矿、碲铜金矿、碲金银矿以及碲银矿（含 Au）中，这部分金主要以细粒包体形式嵌布于脉石矿物中，浮选富集比较困难也较难被浸出。可见，矿石中的金矿物及含金矿物嵌布粒度很细且有相当一部分金以包体金的形式嵌布于脉石矿物中以及有部分金赋存于碲化物中是影响矿石中金最终回收率的最主要原因。

参考文献

[1] 贾木欣. 国外工艺矿物学进展及发展趋势 [J]. 矿冶, 2007, 16(2): 95-99.

[2] 吕军, 刘旭光, 韩振哲, 等. 三道湾子金矿床矿石特征及金的赋存状态研究 [J]. 地质与勘探, 2009, 45(4): 395-401.

[3] 李育森. 甘肃东海金矿床矿石特征及金的赋存状态研究 [J]. 甘肃冶金, 2010, 32(5): 90-93.

[4] 姜涛. 含碲金矿石的氰化浸出研究 [J]. 湖南有色金属, 1990, 6(5): 31-34.

[5] 王玲. 菲律宾某尾矿中金的赋存状态 [J]. 有色金属, 2011, 63(1): 109-113.

国外某氧化铜矿工艺矿物学研究

付　强　李艳峰　贾木欣

（北京矿冶研究总院矿物加工科学与技术国家重点实验室，北京，102600）

摘　要：通过对国外某氧化铜矿石的工艺矿物学研究，查明了矿石的化学性质、矿物组成、矿物嵌布特征及铜的赋存状态。通过研究得出，矿石中铜矿物主要为孔雀石，另有1.10%的铜以吸附状态或微粒包裹形式存在于褐铁矿中，这部分铜难以完全回收利用。为提高矿石中铜的浮选回收率及铜精矿的品位，建议采用合理的磨矿细度，并加强对绿泥石等片状矿物的分散和抑制。也可以考虑采用硫酸浸出工艺，应该可以得到较为理想的回收指标。

关键词：氧化铜矿；工艺矿物学；回收指标

随着全球工业化进程的日益加快，对铜金属的需求量不断增加，促使铜生产工艺得到不断发展和进步。本次研究以国外某氧化铜矿为对象，旨在查明矿石中有价组分的赋存特征和矿物特性，为确定矿石中铜经济、合理的回收方案提供理论依据。

1　矿石的化学性质

矿石多元素分析结果和铜的化学物相分析结果分别见表1、表2。从表1可知，矿石中有价元素Cu的品位为1.25%。表2表明，铜主要以自由氧化铜的形式存在，分布率为82.13%，其次以微粒包裹形式或吸附状态存在于氧化铁和硅酸盐矿物之中，分布率为17.63%。

表1　矿石的化学分析结果

化学成分	Cu	Fe	S	Pb	Zn	SiO$_2$	MgO
含量/%	1.25	7.69	0.02	0.06	0.14	68.06	5.21
化学成分	Al$_2$O$_3$	Na$_2$O	CaO	K$_2$O	P$_2$O$_5$	Mn	Ti
含量/%	7.59	0.16	0.15	0.11	0.09	0.11	0.31
化学成分	C	As	Au	Ag	烧失量		
含量/%	0.14	<0.005	0.24 g/t	2.96 g/t	4.40		

表2　矿石中铜的化学物相分析结果

相　别	自由氧化铜	金属铜	氧化铁	硅酸盐	总　铜
铜含量/%	1.020	0.003	0.200	0.019	1.240
铜占有率/%	82.13	0.24	16.10	1.53	100.00

2　矿石的矿物组成及相对含量

矿石的矿物组成比较简单，铜矿物主要为孔雀石，另有微量的自然铜、硅孔雀石及磷铜矿等（见表3，后两种矿物表中未列）；其他金属矿物还有褐铁矿，少量的金红石及微量的赤铁矿、锌锰矿、黄铁矿等。非金属矿物主要为石英和绿泥石，另有少量的高岭石、黑云母、白云母、方解石等。矿石中各矿物的相对含量见表3。

表3　矿石的矿物组成及相对含量

矿物名称	含量/%	矿物名称	含量/%
孔雀石	1.81	白云母	1.12
自然铜	0.03	黑云母	
黄铁矿	0.02	高岭石	1.92
褐铁矿	2.84	方解石	0.27
赤铁矿	0.13	锌锰矿	0.11
金红石	0.52	其他矿物	0.76
石英	59.38	合　计	100.00
绿泥石	31.09		

3　矿石中重要矿物的嵌布特征

3.1　孔雀石

孔雀石是矿石中铜的氧化物矿物，也是要回收的对象。孔雀石主要以放射状、浸染状、皮壳状分布在脉石矿物的颗粒表面，或者以不规则状、脉状形式充填在脉石矿物的颗粒间隙、裂隙中，其中，孔雀石与绿泥石嵌布关系较为复杂，两者常以互层窄细条带或网脉状交织在一块（见图1、图2）；此外，孔雀石与褐铁矿嵌布关系也较密切，孔雀石常分布在褐铁矿晶粒间隙或裂隙、空洞中（见图3）；有时可见孔雀石内含有褐铁矿和脉石矿物的微、细粒包裹体（见图4）。孔雀石的X射线能谱分析结果表明，孔雀石中平均含铜为 56.96%，另含有少量的杂质元素铁和锌，其平均含量为 0.76%、0.46%。

图 1　孔雀石与绿泥石交互组成条带状构造（反光）

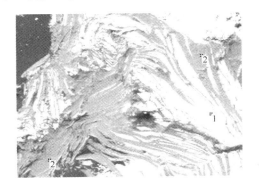

图 2　孔雀石呈脉状交代绿泥石（背散射图像）
1—孔雀石；2—绿泥石

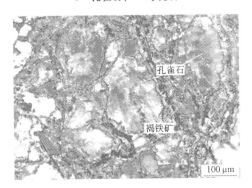

图 3　孔雀石充填在褐铁矿的空洞中

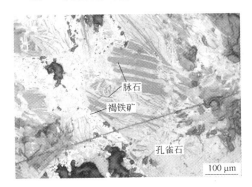

图 4　孔雀石中散布有片状、
毛发状、树枝状脉石矿物（正交反光）

3.2　褐铁矿

褐铁矿是该矿石中常见的氧化铁矿物，粒度分布极不均匀，多以粒状、脉状、不规则状、蜂窝状及胶状等形式产出，部分褐铁矿保留黄铁矿的假象，有时可见褐铁矿的蜂窝状空洞、孔隙和裂隙中充填有孔雀石、石英、绿泥石等矿物。

矿石中褐铁矿具有吸附作用，在褐铁矿中普遍含有一定量的锰、铜、锌、磷、硅、铝等杂质元素。褐铁矿的 X 射线能谱分析结果列于表 4，从中可以看出，褐铁矿中 Fe_2O_3 的含量为 72.90%，Mn 及 Zn 的含量分别为 0.64%、1.06%，Cu 的含量为 7.32%，这部分铜将随褐铁矿损失于尾矿之中。

表 4　褐铁矿主要成分的 X 射线能谱分析结果（%）

分析序号	Fe_2O_3	Cu	Mn	Zn	Ca	Si	Al	P	S
1	68.95	6.64	0.52	0.79	0.81	4.40	0.66	0.45	
2	66.09	7.23	0.81	0.98	0.47	6.93	0.65		
3	68.89	11.67				1.27	0.67	1.02	0.28
4	89.76	4.74				0.78	0.41	0.51	0.25
5	72.79	7.55		1.09	0.21	1.30		0.75	
6	67.59	10.09	4.21	1.26		2.53	0.36		0.30
7	72.62	6.60	0.00	1.04	0.30	1.53	1.17	0.94	0.28
8	67.12	11.96	0.54		0.33	2.99	0.59	0.54	
9	70.93	9.41		1.29	0.54	3.74	0.49	1.17	
10	64.32	11.15			0.29	2.95	0.68	1.03	
11	71.53	8.31			0.24	2.66	0.51	0.60	
12	63.42	11.05		1.14	0.38	2.75	0.50	1.04	
13	83.60	4.65	0.54	1.09		1.22		0.51	
14	72.20	8.03	0.49	1.89		2.40	0.59	0.43	
15	79.14	4.17		1.96		2.25			
16	86.81	1.50		1.87		0.98			
17	61.43	11.52	3.28	0.89	0.30	1.82	1.07	1.00	
18	65.07	13.63		0.87		2.61	0.82		
19	74.83	7.32	0.45	0.90		2.64	0.43		
20	80.26	3.97				2.43	0.34	0.48	0.26
21	76.43	5.12		1.85		1.02	0.84	1.08	0.24
22	76.39	8.71			0.23	3.08		0.35	
23	72.38	1.95		1.53	0.24	2.58	2.34	0.73	
24	82.72	2.04		2.95		0.62	0.76	0.55	0.25
25	60.04	13.06	6.86		0.28	1.94		0.34	
26	72.46	6.00	0.87	3.44	0.53	3.10		0.90	
27	65.44	8.85			0.29	1.02	3.38	1.34	0.47
28	79.04	4.18		2.40		1.01	0.39	0.70	
29	81.83	1.30		1.55	0.29	1.41	1.09	1.08	
平均	72.90	7.32	0.64	1.06	0.20	2.27	0.65	0.60	0.08

4　矿石中铜矿物粒度特征

矿石中主要铜矿物为孔雀石，表 5 显示孔雀石在 + 0.074 mm 粒级中的分布率为 64.12%，在 − 0.010 mm 粒级中的占有率为 2.22%，其中孔雀石主要集中在 + 0.020 ～ 0.208 mm 粒级中，占有率为 61.31%。需要指出的是，有一部分孔雀石与绿泥石以微、细条带交互平行产出，在测定粒度时将这部分集合体统计为孔雀石的工艺粒度，且主要集中在 + 0.010 ～ 0.020 mm 粒级范围内。

表 5　矿石中孔雀石粒度组成

粒级/mm	孔雀石	
	含量/%	累计/%
> 1.168	0.67	0.67
− 1.168 ～ + 0.833	3.31	3.98
− 0.833 ～ + 0.589	4.37	8.34
− 0.589 ～ + 0.417	6.89	15.23
− 0.417 ～ + 0.295	7.06	22.29
− 0.295 ～ + 0.208	8.95	31.24
− 0.208 ～ + 0.147	13.53	44.77
− 0.147 ～ + 0.104	8.21	52.98
− 0.104 ～ + 0.074	11.14	64.12
− 0.074 ～ + 0.043	17.42	81.54
− 0.043 ～ + 0.020	11.01	92.55
− 0.020 ～ + 0.015	2.83	95.38
− 0.015 ～ + 0.010	2.40	97.78
< 0.010	2.22	100.00

5　影响矿石中铜选别回收指标的矿物学因素

在该矿石中 82.13% 的铜以独立矿物孔雀石的形式存在，另有 17.63% 的铜以吸附状态或包裹体形式赋存在褐铁矿和硅酸盐矿物中，这部分铜难以回收，铜的理论回收率为 82.37%。

该矿石中的孔雀石与褐铁矿、绿泥石的嵌布关系密切，其中有少量微细粒孔雀石嵌布在褐铁矿、绿泥石中，难以完全解离，会影响铜的回收率；另外，有少量孔雀石中包裹有褐铁矿、绿泥石等脉石矿物，或者以微、细条带状与绿泥石平行产出，这部分孔雀石在磨矿过程中不易单体解离，对铜精矿的品位会有影响。

在该矿石中层状硅酸盐矿物绿泥石、白云母、黑云母及高岭石的含量很高，占有率约为 34%，细磨易发生泥化现象，对浮选会产生不利影响，应该加强磨矿技术和工艺的研究，使铜矿物既充分单体解离，又尽量避免过磨，同时选择对层状矿物抑制效果良好的抑制剂，对选别指标有益。

6　结论

依据对铜在矿石中的赋存状态及铜矿物嵌布特征、粒度特征和影响选矿工艺的矿物学因素的研究，认为要提高该矿石铜的浮选回收率，建议采用合理的磨矿细度。由于矿石中含有大量的绿泥石等片状矿物，要提高精矿的品位，必须加强对这些层状矿物的抑制。同时，由于该矿石中的铜矿物主要为孔雀石，脉石矿物中碳酸盐矿物含量较低，也可以考虑采用硫酸浸出工艺，应该可以得到较为理想的实验指标。

参考文献

[1] 北京矿冶研究院. 化学物相分析[M]. 北京：冶金工业出版社，1976：177 – 197.
[2] 罗良烽，文书明，等. 氧化铜选矿的研究现状及存在问题探讨[J]. 矿业快报，2007，(8)：26 – 28.
[3] 汤雁斌. 铜绿山氧化铜矿石选矿工艺探讨[J]. 中国矿山工程，2004(4)：13 – 16.
[4] 王濮，潘兆橹，翁玲宝. 系统矿物学(上)[M]. 北京：地质出版社，1982.
[5] 王濮，潘兆橹，翁玲宝. 系统矿物学(下)[M]. 北京：地质出版社，1982.

工艺矿物学研究在复杂矿中的应用

马　驰[1,2]　卞孝东[1,2]　王守敬[1,2]

（1.中国地质科学院郑州矿产综合利用研究所，郑州，450006；2.国家非金属矿资源综合利用工程技术研究中心，郑州，450006）

摘　要：矿石的工艺矿物学研究是指制定矿石及其有关产品加工工艺过程中开展的矿物学研究，其基本目的是获取必要的对加工工艺研究有指导意义的各类矿物学基础资料。主要研究内容有矿石的化学成分及矿物组成、矿石的嵌布特征、矿物的粒度、元素的赋存状态和元素分布率。这些参数为诠释矿物的分选机理，制定选矿工艺方案和实现工艺过程优化提供科学依据。本文举例说明这几个方面的重要作用，阐明工艺矿物学研究与选矿科学技术研究的关系。

关键词：工艺矿物学；赋存状态；嵌布特征；粒度

工艺矿物学作为一门为采矿、选矿、冶金服务的基础型学科被认为是矿冶工程的眼睛，它可以发现问题所在并迅速找出解决问题的途径，为采、选、冶合理方案的确定提供基础数据。在解决综合利用问题过程中，工艺矿物学研究可以为制定合理的选、冶工艺路线提供科学依据。然而，由于工艺矿物学不像采矿、选矿、冶金直接解决各自领域的问题，因此没有引起人们的足够重视，还因为很多工艺矿物学研究工作者没有抓住矿石的主要工艺矿物学特征，对选矿的指导不大。应该加强工艺矿物学研究，为我国矿产资源的有效利用提供技术支持。

1　矿物的嵌布特征与粒度研究

以辽宁硼镁铁矿为例，矿石中含有 30 多种矿物，含 TFe 为 32.6%、B_2O_3 7.5%、U0.01%、S1.55%。从矿石中除回收硼、铁外，铀的含量较高，可考虑综合回收。尽管矿物种类较多，但是组成矿石的几种主要矿物含量可达 95% 以上。两种主要矿石矿物——磁铁矿和硼镁石的合量达 60%，两种主要脉石矿物——斜硅镁石和叶蛇纹石合量达 30%，这四种矿物含量再加上磁黄铁矿含量可达 95%。

1.1　磁铁矿和硼镁石

硼镁铁矿受热液作用分解形成了硼镁石和磁铁矿，但仍然保留原硼镁铁矿板柱状、粒状晶形，形成了假象硼镁铁矿结构。由硼镁铁矿分解生成的细小纤维状硼镁石与细小纤维状、极不规则粒状磁铁矿紧密相嵌，嵌布关系非常复杂，形成了似文象结构、花斑结构。硼镁石的微小集合体和磁铁矿的微小集合体大致呈定向排列，呈犬牙交错相嵌。这种嵌布关系，导致这两种矿物很难彻底单体解离。

1.2　叶蛇纹石和斜硅镁石

矿石中两种主要脉石矿物叶蛇纹石和斜硅镁石基本呈交代残留结构，叶蛇纹石沿斜硅镁石的边缘和裂隙进行交代，是这两种矿物的最基本的嵌布关系。这种结构使得矿石中两种主要脉石矿物嵌布十分紧密。

图 1 表明矿石的矿物嵌布粒度分为 4 个粒度分布区：第一区间是 1~5 mm，为叶蛇纹石和斜硅镁石连生体的工艺粒度主要分布区间；第二区间是 0.1~0.5 mm，为叶蛇纹石、磁黄铁矿、斜硅镁石粒度主要分布区间；第三区间是 0.03~0.1 mm，为斜硅镁石、晶质铀矿以及少量叶蛇纹石、硼镁石、磁铁矿的粒度分布区间；第四区间小于 0.03 mm，是磁铁矿和硼镁石的原生结晶粒度主要分布区间。两种主要脉石矿物连生体的粒度很粗，与第四粒度区间存在明显间隔，这就为细碎粗抛选矿工艺提供了非常有利的条件。叶蛇纹石、磁黄铁矿、板柱状假象硼镁铁矿的粒度主要分布在第二粒度区间。第二和第三粒度区间的重叠主要是因为斜硅镁石粒度在各级别中较均匀分布造成的。第三粒度区间与第四粒度区间重叠很小，存在间隔。上述粒度分布特征为粗抛后再磨再选，再选出一部分脉石矿物的选矿工艺提供了有利条件。

综上所述，可以明显看出矿石最重要的工艺矿物学特征是矿石矿物硼镁石和磁铁矿嵌布粒度细微，共生关系密切复杂，嵌布十分紧密，它们的连生体具强磁性；两种主要脉石矿物叶蛇纹石和斜硅镁石也紧密嵌布，其连生体工艺粒度远远大于矿石矿物的粒度，矿石这一最基本最重要的工艺矿物学特性，为选矿粗粒抛尾作业提供了十分有利的条件。因此，采用弱磁选进行粗粒抛尾是该矿石选矿工艺流程中非常关键的技术措施，其效果十分明显。例如对细碎至 −6 mm

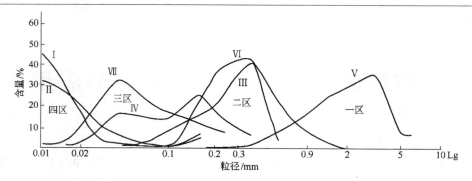

图1 磁铁矿、硼镁石等主要矿物及其集合体的粒度分布

Ⅰ—磁铁矿；Ⅱ—硼镁石；Ⅲ—叶蛇纹石；Ⅳ—斜硅镁石；Ⅴ—叶蛇纹石和斜硅镁石集合体的粒度分布曲线；Ⅵ—磁黄铁矿；Ⅶ—晶质铀矿

以下原矿，经弱磁选可抛去原矿产率23.35%的脉石，已占脉石总量的78%，即抛掉了2/3以上的脉石。采用弱磁选粗抛工艺获得含铀铁硼精矿，TFe的回收率为90.55%，B_2O_3的回收率为89.84%。

2 载体矿物的研究

河南嵩县某地高砷高硫型金矿含金4.64 g/t，含银25 g/t，为了考察金在各个矿物中的分布情况，挑选了黄铁矿、毒砂、方铅矿、闪锌矿和脉石矿物等主要矿物，做了单矿物的化学分析，单矿物挑选的粒度在0.074～−0.1 mm之间，金和银在各主要矿物中的分布情况见表1。由于在重选产品中发现有自然金存在，所以要将游离金/银考虑进去。

表1 金在各主要矿物中的分布情况

矿物	含量/%	Au品位/(g·t^{-1})	Au金属量/g	Au分布率/%	Ag品位/(g·t^{-1})	Ag金属量/g	Ag分布率/%
毒砂	6.8	53.23	3.62	78.01	58.03	3.95	15.78
黄铁矿	7.6	1.82	0.14	2.98	74.23	5.64	22.53
闪锌矿	1.2	2.81	0.03	0.73	183	2.20	8.79
方铅矿	0.55	0.63	0.00	0.07	445	2.45	9.79
游离金/银			0.34	7.43		2.51	10.03
其他	83	0.61	0.50	10.78	10.1	8.28	33.08
总计			4.64	100.00		25	100.00

从表1可以看出矿石中金主要以包体的形式存在毒砂中，部分以游离金的形式存在，少量赋存在其他金属硫化物中，毒砂中的金占原矿总金的78.01%，脉石矿物中的金细粒包裹体或以难解离连生体赋存的金占原矿总金的10.78%左右，这部分由于粒度较细难于解离，将损失在尾矿中。

银的赋存状态表明，矿石中银在方铅矿中的含量最高，达到445 g/t，在闪锌矿中为183 g/t，所以说闪锌矿和方铅矿是银的主要载体矿物。但是由于毒砂和黄铁矿的矿物量较大，所以在黄铁矿和毒砂中银占的比例较大，约占38.3%，这部分可能以金银互化物的形式存在，有10.03%的银以独立矿物（应为金银互化物）存在，但是由于银的独立矿物粒度较细，未能在光片和重砂中发现。金属硫化物中银占总银的66.92%，脉石矿物中的银主要以细粒包裹体或以难解离状态连生，其银占总银的33.08%，这部分银将损失在尾矿中。

3 赋存状态的研究

以河北某钼矿为例，原矿Mo含量为0.26%，SiO_2和Al_2O_3含量较高，二者合量接近90%，矿石中褐铁矿多呈细脉状、网脉状、胶状结构（见图2），在矿石中含量约为6%，褐铁矿的脉宽1～100 μm之间，多数集中在10 μm以下。褐铁矿中的Mo究竟是何种矿物的形式存在，目前没有仪器可以确定。但是可以确定钼主要赋存在褐铁矿中。褐铁矿含有一定量的S、As、Ca、Mg、Si、Al和Na，含有少量的U、Ni。褐铁矿的电子探针分析，褐铁矿的含量为6%，褐铁矿平均含Mo为3.47%，褐铁矿中的Mo约占总Mo的71.2%，从分布形式来看Mo主要应在褐铁矿中。这些褐铁矿细脉多充填在矿石的裂隙、微裂隙中，而且其粒度主要集中在10 μm以下，如果磨矿粒度较粗，褐铁矿不能单体解离；如果磨矿粒度较细，由于石英和褐铁矿硬度的差异，这就造成细磨褐铁矿容易泥化，而进入尾矿。

磁选、浮选、重选均没有较好效果，根据矿石工艺矿物学特性，提出磁化焙烧－磁选的方案，选矿指标为钼粗精矿的品位达到0.86%、抛掉近80%的尾矿、回收率近60%的相对较好指标，但是磁化焙烧成本过高，在实际生产中无法推广使用。

为了更好地查清钼的赋存状态，进行了−2 mm原矿的筛析试验（见表2）。

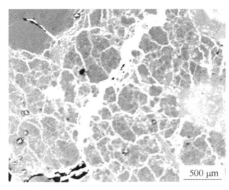

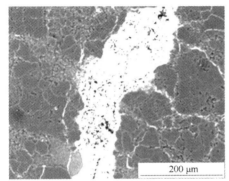

图2 细脉状褐铁矿的背散射图像
（白色区域为褐铁矿，褐铁矿含有一定的 Mo）

表2 -2 mm 原矿粒度筛析结果

粒级/mm	产率/%	品位/%		金属分布率/%	
		Mo	TFe	Mo	TFe
-2 ~ +0.1	17.35	0.24	2.29	15.48	13.15
-1 ~ +0.8	9.91	0.25	2.79	9.21	9.15
-0.8 ~ +0.5	15.41	0.24	2.81	13.75	14.33
-0.5 ~ +0.4	14.40	0.25	2.80	13.39	13.35
-0.4 ~ +0.2	11.59	0.26	2.96	11.20	11.36
-0.2 ~ +0.15	5.22	0.27	3.14	5.24	5.43
-0.15 ~ +0.074	8.91	0.29	3.28	9.61	9.67
-0.074 ~ +0.045	5.76	0.31	3.64	6.64	6.94
-0.045 ~ +0.031	7.30	0.35	4.18	9.50	10.10
-0.031 ~ +0.15	2.54	0.38	4.66	3.59	3.92
-0.015	1.61	0.40	4.87	2.39	2.60
合 计	100.00	0.27	3.02	100.00	100.00

由表2可见，粒度越细，钼和铁含量越高，但微细粒级中钼的金属分布率并不高。铁和钼的金属分布率在各个级别中基本一致，对 Mo 和 Fe 在各个级别的金属量分布率做线性回归（见图3），得到的线性回归

方程为 $y = 0.984x$（y 代表 Fe 的金属量分布，x 代表 Mo 的金属量分布），二者相关系数 $r = 0.98$，反映出 Fe 和 Mo 的关系密切，二者紧密共生。电子探针分析和原矿筛析试验都说明钼赋存在褐铁矿中。

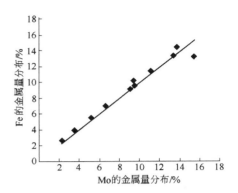

图3 Mo 和 Fe 在各个级别的金属量分布率线性回归

4 金属量平衡计算

以江西横峰钽铌矿为例，矿石中钽、铌主要以钽铌铁矿类矿物和细晶石矿物的形式存在，分散分布在铁锂云母、锡石和闪锌矿等矿物中。为了定量地表明矿石中有用元素赋存在那些矿物中，以及集中和分散情况，我们做了该矿石钽、铌的金属平衡，其结果见表3，从而确定该矿 Nb_2O_5 的集中系数为 82.83%（集中系数为该元素的最大回收率），Ta_2O_5 的集中系数为 55.10%。

表3 钽、铌的金属量平衡

矿物名称	含量/%	铌（Nb_2O_5）			钽（Ta_2O_5）		
		品位/%	金属量/g	分布率/%	品位/%	金属量/g	分布率/%
钽铌铁矿*	0.038	50.59	0.019224	82.83	20.58	0.00782	55.10
细晶石*	0.003	5.06	0.000152	0.65	65.06	0.001952	13.75
锡石*	0.029	1.397	0.000405	1.75	6.487	0.001881	13.25
闪锌矿	0.13	0.2971	0.000386	1.66	0.1288	0.000167	1.18
铁锂云母	4.9	0.027	0.001323	5.70	0.00896	0.000439	3.09
黄玉	2.91	0.00237	0.000069	0.29	0.00551	0.00016	1.13
石英	19.21	0.00107	0.000206	0.89	0.0016	0.000307	2.17
长石	72.53	0.00199	0.001443	6.22	0.00202	0.001465	10.32
总计	99.75		0.023208	99.99		0.014193	99.99
原矿品位		0.0232%			0.0136%		
平衡系数		100.03%			104.36%		
集中系数		82.83%			55.10%		

注：带"*"的测试数据来自于电子探针分析结果。

根据工艺矿物学研究结果，选矿采用重选、浮选、磁选联合流程，扩大试验获得钽铌精矿，总产率0.0402%，品位分别为 Nb_2O_5 41.671%、Ta_2O_5 18.2768%，回收率分别为 Nb_2O_5 70.77%、Ta_2O_5 49.08%。

5　矿物组成研究

一般的矿物组成研究是为了研究矿物的性质和含量，但是在选矿过程中会出现很多复杂情况，如某钼矿在选矿过程中矿浆消耗碱液是普通选矿的十几倍，为查清样品消耗碱液的原因，对试验样品溶液中离子含量进行分析，其结果见表4。

表4　试验样品水溶液中离子的含量（mg/L）

样　品	Fe^{2+}	K^+	Ca^{2+}	Al^{3+}	SO_4^{2-}	Mg^{2+}	F^-
卢氏中试	0	19.39	396	0.86	1450	124.3	1.06
现生产样	0.012	19.92	591.3	1.02	2066	166.1	0.96

从溶液的离子分析结果来看，主要的离子是 SO_4^{2-}、Ca^{2+} 和 K^+、Mg^{2+}，能离解出这些离子的矿物应该是石膏和可溶性盐。主要消耗碱液的离子是 Ca^{2+} 和 Mg^{2+}，石膏的溶解度在温度20℃时是2400

mg/L，白云石大约是320 mg/L，而该矿中可溶性的矿物主要是石膏和白云石，石膏在矿石中含量为3%~5%，石膏化学成分是 $CaSO_4 \cdot 2H_2O$，主要呈长柱状、针状、放射状和纤维状，经过浮选硫化矿之后的样品，部分的石膏已经形成纺锤状、棒状或者椭圆状，这是水溶解作用的结果，所以引起的主要原因是石膏和白云石。

6　结语

通过上述几个方面的论述，表明复杂共生矿的工艺矿物学研究是制定选矿工艺流程的科学依据，可以揭示矿石选矿工艺性质的特点，诠释选冶工艺过程中出现的问题，配合选冶技术人员解决问题，使选矿工艺流程不断优化，以获得最佳指标，而且可以预测选矿工艺可以达到的指标。但是最重要的是要查清矿石的最主要工艺特性，在研究方法和研究内容上可以有所取舍，要抓住主要问题，解决选矿中出现的症结，这才是工艺矿物学的灵魂。

参考文献

[1] 李英堂，王学成. 辽宁某地含铀铁硼矿石的工艺矿物学研究及其综合利用技术方案的探讨[J]. 矿产综合利用，1989，(6)：44-51.

我国铌钽钨锡矿产分布与赋存状态研究

王静纯[1]　　余大良[1]　　徐翠香[2]

（1.北京矿产地质研究院，北京，100012；2.中国地质博物馆，北京，100034）

摘　要：概述了我国铌钽钨锡矿产分布及铌、钽、钨、锡的赋存状态研究，指出既要重视单一铌钽矿床的找矿，又要重视共伴生在钨锡矿中的铌钽矿产资源的分布规律及综合利用研究。

关键词：铌钽钨锡；矿产分布；赋存状态；综合利用

三稀金属——稀有、稀散和稀土金属，尽管在地壳中含量稀少，赋存状态复杂，提取工艺艰深，但其特殊的物理化学性能，在国家工业、国防和高科技领域中作为功能性和结构性的基础原料，有着不可替代的作用，是国家发展战略性新兴产业的重要物质基础。三稀金属资源的勘查、研究和资源储备，具有重要的战略意义。本文仅对我国铌、钽及与之密切共生的钨、锡矿产分布、成矿环境、共生关系和赋存状态进行研究。

1　铌钽钨锡矿产分布

1.1　铌钽

我国铌钽矿产资源比较丰富，储量位居世界前列。世界铌储量较高的有巴西、加拿大、尼日利亚和刚果（金）；钽储量较高的有澳大利亚、泰国、尼日利亚、刚果（金）、加拿大、巴西和马来西亚。泰国和马来西亚的铌钽矿产主要与锡矿共生。

我国铌矿主要分布在内蒙古、湖北、江西和广东4省区，至2009年底，4省区占全国查明 Nb_2O_5 资源总储量的98.3%。占全国 Nb_2O_5 的资源总储量比例是：内蒙古70.49%，湖北24.12%，江西2.27%，广东1.45%；占全国 Ta_2O_5 的资源总储量比例较高的是：江西41.82%，内蒙古17.33%，广东16.77%，湖南10.99%，该4省区共占全国 Ta_2O_5 总储量的86.91%。显然内蒙古和两广、两湖是我国铌钽矿产的最主要分布区域。特别是内蒙古白云鄂博铁铌稀土矿床和湖北竹山庙钽铌稀土矿床，铌储量达到超大型规模，分别为多期高温热液交代矿床和碱性岩－碳酸盐型矿床（多认为是由超基性－碱性岩浆分异的碳酸盐熔浆结晶形成的）。

1.2　钨锡

我国钨矿资源比较丰富，是世界其他国家钨矿资源总和的1.5倍，居世界第一位，第二位是加拿大，第三位是俄罗斯。世界钨矿资源分布不均，以亚洲为主；其次为北美洲，占世界总储量的19%；欧洲钨的储量占世界的16%；大洋洲和非洲钨矿资源较少，以澳大利亚、卢旺达和津巴布韦为主要产钨国。

自1908年我国发现的第一个钨矿西华山钨矿以来的百余年间，我国已发现钨矿床（点）2000余个。分布在西自天山，东达东南沿海，北自大兴安岭，南达广东。至2009年底，我国钨矿查明资源较多的有湖南省（占全国的32.8%），江西省（占全国的18.4%）。湘桂粤赣4省区钨矿查明资源储量占全国总量的62.9%。

湘桂粤赣4省区位于扬子准地台的东南缘，华东加里东期深断裂广布，延长数百公里，间距百余公里，燕山期中酸性花岗岩侵入广泛，为钨、锡、铋、铍、锂、铌、钽、铷、铯和稀土金属的产出提供了重要的基础和前提。另外，天山—祁连—秦岭成矿带，为近东西向的强烈褶皱、断裂集中区，中酸性花岗岩类侵入活动频繁，也有重要的钨矿床分布，如甘肃小柳沟钨钼铜铁多金属特大型矿集区、南疆的白干湖钨（锡）大型矿集区。

我国锡矿资源主要分布在湖南、云南、广西和内蒙古，4省区查明锡资源储量占全国锡总量的79.66%。其中云南占全国锡总量的24.64%，湖南占20.97%，广西占18.08%，内蒙古15.97%；此外，广东占全国锡总量的11.70%，江西占4.76%。华南的湖南、江西、广东、广西4省占全国锡总量的55.5%。

2　铌钽钨锡地球化学性质

铌位于周期表中第五周期第Ⅴ副族，钽是第六周期第Ⅴ副族的元素。铌、钽电子构型和主要地球化学参数十分相近，地球化学性质也基本相同。它们是典型的亲石元素，并具有强烈的亲氧性，在成矿过程中密切相伴。在自然界中，多数铌矿物中至少含有 1% 的钽，而任何含钽矿物也都含有百分之几的铌。

铌、钽独立矿物成分很复杂，常有 Ti、Zr、Fe、Mn、Mg、Ca、Na、Y、Ce、La、U、Th、Si、Al、Sb、Bi、Sn 等元素参与。铌、钽矿物绝大多数属于氧化物类，其次是硅酸盐类矿物。含铌钽的矿物也有几十种，常见的有金红石、榍石、钙钛矿、锆石、星叶石、黑钨矿、锡石、磷钇矿、钍石，以及一些铁、镁、锰矿物。

多种元素地球化学参数与铌、钽相似，可与铌、钽类质同象置换，见表 1。

表 1　与铌钽类质同象元素的地球化学参数

地球化学参数	Nb	Ta	Ti	Zr	Hf	Th	REE	Sn	W	Fe
电荷	5	5	4	4	4	4	3	4	6	3
离子半径/nm	0.066	0.066	0.064	0.082	0.082	0.095	0.102	0.067	0.065	0.067
配位数	6	6	6	6 ~ 8	6	6	8	6	6	6
离子电位/eV	7.25	7.25	6.25	4.60	4.65	3.63	2.46	5.40	8.82	4.50
电离势/V	49.3	44.8	44.6	33.83	31.0	29.4	19.2	40.57		16.27
电负性	240	210	260	200	180	170	147	235	235	245
离子置换系数	0.28	0.28	0.28	0.20	0.27	0.17	0.12	0.14	0.28	0.22
晶格能系数	3150	3150	2150	1980	1995	1750	900	2080	1648	1280

注：据文献[1]。

决定岩浆中铌钽地球化学行为的因素有 3 个，其一是钛，如果钛的含量过高，铌、钽则分散在含钙的钛矿物榍石和钙钛矿中，不利于铌、钽在岩浆期后的富集；其二是富锂的花岗岩、黑云母是铌的主要聚集者，导致残浆中钽的富集；其三是碱含量，岩浆中碱含量增高时，铌钽成络合物保留于溶液中，在晚期交代作用钠长石化、碳酸盐化时，铌钽矿物显著增加。

3　铌钽钨锡赋存状态

最具工业意义的重要铌钽矿物或含铌钽矿物可归纳见表 2。

表 2　重要的铌、钽矿物或含铌钽矿物的化学组成（%）

矿物名称	化学组成	Ta$_2$O$_5$	Nb$_2$O$_5$
钽铁矿	Fe 和 Mn 的钽铌酸盐；（Fe，Mn）（Ta，Nb）$_2$O$_6$	42 ~ 86	3 ~ 40
铌铁矿	Fe 和 Mn 的钽铌酸盐；（Fe，Mn）（Nb，Ta）$_2$O$_6$	1 ~ 42	40 ~ 75
细晶石	含 F、Ca 的钽铌酸盐；（Ca，Na）$_2$（Ta，Nb）$_2$O$_6$（O，OH，F）	55 ~ 74	5 ~ 10
钽铝石	Al 的钽酸盐；Al$_4$Ta$_3$O$_{13}$OH	60 ~ 72	0 ~ 6
钽铋矿	Bi 的钽铌酸盐；Bi（Ta，Nb）O4	约 40	约 6.6
铌钇矿	Fe、Y、Ca、Ce 和 U 的钽铌酸盐；Y（Fe，U）（Nb，Ta）$_2$O$_8$	14 ~ 27	41 ~ 56

续表 2

矿物名称	化学组成	Ta$_2$O$_5$	Nb$_2$O$_5$
褐钇铌矿	Y、Er、Ce 的钽铌酸盐；Y（Nb，Ta）O4	2.5 ~ 11.09	33.64 ~ 42.9
易解石	（Ce，Th）（Nb，Ti）$_2$O$_6$	0.26 ~ 3.3	21 ~ 35
铌易解石	（Ce，Ca，Th）（Nb，Ti）$_2$O$_6$	0.51	41.13
锰钽矿	锰的钽铌酸盐；MnTa$_2$O$_6$	70 ~ 86	1.91 ~ 10.33
黄钇钽矿	钇的钽铌酸盐；YTaO$_4$	49.4 ~ 55.5	9.15
重钽铁矿	Fe 的钽铌酸盐；FeTa$_2$O$_6$	73.98 ~ 86.01	1.17 ~ 1.37
烧绿石	含 F、Th 和 Ca、Ce 的钽酸盐；（Ca，Na）$_2$Nb$_2$O$_6$（OH，F）	0.2 ~ 2	47 ~ 70
黑稀金矿	Y 和 U 的钽铌酸盐；Y（Nb，Ti）$_2$O$_6$	1 ~ 6	22 ~ 30
钛铁金红石	含铌、钽的金红石；TiO$_2$	7 ~ 15	14 ~ 34
钽锡矿	Sn（Ta，Nb）$_2$O$_7$	72.83 ~ 74.87	少量
钛铁矿	FeTiO$_3$	1.5 ~ 2	0.01 ~ 0.02
金红石	TiO$_2$	0.1 ~ 0.5	0.03 ~ 0.05
锡石	SnO$_2$	约 1	< 1
黑钨矿	（Mn，Fe）WO$_4$	可达 2 ~ 3	

注：据文献[4]补充。

表 2 中烧绿石、铌铁矿、钽铁矿是最主要铌工业矿物；钽铁矿、铌铁矿（铌钽铁矿）、细晶石、钽锡矿、含钽锡石是钽主要工业矿物。

钨在周期表中属第六周期Ⅵ副族元素。钨在化学上可以有 0、+1、+2、+3、+4、+5 和 +6 价。随着价态增高，离子电位和电负性增加，致使钨具有形成各种卤化物和络合物的强烈倾向。与钨呈类质同象置换的元素很多，常见的有 Nb、Ta、Mo、Ti、U、Sn、Mn、Sc 等。由于钨矿成矿的多元性与成矿专属性，使与钨矿伴、共生的金属元素繁杂多变，伴生金属种类也因钨矿成因类型的不同而有差异。产在外接触带中的石英脉型钨矿（如漂塘、行洛坑、盘古山、大吉山等），常伴生 Sn、Bi、Mo、Cu、Pb、Zn、Be、Au、Ag、Fe、Sb、S 和 Hg；产在过渡带的矽卡岩型、云英岩型或斑岩型钨矿（如柿竹园、瑶岗仙、莲花山等）常伴生 Sn、Be、Mo、Bi、Cu、Pb、Zn、F 等；产在内接触带的花岗岩型、云英岩型或石英脉型钨矿（如荡坪、西华山、川口、下垄等），常伴生 Nb、Ta、Sn、Be、Cu、Mo、Bi、Pb、Zn、Fe、S、Li、Rb、Cs、Zr、Hf、V、REE 等。

锡在周期表中属第五周期第 Ⅳ 族，具有亲氧、亲铁、亲硫三重性，并以亲氧性最强。由于六次配位的 Sn^{4+} 离子半径同 6 次配位的 Nb^{5+}、Ta^{5+}、W^{6+}、Fe^{3+}、Mg^{2+}、Ti^{4+}、Al^{3+} 等元素的离子半径相似，类质同象代替频繁，可形成固定的共生组合关系。Nb^{5+}、Ta^{5+} 可以类质同象置换 Sn^{4+} 进入锡石中，甚至形成钽锡石类矿物。锡在不同的物理化学条件下，显示不同的亲和力。在氧化环境中，锡优先形成锡石，显示其亲氧性；在还原的、富硫的环境中，形成黝锡矿、硫锡矿，显示其亲硫性；在还原的基性和超基性的岩浆中，与铂族元素形成互化物，形成锡铂矿、锡钯矿，显示其亲铁性。

钨矿物和含钨矿物有 20 余种，锡矿物和含锡矿物有 50 余种，其中最具工业意义的钨、锡矿物见表 3。

表 3　重要钨、锡矿物的化学组成（%）

矿物名称	化学式	WO₃	Sn
黑钨矿	（Fe，Mn）WO₄	76.58	
白钨矿	CaWO₄	80.6	
锡石	SnO₂		78.8
黄锡矿	Cu₂FeSn₄		27.6
圆柱锡矿	（Pb，Sn）₈Sb₄Fe₂Sn₅S₂₇		26.5
硫锡铅矿	PbSnS₃		30.51
辉锑锡铅矿	Pb₆FeSb₂Sn₂S₁₄		17.09

4　铌钽钨锡共生关系

钨、锡成矿物质的多元性，含矿建造的多层位性，成矿作用的多期性，成矿环境的多样性，钨、锡元素地球化学的多适应性等特点，使与钨、锡矿共伴生的金属种类繁多，特别是铌、钽、锂、铍、锆、铪、铷、铯、铊、铟、镓、锗和稀土，常以钨、锡矿床的共伴生组分产出，是综合回收利用三稀金属的最重要矿产资源。

我国多旋回的地质构造运动，提供了复杂多样的成矿地质环境，特别是华南板块构造演化及持续的构造作用、岩浆作用和沉积变质、热液叠加改造作用，加之燕山期强烈的岩浆活动，造就了一批数量众多，类型齐全，共生组合丰富的钨锡（稀有、稀土）多金属矿床，尤以柿竹园钨锡多金属矿床、西华山钨稀有稀土矿床、栗木铌钽钨锡矿床、宜春铌钽锂铷铯矿床、大吉山稀土铌钽钨矿床等，颇具影响。

据统计，在钨矿区中，单一矿产的钨金属储量仅占 7%，以钨为主的矿产而伴生其他金属占 46%，还有 47% 的钨金属资源则共生或伴生在其他金属矿床中。体现了钨矿的多元成矿规律。

由于铌、钽和钨、锡地球化学性质的相似性，它们常常共伴生产出。如江西单一铌钽矿床仅占矿床总量的 1/3，其余的铌钽矿床共生、伴生在钨锡矿床中。我们既要重视单一铌钽矿床的找矿，又要加强共伴生在钨锡矿床中的铌钽矿产资源分布规律与综合利用研究。

5　结语

我国具有三稀资源优势，但只有增强矿业管理力度，有效阻止耗竭式开采，切实加大勘查投入，深入开展赋存状态研究，加强综合利用与应用技术研发，才能使三稀资源优势转变成产业优势，为国家现代化建设发挥应有作用。

参考文献

[1] 刘英俊，曹励明，李兆麟，等.元素地球化学[M].北京：科学出版社，1984.
[2] 当代中国有色金属工业编委会.新中国有色金属地质事业[C].1987：350-356.
[3] 冶金部南岭钨矿专题组.华南钨矿[R].1981.
[4] 汤集刚.有关铌、钽的背景材料[R].2000.

某金矿金工艺矿物学特征研究及在选矿生产中的指导作用

王军荣

（福建紫金矿冶设计研究院低品位难选冶黄金资源综合利用国家重点实验室，福建上杭，364200）

摘　要：对某氧化型金矿石进行金工艺矿物学特征研究。通过矿石多元素化学分析、金物相分析、重选分离富集、实体显微镜金矿物鉴定及单矿物挑选、光学显微镜、扫描电镜和能谱成分测定等手段，查明矿石主要化学成分、主要矿物组成、金矿物成分特征及含量、金矿物粒度、金矿物形貌、游离金与包裹金在矿石中的分配等特征，指导矿山现场生产。

关键词：金矿石；金工艺矿物学特征；回收率

某厂氧化型金矿重选金工段，近一段时间重选回收率总是在 4% 左右徘徊。之前未做工艺矿物学研究，所以对重选回收率较高时的矿石性质及金赋存状态不清楚。本文针对工艺矿物学研究工作，主要结合生产现场金重选工艺特点，对矿石做金赋存状态研究，查明矿石中游离金粒度分布特点、游离金及包裹金在矿石中的含量，根据工艺矿物学工作成果，指导生产现场科学合理地分析重选回收率较低的原因，并根据金矿物学特征找出解决方案。

采集现场样品 10 kg，矿样粒度 1 cm 至几微米不等。

1　矿石物质组成

1.1　矿石化学成分

1.1.1　矿石化学多元素分析

将矿石直接筛分成 3 个粒级，分别进行主元素定量测定，查看主要元素在不同粒级矿样中的含量及分布。测定结果见表 1。

表 1　矿石主要化学成分（%）

矿样	Au/($g·t^{-1}$)	SiO_2	Al_2O_3	TS	TFe	Fe^{2+}	Fe^{3+}
+20 目	0.60	95.16	1.34	0.11	1.36	0.46	0.90
-20 目 ~ +150 目	1.00	95.32	1.52	0.10	1.70	0.70	1.0
-150 目	4.29	80.99	8.85	0.25	3.64	0.36	3.28

注：此表数据为福建紫金矿冶测试技术中心测试结果。

表中数据分析，矿石化学成分除 Au 外，以 SiO_2 占主要含量，其次是 Al_2O_3 与 TFe，总硫含量较少。铁以三价铁为主。元素含量变化趋势：Au、Al_2O_3、Fe^{3+} 明显向细粒级（-150 目）富集，SiO_2 含量由粗到细呈降低趋势。说明现场矿样中金主要富集在 -150 目矿砂中。

1.1.2　矿石金品位

根据不同粒级矿石金含量（见表 1）及产率，计算矿石中金品位（见表 2）。

表 2　矿石金品位

粒　级	+20 目	-20 目 ~ +150 目	-150 目
产率/%	65.2	23.1	11.7
品位/($g·t^{-1}$)	0.60	1.00	4.29
金分配率/%	34.8	20.5	44.7
矿石金品位/($g·t^{-1}$)		1.12	

注：80% -200 目测定金品位。以下同。

1.1.3　金物相分析

将现场采集的矿石自然筛分成 +20 目、-20 ~ +150 目、-150 目 3 个粒级，分别破碎至 80% -200 目细度，进行金物相分析，查明金在矿石不同粒级范围内主要矿物中的分配趋势。列于表 3。

表 3　金物相分析结果

矿石	金物相	总金	暴露金	硫化物包裹金	碳酸盐包裹金	硅酸盐包裹金	金各项合量
+20 目	含金量/%	0.60 $\times 10^{-4}$	0.40 $\times 10^{-4}$	0.07 $\times 10^{-4}$	<0.05 $\times 10^{-4}$	0.17 $\times 10^{-4}$	0.66 $\times 10^{-4}$
	占有率/%		60.6	10.6	3.1	25.7	100
-20 ~ +150 目	含金量/%	1.00 $\times 10^{-4}$	0.88 $\times 10^{-4}$	0.06 $\times 10^{-4}$	<0.05 $\times 10^{-4}$	0.06 $\times 10^{-4}$	1.02 $\times 10^{-4}$
	占有率/%		86.3	5.9	1.9	5.9	100
-150 目	含金量/%	4.29 $\times 10^{-4}$	3.90 $\times 10^{-4}$	0.06 $\times 10^{-4}$	<0.05 $\times 10^{-4}$	0.26 $\times 10^{-4}$	4.24 $\times 10^{-4}$
	占有率/%		92.0	1.4	0.5	6.1	100

注：此表数据为福建紫金矿冶测试技术中心测试结果。

表中测试数据显示，矿石由粗到细，金含量逐渐上升。变化趋势与表1金含量分布趋势相吻合；在最细粒级矿石（-150目）中暴露金（或游离金与连生体金）占90%以上。其他矿物包裹金合量所占比例，随矿石细度由粗变细，由3.5%下降至6.6%。

1.2 矿石矿物组成

矿石中主要矿物组成见表4。

表4 矿石中主要矿物组成（%）

项目	金	石英	褐铁矿	黄铁矿	黏土矿物	明矾石	其他非矿微量矿物合计
重选前矿物	1.12 g/t	93.0	2.1	1.1	3.4	0.2	0.2

注：金含量见表2。

2 金矿物特征

2.1 金矿物种类

结合生产现场重选作业特点，分别通过摇床、淘洗等工作，得到重选金精矿，在体视显微镜下观察、测量并挑选出游离金矿物。根据挑选过程观察到的游离金反射率及反射色情况，大致可将游离金矿物分出四类（见表5）。第一类，反射率最高，反射色呈亮金黄色（如图1右上角一粒除外）。能谱测定成分，银含量不足5%，金平均含量96.5%，最高可达98.7%，属自然金；第二类，反射色呈金黄色，反射率较第一类略低，能谱测定成分，银含量接近5%，金平均含量94.7%，属含银自然金（见图2）；第三类，反射色高于黄铜黄色，反射率较第一、二类低（图1右上角长粒自然金），能谱测定成分，银含量在8.9%左右，金含量在91.1%左右，也属含银自然金；第四类反射率最低，与黄铁矿连生（见图3），能谱测定含银15.8%，金84.2%，为银金矿。根据以上工作，该矿区金矿物主要以银金矿、含银自然金、自然金形式存在。

表5 金矿物种类及能谱成分测定表（%）

项目	Au	Ag	矿物名称
第一类	96.5	3.5	自然金
第二类	94.7	5.3	含银自然金
第三类	91.1	8.9	含银自然金
第四类	84.2	15.8	银金矿

2.2 游离金（包括自然金、含银自然金、银金矿，以下同）特征

2.2.1 游离金形态特征

游离金形态以不规则粒状、渣粒状、微蜂窝粒状、刺粒状、树枝状为主，圆粒状、近圆粒状、规则粒状、不规则片状（片状自然金表面也呈微蜂窝状）等自然金较少。

游离金颗粒表面极不平滑，发育微孔隙或微蜂窝，见图13、14扫描电镜形貌图片。颗粒表面微孔隙中多或少粘有石英、褐铁矿等矿物微粒（见图8、图9、图12、图13、图14）。这些金成色普遍较高，是含金矿物遭受氧化作用后形成，为次生金。氧化次生金是该金矿石金的主要成因类型（见图1至图14）。

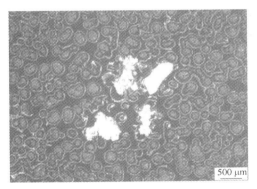

图1 游离金（三粒成色965，一粒成色911）

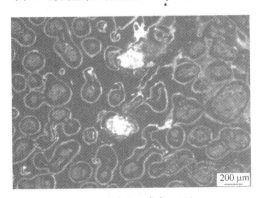

图2 游离金（成色947）

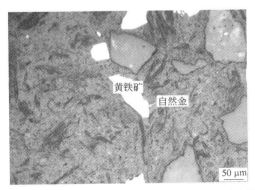

图3 与黄铁矿连生含银自然金（成色842，砂光片）

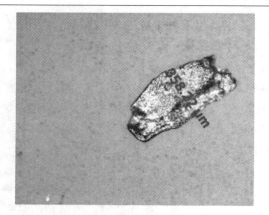

图4　长粒状游离金

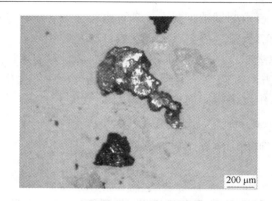

图8　蝌蚪状游离金，表面粘有铁锈状物

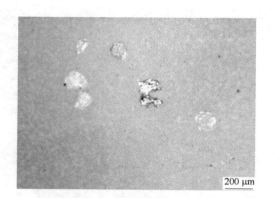

图5　不规则粒状游离金

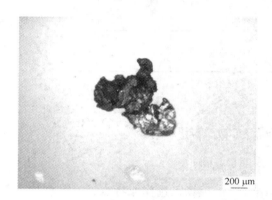

图9　炉渣粒状游离金，表面有锈褐色薄膜

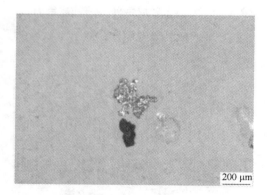

图6　树枝状游离金

图10　蚯蚓状（或长粒状）游离金

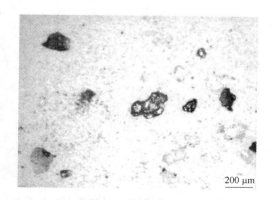

图7　带孔洞的它形粒状游离金

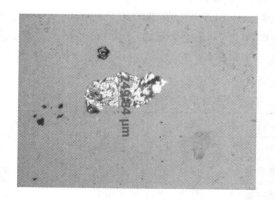

图11　片状游离金

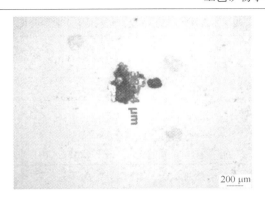

图12 粒状游离金，明显粘有褐铁矿（黑色）

图13 游离金电镜形貌特征

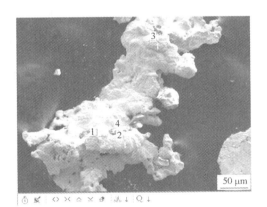

图14 游离金电镜形貌特征

注：以下除图3为砂光片外，其他均为实体显微镜拍摄的金精矿中游离金。图13、图14：表面孔隙中粘有石英、褐铁矿、黏土矿物等杂质

2.2.2 游离金粒度特性

2.2.2.1 游离金粒度分布

矿石不经破碎直接分级摇床，得到重选金精矿，从中测定游离金粒度。共测定170粒游离金（含个别连生金），170粒游离金粒度范围在0.01～0.4 mm之间，其中0.2～0.4 mm粒级范围内的游离金占9.64%，0.1～0.2 mm粒级范围内的游离金占

33.74%，0.05～0.1 mm粒级范围内的游离金占40.96%，-0.05 mm粒级范围内的游离金占15.63%。从游离金粒度分布情况看出，游离金粒度主要集中在0.05～0.2 mm之间，含量约占游离金总量的74.7%。粒度详细分布情况见表6。

表6 游离金粒度分布

粒级/mm	含量/%	累积含量/%
-0.4～+0.2	9.64	9.64
-0.2～+0.1	33.74	43.38
-0.1～+0.05	40.96	84.34
-0.05～+0.025	15.03	99.37
-0.025～+0.01	0.60	100.00

2.2.2.2 游离金在不同粒级矿石中的含量分布

170粒游离金的分析结果显示：+32目矿石中不存在游离金；-32目～+150目矿石中游离金占游离金总量的6.23%（有6粒）；-150目～+200目矿石中游离金占游离金总量的76.16%（有119粒）；-200目矿石中游离金占游离金总量的17.61%（有45粒）。详情见表7。

表7 不同粒级矿石中游离金分布情况

矿筛分粒级	+32目	-32目～+150目	-150目～+200目	-200目	合计
产率/%	35.21	21.23	15.82	27.74	100.00
游离金数量/粒	0	6	119	45	170
游离金比例/%	0	6.23	76.16	17.61	100.00

2.3 金矿物嵌布特征

2.3.1 粒间金

现场细粒级矿砂中（见表7）游离金颗粒数较粗粒级矿石中含量明显多，说明金易于单体解离，此为粒间金特征。另外，80%-200目细度矿石金物相测试显示，暴露金（即单体金及连生金）所占比例由60.6%向93.4%递增（见表3），此数据进一步证实自然金易于解离（或暴露），形成大量游离自然金。

2.3.2 包裹金

经矿物学处理得到合适矿砂若干，制成砂光片查找包裹金。查找结果显示包裹金以褐铁矿包裹为主，其次为黄铁矿包裹，脉石矿物包裹较少（见图15、图16）。褐铁矿及黄铁矿包裹金粒度为几微米，甚至更小。黄铁矿包裹金呈浑圆粒状(见图16)，褐铁矿包裹金呈不规则粒状、丝线状等形态。另外，结合现场重选作业特点，"包裹金"还包括分布于多粒矿物粒间而未解离出来无法通过重选回收的那部分金。

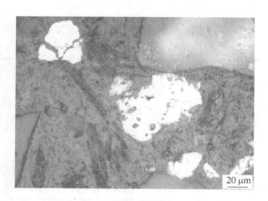

图15　褐铁矿中包裹自然金(亮黄色)

图16　黄铁矿包裹浑圆状自然金

2.3.3　金的其他赋存状态

本矿区金矿石中是否存在离子吸附金及类质同象等形式，考虑现场为重选作业，工艺矿物学未对此项工作进行研究。从金物相数据分析(见表3)，如存在这种形式，含量也不高。

3　游离金与包裹金含量及重选回收率预测

针对现场重选作业矿石特点，采用摇床等重选方法得到游离金，对尾矿作金测试，测试结果该尾矿石金品位为0.79 g/t。结合原矿金品位测试结果，计算得到矿石中游离金与包裹金(含部分连生金)所占比例分别是2.46%与7.54%(见表8)。

表8　游离金与包裹金(含连生金)含量分配

项目	矿样量/g	金含量/($g·t^{-1}$)	金金属量/g	金分配率/%
原矿样	3061.47	1.12	3428.8464×10^{-6}	100
原矿样中包裹金矿样	3061.47	0.79	2418.5613×10^{-6}	70.54
游离自然金			1010.2851×10^{-6}	29.46

考虑分离游离金的工作环节较多及分离彻底性等相关因素的影响，实际游离金所占比例大于29.46%。在现场金矿石细度下，金重选回收率理论上不应低于29.46%。矿石中游离金分离出后(即为重选尾矿)，进一步工作得到若干产品(见表9)，分别做金测试。

表9　重选尾矿的重选产品金分析结果

项目	产率/%	矿样量/g	金品位/($g·t^{-1}$)	金金属量/%	金分配比例/%
精矿	0.38	8.4	37.24	312.816×10^{-6}	18.35
中矿	1.62	36	2.46	88.56×10^{-6}	5.19
尾矿	98.00	2172.8	0.60	1303.68×10^{-6}	76.46
分离出游离金的重选尾矿	100.00	2217.2	0.77	1705.056×10^{-6}	100.0

注：经工艺矿物学处理，表中各种矿石产品中已无游离金。

由表9得出至少还有18.35%的金以包裹金形式进入重选金精矿，那么在现场的矿石细度条件下重选金最大理论回收率可达47.81%(29.46% +18.35%)。

参考文献(略)

无机微晶材料是矿山工艺
矿物学的发展和矿山可持续发展的方向

李章大　　周秋兰

（中国地质科学院研究院，北京，100192）

摘　要： 无机微晶材料是我们在研究矿山尾矿资源化开发利用过程中应用"微晶玻璃"原理、工艺、技术，研发"尾矿微晶玻璃"产品开发出的人造玉类新材料。其制作吸取了岩石工艺学原理，以矿山固体废弃物为主要原料（如尾矿、废石、煤矸石、炉渣、赤泥、粉煤灰等），采用了新的工艺和技术，其研发成功发展了矿山复合矿物工艺学。近30年实验研究及生产实践显示，无机微晶材料将成为21世纪非金属材料工业大发展时代中像钢铁一样的基础产业，开发无机微晶材料是矿山可持续发展的方向。

关键词： 无机微晶玻璃材料；尾矿微晶玻璃；矿山尾矿资源化开发；矿山可持续发展方向

矿山是矿产资源的综合基地，现实的经济、技术条件下，则是按其实用价值划分为不同矿种的矿山企业。对固体矿产而言，必然把暂时不能使用的资源当作废石、矸石、尾矿、赤泥等矿山固体废弃物。无论金属或非金属矿山，大量废弃的是非金属矿物及微量（少量）金属矿物复合资源。矿山由现行技术标准、工艺设施固定了生产规范，形成自古至今的矿山生产现状。除非回填或复垦，矿山自身不能全部综合利用其资源，不能实现可持续发展的无废料矿山目标。为了探索矿山尾矿资源化开发利用，积28年的试验研究和综合前人研究成果与矿山实践经验，参照国内外及相关科技成就，笔者认定：用矿山固体废弃物开发无机微晶新材料，才能带动矿山固体废弃物的资源化整体利用，这是矿山可持续发展的方向，这也是21世纪非金属材料工业大发展的时代。

1　无机微晶新材料的优点和发展前景

1.1　定义及机理

无机微晶新材料亦称微晶玻璃（glass - ceramic）又称玻璃陶瓷，是由特定组成的硅酸盐、铝硅酸盐、氟硅酸盐、磷酸盐、硫系等基础玻璃材料，在加热过程中通过控制晶化制得含有大量微晶相（$0.1 \sim 0.5$ m大小雏晶）及残余玻璃相组成的多晶固体复相材料。它是在改进玻璃、陶瓷、建材、冶金生产工艺的基础上，形成既有玻璃基本性能，又具陶瓷多晶、金属微晶结构特征，集玻璃、陶瓷和相关金属材料特点而使其具有新的优点的一类独特新型材料，是20世纪70年代迅速发展起来的微晶陶瓷玻璃非金属复合材料。

其工艺技术机理在物理上充分利用玻璃非晶态在固体热力学上亚稳态比晶态具较高内能、在一定条件下可转变为结晶态。玻璃熔体在冷却过程中，黏度快速增加时，在动力学上抑制了晶核的形成和长大，以此控制其微晶程度（雏晶）和数量，从而使其物理过程平衡而成为新材料，具备新性能。在化学上，玻璃组成可以是二元系统、三元系统、四元系统至更多元系统，如：$Li_2O - SiO_2$、$CaO(MgO) - Al_2O_3 - SiO_2$、$Li_2O(Na_2O)Al_2O_3 - SiO_2$、$Li_2O(Na_2O) - MgO(ZnO、BaO) - SiO_2$、$ZnO(CaO、BaO、PbO、MnO) - Al_2O_3 - SiO_2(TiO_2)$、$Na_2O(Li_2O) - BaO(ZnO) - Al_2O_3 - SiO_2$、$CaO - FeO(Fe_2O_3) - Al_2O_3$等硅、铝、钙、镁非金属氧化物和锂、锌、铁、锰、钛、钡、铅金属氧化物，其组分含量允许较大波动范围，晶相可为单晶相至多晶相。剩余玻璃材料范围也较宽，这就有利于原料多样化、生产工艺易操作，产品种类多样化。矿山固体废料中的微量金属组成则成为晶核、矿化剂、着色剂，适合本类原料对资源的要求。可见，微晶玻璃生产扩大了玻璃制造工艺应用范围，代表了一种根本不同于陶瓷的制造工艺，发挥玻璃及陶瓷的优点，发展了传统材料不能达到的物理性能。如致密性和从透明到瓷白的颜色可调性，是陶瓷无法相比的。生产过程无污染，产品本身无放射性，无有害成分析出，又可消耗矿山固体废弃物，故被称为环保产品、绿色材料。

1.2　性能与应用领域

无机微晶材料不仅具有玻璃、陶瓷及某些金属材料的优点，兼有传统材料不能达到的物理性能，性能指标往往优于同类传统产品。机械强度高，硬度大，耐磨性能好，通过材料的增韧补强，可以超过金属材料而比重比金属轻；具优良热稳定性，耐高温、耐热冲击，经得起急冷急热（如其炉具可直接从冰箱取出置于燃气灶上明火加热），能适应恶劣使用环境；热膨胀系数可在大范围内调整，直至零膨胀和负膨胀，故可与金属材料焊接；软化温度高而可调，在高温环境下也能保持较高机械强度；已发现尾矿微晶玻璃具有形状记忆功能；电绝缘性能优良，介电损耗小，介电常数稳定；与相同力学性能的金属材料相比，密度小，质地致密，不透水，不透气；高度化学稳定性，耐磨蚀和抗氧化性，几乎不与空气发生反应，产品历久常新；比一般金属耐酸耐碱、耐氧化，不畏海水侵蚀与酸气腐蚀；比陶瓷亮度高，比玻璃韧性强等。还可以通过组成设计和工艺调整获得特殊的光学、电学、磁学、热学和生物学功能，制成各种技术材料、结构材料、功能材料，开辟了一个没有代用材料可以满足其技术要求的全新领域。其实际和潜在用途有：玻璃、陶瓷换代产品，日用灶具（电磁炉、燃气灶、微波炉、壁炉、烤箱）、台面、高级建筑材料；矿山、选厂、冶炼厂、水利、化工部门耐磨、耐腐蚀、耐高温材料；水下结构及深水容器材料，化学工业及食品加工工业大型金属器皿内衬，输送泥浆的泵、阀门、管道、热液输送管道，1100℃温度以下长期使用的热交换器材料，耐火材料和耐火砖接缝密封剂，特殊用途轴承，可焊接到铜、镍、低碳钢上，与金属焊接成电力、微电子、真空管组件；微电子技术用基片，制微晶玻璃印刷电路，高电容率微晶玻璃电容器和电光材料，灯泡、望远镜坯、激光元件、远红外线微晶玻璃，飞机及宇宙飞船的热保护层、宇宙飞行器、原子反应堆控制材料、反应堆用密封剂、医学用人造骨、人造牙等。

1.3 发展现状略举

1957 年，美国康宁公司玻璃化学工程师 S. D. Stookey 率先研制成功商品光敏微晶玻璃，20 世纪 70 年代热敏微晶玻璃在各国广泛深入研究的基础上得到迅速应用，至今已有 2000 多种商品上市。在性能和制造工艺等方面不断突破，在研制、开发、工业化生产及理论研究上取得很大成就。由碱金属、碱土金属为主的硅酸盐晶相微晶玻璃开发了光敏微晶玻璃（主晶相为二硅酸锂）和矿渣微晶玻璃（主晶相为硅灰石、透辉石等）；二硅酸锂晶体比玻璃基体易被氢氟酸腐蚀，可酸刻蚀成图案，尺寸精度高的电子器件（磁头基板、射流元件等）；透辉石晶相材料比硅灰石晶相材料具更高强度，更好耐磨性和耐腐蚀性。铝硅酸盐微晶玻璃，$Li_2O - Al_2O_3 - SiO_2$ 系统可得到低膨胀系数

材料、透明材料；$MgO - Al_2O_3 - SiO_2$ 系统具优良高频电性能，较高机械强度（250 ~ 300 MPa），良好抗热震性和热稳定性，已成为高性能雷达天线保护罩材料。$Na_2O - Al_2O_3 - SiO_2$ 系统引入一定量 TiO_2 就可获得霞石主晶相微晶玻璃，具有很高的热膨胀系数，其材料表面涂上膨胀系数较低的釉就可强化材料。同一系统玻璃的组成或热处理制度不一样时析出的晶体类型不一样。氟硅酸盐微晶玻璃，呈片状氟金云母型晶相时，具良好电绝缘性及耐热性，成为电子绝缘材料和可用普通刀具加工的可切削材料。呈链状析晶析出氟钾钠钙镁闪石针状晶体晶相时，具较高断裂韧性和抗弯强度及高热膨胀系数，若在其材料表面施加低膨胀釉，可提高抗弯强度。苗 - 锂辉石微晶玻璃与碳化纤维复合，可增强韧性效果，成为航天材料。氧氮微晶玻璃直接整体微晶化，可降低氮化硅晶体的烧结温度而保持其高强度的苗 - 氮化硅结构。低膨胀系数微晶玻璃可用于激光导航陀螺和光学望远镜，氟磷灰石微晶玻璃已从含氟的钙铝磷酸盐玻璃及碱镁钙铝硅酸盐玻璃中研制出来，具有生物活性，已成功植入生物体中，成为生物材料。综上所述，具有可设计性能的微晶玻璃为功能材料研制和发展提供了一个新的方向；其性能可设计性，是许多其他材料所不可比拟的，对新型无机微晶材料研究作用重大。新材料和高科技发展都迫切需要研发一系列新型材料，具有单项或多项功能的新型功能无机微晶材料已应运而生。无机微晶材料将日益成为高新技术领域的生力军，材料科学研究的热点。

1.4 我国微晶玻璃开发特点与前景

我国无机微晶材料研究晚、发展历史短、品种少、规模小，投入极少、力量弱而分散，国家、企业、科研单位、院校和相关部门重视不够；但建筑装饰用微晶玻璃发展有特色，21 世纪发展势头大，处于蓄势待发阶段。1976 年国家建材部曾为研制修建毛主席纪念堂的装饰材料，集中了全国建材相关科技力量及物力，引进苏联压延法制作微晶玻璃板材失败，使我们开发微晶玻璃材料的信心受挫，但播下了研发人才的种子。轻工业部 20 世纪 80 年代接着在北京、上海、山东玻璃和陶瓷企业探索引进美国和日本技术开发微晶玻璃产品未成。1988 年中国建筑工业出版社出版英国 P·W·麦克米伦教授总结各国研究微晶玻璃成果的专著《微晶玻璃》（王仞千译），可算是我国正式研究微晶玻璃的开端。但出版量少，至 20 世纪末国人也鲜知其为何物。这时期，北京玻璃研究所和轻工业部上海玻璃所进行水淬 - 烧结法和浇注法研制微晶玻璃中试，中科院联合上海同济大学和蚌埠玻璃

设计院用安徽涂县铜矿尾矿，聘请乌克兰压延法微晶玻璃专家继续试产建筑装饰用微晶玻璃板材；中国地质科学院尾矿利用技术中心于 1991 年前后，在北京玻璃所、上海玻璃所、秦皇岛玻璃研究院、唐山陶瓷研究所及首钢矿山公司的支持下，开展尾矿微晶玻璃（建筑饰材）工业中试，用烧结法制成板材；继之，在中南大学材料学院、北京科技大学环境工程学院建立尾矿微晶玻璃实验室，发现了尾矿微晶玻璃形状记忆功能和增韧补强功能，将微晶玻璃强度提高 6 倍以上，10 年用 14 个矿种 36 个矿山固体废弃物（包括尾矿、煤矸石、废石、河沙、炉渣）试制微晶玻璃成功。2001 年，国家建筑材料工业局颁布《建筑装饰用微晶玻璃》国家建材行业标准（JGT 872—2000），现在我国规模生产微晶玻璃厂近 40 家，年产建筑装饰用微晶玻璃 200 多万平方米，畅销国内大中城市和东南亚、中东地区，部分厂家兼生产工厂、矿山耐磨耐高温、耐腐蚀用板材，并带动相关的耐火材料、模具、设备生产及施工技术队伍。2001 年以来，国家计委、发改委、科技部、商务部在《当前优先发展的高技术产业化重点领域指南》中，把尾矿微晶玻璃列为产业化推广项目。中国在世界上首创用矿山固体废弃物作为主要原料生产微晶玻璃，与现今国际上广用工业纯料生产微晶玻璃，俄罗斯、东欧国家首倡用炉渣生产微晶玻璃并列成为 3 个系列。进入 21 世纪，我国微晶玻璃材料也在其他领域扩展，近日网络上检索，有关微晶玻璃的信息就达 41.1 万条，抛去重复和不实信息，仍是十分可观的。如进入陶瓷行业生产玻璃陶瓷；厦门航空工业有限公司已研制出可造激光导航陀螺的微晶玻璃，质量可与德国进口的媲美；国内康尔公司已开发出多种适合高中档电磁炉产品的微晶玻璃，新开发的黑色凹形面板已接近进口产品。温州微晶玻璃高峰论坛上，百余家企业老总对国产微晶玻璃炉具（电磁炉、燃气灶、微波炉、壁炉、烤箱）均寄予厚望，一致预计今后几年新产品会精彩纷呈，应用领域日广，市场会迅速做大，企业实力会越做越强。康尔公司新的窑炉投产后，力争 3 年内使玻璃内胆和器皿产能达到 500 万个，浙江大学纳米科学与技术中心表示，目前国内微晶玻璃行业正处于蓬勃发展阶段，一定要给予企业最大技术支持。微晶玻璃并不只是建筑装饰材料，无机微晶材料必将成为新型材料，扩展和提高传统材料的各个应用领域及新领域，前景无限广阔、美好。

2   21 世纪是非金属材料工业大发展的时代

非金属矿产是生物生存和人类社会赖于发展的不可缺少的资源，其分布之广、数量之多，远远超过金属矿产，而且金属矿产中也包含大量非金属矿物资源。随着科学技术进步和社会生产力及人类生活需求的发展，非金属矿产和矿物性能的开发、应用及数量，越来越超过金属矿产和矿物，正如陈希廉教授在会议论文中的分析，世界上作为工业规模开发利用的非金属矿产增至 250 余种，年开采非金属矿产资源量在 250 亿 t 以上，非金属矿物原料年总产值达 2000 亿美元，远超金属矿物原料的总产值，非金属矿产资源的开发利用水平已成为衡量一个国家经济综合发展水平的重要标志之一。矿产地质界共识：21 世纪是非金属材料工业大发展的"新石器时代"。非金属矿产被加工成具有特殊性能的资源，一种是提纯深加工成"精料"，一种是与其他组分组成复合材料的"配料"；前者必然留下"不纯"的复合原料，依靠科技进步，也可成为复合材料的配料，所以都构成非金属材料工业的原料。如何提高这些资源的价值和用途，就成为发展非金属材料工业的关键，要按照 21 世纪的科技、经济发展重新选定其基础产业，这也是矿山可持续发展的方向。

3   无机微晶材料将是非金属材料工业的基础产业

我国不仅有 5000 余处非金属矿产地和已查明 1162 亿 t 建材用非金属矿资源储量，还有 800 多个国有矿山和 11 万个非国有矿山（年开采矿石量约 50 亿 t 以上）堆存的矿山固体废弃物 200 多亿 t，仅金属矿山堆存的尾矿就在 70 亿 t 以上，且每年以新增（8～9）亿 t 尾矿的速度增加，这些也基本上是非金属矿资源。

非金属矿物及其产品以其独有的特性在现代社会生产和生活中起着不可替代的作用。以非金属矿为主要原料生产的建筑材料有 20 多个类别的产品，非金属矿产资源开发为建筑材料工业提供了大量原材料，2005 年建材非金属矿开采从业人员近 223.6 万人，实现矿业开发工业产值 661.6 亿元，2006 年建材产品中水泥、玻璃、建筑与卫生陶瓷、建筑装饰石材、石膏制品、建筑涂料、墙体材料等制品产量居世界前列，建筑材料成为非金属材料工业的传统基础产业。但是，至今我国非金属矿业经济还属数量扩张型，多年粗放扩张，使非金属矿产资源和环境状况制约着自身发展，也影响建材工业经济增长质量，需要依靠科技创新突破非金属矿物精细加工瓶颈，提高产品档次，加强应用研究，化解非金属矿产开发与环境保护矛盾，提高矿山固体废弃物资源化利用率；有效利用非金属矿物物理化学性能，复合形成新的高性能、高价值，用途广的新材料，成为矿山可持续发展和发展循环经济的方向。无机微晶新材料，正合乎期望，可望成为新的基础产业。

4　开发无机微晶新材料展望

（1）应用冶金工业生产技术开发微晶玻璃新材料，包括粉料、粒料、板材、管材、铸件、泡沫微晶玻璃等，扩大和加快微晶玻璃材料系列产品产业化。

（2）开发海洋、油气田、盐湖、化工、水利、冶金、交通、电子、航天、国防工程建设所需功能材料。

（3）开发无机微晶材料，使之成为无机非金属材料工业的基础产业。

（4）以无机微晶新材料作为龙头产品，带动矿山固体废弃物整体开发利用，成为矿山可持续发展的方向。

（5）开发陶瓷、玻璃、建材、耐火材料、耐磨、耐腐蚀材料的换代产品。

（6）为炉渣、赤泥、化工废渣等资源化开发利用，开拓金属与非金属、环保与节能、同步综合开发的方向。

（7）为国家节能减排、环境保护、淘汰落后产能设施的改造和利用而开拓出新的道路。

（8）把冶金工业的金属产品生产与非金属产品生产链接起来，实现循环经济的衔接。

（9）由国家主管部门安排规划和攻关项目，给予政策鼓励和经费支持。

（10）亟待建立国家级无机微晶材料开发实验室和工业化中试基地；在矿山，相关的有实力科研单位和高等院校建立试验研究组织和企业研发中心，整合力量，形成网络，从我国资源和国情出发，自主创新建立无机微晶新材料产业和技术。

参考文献（略）

国外工艺矿物学进展及发展趋势

贾木欣

（北京矿冶研究总院，北京，100044）

摘　要：本文简要地评述了国外工艺矿物学的进展，阐述了工艺矿物学在矿产资源开发中的重要性。

关键词：工艺矿物学；选矿；采矿；地质勘探

在过去的 10 ~ 15 年时间里，国外的工艺矿物学发展迅速，工艺矿物学在矿产资源开发过程中的重要作用得到了广泛的认可，其进展主要在五个方面。

1　国外工艺矿物学进展

1.1　工艺矿物学研究手段的突破

工艺矿物学参数自动测定系统的出现，是工艺矿物学领域所取得的最大成就，这些系统的出现不仅使解离度测定实现了自动化，而且也使解离度测定的准确性和可重现性得到了很大提高。许多研究机构都在这一领域开展着工作。

QEMSCAN：（quantitative evaluation of minerals by scanning electronic microscopy）由澳大利亚联邦科学与工业研究组织 Commonwealth Scientific and Industrial Research Organization（CSIRO）开发研制，已商业化。此系统由 Zeiss EVO50 扫描电镜，1 ~ 4 个具有轻元素 Gresham X 光探头的能谱、其自主研制的扫描电镜控制系统及能谱控制系统和软件组成。此系统即可以通过 X 射线能谱鉴定矿物，又可以通过背散射电子图像区分物相，其工作模式为利用背散射电子图像区分矿石颗粒和作为背景的环氧树脂，然后按确定模式布置 X 射线能谱分析点。（1）能谱分析点遍布每个矿石颗粒的整个区域；（2）能谱分析点沿着一条线在此直线与矿石颗粒相交的截线上布置；（3）利用背散射电子图像，选定灰度阈值，能谱分析点在确定灰度范围的矿石颗粒上布置。矿物的自动识别由其软件中的 SIP（species identification program）完成，它为一个矿物能谱成分数据库，能谱分析数据与此数据库中数据比对，从而识别矿物。QEMCSCAN 可以自动测定解离度、矿物嵌布粒度、矿物相对含量、矿物嵌布复杂程度（association）等工艺矿物学参数，同时可编程得到研究者感兴趣的参数[1]。

MLA（mineral liberation analyser）是由澳大利亚昆士兰大学 Julius Kruttschnitt 矿物研究中心（Julius Kruttschnitt Mineral Research Center，JKMRC）的顾鹰博士开发研制的[2]，它由 FEI 扫描电镜、1 ~ 2 个 EDAX 能谱和软件组成，MLA 充分利用了扫描电镜和能谱自身的功能，不再附加其他硬件。MLA 充分优化了扫描电镜的工作距离，从而使 MLA 所得到的背散射电子图像非常清晰，这为充分利用背散射电子图像区分矿物相提供了基础，MLA 在充分利用背散射电子图像区分矿物相的基础上可有多种布置 X 射线能谱分析点的模式（10 种以上），可供灵活选择，由于充分利用了背散射电子图像，这使 MLA 能够增加其单个 X 射线能谱分析的收谱时间，增加矿物鉴定的准确性。MLA 注重解决 X 射线能谱分析可能在两矿物之间产生虚假"边界相"。MLA 把需要人为处理的步骤放在自动测试之前，测试时 MLA 得到的数据可传输至工作站，由工作站自动处理和形成报告，效率很高。目前 MLA 可在其他型号电镜及能谱基础上开发，已商业化。

加拿大矿产能源技术中心（CANMET）的采矿和矿物科学实验室（MMSL）开发了一种基于电子探针分析的图像分析系统，此系统应用一种电子束稳定器在每一秒不断检测和调节电子束束流，这使此系统的电子束束流非常稳定，CANMET - MMSL 应用此系统开展背散射电子图像处理分析工作，90% 的情况都可应用此系统完成工作。CANMET - MMSL 认为它比其他同类系统测定速度都要快几倍，每小时可测定 30000 个颗粒。

挪威的 Norwegian 理工大学（Norwegian University of Science and Technology）开发出一种基于自动扫描电子显微镜的颗粒结构测定系统（particle texture analysis，PTA）[3]，它也是基于扫描电镜和标准半定

量能谱系统，通过被散射电子图像分析和 X 射线能谱分析测定工艺矿物学参数，它的软件系统是以 Oxford Inca 软件为基础的。此系统还能够结合电子背散衍射 EBSD – electron backScatter diffraction 开展工作，以获得比 X 射线能谱分析更好的空间分辨率。

除此外许多研究机构都发展了自动扫描电镜系统，如丹麦和格陵兰地质调查所（Geological Survey of Denmark and Greenland）的计算机控制扫描电镜（computer controlled scanning electron microscope, CCSEM），澳大利亚的 CSIRO 的自动地质扫描电镜 AutoGeoSEM 等。

可以预见以背散射电子图像分析和 X 射线能谱结合的自动扫描电镜系统将成为以后工艺矿物学研究的重要手段，在未来的一段时间内，工艺矿物学研究机构都将会试图开发自己的工艺矿物学参数测定系统，这些系统将充分利用当今先进的扫描电镜、能谱以及图像处理技术，只需开发出自己的适用于工艺矿物学研究的软件就达到实用目的了。图像分析和处理技术又将成为工艺矿物学的热点。MLA 引领了这一趋势。

以 QEMSCAN 和 MLA 为代表的自动系统出现后，人们把应用这样系统开展的工艺矿物学研究称为"定量矿物学""Quantitative Mineralogy"和"自动矿物学""Automated Mineralogy"。

1.2　工艺矿物学研究的对象和目的发生了变化

在我国工艺矿物学受重视的程度还不够，选厂对其流程的检查、监控及选矿产品的质量控制基本上停留在以化学分析为主要的手段上，而对其流程产品的解离度考察工作并不多，对其流程的可优化程度并不十分清楚，选厂所追求的是流程的稳定，而不是流程的最佳，流程优化的工作力度不够大。工艺矿物学检测能力在一般的甚至是较大型的中国矿山企业还不存在，而各科研机构中也只有北京矿冶研究总院保持了完整的工艺矿物学人员建制和仪器设备。工艺矿物学研究工作大部分都为配合选矿工艺研究服务，以要进行选矿加工的矿石为研究对象，为选矿流程提供矿物组成、含量、目标矿物嵌布粒度、磨矿产品解离度、伴生元素赋存状态等信息。目标矿物嵌布粒度测定在工艺矿物学研究工作中占的比例很大，粒度测定在块状矿石的抛光片上进行。

在国外，工艺矿物学研究目的并非主要是为选矿工艺研究服务，而主要转向为矿山企业的生产流程服务，工作重点为通过对矿山企业生产流程的工艺矿物

学考察，找到矿山生产流程的缺陷，为其生产流程的优化提供努力方向。未来在我国矿山生产流程的全流程考察和流程优化将成为工艺矿物学研究的主要领域。

在国外由于工艺矿物学研究而促使选厂流程优化的实例较多，如加拿大 SGS Lakefield Research 的工作[4]。加拿大 Ontario 的 Lac des Iles 选厂选铂族矿物，选厂总是要通过两段磨矿两段浮选才能达到好的回收率，工艺矿物学流程考察表明，铂族矿物粒度分布呈"双峰"模式，70% 的相对粗粒部分浮游速度快，30% 的细粒部分浮游速度慢，前者易解离，后者解离难，流程考察结果表明一段选矿粗精矿再磨再选实无必要，选厂流程的这部分被去除。美国，Idaho 州的 Lucky Friday 矿山由于矿石性质改变得不到合格铅精矿，且锌回收率降低，全流程工艺矿物学考察表明铅精矿中存在解离的闪锌矿、黄铁矿及岩石颗粒，通过增加选厂精选次数使这一问题得到解决。Tanco 的 Lac du Bonnet 选厂选钽铌，选厂为细磨、浮选重选联合流程，选厂为流程优化而先对流程开展工艺矿物学考察，结果表明钽铌以细粒解离态丢失于尾矿，通过重选后再增加浮选使流程得到优化。Agnico – Eagle 的 LaRonde 选厂矿石含金、银、铜、铅和锌，金回收率不高，全流程考察表明 45% 的金以解离的金颗粒表面形成一层硫化物层的形式存在，浮游性差，通过增加一种新捕收剂加强表面覆盖硫化物层的解离金颗粒的捕收，使金回收率提高 8%。SGS 的工艺矿物学考察多是应用 QEMSCAN 开展的。

除研究机构外，国外矿山企业对其流程优化和监控也非常重视，如澳大利亚的 Mt. Isa. 矿，几乎每个月都会把它的选矿产品送到有关单位做工艺矿物学检测，这使它能够随时掌握其选矿流程的运行状况。

1.3　工艺矿物学研究领域不断拓展

国外工艺矿物学研究已渗透到矿业领域的各个方面。

澳大利亚昆士兰大学的 JKMRC 目前承担着这样的课题：Geometallurgical Mapping and Mine Modelling（地质选冶绘图及采矿模拟）[5]，此项目目的在于开发一种实用方法来定量化和整合地质特征、矿石工艺矿物学特性与矿物加工行为及采矿优化，它的实现方法为通过 MLA 以及 QEMSCAN 这样的自动系统对矿山岩心进行广泛系统的测试，获得丰富的工艺矿物学数据，开展小型实验结合工艺矿物学数据得到矿石的可加工性质，建立三维模型统计获得矿体每个部位的

矿石可加工性质，应用此模型进行采矿模拟，实现采矿最优化。

此项目直接面向工业需求，由 Barrick Gold of Australia Limited, BHP Billiton Limited, CVRD, Ernest Henry Mining Pty Ltd. , Inco, Newcrest Mining Limited, Newmont Exploration Pty Ltd, Rio Tinto Limited, WMC Resources Ltd, Xstrate Copper 及 Zinifex Limited 等几家大公司资助，将在这些公司所属 6 个矿山现场开展，目前已在 Olympic Dam 开始工作。

加拿大 Falconbridge Limited 在 Sudbury 有一新铜镍资源，Falconbridge Technology Centre 通过系统取有代表性的三种不同类型的钻探岩心样品做浮选实验和利用 QEMSCAN 的工艺矿物学研究对此新资源做了评价[6]，结果表明三种矿石可浮性不同，但它们的磨矿产品解离度几乎相同，表明可浮性差异是由矿石中蛇纹石、滑石和辉石含量不同造成的。这使人们在此资源开发之前就掌握了此资源的可加工利用性质，表明在地质勘探工作中加入详细的工艺矿物学研究，将为资源开发决策提供重要的矿石可利用信息。以后的地质勘探报告有加入详细的工艺矿物学研究的趋势。

有人报道了利用工艺矿物学来评价矿石在地下破碎后预先富集的可能性[7]，矿石为 Sudbury 的铜镍硫化物矿石，硫化物集合体相对于脉石矿物的解离度是确定预富集程度和方法的重要指标，其方法为通过破碎分级，重选或磁选使有价矿物达到可接受的富集程度，由工艺矿物学判断哪个部分可以抛弃或再破碎及破碎程度。

工艺矿物学在资源综合利用及环境保护方面也发挥重要作用。在矿石的综合利用和环境保护方面开展研究较多的为铜镍硫化物矿石中蛇纹石的利用，蛇纹石具有吸收大气中二氧化碳的能力，大气中的二氧化碳可以以碳酸镁的形式固定在富含蛇纹石及橄榄石的铜镍硫化物矿石选矿尾矿中。美国能源部化石能源办公室(Office of Fossil Energy)的研究中心[8]及芬兰地质调查局(Geological Survey of Finland)都在从事这方面的研究。

空气中可吸入颗粒物的矿物学研究已很多。在矿山环保研究中很多人关注砷和硫的地球化学行为。

1.4 特别关注铂族元素及金银的工艺矿物学研究

目前国外矿业界把很大的精力花费在对铂族元素资源的研究上，铂族元素得到广泛关注可能有以下原因：首先，铂族元素主要在超基性及基性岩中，在铜镍硫化物矿床中常有铂族元素伴生，大的铜镍硫化物矿山都注重对铂族元素的回收，同时各矿山企业都注重在超基性岩及基性岩地区寻找铂族元素资源。其次，以超细磨、分级、细粒级选矿为主线的选矿技术进步使得铂族元素、金和银的回收能力有了很大程度上的提高。

铂族元素及金银的工艺矿物学研究最关注的问题为这些元素在矿石主要矿物中的分布，比如在铜镍硫化物矿石中了解镍黄铁矿、黄铜矿、黄铁矿及磁黄铁矿中铂族元素的含量非常重要(铂族元素可能是类质同相取代，也可能是次显微单矿物存在)，通常获得这些数据的方法是挑选这些硫化物的单矿物分析其铂族元素含量，另一种方法为用电子探针直接分析硫化矿物的成分，但一般情况下挑选单矿物非常困难，同时铂族元素含量低，远超出了电子探针的检出限，这使得获得这些数据几乎不可能。

L. J. Cabri 等的工作代表了铂族元素的工艺矿物学研究进展[9]。铂族元素工艺矿物学研究的进展也体现在研究手段上。首先是原位多元素分析技术(insitu multielement analysis technique)的进步。Memorial University of Newfoundland 研制成功一种新的激光消融微探针感应耦合等离子体质谱(laser ablation microprobe inductively coupled plasma mass spectroscopy：LAM – ICP – MS)，它能同时分析多个元素，可分析铂族元素(PGE)加金含量在 10^{-9} 级的样品，其可分析最小区域小于等于 40 μm。另一个原位痕量元素分析系统是二次离子质谱(secondary ion mass spectroscopy：SIMS)，它与 LAM – ICP – MS 具有同样的分析检出限，并分析铂族元素时不能同时得到全部元素，同时有研究机构具有分析铂族元素的经验和标样，但它可获得离子图像。通过这些测试手段可很容易地做到铂族元素在不同矿物相间的平衡。

另一个研究铂族元素矿物的强有力的手段为一种重矿物水力选别系统，最先在俄罗斯开发研制成功，此系统模拟海浪作用，使重矿物得到富集，并且能使细粒级重矿物与粗粒级轻矿物得到很好的分选。利用此系统可高效地富集重矿物，Cabria 等人的许多工作不仅对铂族元素矿物有了更深的认识，还发现了新的铂族元素矿物 skaergaardite (PdCu)，及可能的新矿物 $PdCu_3$, Au_3Cu, (Au, Cu, Pd) 和 (Cu, Au, Pd)[9]。

金的工艺矿物学研究更充分，不同金矿物在提取工艺中的行为及难处理金的种类已很清楚。

1.5 特别注意取样的代表性

其实任何研究的最重要环节是获得有代表性的能

够充分反映流程产品性质的样品，在选矿流程的元素平衡过程中，如果取样的代表性得不到保证，元素进出选矿流程将不能吻合，回收率的计算也不能保证。澳大利亚 CSIRO Minerals 的 Ralph Holmes 对如何正确取样有深入研究[10]，在他的文章中提出正确的取样方法是保证取样对象的每个部分被取到的几率相同，总结了各种错误及不足的取样方法，并阐述了针对出料孔、管道出口、皮带、料堆及车皮等的正确取样方法和湿态取样的注意事项，论述了不同粒级物料在保证一定可信度时的最低取样量及在进一步缩分之前把粒度磨细的重要性，并发展了自动取样装置。Ralph Holmes 在取样方面的研究成果已成为国际化标准组织 ISO 的取样标准。

2　工艺矿物学的发展趋势

从国外工艺矿物学现状可看到它有如下的发展趋势：

2.1　工艺矿物学与矿物加工、采矿以及地质探矿等学科将更大程度的融合在一起

工艺矿物学重要性很大程度上取决于设计选矿流程的指导思想。若以实现矿业主要求的选矿指标为目的，则难以显现工艺矿物学的重要性，而当设计选矿流程的指导思想为尽量使流程最优化时，则工艺矿物与矿物加工科学的融合不仅是工艺矿物学的发展方向，同时也是矿物加工科学的发展方向。在国外，选厂流程优化是选矿学者及工艺矿物学者最关注的工作，实现选厂流程优化首先要找到流程的缺陷，同时对选矿流程的模拟是实现流程优化的最经济的手段，无论是流程缺陷的查找还是流程模拟都离不开工艺矿物学。如澳大利亚 JKMRC 的磨矿模拟技术和浮选模拟技术都将与应用 MLA 的工艺矿物学解离度测定结合。

矿产资源高效利用实现矿业可持续发展都要求在充分了解资源状况的前提下再采矿和选矿，这促使采矿、地质、矿物学及选矿的结合。JKMRC 的 geometallurgical mapping and mine modelling（地质选冶绘图及采矿模拟）是地质、采矿与工艺矿物学及选矿结合的范例。在我国也开始了数字化矿山的研究，而工艺矿物学在矿体矿石性质的获得方面将发挥巨大作用。这样课题得以开展的前提是拥有高效的取得工艺矿物学参数的手段，即 MLA 和 QEMSCAN 这样的系统。

2.2　建立数学模型预测选矿指标是工艺矿物学发展趋势

工艺矿物学与数学模型结合将会发挥更重要的作用。比如通过对块状矿石的工艺矿物学研究预测碎矿产品性质，通过对碎矿产品工艺矿物学性质的研究预测磨矿产品解离度。通过对已有选矿流程的元素平衡、矿物平衡、粒度平衡及解离度平衡等预测相似矿石新流程可能的指标。

2.3　矿床的工艺矿物学评价

为了与国际接轨我国颁发了新的储量及资源量标准，新标准以地质勘探程度，经济因素及可实施性划分储量级别，这就意味着只有地质勘探工作对储量及资源量的描述是不够的，如何以经济因素和可实施性评价矿产资源在我国还需要探索，而工艺矿物学研究应在这个方向上努力，并发挥重要作用。以后针对每个新发现的矿床除了详细的地质工作外，还应该针对不同矿石做详细的工艺矿物学工作。

3　结语

在国外工艺矿物学取得了很大进展，其原因在于国外矿山企业的发展模式。矿山企业的规模越来越大，其研发能力很强，完全有能力对自己的选矿流程进行改进，矿山企业重视其选矿流程的优化，重视其资源利用的合理及高效性，只有大的矿山企业才有能力组织从地质勘探到磨矿、选矿到出产品这一整体过程的最优化实施，这不仅保证资源的高效回收，也是使工艺矿物学得到发展的原因。

参考文献

[1] Gottlieb P, Wilkie G, Sutherland D, Ho-Tun E, Suthers S, Perera K, Jenkins B, Spencer S, Butcher A. and Rayner J. Using quantitative electron microscopy for process mineralogy applications[J]. JOM 2000, 52(4): 24-25.

[2] Gu Y. Automated scanning electron microscope based mineral liberation analysis [J]. Journal of Minerals and Materials Characterization and Engineering. 2003, 2(1): 33-41.

[3] Moen K, Malvik T, Breivik T, Hjelen J. Particle texture analysis in process mineralogy [C]. XXIII IMPC Istanbul Turkey September, 2006(1): 242-246.

[4] Chris Martin. The Role of Process Mineralogy in Process Design and Plant Optimisation, 2005, November 8-9, Presented to: Process Mineralogy Workshop.

[5] JKTech and JKMRC Capability Statement.

[6] Lotter N O, Kowal D L, Tuzun M A, Whittaker P J, Kormos L. Sampling and flotation testing of Sudbury Basin drill core

for process mineralogy modelling [J]. Minerals Engineering 2003, 16: 857 - 864.

[7] Bamber A S, Klein B, Stephenson D M. A Methodology for mineralogical evaluation of underground pre - concentration system and discussion of potential process concepts [C]. XXIII IMPC Istanbul Turkey September, 2006 (1): 253 -258.

[8] O' Connor W K, Dahlin D C, Rush G E, Dahlin C L and Colins W K. Carbon dioxide sequestration by direct mineral carbonation: process mineralogy of feed and products [J],

Minerals and Metallurgy Processing, 2002, 19(2): 95 - 101.

[9] Cabria L J, Beattie M, Rudashevsky N S, Rudashevsky V N. Process mineralogy of Au, Pd and Pt ores from the Skaergaard intrusion, Greenland, using new technology [J]. Minerals Engineering, 2005(18): 887 - 897.

[10] Ralph J. Holmes, Correct sampling and measurement - the foundation of accurate metallurgical accounting [J]. Chemometrics and intelligent laboratory systems, 2004(74): 71 - 83.

MLA 在铅锌氧化矿物解离度及粒度测定中的应用

方明山[1]　肖仪武[1]　童捷矢[2]

（1. 北京矿冶研究总院矿物加工科学与技术国家重点实验室，北京，100070；2. FEI，美国）

摘　要： 某铅锌矿尾矿氧化程度较深，其中主要的金属矿物为异极矿、菱锌矿、闪锌矿、白铅矿、方铅矿以及黄铁矿。运用自动矿物分析仪（mineral liberation analyser，简称 MLA）对不同细度下磨矿产品中主要金属矿物的解离度及其嵌布粒度进行了详细的测定。结果表明，当在磨矿细度为 $-74\mu m$ 占70%时，样品中的主要金属矿物尤其是异极矿、菱锌矿等主要回收对象均充分解离、粒度分布均匀，利于浮选富集，为优化选矿工艺流程提供了重要的基础理论数据。

关键词： MLA；解离度；嵌布粒度

自动矿物分析仪（mineral liberation analyser，简称 MLA）是目前世界上最先进的工艺矿物学参数自动定量分析测试系统。MLA 由一台 FEI 扫描电镜和一个或两个 EDAX 能谱构成，其基本工作原理为首先利用背散射电子图像区分不同物相，同时结合能谱分析快速准确地鉴定矿物并采集相关信息，然后再通过现代图像分析技术进行数据的计算与处理从而获取所需的工艺矿物学研究参数[1~2]。

由于异极矿、菱锌矿以及白铅矿等氧化铅锌矿物在光学显微镜下的光学性质与脉石矿物相近，难以区分，运用传统的光学显微镜来测定其嵌布粒度以及单体解离度十分困难。由于 MLA 能够利用背散射电子图像以及能谱分析进行研究和处理，所以运用 MLA 对这些氧化矿物进行区分鉴定与测试要相对简单。为准确测定某铅锌矿尾矿中异极矿、菱锌矿以及白铅矿等主要金属矿物在不同细度下磨矿产品中的解离度及其嵌布粒度，为选矿工艺流程提供重要的基础理论数据，运用 MLA 进行了详细的测定和深入的研究。

1　尾矿矿物组成及样品特征

某铅锌矿尾矿中锌、铅和硫的品位分别为 2.64%、1.06% 和 3.56%。其氧化程度较深，尾矿中的锌主要以异极矿和菱锌矿的形式存在，其次为闪锌矿；铅矿物主要为白铅矿，其次为方铅矿；硫矿物主要为黄铁矿；脉石矿物主要为白云石和方解石以及少量的石英、云母等其他矿物。其中异极矿、菱锌矿、闪锌矿等锌矿物是最主要的回收矿物，铅、硫矿物可综合回收利用[3~5]。

由于尾矿样品是粉样，为查明样品的粒度特征及样品中重要金属元素在各粒级中的分布特征，首先对其进行了筛分分析，筛析结果见表1。结果显示，该尾矿样品在 $-74\mu m$ 粒级中产率仅为 9.44%，主要集中分布在 0.100 ~ 0.380 mm 之间，产率达 61.99%。锌在这一粒级中分布率达 57.44%；铅在此粒级中的分布率为 38.00%，另有 36.71% 分布在 $-74\mu m$ 这个粒级中。可见，该尾矿样品粒度总体较粗，所以为综合回收利用其中的锌、铅等有价元素需要对其进行再磨。

表1　尾矿样品的分级产率及金属元素分布率

粒级/mm	产率	品位		分布率	
		Pb	Zn	Pb	Zn
+0.6	4.18	0.43	3.03	1.81	4.83
-0.6 +0.38	17.43	0.29	1.96	5.08	13.03
-0.38 +0.10	61.99	0.61	2.43	38.00	57.44
-0.10 +0.074	6.96	2.63	4.02	18.40	10.67
-0.074	9.44	3.87	3.90	36.71	14.03
合计	100.00	1.00	2.62	100.00	100.00

2　测试样品的制备

首先对该尾矿样品进行再磨，得到磨矿细度分别为 $-74\mu m$ 占 50%、60% 以及 70% 的三种磨矿产品。为选择合理的磨矿细度，首先需要掌握样品中主要金属矿物在不同磨矿细度下的解离度和嵌布粒度等重要数据，然后进行对比并最终确定。为此，运用 MLA 对三种磨矿产品进行详细的测定以获得准确的数据，并最终确定合理的磨矿细度。

运用 MLA 测定矿物的解离度和嵌布粒度，首先需要制备 MLA 测试样品，因而制备出合格的具有代表性的 MLA 样品是测试的关键和基础。根据 MLA 仪器自身的测试特点，需要将每个磨矿产品筛分成三个粒级，然后对每个产品的不同粒级分别进行制样和测定。三个磨矿产品的分级产率及金属元素分布率见表2。由于样品中主要金属矿物的粒度整体较粗，使用环氧树脂制备样品在其固化的过程中容易出现沉降和分层的现象，这样的话就不能完全真实的反映出样品中主要金属矿物的分布特征，从而影响 MLA 测试结果的准确性。为避免发生这种情况，使测试样品更具有代表性，在 MLA 原有基本制样方法的基础上进行了优化处理，采用纵切的方法进行二次制样，然后对其纵切面进行测定。

表 2　磨矿产品的分级产率及金属元素分布率

产品	粒级/μm	产率	元素		
			Zn	Pb	S
−0.074 mm 占50%	+100	32.4	1.67	0.19	0.59
	−100 +38	42.1	3.07	0.98	3.20
	−38	25.5	2.80	1.52	3.12
−0.074 mm 占60%	+100	21.6	1.49	0.14	0.49
	−100 +38	45.6	2.89	0.79	3.45
	−38	32.8	2.71	1.36	2.83
−0.074 mm 占70%	+100	13.8	1.46	0.15	0.49
	−100 +38	47.9	2.65	0.60	3.12
	−38	38.3	2.67	1.30	2.94

3　磨矿产品中主要金属矿物的解离特征

磨矿产品中主要金属矿物以及主要回收矿物的单体解离程度是确定磨矿细度的最重要的依据之一。首先运用 MLA 测定出不同磨矿产品中各粒级中主要金属矿物的单体解离度，然后根据各粒级中主要金属矿物的解离度结果并结合其分级产率以及其中各主要金属矿物的矿物量计算得出不同粒级磨矿产品中主要金属矿物的整体解离度，结果见表3。

表 3　不同磨矿条件下样品中主要金属矿物的解离特征

−0.074 mm 占有率	单体					
	异极矿	菱锌矿	闪锌矿	白铅矿	方铅矿	黄铁矿
50%	89.94	88.79	87.97	82.44	50.87	91.15
60%	90.28	89.46	89.48	87.29	60.65	92.10
70%	91.83	89.77	92.22	88.64	71.79	93.72

从表 3 中可以看出，当磨矿细度由 −74 μm 占50%提高到 −74 μm 占70%时，样品中锌、铅矿物的解离度除方铅矿外提高的幅度都不明显，并且它们的单体解离程度都很充分。方铅矿由于其主要以与其他矿物连生的形式存在，所以其单体解离程度相对较低。可见，三个磨矿产品中的主要金属矿物的解离度相差不大，而且均解离充分。

4　磨矿产品中主要金属矿物的粒度组成

由于不同磨矿产品中的主要金属矿物的解离度相差不大且都充分解离，所以不同磨矿细度产品中主要金属的粒度分布特征便成为了确定最终合理磨矿细度的主要依据。三个磨矿产品中各主要金属矿物粒度的测定结果分别见图 1 至图 6。

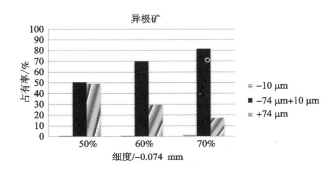

图 1　样品中异极矿的粒度分布图

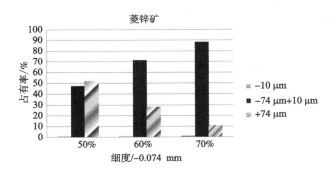

图 2　样品中菱锌矿的粒度分布图

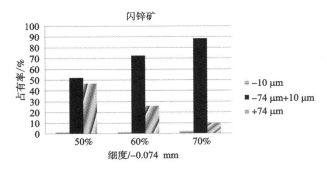

图 3　样品中闪锌矿的粒度分布图

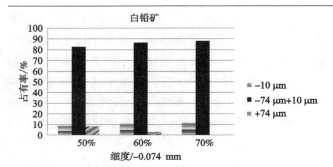

图 4　样品中白铅矿的粒度分布图

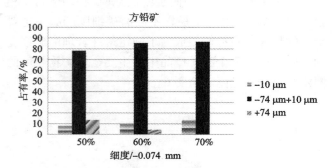

图 5　样品中方铅矿的粒度分布图

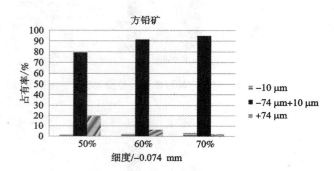

图 6　样品中黄铁矿的粒度分布图

从图 1 至图 6 中可以看出，随着磨矿细度的不断提高，样品中主要金属矿物的粒度越来越细，分布也更加均匀，集中分布于 10 ~ 74 μm 之间，特别是异极矿、菱锌矿以及闪锌矿这种变化趋势更加明显。可见，当磨矿细度为 – 74 μm 50% 或 – 74 μm 60% 时，

虽然其中异极矿、菱锌矿以及闪锌矿等主要回收对象的单体解离程度都很高，但是由于其本身粒度较粗，在浮选过程中会出现掉槽的现象从而造成有价元素的损失。相比之下，当磨矿细度为 – 74 μm 占 70% 时，样品中的金属矿物特别是锌矿物整体粒度相对较细、分布也更为均匀，更加有利于浮选回收。所以，采用磨矿细度为 – 74 μm 占 70% 更为合理。

5　结论

该铅锌矿尾矿氧化程度较深，样品中主要的金属矿物为异极矿、菱锌矿、闪锌矿、白铅矿、方铅矿以及黄铁矿，其中异极矿、菱锌矿、闪锌矿是最主要的回收矿物，铅、硫矿物可综合回收利用。运用 MLA 详细的测定了该尾矿中主要金属矿物在不同细度下磨矿产品中的嵌布粒度及其解离度，解决了运用传统的光学显微镜难以准确测定铅、锌氧化物嵌布粒度及单体解离度的问题，为优化选矿工艺流程提供重要的基础理论数据。根据由 MLA 测定的结果可知，当磨矿细度为 – 74 μm 占 70% 时，样品中的主要金属矿物尤其是异极矿、菱锌矿以及闪锌矿等主要回收对象的整体粒度相对较细、分布更为均匀，有利于浮选回收，因此采用磨矿细度为 – 74 μm 占 70% 更为合理。

参考文献

[1] 贾木欣. 国外工艺矿物学进展及发展趋势 [J]. 矿冶，2007，16(2)：95 – 99.

[2] Gu Y. Automated scanning electron microscope based mineral liberation analysis [J]. Journal of Minerals and Materials Characterization and Engineering，2003，2(1)：33 – 41.

[3]《矿产资源综合利用手册》编辑委员会. 矿产资源综合利用手册 [M]. 北京：科学出版社，2000.

[4] 肖仪武. 会泽铅锌矿深部矿体工艺矿物学研究 [J]. 有色金属，2003，55(2)：67 – 70.

[5] 潘兆橹. 结晶学及矿物学(下册) [M]. 北京：地质出版社，1994.

还原焙烧对某"宁乡式铁矿"矿石回收利用的影响

金建文

（北京矿冶研究总院矿物加工科学与技术国家重点实验室，北京，100044）

摘　要：对某"宁乡式铁矿"还原焙烧后产品与原矿进行的一系列工艺矿物学对比研究表明，还原焙烧能给回收此类铁矿带来较多的有利条件，如减少泥化、提高铁品位、保证铁的回收率等，但是还原焙烧也会对该类型铁精矿中除杂造成一定的负面影响。

关键词：还原焙烧；宁乡式铁矿；回收利用；影响

1 引言

针对某"宁乡式铁矿"选矿部门多次直接采用原矿进行的选矿试验结果显示，总是存在各方面的选矿难题，并不能使得最终铁精矿所有的选矿指标都达到合格的。虽然铁精矿中磷可以降低到 0.2% ~ 0.23%，但铁品位始终只能达到约55%，在铁品位较高的情况下又无法保证铁的回收率，若保证铁的回收率，铁精矿的铁品位就很低，原矿中存在的较多脉石矿物如鲕绿泥石、黏土矿物、云母类矿物及褐铁矿都易泥化，在磨矿过程中易产生泥化现象从而恶化选矿流程，正是由于这些问题的存在，所以考虑将其进行还原焙烧。

该矿石的还原焙烧条件如下，样品为粒度破碎到 0 ~ 2 mm 的综合样；还原焙烧温度为910℃左右；还原焙烧时间为 2 ~ 2.5 h；还原剂为炭。

2 原矿与焙砂产品的对比

2.1 还原焙烧产品的筛分分析

分别对粒度范围为 0 ~ 2 mm 的原矿和还原焙烧产品进行了粒度筛析，在筛析过程中，明显可以看出焙烧产品的泥化率明显低于原矿，各粒级的详细筛析结果见表1。

从表1可以看出在 -0.0385 mm 粒级中，原矿和焙烧产品的占有率差别很大，原矿为13.66%，焙烧产品为3.25%，这就说明焙烧可以使得矿石中的部分矿物产生烧结和变化，使得 -0.038 mm 粒级焙烧产品占有率较原矿该粒级占有率低。扫描电镜下分析显示，部分矿物发生不同程度烧结现象（见图1）。

表1　0 ~ 2 mm 粒级原矿和焙烧产品筛析结果

粒度范围	原矿占有率 /%	焙烧产品占有率/%
-2 mm +1 mm	12.85	13.66
-1 mm +0.5 mm	28.44	31.69
-0.5 mm +0.147 mm	28.16	35.73
-0.147 mm +0.074 mm	10.53	10.18
-0.074 mm +0.050 mm	2.09	4.22
-0.050 mm +0.0385 mm	4.25	1.27
-0.0385 mm	13.66	3.25
合计	100.00	100.00

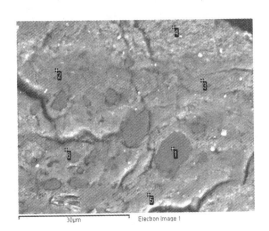

图1　鲕绿泥石、云母类矿物、胶磷矿和石英的烧结现象

1—石英；2—云母类矿物；

3、4、5、6—云母类矿物、鲕绿泥石和胶磷矿的混合体

将各筛分粒级之间的原矿和焙烧产品进行对比，可以看到以下现象：

（1）在 -2 mm +1 mm 粒级，由于矿石颗粒均较大，原矿产品中赤铁矿仍保持原有特征，焙烧产品中可以见到的最明显变化是由于还原焙烧产生的新相磁铁矿，且由于入炉焙烧颗粒较大，部分赤铁矿还没有被完全还原为磁铁矿，所以赤铁矿常呈磁铁矿包裹体的形式存在（见图2）。

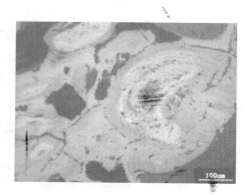

图2　－2 mm ＋1 mm 粒级还原焙烧产品中赤铁矿（灰白色）和磁铁矿（黄褐色）嵌布特征（反光）
该颗粒团块中的白色亮点为磁铁矿

（2）对比－0.0385 mm 粒级的两种产品可以看出（见图3、图4），原矿在该粒级的团聚现象很明显，而焙烧产品则没有这种现象，显示出很好的分散性，这和焙烧产品在磨矿过程中不易泥化的结论是一致的。

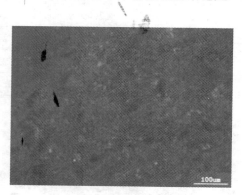

图3　－0.0385 mm 粒级原矿中赤铁矿（灰白色）的嵌布特征（反光）

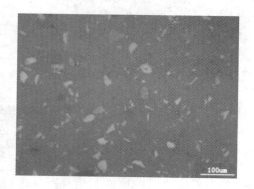

图4　－0.0385 mm 粒级还原焙烧产品中磁铁矿富连生体的嵌布特征，与同粒级范围的原矿相比，很明显地显示无团聚现象（反光）

（3）通过对比5个粒级氧化铁相和基底环氧树脂的硬度可以看出，经过还原焙烧的产品硬度明显高于环氧树脂，而原矿产品的赤铁矿相硬度与环氧树脂接近，这就说明经过还原焙烧使得氧化铁相的硬度有所提高，这也是焙烧产品不易泥化的一个重要原因（见图5、图6）。

图5　－0.147 mm ＋0.074 mm 粒级焙烧产品中氧化铁相硬度明显大于基底环氧树脂（反光）

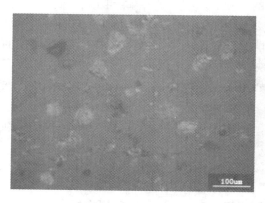

图6　－0.147 mm ＋0.074 mm 粒级原矿产品中赤铁矿硬度接近基底环氧树脂硬度（反光）

（4）从上述图的对比还可以看到还原焙烧使得赤铁矿变得致密，且由赤铁矿或褐铁矿还原焙烧生成的磁铁矿也很致密，这也是该矿石经过还原焙烧后不易泥化的一个重要原因。

2.2　焙砂的相变分析

还原焙烧使得矿石发生的最重要的相变是使赤铁矿和褐铁矿转变为磁铁矿（见图7、图8）。由这些图还可以看出，还原焙烧产品中的赤铁矿并没有完全转化为磁铁矿，尤其是鲕状赤铁矿靠近鲕粒核心部分更不易被完全还原（见图7），相反的是与脉石紧密连生的赤铁矿较容易被完全还原（图8）。

鲕绿泥石最大的变化是发生脱水反应，并没有发现其矿物相发生明显的变化。

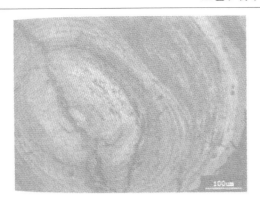

图7　焙烧产品中部分赤铁矿(灰白色)
部分转化为磁铁矿(黄褐色)(反光)

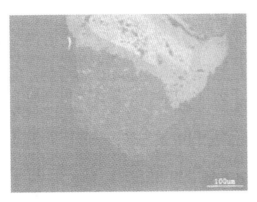

图8　焙烧产品中部分赤铁矿(灰白色)转化为磁铁矿(黄褐色),
还有部分赤铁矿未被完全还原,仍保持原状(反光)

2.3　原矿与焙砂的结构对比

矿石中最主要的结构为赤铁矿和鲕绿泥石的鲕状结构,焙烧对其形态没有改变。但通过对比原矿和焙砂的结构变化可以看出,还原焙烧产品中的磁铁矿与脉石矿物的交界比原矿中明显(见图9),有利于磁铁矿与脉石矿物的磨矿解离。

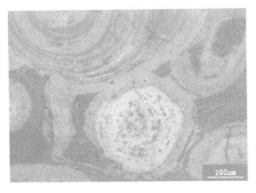

图9　矿石经过还原焙烧,其最重要的同心
环状鲕粒结构并没有发生变化(反光)

矿石结构发生最明显变化的是鲕绿泥石,扫描电镜下可见还原焙烧使得其强烈脱水后形成明显的龟裂

结构(见图10),这种结构的变化可能会使得鲕绿泥石变脆,更易在磨矿中和氧化铁矿物(赤铁矿和磁铁矿)解离。

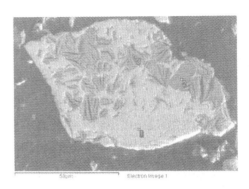

图10　焙烧产品中鲕绿泥石呈龟裂结构
1—磁铁矿;2—磷灰石;3—鲕绿泥石

2.4　矿石中重要矿物还原焙烧前后的成分对比

焙烧使得胶磷矿和鲕绿泥石、赤铁矿、褐铁矿均有不同程度的成分变化,赤铁矿和褐铁矿还原焙烧后相变为磁铁矿的扫描电镜能谱分析结果见表2,胶磷矿、鲕绿泥石还原焙烧相变后的扫描电镜能谱分析结果对比见表3、表4。

表2　赤铁矿还原焙烧后形成的磁铁矿
扫描电镜能谱分析结果(%)

平均值	O	Al	Si	Fe	P	H_2O	Total
原矿 (赤铁矿)	30.39	0.37	0.43	68.81	/	/	100.00
原矿 (褐铁矿)	27.27	0.94	1.09	55.95	0.91	13.84	100.00
焙烧后产品 (磁铁矿)	27.21	1.11	1.50	70.19	/	/	100.00

表3　胶磷矿还原焙烧后的扫描电镜能谱分析结果(%)

平均值	F	Al_2O_3	SiO_2	P_2O_5	CaO	FeO	Total
原矿	5.42	/	/	42.38	52.20	/	100.00
焙烧后产品	3.96	0.55	0.36	40.50	50.00	4.63	100.00

表4　鲕绿泥石还原焙烧后的扫描电镜能谱分析结果(%)

平均值	MgO	Al_2O_3	SiO_2	CaO	MnO	K_2O	FeO	Total
焙烧后产品	4.98	22.70	25.60	0.64	0.11	0.12	45.85	100.00
原矿	4.84	20.49	25.48	0.06	H_2O	9.99%	39.14	100.00

赤铁矿和褐铁矿经还原焙烧后生成的磁铁矿虽然其含铁量有所增加，但还是没有达到理论的磁铁矿含铁量。这主要是因为原矿赤铁矿中普遍含有一定量的 Si 和 Al，经还原焙烧这部分 Si 和 Al 仍然留在磁铁矿中，在磁选过程中也会随磁铁矿一起进入铁精矿影响铁精矿质量，而这部分 Si 和 Al 是无法通过机械选矿方法脱除的。

胶磷矿的扫描电镜能谱分析数据显示，与原矿中胶磷矿对比，经还原焙烧的胶磷矿普遍含有一定量的 Fe、Si 和 Al，这三种成分在原矿中的胶磷矿是不含有的，焙烧使得微量的 Si、Al 和 Fe 迁移到胶磷矿中。

鲕绿泥石的扫描电镜能谱分析结果对比显示，经还原焙烧的鲕绿泥石的含铁量有明显增加，由原来的 30.44% 提升到 35.66%；另外鲕绿泥石中含的水经还原焙烧已经脱除，这是还原焙烧产品泥化现象没有原矿明显的一个重要原因。

3　还原焙烧对选矿回收铁的优缺点对比

采用原矿直接进行的一系列选矿试验表明该矿石采取常规选矿方法很难达到理想的选矿指标，所以选矿部门对原矿进行了还原焙烧。通过对原矿和焙砂产品的对比，从工艺角度考虑，还原焙烧具有以下优点：

（1）还原焙烧可以使原矿中部分较易在细磨过程中产生泥化现象的脉石矿物如鲕绿泥石、云母类矿物、黏土矿物发生烧结，不易在细磨过程中产生泥化现象，这就给该焙砂产品细磨提供了条件，有利于目的矿物与脉石在细磨过程中解离。

（2）经过还原焙烧，矿石中最主要的脉石矿物鲕绿泥石的成分和结构发生了变化，成分变化是脱水，结构变化是由于鲕绿泥石严重脱水，矿物颗粒发生明显的龟裂，变得更脆，且与氧化铁之间的界线变得清晰，这些都有利于鲕绿泥石和氧化铁矿物在磨矿过程中的解离，另外鲕绿泥石的这些变化，使得它在细磨过程中也不易产生泥化现象。

（3）还原焙烧使得原矿中的赤铁矿大部分被还原成磁铁矿，提高了目的矿物中铁的含量，对提高最终铁精矿品位有利；另外磁铁矿的选矿回收只需要弱磁，赤铁矿的回收则需要强磁，而弱磁选比强磁选在工艺上有更大的优势，前者在磁选过程中的夹带现象明显好于后者，对提高铁精矿品位有利。

（4）还原焙烧使得原矿中的大部分褐铁矿也转化为磁铁矿，可以通过弱磁选很好地回收，对提高最终铁的回收率有利。

（5）还原焙烧使得矿石中的最主要矿物赤铁矿被还原成磁铁矿的同时，也使得生成的磁铁矿和部分未被还原彻底的赤铁矿变得更加致密，并且使得焙砂中的磁铁矿和赤铁矿的硬度变大，有利于矿石的细磨。

正是由于还原焙烧应用于该矿石具备上述工艺上的优点，使得原矿还原焙烧的焙砂在选矿流程中可以达到一定的效果，如可以保证铁精矿最终品位和回收率达到选矿指标，还可以保证最终铁精矿中硅的含量达到合格；但还原焙烧也带来了的问题，如将原矿经过选矿处理，其铁精矿中磷含量可以达到合格，但经过还原焙烧的最终铁精矿磷的含量反而超出选矿指标少许，其铝含量则大大超出选矿指标要求。通过对产生这些问题的研究，可以得出在工艺上还原焙烧还有以下主要缺点：

（1）还原焙烧使得原矿中的大部分褐铁矿被还原成磁铁矿，经弱磁选就可以进入铁精矿，但是原矿褐铁矿大部分含有 P_2O_5，这部分磷将随磁铁矿进入最终铁精矿，通过机械选矿是无法脱除的；而在未经过焙烧处理的选矿流程中，褐铁矿以及其所含的磷将绝大部分损失于尾矿中，也就没有这部分磷对铁精矿质量的影响。

（2）还原焙烧改变了胶磷矿的成分，使得部分胶磷矿中混入了少量的 Si、Al、Fe，这种变化可能会改变胶磷矿的浮游性能，使得胶磷矿在反浮选选矿流程中不能像在原矿反浮选流程中那样容易被浮起。

（3）还原焙烧对原矿中细小颗粒的烧结现象虽然有利于矿石的磨矿，但对焙砂中杂质元素铝的脱除却是非常的不利。颗粒较小的鲕绿泥石、云母类矿物和黏土矿物在焙烧过程中烧结，并将一部分粒径细小的赤铁矿也烧结到团块中，这部分赤铁矿随着还原焙烧的进行，最终被还原为磁铁矿，使得团块具有了一定的磁性，也就是使得原本不具备磁性的鲕绿泥石、云母类矿物和黏土矿物间接具有了一定的磁性，在磁选过程中，这种团块易进入铁精矿中，且其通过反浮选也较难脱除，而这三种矿物都是含铝较高的矿物，从而使得最终精矿中铝的含量增高，另外这种团块也影响铁精矿品位的提高。

（4）还原焙烧使得矿石中部分矿物的硬度变大，虽然有利于细磨，但也增大的磨矿的难度，使得部分紧密结合的脉石矿物和目的矿物更难以解离开，最终以连生体的形式进入铁精矿，对铁精矿品位的提高造成影响。

4　结论

还原焙烧对"宁乡式铁矿"中铁的回收及控制有害元素的含量都有着较明显的影响，需要综合考虑各方面条件，从而选择较合理的回收铁及去除杂质流程，更好的合理开发利用"宁乡式铁矿"。

参考文献

[1]《矿产资源综合利用手册》编辑委员会.矿产资源综合利用手册[M].北京：科学出版社，1999.

[2]《选矿手册》编委会，选矿手册(第一卷)[M].北京：冶金工业出版社，1991.

[3] 程裕淇，赵一鸣、林文蔚.中国铁矿床[M].见宋叔和主编：《中国矿床》中册.北京：地质出版社，1994：386 – 479.

[4] 赵一鸣，毕承思.宁乡式沉积铁矿床的时空分布和演化[J].矿床地质，2000(4)：351 – 391.

[5] 肖巧斌.戈保梁，杨波，等.云南某鲕状赤铁矿选矿试验研究[C].2005 年全国选矿高效节能技术及设备学术研讨会与成果推广交流会论文集，2005：153 – 155.

济源新安难处理高磷铁矿矿石工艺性质研究

王玲[1]　刘广宇[2]

（1 北京矿冶研究总院，北京，100044；2 河南省卢氏县地灵矿业开发有限公司，河南卢氏，472200）

摘　要： 济源新安铁矿储量大，铁品位高，杂质元素 P、S 含量也较高。工艺矿物学研究结果表明，矿石中铁主要以赤铁矿形式存在，杂质元素 P、S 主要以菱磷铝锶矾形式存在，还可见少量磷灰石及黄铁矿。赤铁矿主要呈微细针状浸染于脉石矿物中，与菱磷铝锶矾、白云母、高岭石等脉石矿物共生关系十分密切。根据矿石工艺性质，回收利用该铁矿，首先要细磨，尽量使赤铁矿与菱磷铝锶矾等脉石矿物解离，其次要注意细磨条件下的矿浆分散，防止高岭石等黏土矿物泥化后与已单体解离的赤铁矿相互结团、黏附，从而影响选矿效果。

关键词： 济源；铁矿；菱磷铝锶矾；赋存状态；工艺性质

在我国一些高磷铁矿石中磷大部分以磷灰石形式存在，而济源新安铁矿石中磷主要以菱磷铝锶矾形式存在，其次以磷灰石形式存在，查清矿石的工艺特性，为选择合适的工艺流程对开发利用该矿具有十分重要的意义。

1　矿石化学性质

矿石中铁含量较高，为 50.50%，同时杂质元素 P、S 含量也较高。矿石多元素分析结果及铁的化学物相分析结果分别见表 1、表 2。

表 1　矿石化学分析结果

元素	Fe	P	S	Ti	As	Sr
含量/%	50.50	1.13	0.44	0.25	0.0076	0.93
元素	SiO_2	Al_2O_3	CaO	MgO	K_2O	Na_2O
含量/%	7.26	7.56	0.23	0.058	1.21	0.027

表 2　矿石中铁的化学物相分析结果

相别	赤铁矿、褐铁矿中铁	硅酸铁中铁	其他铁中铁	总铁
铁含量/%	48.88	1.08	0.41	50.37
分布率/%	97.04	2.14	0.81	100.00

备注：其他铁中铁主要指菱磷铝锶矾中铁及微量硫化铁中铁。

2　矿石矿物组成及相对含量

矿石中金属矿物主要为赤铁矿，其次有少量针铁矿、水针铁矿、金红石、钛铁矿，还可见微量黄铁矿等。脉石矿物主要为白云母、菱磷铝锶矾、高岭石、伊利石等黏土矿物，其次为少量石英、锆石、磷灰石，另外还有微量绿泥石等。矿石 X 射线衍射图见图 1，矿石矿物组成及相对含量见表 3。

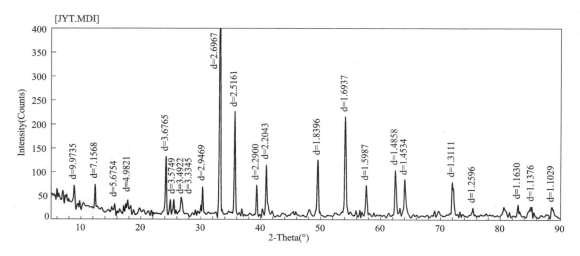

图 1　矿石 X 射线衍射图

表3　矿石矿物组成及相对含量

矿物名称	含量%	矿物名称	含量%
赤铁矿、针铁矿、水针铁矿	69.90	白云母、水白云母、绢云母、伊利石	10.20
金红石钛铁矿	0.10	菱磷铝锶矾	6.80
		高岭石、蒙脱石等黏土矿物	3.60
黄铁矿	0.20	绿泥石	1.30
磷灰石	1.70	锆石等	5.30
石英	0.90	合计	100.00

3　矿石中重要矿物嵌布特征

3.1　赤铁矿

赤铁矿在矿石中的嵌布特征非常复杂，根据其产出形态大致可分为四类，分别为（1）针状赤铁矿（见图2），约占67%，（2）鲕状赤铁矿（见图3），约占21%，（3）棒状、云母片状赤铁矿（见图4），约占9%，（4）粒状赤铁矿，约占3%。

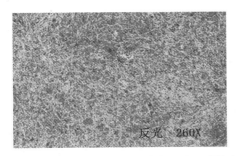

图2　微细针状赤铁矿稠密浸染于脉石矿物中

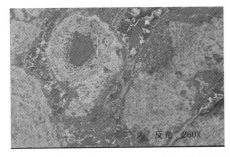

图3　鲕状赤铁矿与脉石矿物紧密共生产出

图4　棒状、云母片状赤铁矿呈粗粒嵌布

针状赤铁矿一般较稠密均匀地浸染于云母、高岭石、菱磷铝锶矾等脉石矿物中，粒度细小，短径小于0.005 mm，一般为0.001~0.003 mm，长径一般为0.01~0.05 mm，这对于赤铁矿的单体解离十分不利。就针状赤铁矿而言，需将矿石全部磨细到0.010 mm以下，方能使赤铁矿较充分单体解离，而实际上不论从技术还是从经济角度都很难磨到如此细度。

鲕状赤铁矿与脉石矿物的共生关系很复杂，与针状赤铁矿相比，在一定磨矿细度下可以与脉石矿物相对解离为富铁集合体及贫铁集合体。不论富铁集合体还是贫铁集合体均是由针状赤铁矿与脉石矿物以不同比例相互胶结聚集而成（见扫描电镜图5、6）。

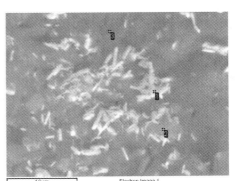

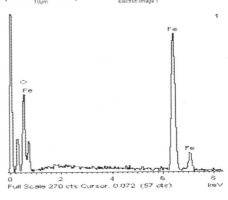

图5　微细赤铁矿与菱磷铝锶矾、白云母紧密共生（背散射图）

棒状、云母片状赤铁矿嵌布特征较为简单，粒度相对较粗，一般为0.020~0.2 mm，与菱磷铝锶矾间

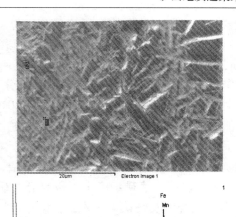

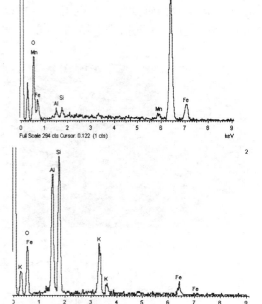

图6　针状赤铁矿稠密浸染于白云母中（背散射图）

共生关系不甚密切，对提高铁的回收指标有益，但在矿石中所占比例较低。

　　粒状赤铁矿含量很低，嵌布特征也较为简单，与金红石共生关系较为密切，对铁的回收指标影响较小。

3.2　菱磷铝锶矾

　　菱磷铝锶矾也叫磷硫铝锶矿，其分子式为 $SrAl_3[PO_4][SO_4](OH)_6$，其中锶常可被钙代替。菱磷铝锶矾属三方晶系，透射镜下无色或浅褐色。自然光下无色、浅黄色、粉红色、红棕色，硬度5，相对密度3.2。

　　菱磷铝锶矾是矿石中主要含P、S的矿物，平均含P、S分别为12.06%、4.79%。其扫描电镜能谱分析结果见表4，H_2O 按理论值13.34%计算。

　　菱磷铝锶矾扫描电镜能谱分析结果表明其中常含有一定量Fe，主要是由于菱磷铝锶矾中常包裹微细针

状赤铁矿所致。矿石中菱磷铝锶矾与赤铁矿、白云母、黏土矿物共生关系紧密。扫描电镜较低放大倍数下可见菱磷铝锶矾常呈不规则状、脉状、鲕状产出（见图7、图8），粒度范围为 $0.05 \sim 0.8$ mm，最大达 1.0 mm。在较高放大倍数下可见菱磷铝锶矾中总是或多或少嵌布有微细针状赤铁矿（见图5），两者无法彻底解离，这使得赤铁矿与菱磷铝锶矾之间的分离十分困难。

表4　菱磷铝锶矾扫描电镜能谱分析结果

序号	P	S	Sr	Al	Ca	Fe	O	Total
1	10.56	4.76	15.28	18.45	3.12	4.64	43.19	100.00
2	11.82	4.93	16.86	18.30	2.83	1.49	43.77	100.00
3	12.25	4.61	16.64	17.59	2.66	2.64	43.61	100.00
4	12.62	4.50	18.41	17.65	2.13	1.21	43.48	100.00
5	11.62	5.26	15.87	17.90	2.59	2.83	43.93	100.00
6	13.04	4.13	17.06	18.69	2.67	0.41	44.00	100.00
7	12.44	5.24	16.73	18.52	2.59	—	44.48	100.00
8	12.10	4.90	16.35	18.37	3.14	1.13	44.01	100.00
平均	12.06	4.79	16.65	18.18	2.72	1.79	43.81	100.00

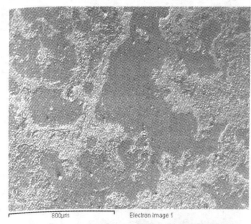

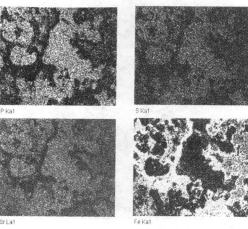

图7　菱磷铝锶矾呈不规则状产出（扫描电镜面分布图）

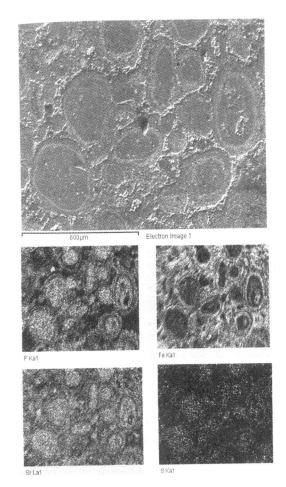

图 8　菱磷铝锶矾呈鲕状产出（扫描电镜面分布图）

3.3　黄铁矿

矿石中有时可见黄铁矿呈细粒产出，粒度都小于0.020 mm，由于在矿石中含量很低，与赤铁矿共生关系并不密切，所以对铁精矿质量影响很小。

3.4　磷灰石

矿石中磷灰石含量也较低，在 0 ~ 2 mm 综合样中，见到磷灰石与石英、赤铁矿共生密切。磷灰石X 射线能谱分析结果为：P_2O_5 43.15%，CaO 52.69%，F 4.16%。磷灰石对铁精矿质量影响较小。

4　矿石中赤铁矿、菱磷铝锶矾等矿物粒度分布特征

矿石中赤铁矿以细粒为主，粒度分布特征见表5。

从表 5 可以看出，赤铁矿以细粒为主，分布在0.010 mm 粒级的赤铁矿占 35.04%，大于 0.074 mm粒级的含量只占 11.14%，所以该矿需细磨 - 超细磨。

表 5　赤铁矿粒度分布特征

粒级/mm	赤铁矿	
	含量%	累计%
+ 0.589	0.35	0.35
− 0.589 + 0.417	0.15	0.50
− 0.417 + 0.295	0.19	0.69
− 0.295 + 0.208	1.15	1.84
− 0.208 + 0.147	3.69	5.53
− 0.147 + 0.104	2.26	7.79
− 0.104 + 0.074	3.35	11.14
− 0.074 + 0.043	5.65	16.79
− 0.043 + 0.020	18.26	35.05
− 0.020 + 0.015	13.56	48.61
− 0.015 + 0.010	16.35	64.96
− 0.010	35.04	100.00

矿石中大部分菱磷铝锶矾的粒度本身并不细，显微镜统计一般为 0.05 ~ 0.8 mm，但由于其中总是浸染微细针状赤铁矿，从该矿石除 P、S 的工艺角度来说，菱磷铝锶矾的粒度范围比 0.05 ~ 0.8 mm 细很多。

矿石中主要含 Si 的脉石矿物为白云母，高岭石等，同样，其中也总是浸染微细针状赤铁矿，在很大程度上细化白云母等脉石矿物的粒度。

矿石中石英、锆石等脉石矿物粒度较粗，一般为0.020 ~ 1.0 mm，且与赤铁矿间共生关系不密切，选矿过程中易与赤铁矿分离，但这些脉石矿物含量低，对于提高铁精矿品位作用有限。

5　矿石中赤铁矿在细磨矿条件下的解离情况

由于该矿石中赤铁矿的粒度极细，且与菱磷铝锶矾、白云母等脉石矿物间共生关系非常密切。初步统计，当磨矿细度为 - 0.074 mm 分别占 65%、75%、85%、95% 时，赤铁矿单体解离度分别为 30%、36%、54%、69%。磨矿细度为 - 0.038 mm 占 86% 时赤铁矿的单体解离度为 73%。需要说明的是，光学显微镜下赤铁矿单体是一个相对概念，高倍扫描电镜下赤铁矿与脉石间解离情况见图 9。

从图 9 可以看出，当磨矿细度为 - 0.038 mm 占86% 时，可见部分赤铁矿单体解离，但很难看到表面特别干净的脉石矿物，一方面是脉石矿物中浸染有微细针状赤铁矿，另一方面是单体解离的赤铁矿又黏附

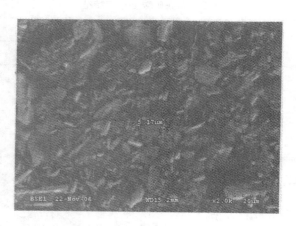

**图9　磨矿细度为 −0.038 mm 占86％时
赤铁矿的解离情况（背散射图）**

在脉石矿物表面，这些因素都将影响赤铁矿与菱磷铝锶矾及白云母、高岭石等脉石矿物间分离。另外，在如此细的磨矿条件下，高岭石等脉石矿物也很容易泥化，使得矿物相互结团，进一步影响赤铁矿与脉石矿物间分离，所以选别过程中还要注意矿浆分散。

同时，从图9还可以看出，虽然当磨矿细度为 −0.038 mm 占86％时，赤铁矿与脉石矿物解离不好，但继续磨矿，赤铁矿与脉石矿物间解离情况不会有太大改善，同时矿物间相互结团、黏附会更严重。

6　结论

1）赤铁矿粒度极细，且与菱磷铝锶矾、白云母、高岭石等脉石矿物嵌布关系十分密切，造成赤铁矿与脉石矿物较难解离。

2）在细磨矿条件下，白云母、高岭石等脉石矿物易于泥化，已单体解离的赤铁矿与脉石矿物相互结团、黏附，进一步增加赤铁矿与菱磷铝锶矾、白云母、高岭石等脉石矿物间选别分离。

3）矿石选别过程中获得高品位、高质量铁精矿与提高铁选矿回收率间矛盾十分突出。

参考文献

[1]　孙克己，卢寿慈，王淀佐，等. 梅山铁矿选择性反浮选磷灰石的试验研究[J]. 矿冶，2002(2)：23 − 26.

[2]　李逸群. 梅山高磷铁精矿磁选法降磷现状[J]. 金属矿山，1998(3)：16 − 19.

[3]　陈雯. 采用混选再分离工艺降低梅山铁精矿硫磷含量[J]. 矿冶工程，1996(4)：22 − 24.

多金属结核工艺矿物学研究

方明山[1]   贾木欣[1]   何高文[2]

（1. 北京矿冶研究总院矿物加工科学与技术国家重点实验室，北京，100160；2. 广州海洋地质调查局，广州，510075）

摘　要：多金属结核是一种重要的海底矿产资源，其中富含锰、铁、铜、钴、镍等金属。为查明其矿物组成以及其中所含有的有价金属元素的赋存状态，对由广州海洋地质调查局提供的多金属结核样品进行了系统的工艺矿物学研究。研究结果表明，多金属结核中金属元素以锰、铁为主，同时还含有一定量的铜、钴、镍以及钼等有价金属元素。其中锰矿物主要为水羟锰矿，其次为钙锰矿等；铁矿物主要为针铁矿、水针铁矿和纤铁矿。样品中的铜、钴、镍均不以独立矿物的形式存在，钼主要以钼华的形式存在。

关键词：多金属结核；工艺矿物学；有价金属元素；赋存状态

随着现代工业的迅猛发展，陆地矿产资源日渐匮乏，世界各国开始对海洋矿产资源进行大力地开发利用。大洋多金属结核是一种洋底自生沉积的矿物集合体，其富含铁、锰，同时还含有铜、镍、钴以及钼、钒、锌、钨、钛、稀土、贵金属等有价元素。因此，大洋多金属结核被认为是 21 世纪可接替陆地资源的重要战略金属资源。但多金属结核的矿物成分十分复杂，其结晶程度差，颗粒微细，且各种矿物紧密混杂互生[1~7]。所以，为尽可能地查清多金属结核中的矿物组成和铜、钴、镍以及钼等有价金属元素的赋存状态，为合理开发利用其中有价金属元素提供理论基础，对由广州海洋地质调查局提供的多金属结核样品进行了系统的工艺矿物学研究。

1　多金属结核主要的化学组成

多金属结核样品的化学分析结果见表 1。结果显示，多金属结核中金属元素以锰、铁为主，同时还含有一定量的铜、钴、镍以及钼等有价金属元素，具有一定的潜在的经济和开发利用价值。

表 1　多金属结核样品化学分析结果（%）

元素	Mn	Fe	Cu	Co	Ni	Mo	Pb	Zn	S
含量	22.72	10.84	0.62	0.25	0.90	0.031	0.079	0.090	0.13
元素	P	Ti	SiO$_2$	Al$_2$O$_3$	K$_2$O	Na$_2$O	CaO	MgO	V
含量	0.20	0.92	14.00	4.01	0.88	2.26	2.71	2.67	0.046

2　多金属结核的形态和结构

多金属结核样品颜色较深呈黑色或黑褐色，大部分表面光滑，呈球状或椭球状；有时可见以几个小的结核圆粒连接在一起形成连生体状的形式存在，大小约 3~5 cm；少量样品表面粗糙，布满小瘤呈菜花状，块体相对稍大。多金属结核样品外壳易剥落，与内核脱离形成两部分，其中外壳性脆，易破碎，而内核较硬，呈红色或白色。将多金属结核样品制备成光片后其切面形态见图 1 和图 2。从图中可以看出，部分样品以脉石矿物为核心形成结核，其中可见明显的层纹结构，有时可见其层间的空隙被脉石矿物充填；还有部分多金属结核样品没有核心，层纹结构同样明显。

图 1　多金属结核样品以脉石矿物为核心

图 2　不以脉石矿物为核心的多金属结核样品

3 多金属结核的矿物组成及其嵌布特征

多金属结核的矿物组成非常复杂，矿物种类繁多，根据化学成分的不同，可分为锰相矿物、铁相矿物和脉石矿物三大类。其中组成多金属结核的最主要矿物即锰、铁的氧化物多为非晶质或隐晶质，结晶程度差。锰矿物主要为水羟锰矿，其次为钙锰矿。铁矿物主要为针铁矿、水针铁矿以及纤铁矿，其次为少量的含钛磁铁矿、钛铁矿以及微量的黄铁矿。此外还可见很少量的钼华以及独居石等其他金属矿物。脉石矿物主要为沸石和长石，其次为少量的石英、磷灰石以及辉石、绿泥石、蒙脱石、重晶石、方解石等其他矿物[8~11]。

3.1 锰矿物

多金属结核样品中的锰矿物主要为水羟锰矿，其次为钙锰矿。多金属结核中的水羟锰矿的含量较高，其相对含量为 55% ~ 60%，而钙锰矿含量则相对较低，其相对含量约为 10% 左右。水羟锰矿在光学显微镜下呈灰色、灰白色，无双反射及非均质性；钙锰矿在光学显微镜下反射率相对水羟锰矿较高，呈亮灰白色。这两种锰矿物的化学成分基本相同，主要的区别在于锰、铁元素含量的变化。水羟锰矿中平均含锰 23.40%，平均含铁为 12.46%，同时还含有一定量的钛、钙、镁、铝、硅等其他元素，其中也可见含有少量的镍，但铜、钴的含量很低。相对水羟锰矿而言，钙锰矿中锰的平均含量较高，达 31.68%；而铁的平均含量则大幅降低，只有 1.98%；钛、钙、锰、铝、硅等元素也相应降低，但其中含有较高的镍、铜，分别为 2.04% 和 1.07%。

多金属结核中的水羟锰矿和钙锰矿之间的嵌布关系非常密切，紧密共生在一起。其中，水羟锰矿作为多金属结核中含量最高的矿物多呈隐晶质集合体，以同心圆鲕粒状、层纹状以及叠层状形式存在，其裂隙以及间隙常被长石等脉石矿物充填（见图3至图5）；在水羟锰矿中常可见脉石矿物的包体，部分水羟锰矿以这些脉石矿物为核心形成鲕粒。钙锰矿主要以细脉状沿水羟锰矿的间隙充填交代，部分钙锰矿也呈叠层状，有时可见其以不规则粒状产出，少量成为水羟锰矿鲕核的核心（见图6）。

3.2 铁矿物

金属结核样品中的铁矿物主要为针铁矿、水针铁矿以及纤铁矿，其结晶程度很差，以微粒形式嵌布于锰矿物中，与锰矿物结合在一起。另外，样品中还含有少量的结晶较好的铁矿物，主要为含钛磁铁矿、钛

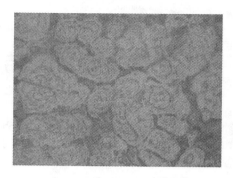

图3 水羟锰矿呈同心圆鲕粒状（反光）

图4 脉石矿物沿水羟锰矿的间隙充填（反光）

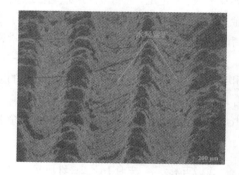

图5 水羟锰矿呈叠层状嵌布（反光）

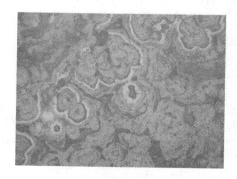

图6 水羟锰矿与钙锰矿的嵌布关系（反光）

铁矿以及微量的黄铁矿。其中含钛磁铁矿、钛铁矿主要嵌布于长石中（见图7），少量的黄铁矿主要以微粒不规则状嵌布于锰矿物或脉石矿物中。

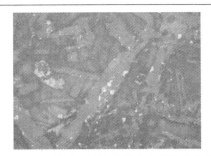

图7 含钛磁铁矿、钛铁矿嵌布于长石中(反光)

3.3 其他矿物

多金属结核样品中除锰、铁外其他金属元素含量相对都较低，其中未发现铜、钴、镍等金属元素的独立矿物。此外，运用 MLA 工艺矿物学参数自动测试系统 (MLA 的英文全称为 mineral liberation analyser，它由一台 FEI 扫描电镜和一到两个 EDAX 能谱构成，是一种能够利用背散射电子图像区分不同物相并结合能谱分析准确鉴定矿物的新仪器[12]) 在其酸浸渣中发现了钼华和独居石(见图8、图9)，由于钼华和独居石与硫酸不反应，为多金属结核样品中原本所存在的矿物，所以金属结核样品中含有很少量的钼华和独居石。

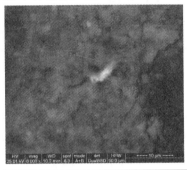

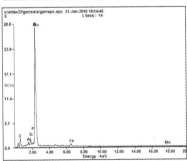

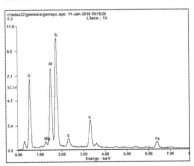

图8 钼华的扫描电镜能谱图

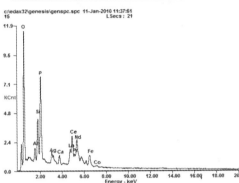

图9 独居石的扫描电镜能谱图

样品中脉石矿物种类较多，主要为沸石和长石，其次为少量的石英、磷灰石、海绿石以及辉石、绿泥石、蒙脱石、重晶石、方解石等其他矿物。样品中的沸石主要以不规则粒状产出，常作为水羟锰矿的鲕核的核心，另有部分嵌布于锰矿物中或沿锰矿物的裂隙充填；其中长石主要以不规则粒状以及条带状产出，有时可见其以包体形式嵌布于锰矿物中或沿锰矿物的裂隙充填。多金属结核中的磷灰石主要以不规则状和条带嵌布，辉石等其他脉石矿物主要以不规则粒状嵌布于锰矿物中。

4 多金属结核样品中有价金属元素的赋存状态

为查明多金属结核样品中主要金属元素锰、铁以及铜、钴、镍、钼等有价元素的赋存状态，运用选择性溶解的方法来分析判断多金属结核样品中各有价金属元素之间的相关关系及其赋存状态[13]。

首先为证实样品中钼及铜、钴、镍的具体存在形式，在样品中加入碳酸钠后采用氨水溶液于沸水浴下处理，即在不溶解铁、锰的情况下选择性溶解其中可能存在的铜、钴、镍及钼的氧化矿物，分析结果见图10。从图中可以看出，当溶解时间为 30 min 时，样品中的铁、锰以及铜、钴、镍基本不溶，溶解率都在 15% 以下，但钼的溶解情况则不同，其溶解率已高达

80%以上，并且随着时间的延长提高至90%以上，可见样品的钼主要是以独立的钼的氧化矿物的形式存在，而铜、钴、镍并不以独立的氧化矿物存在。

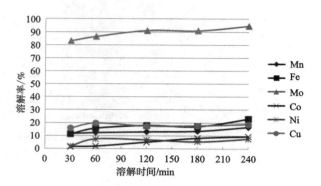

图 10　样品在氨水中的溶解曲线

为查清多金属结核样品中各有价金属元素之间的相关关系，采用选择性溶解锰的方法来观察铁、铜、钴、镍以及钼的溶解情况，从而分析判断它们之间的相关关系。在室温下，以含铵盐的硫酸羟胺溶液处理样品，锰矿物会迅速溶解，而铁矿物基本不溶，所以采用 NH_4Cl—$NH_2OH \cdot H_2SO_4$ 溶液在室温下处理多金属结核样品，其分析结果见图 11。由图可知，锰矿物在含铵盐的硫酸羟胺溶液中溶解相当迅速。为控制溶解速度，以更加清楚地观察锰与铁、铜、钴、镍、钼的溶解行为的差异，以不同量 $NH_2OH \cdot H_2SO_4$ 的 100 g/L NH_4Cl 溶液分别处理样品，分析结果见图 12。从分析结果中可以看出，当锰溶解 95% 以上时，样品中的铁和钼溶解率只有 10% 左右，溶解率很低并且随着溶解时间的延长基本上没有什么变化；而铜、钴、镍却随着锰的溶解以相近的速率溶解，并且当溶解时间为 120 min 时，它们的溶解率都达到 90% 以上，可见样品中的铜、钴、镍与锰是相关的，随着锰的溶解，铜、钴、镍也随之溶解，而铁、钼与锰无关。

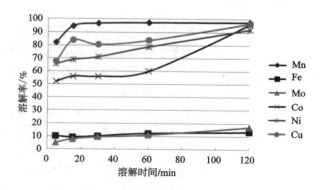

图 11　样品在 100 g/L NH_4Cl—2 g/L $NH_2OH \cdot H_2SO_4$
溶液的溶解关系曲线图

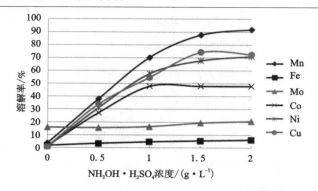

图 12　样品在 100 g/L NH_4Cl 溶液中与 $NH_2OH \cdot H_2SO_4$
的溶解关系曲线图

从以上选择性溶解的结果并结合多金属结核样品的矿物组成可知：样品中的锰主要以水羟锰矿的形式存在，其次以钙锰矿等其他锰矿物的形式存在；铁主要以针铁矿、水针铁矿以及纤铁矿的形式存在，另有少量的铁以含钛磁铁矿、钛铁矿等独立矿物的形式存在；样品中的铜、钴、镍均不以独立矿物的形式存在，主要以分散态离子形式被锰矿物吸附而赋存于水羟锰矿和钙锰矿之中；样品中的钼主要以钼华的形式存在。

5　影响多金属结核中有价元素利用的矿物学因素

多金属结核样品中的有价金属元素主要为锰、铁及铜、钴、镍、钼等元素，影响其中有价元素综合利用的矿物学因素主要是它们的存在形式和赋存状态。研究结果表明，多金属结核样品中铜、钴、镍均不以独立矿物形式，主要以分散态离子形式被锰矿物吸附而赋存于水羟锰矿和钙锰矿之中；样品中的钼主要以钼华的形式存在。

由于多金属结核矿物组成复杂，各种矿物紧密混杂互生，而其中的铜、钴、镍均不以独立的矿物形式存在，物理选矿难以富集，须直接进行冶炼处理[14]。所以，为能够综合回收利用多金属结核中的铜、钴、镍、钼等有价元素，首先需要破坏水羟锰矿以及钙锰矿等锰矿物的结构将其彻底分解，使铜、钴、镍从其中解离出来然后再进行回收，并同时考虑钼的综合回收，从而实现多金属结核样品中铜、钴、镍、钼的综合回收利用。多金属结核的湿法冶金工艺主要有酸浸和氨浸两种方法，在酸浸的情况下，可使锰、铜、钴、镍同时进入浸出液中然后再分别回收利用，从而实现锰、铜、钴、镍的综合回收利用，但由于钼主要以钼华的形式存在，在酸浸条件下会残留于浸渣之中而难以回收；相比而言，使用氨浸法可以选择性回收铜、钴、镍，将锰、铁等留在浸渣中，后处理相对简单，同时又可以回收其中的钼，能够实现锰、铜、钴、镍以及钼的综合回收利用。

6 结论

（1）多金属结核中矿物组成复杂，矿物种类繁多，其中最主要的锰矿物为水羟锰矿，其次为钙锰矿等；铁矿物主要为针铁矿、水针铁矿和纤铁矿，其次为少量的含钛磁铁矿和钛铁矿以及微量的黄铁矿；此外，还含有很少量的钼华以及独居石等其他金属矿物。脉石矿物主要为沸石和长石，其次为少量的石英、磷灰石、海绿石以及辉石、绿泥石、黏土矿物、重晶石、方解石等其他矿物。

（2）多金属结核中的锰主要以水羟锰矿的形式存在，其次以钙锰矿等其他锰矿物的形式存在；铁主要以针铁矿、水针铁矿以及纤铁矿的形式存在，另有少量的铁以含钛磁铁矿、钛铁矿等独立矿物的形式存在。其中的铜、钴、镍均不以独立矿物的形式存在，主要以分散态离子形式被锰矿物吸附而赋存于水羟锰矿和钙锰矿之中；钼主要以钼华的形式存在。

（3）由于多金属结核中的铜、钴、镍均不以独立的矿物形式存在，物理选矿难以富集，须直接进行冶炼处理。所以，为能够综合回收利用其中的铜、钴、镍、钼等有价元素，首先需要破坏锰矿物的结构将其彻底分解，使铜、钴、镍从中解离出来，并同时考虑钼的综合回收。

（4）在酸浸条件下可实现多金属结核中的锰、铜、钴、镍的综合回收，但由于钼主要以钼华的形式存在，会残留于浸渣之中难以回收；使用氨浸法可以选择性回收铜、钴、镍，同时又可以回收其中的钼，能够实现锰、铜、钴、镍以及钼的综合回收利用。

参考文献

[1] 肖林京，方湄，张文明.大洋多金属结核开采研究进展与现状[J].金属矿山，2000(8)：11 – 14.

[2] 牛京考.大洋多金属结核开发研究述评[J].中国锰业，2002，20(2)：20 – 26.

[3] 杜灵通，吕新彪.大洋多金属结核研究概况[J].地质与资源，2003，12(3)：185 – 187.

[4] 张云，管永诗，田玉珍.大洋锰结核资源的研究现状[J].矿产保护与利用，2000(6)：39 – 42

[5] 王云山，李佐虎，李浩然.深海锰结核处理技术及其发展趋势[J].现代化工，2005，25(2)：14 – 16.

[6] 高筠，毛磊，刘巧妹.深海锰结核及其处理技术新探索[J].化学工程师，2007(9)：32 – 35.

[7] 王云山，李佐虎，李浩然.深海锰结核液相氧化动力学[J].有色金属，2006，58(2)：60 – 63.

[8] 张丽洁，姚德，崔汝勇.海底铁锰结核和结壳物质组成特征及其形成控制因素[J].海洋地质动态，2001，17(9)：1 – 4.

[9] 潘燕宁，陈逸君，戴乐美，等.深海锰结核的分类及两类锰结核的特征[J].自然科学进展，2001，11(1)：76 – 80.

[10] 林振宏，季福武，张富元，等.南海东北陆坡区铁锰结核的特征和成因[J].海洋地质与第四纪地质，2003，23(1)：7 – 12.

[11] 董明明，翟世奎，韩宗珠，等.西太平洋某海域锰结核的矿物学及矿物化学研究[J].海洋湖沼通报，2007(4)：65 – 73.

[12] 贾木欣.国外工艺矿物学进展及发展趋势[J].矿冶，2007，16(2)：95 – 99.

[13] 张惠斌，滕美玲.大洋锰结核中铁、锰、镍、钴、铜的赋存状态分析[C].化学物相分析研究论文集[A].西安：陕西科学技术出版社，1996：547 – 552.

[14] 蒋开喜，蒋训雄，汪胜东，等.大洋多金属结核还原氨浸工艺研究[J].有色金属，2005，57(4)：54 – 58.

贵州织金含稀土磷矿床中稀土矿物的分布特征

肖仪武　　武慧敏　　金建文

（北京矿冶研究总院矿物加工科学与技术国家重点实验室，北京，102600）

摘　要：贵州积金沉积磷矿床以富含稀土元素为特征。含稀土磷块岩中 TR_2O_3 达 1148.71×10^{-6}，以 Y、La、Ce、Nd 这四种稀土元素为主，其中 Y 的含量达 395×10^{-6}。前人在研究稀土元素赋存状态时，很难发现有独立的稀土矿物存在，本次研究中采用矿物自动分析仪 MLA 首次发现了磷钇矿、独居石、氟碳铈镧矿、褐帘石等稀土矿物。

关键词：磷块岩；稀土矿物

　　贵州积金沉积磷矿床储量巨大，且以富含稀土元素为特征。含稀土磷块岩中 TR_2O_3 1148.71×10^{-6}，以 Y、La、Ce、Nd 这四种稀土元素为主，其中 Y 的含量达 395×10^{-6}。前人在研究稀土元素赋存状态时，很难发现有独立的稀土矿物存在，只是在 2006 年，中国科学院地球化学研究所刘世荣等利用电子探针首次在胶磷矿中发现了独立的稀土矿物－方铈矿（CeO_2），但仍没有发现有重稀土元素钇的独立矿物。我们在开展国家"十一五"科技支撑项目研究过程中采用矿物自动分析仪 MLA 对矿石进行系统的研究，首次发现了磷钇矿、独居石、氟碳铈镧矿、褐帘石等稀土矿物，这是一个重大的突破。

　　矿石中稀土矿物的分布特征现分述如下。

1　磷钇矿 $Y[PO_4]$

　　矿石中可见较多的磷钇矿颗粒，其主要呈不规则粒状嵌布（见图1、图2、图3）。磷钇矿与胶磷矿的嵌布关系最为紧密，其次是与白云石、方解石、石英等。磷钇矿的嵌布粒度较细，粒径均小于 0.010 mm。

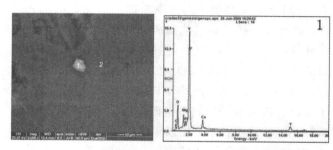

图2　磷钇矿（1）嵌布于白云石（2）中（背散射图）

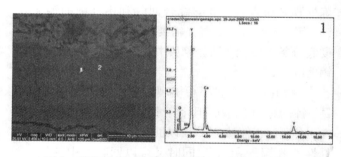

图3　磷钇矿（1）嵌布于方解石（2）中（背散射图）

2　独居石（Ce，La，Y，Th）$[PO_4]$

　　独居石在矿石中较常见，主要呈不规则粒状嵌布（见图4、图5）。独居石与石英的嵌布关系最为紧密，常呈包体嵌布于石英颗粒中。独居石的嵌布粒度细且不均匀，粒径范围为 0.001~0.055 mm，较集中于 0.001~0.01 mm。

3　氟碳铈矿（Ce，La）$[CO_3]F$

　　氟碳铈矿主要呈微细粒状嵌布，其与胶磷矿和白云石的嵌布关系紧密（见图6、图7）。氟碳铈矿的嵌布粒度较细，为 0.001~0.015 mm。

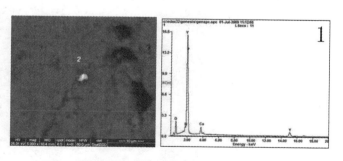

图1　磷钇矿（1）嵌布于胶磷矿（2）中（背散射图）

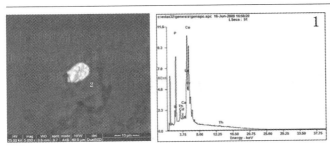

图 4　石英(2)中的独居石(1)(背散射图)

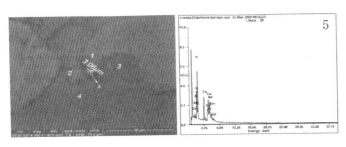

图 5　独居石(5)嵌布于胶磷矿(1)、石英(3)和
白云石(2、4)颗粒间隙中(背散射图)

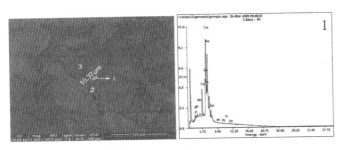

图 6　氟碳铈矿(1)嵌布于胶磷矿(2)和
白云石(3)颗粒间隙中(背散射图)

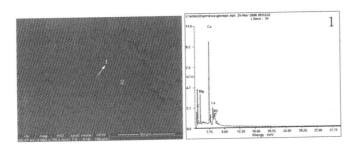

图 7　氟碳铈矿(1)嵌布于白云石(2)中(背散射图)

4　褐帘石(Ce,Ca)$_2$(Fe,Al)$_3$[Si$_2$O$_7$][SiO$_4$]O(OH)

矿石中可见有少量的褐帘石,其中有部分以包体
形式嵌布于胶磷矿中(见图 8),还有部分嵌布于石英
及黏土矿物间隙中(见图 9)。褐帘石的嵌布粒度较
细,粒径一般都小于 0.010 mm。

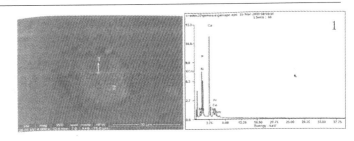

图 8　胶磷矿(2)中的褐帘石(1)(背散射图)

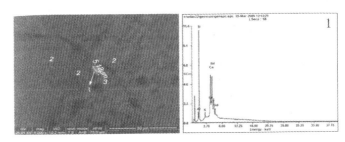

图 9　褐帘石(1)嵌布于石英(2)和
黏土矿物(3)间隙中(背散射图)

5　结论

含量比较低的稀贵金属元素的赋存状态研究难度
较大,以前研究者主要是通过光学显微镜或扫描电子
显微镜手动观察,由于观察的矿物颗粒有限,以致于
很难发现微细粒的稀贵金属矿物。随着信息技术的飞
速发展,计算机图像处理与分析技术也已经在工艺矿
物学研究中得到了应用。利用扫描电子显微镜图像处
理系统可自动进行大量的测量、统计,准确性高,大
大提高了工作效率,这一技术在稀贵金属元素的赋存
状态研究中显得尤为重要。

参考文献

[1] 贾木欣.国外工艺矿物学进展及发展趋势[J].矿冶,
2007,16(2):95 - 99.

[2] 刘世荣,金志新等.贵州织金新华含稀土磷矿床的电子探
针研究[J].电子显微学报,2006,25(增刊):303 - 304.

[3] 王濮,潘兆橹,翁玲宝,等.系统矿物学[M].北京:地质
出版社,1987.

[4] 张杰,陈代良.贵州织金新华含稀土磷矿床扫描电镜研究
[J].矿物岩石,2000,20(3):59 - 64.

[5] 张杰,孙传敏等.贵州织金含稀土生物屑磷块岩稀土元素
赋存状态研究[J].稀土,2007,28(1):75 - 79.

[6] 刘世荣,胡瑞忠等.贵州织金新华磷矿床首次发现独立的
稀土矿物[J].矿物学报,2006,26(1).

河南低品位铝土矿工艺矿物学研究

李艳峰　　王明燕　　费涌初

（北京矿冶研究总院矿物加工科学与技术国家重点实验室，北京，100044）

摘　要： 此次研究的河南低品位铝土矿的 A/S 仅为 3.81，Al_2O_3 含量为 59.67%，铝的赋存状态复杂，铝矿物主要为微晶、隐晶产出的一水硬铝石，与铝硅酸盐矿物之间的嵌布关系复杂，在机械磨矿的条件下相互之间难以解离。但此类矿石中具有一定产出形状的一水硬铝石集合体的 A/S 相对较高，一般大于 7，为富集合体，符合选冶物料品质要求，能成为选矿回收的对象。据此来确定此类矿石中一水硬铝石的工艺粒度，为放粗矿石的磨矿细度提供基础数据，也为氧化铝的高效低耗富集提供科学依据。

关键词： 铝土矿；A/S；富集合体；工艺粒度

河南省铝土矿资源十分丰富，但多为 A/S 在 3~5 左右的高铝、高硅的一水硬铝石沉积型铝土矿，含硅矿物产出形态复杂，矿石质量差，加工难度大，为了合理开发利用此类矿石，需要对矿石进行系统的工艺矿物学研究，在此基础上为选择合理的工艺流程提供科学依据。

此次研究矿石的 A/S 为 3.81，Al_2O_3 含量为 59.67%，微晶、隐晶质的一水硬铝石是矿石中的主要铝矿物，与微细粒的高岭石、伊利石等成豆状、板状或分散状产出，对其中 A/S > 7 的豆状、板状等集合体称一水硬铝石的富集合体，在符合选冶物料品质要求的条件下，以此为依据确定了一水硬铝石的工艺粒度，根据工艺粒度及各矿物的矿物性质，放粗磨矿细度，有利于脱硅并进行铝的富集。反浮选脱硅试验研究表明，最终铝精矿的 A/S 为 7.20，Al_2O_3 的含量为 66.10%，回收率仅为 70.60%。

1　矿石的化学成分

矿石的化学分析结果及矿石中铝的化学物相分析结果见表 1 和表 2。

表 1　矿石的化学分析结果

组分	Al_2O_3	SiO_2	Fe_2O_3	TiO_2	K_2O
含量/%	59.67	15.67	5.78	2.84	1.61
组分	Na_2O	MgO	CaO	烧失	Al/Si
含量/%	0.10	0.80	1.01	14.02	3.81

表 2　矿石中 Al_2O_3 的化学物相分析结果

相别	一水硬铝石	高岭石、伊利石	一水软铝石	其他	总 Al_2O_3
含量/%	45.72	11.61	0.43	1.91	59.67
占有率/%	76.62	19.46	0.72	3.20	100.00

2　矿石矿物组成

矿石中的矿物主要有一水硬铝石，其次有高岭土、伊利石和赤、褐铁矿，少量的钛铁矿、锐钛矿、金红石及绿泥石，其他矿物有黄铁矿及微量的一水软铝石、长石、石英、锆石、榍石等矿物。矿物组成见表 3。

表 3　矿石的矿物组成及相对含量

矿物名称	含量/%	矿物名称	含量/%
一水硬铝石	55.29	赤、褐铁矿	5.78
一水软铝石	0.52	锐钛矿*	2.75
高岭土	18.44	石　英	0.45
伊利石	13.26	其　它	1.59
绿泥石	1.92	总　计	100.00

注：锐钛矿* 中包括锐钛矿、金红石和板钛矿。

3　矿石中重要矿物的嵌布特征

3.1　一水硬铝石

一水硬铝石常以板状、鳞片状、微晶和隐晶质形式产出，结晶粒度一般在 20 μm 以下（见图 1），与高岭石、伊利石、锐钛矿、褐铁矿等矿物密切共生，呈

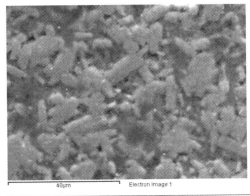

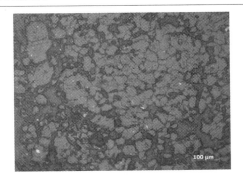

图2 豆状一水硬铝石（反光）

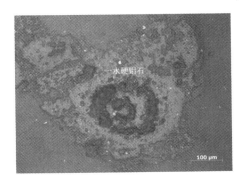

图3 鲕状一水硬铝石（反光）

矿石中一水硬铝石的 X 射线能谱分析及其集合体的 X 射线能谱面分布分析结果见表4和表5。

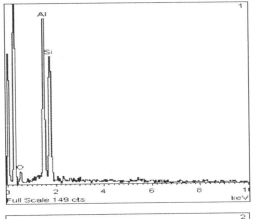

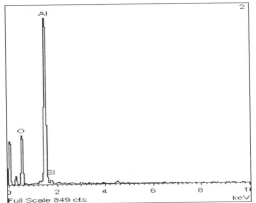

图1 自形晶板状一水硬铝石与高岭石共生（背散射图）

豆状、鲕状、纺锤状、板状和不规则状（见图2、图3）等集合体或微粒分散状产出，具有一定产出形状的一水硬铝石集合体中，常含有少量的 SiO_2、TiO_2、Fe_2O_3 等杂质组分，而以微粒分散状产出的一水硬铝石直接损失于尾矿中，造成铝损失。由于矿石中一水硬铝石的实际嵌布粒度细，考虑到磨矿成本、铝的选矿回收率及在冶炼入选物料要求 A/S > 7 的条件下，对以一水硬铝石为主的集合体进行了 X 射线能谱面分布测定，称 A/S > 7 的一水硬铝石集合体为一水硬铝石富集体，并定为一水硬铝石的工艺粒度，因此只需确定恰当的磨矿工艺，放粗磨矿细度来满足选矿富集铝的要求，无需使一水硬铝石完全单体解离。

表4 一水硬铝石的 X 射线能谱分析结果/%

测定点数	Al_2O_3	SiO_2	TiO_2	Fe_2O_3	H_2O	合计
1	80.12	0.74	1.42	1.51	16.21	100.00
2	80.24	0.00	3.44	0.00	16.32	100.00
3	80.88	0.00	0.00	4.12	15.00	100.00
4	81.45	0.00	2.75	0.00	15.80	100.00
5	81.72	0.52	0.00	2.28	15.48	100.00
6	82.12	1.33	0.00	1.01	15.54	100.00
7	82.39	0.00	0.00	2.65	14.96	100.00
8	82.43	0.00	0.00	2.06	15.51	100.00
9	82.55	0.00	0.00	1.08	16.37	100.00
10	82.72	2.02	0.72	1.94	12.60	100.00
11	83.45	0.00	0.00	0.00	16.55	100.00
12	83.50	0.00	0.00	0.00	16.50	100.00
13	83.60	0.00	0.00	0.00	16.40	100.00
14	83.63	0.00	0.00	0.00	16.37	100.00
15	83.82	0.00	1.85	0.00	14.33	100.00
16	84.00	0.00	0.00	0.00	16.00	100.00
17	84.55	0.00	0.00	0.00	15.45	100.00
平均值	82.54	0.27	0.60	0.98	15.61	100.00

矿石中的一水硬铝石中 Al_2O_3 的含量变化较大，杂质组分 SiO_2、TiO_2 及 Fe_2O_3 的含量变化较明显，其中 Al_2O_3 的平均含量为 82.54%，其他杂质组分 SiO_2、TiO_2、Fe_2O_3 的平均含量分别为 0.27%、0.60% 及 0.98%。

表5　一水硬铝石集合体的 X 射线能谱面分析结果/%

点数	Al_2O_3	SiO_2	K_2O	FeO	TiO_2	CaO	MgO	A/S
1	83.01	11.00	2.00		3.99			7.55
2	83.18	10.34	1.76		4.05	0.67		8.04
3	84.44	9.02	0.56	1.61	4.37			9.36
4	88.09	7.11	1.16		3.64			12.39
5	80.90	6.50		6.27	5.56		0.77	12.45
6	87.52	6.19	0.86		5.43			14.14
7	88.04	6.21	1.15		4.60			14.18
8	89.43	5.96	0.71		3.90			15.01
9	88.52	5.81		1.29	4.38			15.24
10	88.56	5.60			5.84			15.81
11	91.28	4.90	0.700	1.02	1.55	0.56		18.63
12	90.26	4.49			4.44	0.81		20.10
13	84.78	8.91	0.85	1.24	4.00	0.15	0.07	21.88
14	92.53	3.82	0.58		3.07			24.22
15	95.23	3.84		0.93				24.80
16	92.84	3.17			3.99			29.29
17	90.51	2.84		3.89	2.77			31.87
18	92.25	2.71		3.60	1.44			34.04
19	91.72	2.62			5.66			35.01
20	94.76	2.27			2.96			41.74
21	91.37	2.01		1.13	5.50			45.46
22	93.41	1.58			5.01			59.12
23	97.35	0.71			1.94			137.11
平均	89.56	5.11	0.45	0.91	3.83	0.10	0.04	28.15

表5为各种形状产出的一水硬铝石集合体，测定结果显示 Al/Si 均大于7，因此有利于矿石工艺粒度的确定。

3.2　高岭石

高岭石是矿石中最主要的铝硅酸盐矿物，结晶粒度细，多为隐晶质致密状或土状集合体（见图4）。常见高岭石以微晶、隐晶质的集合体形式产出，并包裹分散嵌布的一水硬铝石微晶，这种形式的一水硬铝石多数将直接进入尾矿，导致部分 Al 损失；其次以微晶、隐晶质与伊利石相互胶结成集合体的形式产出，这部分高岭石与伊利石的集合体基本少与一水硬铝石共生，有利于 Al、Si 之间的分选；另以微晶、隐晶质与一水硬铝石的集合体紧密镶嵌成鲕状、豆状、纺锤状等，相互间基本无法单体解离。

由于高岭石及高岭石和伊利石集合体硬度低，易磨、易泥化，需特别注意磨矿工艺的选择，防止高岭石等黏土矿物过磨现象的产生，避免恶化浮选作业。

高岭石的 X 射线能谱分析结果见表6。

表6　高岭石 X 射线能谱结果

测量点数	MgO	Al_2O_3	SiO_2	K_2O	H_2O	合计
1	0.00	39.63	43.76	0.00	16.61	100.00
2	0.00	38.96	43.37	0.47	17.20	100.00
3	0.00	41.54	41.01	0.00	17.45	100.00
4	0.00	41.55	41.30	0.00	17.15	100.00
5	0.00	41.22	42.96	0.00	15.82	100.00
6	0.00	38.04	44.91	0.00	17.05	100.00
7	0.00	37.08	45.15	0.00	17.77	100.00
8	0.00	38.37	45.53	0.00	16.10	100.00
9	0.00	39.69	45.71	0.00	14.60	100.00
10	0.00	36.77	48.25	0.00	14.98	100.00
11	0.00	36.43	46.60	0.00	16.97	100.00
12	0.00	37.79	45.79	0.00	16.42	100.00
13	1.21	36.63	44.98	1.10	16.08	100.00
14	0.00	37.93	48.53	0.00	13.54	100.00
15	0.00	38.10	49.42	0.00	12.48	100.00
16	0.00	38.05	47.78	0.00	14.17	100.00
平均值	0.07	38.61	45.32	0.10	15.90	100.00

高岭石扫描电镜能谱分析结果表明，高岭石中 Al_2O_3 的含量有一定的变化，主要原因是高岭石、伊利石和一水硬铝石都以微晶产出，且共生关系复杂。

3.3　伊利石

伊利石也是是矿石中的铝硅酸盐矿物，呈隐晶质、显微、超显微鳞片状集合体产出，结晶程度差，粒度细，多在 $-5\ \mu m$ 以下，常呈不规则状集合体产出并包裹细晶一水硬铝石；也常与高岭石复杂共生呈不规则状集合体产出；另有部分伊利石与高岭石等铝硅酸盐矿物与一水硬铝石复杂共生（见图5），胶结在一

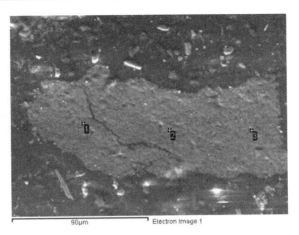

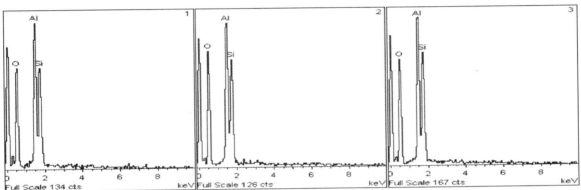

图4　高岭石背散射电子图及其 X 射线能谱图

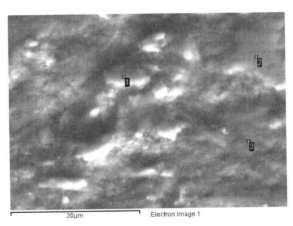

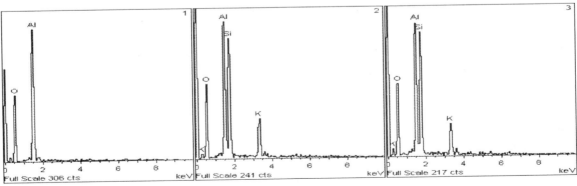

图5　一水硬铝石与伊利石相互共生（背散射图）

水硬铝石的豆鲕状中心或环中、纺锤状及板状集合体的边部或集合体间隙，使得磨矿时矿物解离困难，这是影响矿石 A/S 比提高的原因。由于伊利石具有硬度低、易泥化、可浮性较差的矿物性质，会严重影响反浮选的分选效果，对 A/S 的提高不利，同时需要注意的是严重的泥化现象会影响尾矿的过滤及沉降。

伊利石的 X 射线能谱分析结果见表7。

表7　伊利石 X 射线能谱分析结果/%

点数	K₂O	SiO₂	Al₂O₃	FeO	TiO₂	MgO	H₂O	总计
1	2.40	47.43	41.94	2.96	0.00	0.00	5.27	100.00
2	2.96	45.38	35.09	0.00	0.00	0.00	16.58	100.00
3	4.66	41.69	31.15	2.38	1.08	1.74	17.30	100.00
4	5.06	43.85	33.14	3.11	3.50	0.00	11.35	100.00
5	5.17	41.41	34.53	3.65	0.00	0.00	15.24	100.00
6	5.22	39.26	31.79	3.25	0.95	0.00	19.53	100.00
7	6.39	42.46	35.02	0.00	1.38	0.00	14.75	100.00
8	6.77	46.14	33.76	0.00	0.00	0.00	13.33	100.00
9	7.68	45.66	30.10	4.68	0.00	0.00	11.88	100.00
10	7.82	51.61	37.78	0.00	0.00	0.00	2.79	100.00
11	8.00	52.68	35.54	0.00	0.00	0.00	3.78	100.00
12	8.15	49.25	34.39	0.00	0.00	0.00	8.21	100.00
13	8.33	44.23	32.34	0.00	0.00	0.00	15.10	100.00
平均值	6.05	45.47	34.35	1.54	0.53	0.13	11.93	100.00

扫描电镜能谱分析结果显示，该矿石中的伊利石 K₂O 的含量不均匀，并含有一定的杂质元素 Fe、Mg 及 Ti 等，可检测到高岭石、伊利石的纯矿物很少，总体上相互混含。

3.4　赤铁矿、褐铁矿

矿石中氧化铁为赤铁矿、褐铁矿。

赤铁矿在矿石中较为常见，主要呈细粒、微细粒状嵌布在一水硬铝石、高岭石、伊利石等矿物集合体中（见图6）；有时可见细脉赤铁矿胶结一水硬铝石等矿物集合体，共生关系复杂；少量赤铁矿与一水硬铝石的共生关系极为复杂，通过机械磨矿的方式无法解离成单体。

褐铁矿主要呈不规则状、微细粒状及胶状等形式产出。可见褐铁矿沿一水硬铝石、高岭石、伊利石等矿物集合体裂隙中充填胶结呈网脉状、脉状；有时褐铁矿呈胶状胶结一水硬铝石、高岭石、锆石等矿物；少量呈细粒、微细粒局部富集或稀疏分布在一水硬铝石、高岭石等矿物集合体中。

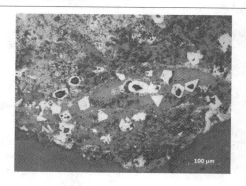

图6　复杂产出的赤铁矿（反光）

选冶工艺表明，虽然铁的氧化物对工艺本身并无影响，铁的化合物不与碱反应，但会加重工艺过程的负担，赤泥会带走少量的碱，烧结过程中会降低熟料的稳定性，并妨碍氧化铝完全转变成铝酸钠，也会影响氧化铝的溶出。因此，在选矿过程中除去能解离的赤铁矿、褐铁矿是必要的，但由于赤铁矿、褐铁矿的嵌布粒度细，除铁困难。

4　矿石中重要矿物的粒度特性

对矿石中一水硬铝石的工艺粒度及黏土矿物集合体的粒度分别进行了统计，测定结果见表8。结果显示该矿石中一水硬铝石的工艺粒度粗细不均匀，−0.010 mm 微细粒的一水硬铝石含量很高，占有率为 6.06%。

表8　矿石中一水硬铝石的粒度测定结果

粒度范围 /mm	一水硬铝石/%		脉石矿物*/%	
	占有率	累计	占有率	累计
>1.168	1.02	1.02	2.33	2.33
1.168−0.833	4.34	5.36	3.31	5.64
0.833−0.589	8.22	13.58	3.53	9.17
0.589−0.417	12.35	25.93	5.01	14.18
0.417−0.295	11.83	37.76	6.89	21.07
0.295−0.208	8.83	46.59	8.26	29.33
0.208−0.147	8.71	55.3	9.61	38.94
0.147−0.104	8.37	63.67	10.18	49.12
0.104−0.074	7.36	71.03	12.16	61.28
0.074−0.043	6.93	77.96	16.50	77.78
0.043−0.020	6.08	84.04	13.35	91.13
0.020−0.015	5.24	89.28	3.75	94.88
0.015−0.010	4.66	93.94	2.99	97.87
<0.010	6.06	100	2.13	100

注：脉石矿物*是高岭石及伊利石的集合体。

5 原矿样中一水硬铝石的解离特性

矿石中一水硬铝石在不同磨矿细度下的解离度测定结果见表9。

表9 不同磨矿细度的解离度测定结果/%

磨矿细度 −0.074 mm 占	单体	连生体	总计
60%	67.78	32.22	100.00
70%	74.46	25.54	100.00
80%	78.50	21.50	100.00
90%	80.50	19.50	100.00

测定结果显示,即使细磨矿矿物之间也难以充分解离,因此选择经济合理的磨矿细度即可。

6 结论

原矿是 A/S 为 3.81,Al_2O_3 为 59.67% 的高铝高硅的低品位一水硬铝石型铝土矿矿石。由于矿石中矿物共生关系复杂,且含有一定量的黏土类矿物高岭石和伊利石等,将造成该矿石脱硅富铝的选别效果不理想。

参考文献

[1] 潘兆橹,赵爱醒,潘铁虹. 结晶学及矿物学(下册)[M]. 北京:地质出版社,1994. 11:93 − 99;176 − 177;179 − 182.
[2] 红刚. 河南铝土矿工艺矿物学研究[J]. 轻金属,2001(11):6 − 10.
[3] 方启学,黄国智,葛长礼,廖新秦. 我国铝土矿资源特征及其面临的问题与对策[J]. 轻金属矿山,2000,10:8 − 11.
[4] 刘水红,方启学. 铝土矿选矿脱硅技术研究现状述评[J]. 矿冶,2004,13(4):24 − 29.
[5] 魏党生. 高铁铝土矿综合利用工艺研究[J]. 有色金属(选矿部分),2008,6:14 − 18.
[6] 冯其明,陈云,张国范,欧乐明,卢毅屏. 我国几种难处理矿石的加工利用现状[J]. 金属矿山,2006(8):11 − 12.
[7] 李光辉,董海刚,肖春梅,范晓慧,郭宇峰,姜涛. 高铁铝土矿的工艺矿物学及铝铁分离技术[J]. 中南大学学报(自然科学版),2006,37(2):235 − 240.
[8] 陈湘清,陈兴华,马俊伟,陈志友. 低品位铝土矿选矿脱硅试验研究[J]. 轻金属,2006(10):13 − 16.
[9] 禹学军. 河南铝土矿矿物组分特征及可选性分析[J]. 矿产保护及利用,2009(4):45 − 49.
[10] 黄国智,方启学,石伟,吴国亮,葛长礼. 放粗铝土选矿精矿粒度的可行性研究[J]. 轻金属,2000(7):7 − 10.
[11] 河南铝土矿工艺矿物学研究报告[R]. 北京矿冶研究总院. 1998.6.
[12] 河南铝土矿工艺矿物学研究报告[R]. 北京矿冶研究总院,1999.10.

贵州瓮福磷尾矿工艺矿物学研究

李艳峰　方明山

（北京矿冶研究总院矿物加工科学与技术国家重点实验室，北京，100044）

摘　要：贵州瓮福磷尾矿中 P_2O_5 和 MgO 的含量分别为 7.15% 和 16.97%。工艺矿物学研究表明该尾矿中主要矿物为白云石，其次为胶磷矿。该尾矿中白云石的大量存在使得胶磷矿与白云石之间的分选效果不理想；此外，微细粒单体胶磷矿的含量较高以及部分胶磷矿以微粒、极微粒包体嵌布在白云石中不易解离也会影响到胶磷矿的回收。最终通过采用反浮选工艺，获得了 P_2O_5 含量为 26.20%，回收率为 67.11% 的磷精矿。

关键词：磷尾矿；工艺矿物学；解离

贵州瓮福磷矿目前每年排放约 100 万 t 磷尾矿，为 P_2O_5 含量在 5%～9% 的白云石类磷尾矿。其主要矿物为白云石，其次为胶磷矿[1]，MgO 含量达 16%～18%，综合回收尾矿中的 P_2O_5 和 MgO 具有经济和社会价值[2]。利用 MLA 等先进的测试手段，对瓮福磷矿尾矿资源进行了系统的工艺矿物学研究，为 P_2O_5 和 MgO 的综合回收利用提供了基础数据和科学依据。

1　磷尾矿的化学性质

该磷尾矿样的化学分析结果见表 1，磷的化学物相分析见表 2，矿物组成见表 3。

表 1　磷尾矿的化学分析结果

组分	P_2O_5	CaO	MgO	SiO_2	Al_2O_3
含量/%	7.15	33.02	16.97	3.21	0.15
组分	Fe_2O_3	K_2O	Na_2O	C	F
含量/%	0.20	0.060	0.067	9.92	0.65

表 2　磷尾矿中 P_2O_5 的化学物相分析结果

相别	胶磷矿中的 P_2O_5	其他 P_2O_5	总 P_2O_5
含量/%	6.81	0.28	7.09
占有率/%	96.05	3.95	100.00

表 3　磷尾矿中矿物组成及相对含量

矿物名称	含量/%	矿物名称	含量/%
白云石	78.09	长石	0.84
胶磷矿	17.23	赤、褐铁矿	0.20
石英	2.19	其他	0.54
云母	0.91	总量	100.00

2　磷尾矿中主要矿物的赋存特性

2.1　胶磷矿

胶磷矿 $[Ca_5[PO_4](F, OH)]$ 以连生体为主，其次为单体。以连生体形式存在的胶磷矿主要与白云石连生，其次与石英连生，偶尔可见与赤铁矿、褐铁矿、云母等矿物连生。

磷灰石与白云石复杂的共边产出以及呈细粒和微细粒的包裹体或云雾状在白云石中产出时，两者之间基本无法解离成单体；而以细粒、微细粒赋存在胶磷矿中的石英或黄铁矿也难以单体解离。胶磷矿的产出特征见图 1 至图 3。

2.2　白云石

白云石 $[CaMg(CO_3)]$ 是该尾矿中含量最多的矿物，主要以单体形式存在，其次呈连生体。白云石主要与胶磷矿连生，其次与石英连生，偶尔与云母及赤铁矿、褐铁矿等矿物连生。白云石包裹细粒、微细粒及云雾状的胶磷矿时即使细磨这部分白云石也难以单体解离。白云石的产出特征见图 4、图 5。

2.3　石英

石英是磷尾矿中含硅的主要矿物，含量很少，主要呈单体，其次与白云石或胶磷矿成连生，少量以细粒、微细粒的包裹体形式赋存在白云石或胶磷矿中。产出特征见图 6。

2.4　其他矿物

该尾矿中偶尔可见赤铁矿、褐铁矿及黄铁矿，含量极少。赤铁矿、褐铁矿多以细粒、微细粒包裹体嵌布在白云石或胶磷矿中，偶尔也可见细粒单体的褐铁矿；黄铁矿多呈单体赋存在该尾矿中，部分呈微细粒

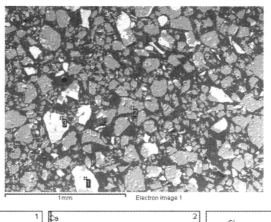

图1 磷矿尾矿中胶磷矿(1)、白云石(2)、石英(3)的产出特征(背散射图)

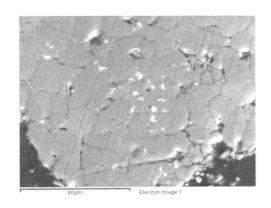

图2 白云石包裹细粒胶磷矿(白色)(背散射图)

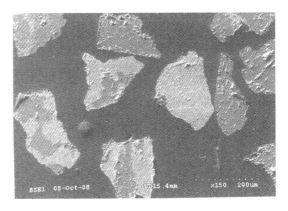

图4 胶磷矿(白)与白云石(灰)连生(背散射图)

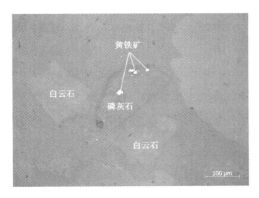

图3 胶磷矿包裹的细粒黄铁矿(反光)

图5 石英与白云石连生(反光)

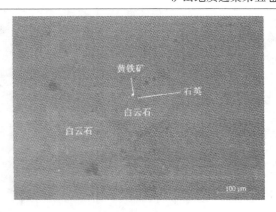

图6　白云石中包裹的细粒石英及黄铁矿（反光）

包裹体形式赋存在白云石、胶磷矿等矿物中。褐铁矿、黄铁矿等矿物的产出特征见图7、图8。

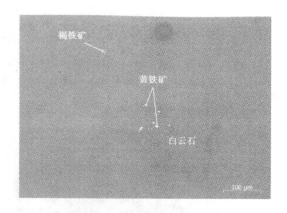

图7　细粒黄铁矿、褐铁矿嵌布在白云石中（反光）

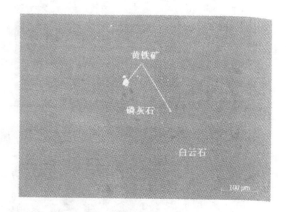

图8　细粒黄铁矿嵌布在胶磷矿中（反光）

3　磷矿尾矿中 Ca 及 P 的赋存特性

磷矿尾矿主要矿物为白云石，其次为胶磷矿，在回收胶磷矿时也回收白云石。为了综合回收利用该尾矿，对样品中磷、钙的分布规律及磷、钙矿物的粒度特性进行了系统的研究，样品中重要元素 CaO、P_2O_5 的赋存状态见表4。

表4　样品中 CaO 及 P_2O_5 的赋存状

粒级 /mm	产率 /%	CaO /%	占有率 /%	P_2O_5 /%	占有率 /%
0.15	22.87	32.25	7.38	7.36	1.68
−0.15 +0.074	40.54	33.16	13.44	7.01	2.84
−0.074 +0.038	23.17	32.42	7.51	6.26	1.45
−0.038 +0.020	7.06	31.69	2.24	5.93	0.42
−0.020 +0.010	2.60	32.36	0.84	6.67	0.17
−0.010	3.75	34.63	1.30	13.02	0.49
总计	100.00		32.71		7.05

从表中可以看出，微细粒级别中的 CaO 和 P_2O_5 的品位最高。

4　磷矿尾矿中重要矿物的粒度分布特性

利用自动测量仪器 MLA 对样品中的胶磷矿、白云石及石英等重要矿物的粒度测定结果见表5及表6。结果表明胶磷矿的微细粒含量最高，其次是石英及白云石，它们均以单体为主。

5　磷矿尾矿中重要矿物的解离特性

5.1　原磷矿尾矿中重要矿物的解离特性

对未进行磨矿的磷矿尾矿中重要矿物的解离度进行了系统的测定，测定结果见表7。

表5　磷矿尾矿样品的粒度统计结果

粒度范围 /mm	矿物名称					
	胶磷矿/%		白云石/%		石英/%	
	含量	累计	含量	累计	含量	累计
>0.417	0.77	0.77			5.74	5.74
0.417−0.295	1.56	2.33	0.90	0.90	4.16	9.90
0.295−0.208	3.05	5.38	5.04	5.94	6.65	16.55
0.208−0.147	7.02	12.40	12.37	18.31	18.05	34.60
0.147−0.104	15.93	28.33	18.78	37.09	14.32	48.92
0.104−0.074	16.19	44.52	15.24	52.33	12.04	60.96
0.074−0.043	19.93	64.44	17.92	70.25	12.00	72.96
0.043−0.020	19.37	83.81	17.81	88.05	14.54	87.51
0.020−0.015	4.31	88.12	4.18	92.23	3.58	91.08
0.015−0.010	3.83	91.95	3.16	95.39	2.57	93.65
<0.010	8.05	100.00	4.61	100.00	6.35	100.00

表 6   矿石中重要矿物的嵌布粒度粗细分布率

粒度范围	尾矿粒度	胶磷矿	白云石	石英
中粒（>0.104 mm）	41.47	28.33	37.09	48.92
细粒（0.104－0.010 mm）	53.68	63.62	58.30	44.73
微细粒（<0.010 mm）	4.85	8.05	4.61	6.35
合计	100.00	100.00	100.00	100.00

表 7   磷矿尾矿样品中重要矿物的解离度测定

矿物名称	单体含量/%	连生体含量/%			总计/%
		与胶磷矿	与白云石	与石英	与其他矿物	

矿物名称	单体含量/%	与胶磷矿	与白云石	与石英	与其他矿物	总计/%
胶磷矿	45.29	－	52.94	1.58	0.19	100.00
白云石	79.89	19.57	－	0.35	0.19	100.00
石英	81.37	12.02	5.67	－	0.94	100.00

表 7 表明，该磷矿尾矿重要矿物的解离情况相差很大，胶磷矿单体解离极不充分，白云石及石英的单体解离较为充分。其中，胶磷矿主要与白云石连生；白云石主要与胶磷矿连生；石英主要与胶磷矿连生。因此要想得到 P_2O_5 及 MgO 的理想选矿回收指标，需要对该尾矿进行再磨矿，使得各矿物之间充分解离。

5.2   磷矿尾矿不同磨矿细度的磨矿产品中重要矿物的解离特性

对该磷矿尾矿不同磨矿细度，即 –200 目占 65%、75%、80%、85% 及 90% 的磨矿产品中重要矿物的解离度进行了系统测定，其结果分别见表 8、表 9、表 10 及图 10。

表 8   不同磨矿条件下胶磷矿的单体解离度测定结果

矿物名称	磨矿细度 –200 目占有率	单体含量/%	与胶磷矿	与白云石	与石英	与其他矿物	总计/%
胶磷矿	65%	63.94	－	34.96	0.97	0.13	100.00
	75%	72.35	－	26.40	1.21	0.04	100.00
	80%	77.11	－	22.05	0.80	0.04	100.00
	85%	79.12	－	20.09	0.67	0.12	100.00
	90%	81.98	－	17.32	0.66	0.04	100.00

表 9   不同磨矿条件下白云石的单体解离度测定结果

矿物名称	磨矿细度 –200 目占有率	单体含量/%	与胶磷矿	与白云石	与石英	与其他矿物	总计/%
白云石	65%	87.04	12.87	－	0.03	0.06	100.00
	75%	89.69	10.24	－	0.05	0.01	100.00
	80%	90.15	9.73	－	0.04	0.08	100.00
	85%	91.17	8.74	－	0.03	0.06	100.00
	90%	92.02	7.90	－	0.03	0.05	100.00

表 10   不同磨矿条件下石英的单体解离度测定结果

矿物名称	磨矿细度 –200 目占有率	单体含量/%	与胶磷矿	与白云石	与石英	与其他矿物	总计/%
石英	65%	91.65	6.98	1.00	－	0.36	100.00
	75%	93.29	5.25	1.15	－	0.30	100.00
	80%	93.80	5.00	0.98	－	0.22	100.00
	85%	95.34	3.69	0.87	－	0.10	100.00
	90%	96.23	3.31	0.42	－	0.04	100.00

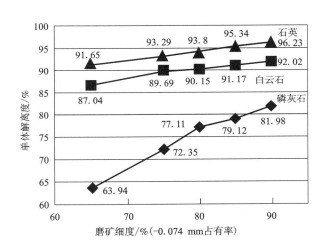

图 10   磷尾矿样品不同磨矿细度下矿物的解离度曲线图

胶磷矿、白云石及石英在相同磨矿细度下，单体解离程度相差较大，所以选择的磨矿工艺既要使胶磷矿与白云石充分单体解离，又要防止白云石等矿物的过磨。

6　影响选矿的工艺矿物学因素

1）磷矿尾矿中胶磷矿、白云石的粒度特性对选别指标的影响。

首先，磷矿尾矿中的胶磷矿、白云石的粒度大小分布不均匀，胶磷矿与白云石之间的粒度差异较大，其中白云石的嵌布粒度较粗，胶磷矿的嵌布粒度较细，磨矿时需注意白云石等矿物过磨现象的产生。其次，在 < 0.010 mm 粒级中胶磷矿的占有率高达8.05%，而白云石的占有率也达到4.61%，这部分微细粒胶磷矿及白云石主要以单体为主，因此尾矿中以微细粒形式赋存的胶磷矿及白云石，无论是正浮选还是反浮选，都是影响选矿指标的因素。

（2）目的矿物间的共生关系对选别指标的影响。

磷矿尾矿中部分胶磷矿、白云石共生十分密切。首先呈细粒、微细粒呈包裹体赋存在白云石中的胶磷矿，其次以云雾状、不规则状嵌布在白云石中的胶磷矿，磨矿时都很难单体解离，因此影响矿物之间的分离，并在浮选时影响磷的回收率等浮选指标。

（3）矿物浮游性能对选别指标的影响。

根据以往经验，非晶质及隐晶质细小颗粒的胶磷矿如与碳酸盐和硅质矿物紧密共生时可选性差。另外若其中白云石的含量高时，同样会导致胶磷矿的可选性降低，使磷精矿中 MgO 的含量增高。由于该尾矿中主要矿物为白云石，这将是导致磷精矿质量难以进一步提高的原因之一。

（4）其他矿物对选别指标的影响。

根据磷矿尾矿中其他矿物的嵌布特征和粒度特征可知，极少量黄铁矿、褐铁矿、铝硅酸盐矿物等矿物的嵌布粒度细，同时与胶磷矿嵌布关系复杂，多以包裹体的形式赋存在胶磷矿中，这些矿物之间的单体解离极为困难。因此，随着磨矿细度的增加，胶磷矿与这些矿物之间的解离度不会有明显的增加，也就是说要想从矿石中除去铁、铝等元素组成的杂质，利用机械磨矿的方式将非常困难。所以只有胶磷矿及白云石等矿物有效的解离，才有利于 P_2O_5、CaO 之间的分选及富集。

参考文献

[1] 潘兆橹，赵爱醒，潘铁虹. 结晶学及矿物学（下册）[M]，北京：地质出版社，1994：224 – 226.

[2] 叶力佳，王勇，刘芳，等. 磷及磷化工废弃物资源化利用关键技术研究[R]，2010.

[3] 杨书怀. 浸出 – 萃取法综合回收磷尾矿中磷、镁的试验研究[D]，2008：4 – 9.

[4] 黄芳，王华，李军旗，等. 磷矿浮选尾矿矿石特性研究[J]，化工矿物与加工，2009，38(6)：1 – 4.

[5] 金绍祥. 磷尾矿中元素赋存状态研究方法的探讨[J]，贵州化工，2009，34(5)：26 – 27.

影响新疆萨瓦亚尔顿金矿中
金氰化浸出效果的矿物学因素

王 玲 王 辉

（北京矿冶研究总院矿物加工科学与技术国家重点实验室，北京，100070）

摘 要：新疆萨瓦尔顿金矿属穆隆套型金矿，具有储量大、品位低、含炭质及难处理的特点。运用综合手段阐明了矿石的主要工艺矿物学特征，证明金矿物粒度细小及硫化物、砷化物本身载有显著量的金是影响金氰化浸出效果的主要因素，而方金锑矿及碳质的存在对氰化指标的影响是次要的。因此，采用细磨浮选以尽可能回收金及硫化物、砷化物等载金矿物，然后采用金精矿焙烧以暴露为硫化物及砷化物包裹的金，所得焙砂进行氰化浸出，是提高金提取率的正确途径。

关键词：穆龙套型金矿；次显微金；难处理金；工艺矿物学；新疆萨瓦尔顿金矿

新疆萨瓦尔顿金矿是我国境内发现的第一个穆隆套型金矿，该类型金矿具有储量大，品位低，含有硫、砷、碳质和难处理等特点[1~4]。在配合选冶试验开展的矿物学研究过程中我们查明了矿石的工艺矿物学特征，并以充分的数据证明金矿物粒度细小、硫化物和砷化物本身载有显著数量的次显微金是影响金回收指标的主要矿物学因素，而方金锑矿及碳质的存在对金提取的影响是很次要的。因此，采用细磨浮选、金精矿焙烧脱硫，所得焙砂再行氰化浸出的工艺来处理这类金矿石是正确的选择。

1 矿石的化学组成及矿物组成特征

矿石中主要元素的分析结果见表1。

表1 原矿中主要元素分析结果（%）

组分	Au,g/t	Ag,g/t	S	As	Sb	Cu	Pb	Zn
含量	2.53	4.05	2.50	0.62	0.14	0.018	0.032	0.057
组分	SiO_2	Al_2O_3	CaO	MgO	K_2O	Na_2O	Fe	C
含量	60.25	10.51	2.60	1.43	3.90	0.42	4.52	1.26

用光学显微镜、扫描电子显微镜、X射线衍射仪等多种仪器和手段查明，矿石中可鉴别的金矿物主要为自然金、银金矿，其次为方金锑矿；银矿物主要为含银黝铜矿；金属矿物主要为黄铁矿、毒砂、磁黄铁矿、辉锑铁矿，其次为辉锑矿、黄铜矿、黝铜矿、脆硫锑铅矿、闪锌矿、锑硫镍矿等，矿石的矿物组成及相对含量见表2。

表2 矿石的矿物组成及相对含量

矿物名称	含量/%	矿物名称	含量/%
黄铁矿	3.69	石英	42.30
毒砂	1.35	云母	24.21
磁黄铁矿	0.38	绿泥石	9.21
辉锑铁矿	0.14	长石	8.94
辉锑矿	0.03	方解石	
脆硫锑铅矿	0.08	铁白云石	6.10
闪锌矿	0.08	菱铁矿	
黄铜矿	0.04	无定形碳	0.21
黝铜矿	0.01	其他矿物	3.23

1.1 金矿物的嵌布特征

显微镜下可见金矿物主要为自然金、银金矿，其次为方金锑矿。自然金、银金矿主要呈细粒、微粒状嵌布于黄铁矿及毒砂中，少量嵌布于磁黄铁矿、黄铜矿、白铁矿和闪锌矿中，还有很少部分嵌布于石英、方解石、白云母等脉石矿物中；方金锑矿主要呈细粒或不规则状嵌布于黄铁矿、毒砂中，其次与自然金连晶嵌布于脉石矿物中。金矿物的典型产出特征参见图1、图2、图3。

从上述典型图件中可看出，即使存在独立的金矿物，但因其粒度极细，在适于浮选工艺所要求的磨矿细度下不可能解离，因此只能通过对载体矿物的浮选才有可能实现对金的合理回收，这是唯一可选择途径。

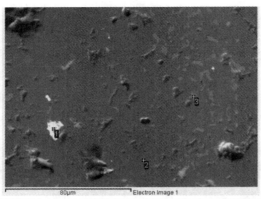

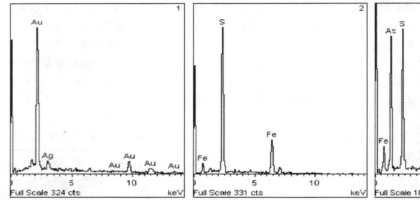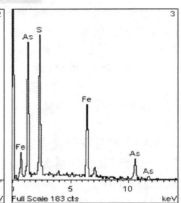

图 1　黄铁矿包裹微细粒自然金（背散射图）

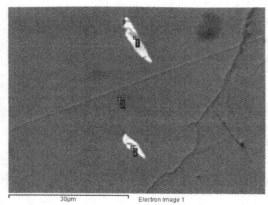

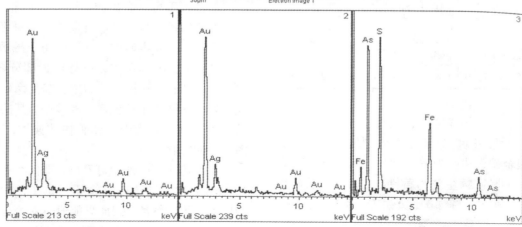

图 2　包裹于毒砂中的微细粒银金矿（背散射图）

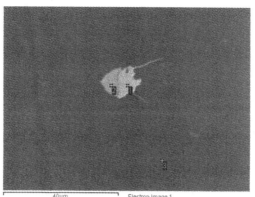

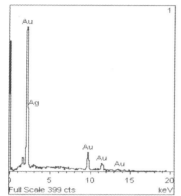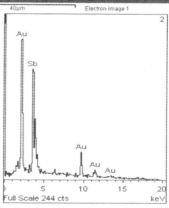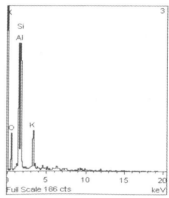

图3 包裹于白云母中的微细粒自然金与方金锑矿连晶(背散射图)

1.2 主要载金矿物的嵌布特征

以黄铁矿和毒砂为主要代表的载金矿物亦多呈中 - 细粒嵌布,在显微镜下对硫化矿物集合体在原矿中的嵌布粒度进行了统计,结果见表3。在此基础上,测定了磨矿细度为 - 74 μm 65%、75%、85%、95%条件下,硫化矿物集合体的单体解离度为75.31%、83.33%、90.88%、95.61%。

表3 原矿中硫化矿物集合体的粒度分布

粒级/mm	硫化矿物集合体	
	含量/%	累计/%
+0.417	1.52	1.52
-0.417 +0.295	3.78	5.30
-0.295 +0.208	4.95	10.26
-0.208 +0.147	5.11	15.37
-0.147 +0.104	9.51	24.87
-0.104 +0.074	9.31	34.18
-0.074 +0.043	26.24	60.42
-0.043 +0.020	22.91	83.33
-0.020 +0.015	6.38	89.71
-0.015 +0.010	6.89	96.60
-0.010	3.40	100.0

表4 不同磨矿细度下硫化矿物集合体的单体解离度

磨矿细度 -74 μm/%	硫化矿物集合体单体解离度/%
65	75.31
75	83.33
85	90.88
95	95.61

从试验结果可以看出,硫化矿物集合体的粒度相对说来是较细的, -0.1 mm 粒级仅占25%左右,据经验,这类矿石的磨矿细度需达到 -74 μm 占75% ~ 85%时,才可能保证有足够数量的载金矿物硫化物、砷化物单体及富连生体,以获得较好的金浮选指标。

2 影响金浸出率的因素分析

为考察该矿石中金的可浸性,进行了细磨条件下的氰化试验,效果不佳。将综合样磨至粒度全部通过74 μm,采用5%浓度的 KCN 溶液浸出48 h,最终金的浸出率仅为34.66%,表明其属难处理金矿石。

文献中在述及造成这类金矿石难处理的因素时,除"金矿物及载金矿物极细、硫化物中存在次显微金"外,往往还特别谈到"碳质劫金",但语焉不详或仅仅提及而没有专门的试验数据[5~8]。我们认为,要确切地查明影响本矿石中金难浸出的矿物学因素，特别是本类型矿石中的炭质在工艺过程中是否存在"劫金"现象，必须从下述几个方面入手。

（1）充分细磨原矿以尽可能暴露显微金，以使其可与氰化溶液接触，由于氰化条件下其他矿物不溶解，故定量地测定可氰化部分的金即被视为该矿石在细磨条件下的可氰化金（前已述及，$-74\ \mu m$ 时可氰化金占 34.66%）。

（2）采用选择性溶解方法除去全部脉石而保留硫化物和砷化物，然后再进行氰化浸出以除去所有物理解离与化学解离金，则浸出渣中的金应为重要载金矿物硫化物–砷化物所载金，其量将可能随磨矿细度而出现一些变化。

（3）前两项的差值即为其他矿物所载金，其高低可以大致衡量包括方金锑矿之金、脉石包裹之金，以及可能存在的碳质劫金各因素影响的大小。

为此，采用浮选（磨矿细度为 $-74\ \mu m$ 占 75%）获得硫化矿物粗精矿，并用严密的选择性溶解方法获得黄铁矿与毒砂为主的纯硫化物、砷化物样品，经镜下观察及能谱检查，其杂质含量小于 2%，其成分见图 4；充分除去硫化物、砷化物和碳质的浮选尾矿经细磨后用 10% HNO_3 处理获得不含硫化物的以石英为主的硅酸盐矿物（含量约 6% 的碳酸盐亦被除去）。在不同粒度下分别浸取经提纯的硫化矿物及硅酸盐矿物中裸露金，分析浸渣中金含量，即可获得硫化物、砷化物中所载金，以及硅酸盐脉石矿物中微粒包裹金的分布率，浸出试验结果见表 5。

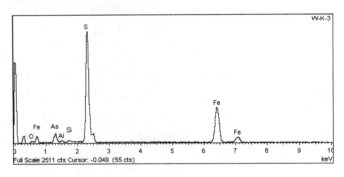

图 4　提取的硫化物–砷化物的 X 射线能谱

表 5　矿石中除去了裸露金的主要矿物类别载金量分析结果

样品名称	提取条件	样品细度	Au g/t
除去裸露金的综合硫化物及砷化物	浮选精矿经化学提纯（纯度 >98%），用 I_2–NH_4I 浸出裸露金。	$-74\ \mu m$ 占 75%	33.09
		$-38\ \mu m$ 占 100%	26.96
综合脉石	浮选尾矿化学除硫化物及裸露金。	$-38\ \mu m$ 占 100%	0.11

从试验结果中可以看到：（1）矿石中的硫化物、砷化物载金量很高；（2）其载金量虽随细度不同而有明显变化，但即使在 $-38\ \mu m$ 细度条件下其载金量仍达 27 g/t 左右；（3）综合脉石载金量很低。

据以上试验数据不难推算：磨矿细度为 $-74\ \mu m$ 占 75% 条件下，矿石中矿物含量达 5.04% 左右的以黄铁矿及毒砂为主的硫化物及砷化物，所载次显微金量约达 1.67 g/t，占总金（2.53 g/t）的 65.92%，而在磨细度 $-38\ \mu m$ 条件下，相应各为 1.36 g/t，和 53.71%。考虑到磨矿细度为 $-74\ \mu m$ 占 75% 时可氰化金仅达 34.66%，相同细度条件下硫化物、砷化物载金占 65.92%（二者之和略超出 100% 应与分析误差有关），故脉石及碳质的影响就显得很次要了。若按综合脉石相对含量 95% 计，其载金量也仅有 0.1045 g/t，占有率仅为 4% 左右。由此亦预示本矿石中碳质劫金不可能成为重要问题。

但为了给出直接证明，我们还是进行了碳质劫金试验：取不含碳质的石英脉型细嵌布金矿石（金品位 22.42 g/t）和不含金的碳质页岩（含无定形碳 10.68%）作为原料进行添加碳质对氰化浸出率的影响试验，样品性质和试验结果分别见表 6、表 7。

表 6　试验样品性质说明

样品代号	性质及说明
C–1	某地不含金的黑色碳质页岩（粒度为 $-74\ \mu m$ 占 75%），含无定型碳 10.68%
Au–1	某地不含碳质、含硫极低、含金高的石英脉型金矿（粒度为 $-74\ \mu m$ 占 100%，含金 22.42 g/t）

表 7　矿石中炭质吸附已溶浸金的试验结果

溶浸介质	试验序号	溶浸物料组成性质说明	渣含金 /(g·t^{-1})	金浸出率 /%
I_2 + NH_4I	No.1	Au–1，不加碳质物料。	0.48	97.86
	No.2	30 g Au–1 + 3 g C–1	0.78	96.52
KCN	No.3	30 g Au–1，不加炭质物料。	0.49	97.81
	No.4	30 g Au–1 + 3 g C–1	0.65	97.10

说明：浸渣中金的分析结果均为对 30 g 称重所求含量；按所加碳质页岩含碳计，加入量达到 0.3%，超过本金矿石中的碳质含量。

对比试验结果可以看出，对本矿石而言浸金溶剂及浸出条件相同情况下添加炭质页岩对金矿石中金的溶浸效果只存在极小的影响，和金矿物粒度及硫化物或砷化物载金两因素比较起来要轻微得多。

3 结论

（1）本矿石中具有穆隆套型金矿的共同矿物学和化学组成特征：低品位、含碳质、含有一定数量的As、Sb，以及金矿物粒度极细、难处理，直接氰化浸出率仅占总金的1/3左右。

（2）运用综合手段提纯了矿石中的综合硫化物，确定其含Au达到27 g/t左右，载金数量占总金的65%左右，是矿石中最主要的载金矿物类别，也是造成直接氰化率低的最主要矿物学因素。

（3）做了碳质页岩中碳质"劫金"的考查，证明其作用是非常次要，甚至是可以忽略的。因此，在讨论含碳质的难处理金矿石的难浸因素时，笼统地提及"碳质存在影响"是不妥的。

（4）为提高这种类型金矿石中的金提取率，除了细磨外，更关键的问题在于氰化浸出前要尽可能分解硫化物及砷化物，以使次显微金得以暴露，舍此不能有好的氰化效果。所采用的方法当然可以多种多样（如硫化物、砷化物的细菌氧化、水溶液氧化、氯化等），但工业实践中采取"先浮选，后对浮选精矿进行氧化焙烧脱硫、焙砂氰化浸出"的工艺不失为较佳的选择。

参考文献

[1] 李新生，罗卫东. 中国首例穆龙套型金矿——新疆萨瓦亚尔顿金矿地质特征[J]. 甘肃地质学报，1997，6（1）：63-65.

[2] 杨富全，毛景文，夏浩东，等. 新疆北部古生代浅成低温热液型金矿特征及其地球动力学背景[J]. 矿床地质，2005，24（3）：206-227.

[3] 王玉山，王士元，邓松良. 新疆萨瓦亚尔顿金矿床标型矿物特征及金的富集规律研究[J]. 矿山与地质. 2008，22（5）：391-395.

[4] 姚振凯. 苏联穆龙套金矿新知[J]. 黄金科技动态，1990（6）：27-29.

[5] 简胜，王少东. 镇源金矿东瓜林矿段混合矿石提金工艺研究[J]. 矿产综合利用》，1999（3）：18-21.

[6] 崔毅琦，童雄，杨伟光，等. 云南某氧化金矿石氰化浸出渣对金和银氰络合物的吸附[J]. 有色金属，2006，58（2）：64-66.

[7] 朱长亮，杨红英，王大文，等. 含砷含碳双重难处理金矿石预处理方法研究现状[J]. 中国矿业，2009，18（4）：66-69.

[8] 陈海涛. 云南播卡金矿难选金矿石的选矿工艺研究[J]. 矿业研究与开发，2010，30（6）：24-27.

[9] Gasparrini C. Gold and Other Precious Metals：Occurrence，Extraction，Applications，Toronto，Canada：The Space Eagle Publishing Company Inc.，2000.

秘鲁某斑岩型含砷铜钼矿工艺矿物学研究

于宏东　　金建文

（北京矿冶研究总院矿物加工科学与技术国家重点实验室，北京，100044）

摘　要：对秘鲁某斑岩型含砷铜钼矿进行了工艺矿物学研究，查明了矿石中砷、铜、钼等元素的赋存状态，丰富了该类型矿石的矿物学资料，并就影响选矿指标的矿物学因素进行了分析。工艺矿物学研究结果表明，该类型矿石的氧化率比较低，铜钼应具有较高的选矿回收率，选别作业时容易获得较为理想的选矿指标，但矿石中的砷会在铜精矿中有显著的富集，应该重视砷黝铜矿在选矿流程中的走向，充分利用砷黝铜矿与黄铜矿之间浮游性的微小差异生产高低砷两种铜精矿。

关键词：斑岩型铜钼矿；砷黝铜矿；工艺矿物学

1　引言

斑岩铜矿以其规模大、埋藏浅、易采选而成为主要的铜矿床类型，该类型矿床中钼常常与铜共生或者是伴生，具有一定的回收价值，是世界各国首要开发的对象[1, 2]。在矿业开发全球化的今天，环境保护在不断加强，对矿产品，尤其是铜精矿的质量提出了更高的要求，为有效、合理地开发秘鲁某地斑岩型含砷铜钼矿，本文对该类型矿床的矿石进行了工艺矿物学研究，阐明了铜、钼、砷元素的赋存状态，重要金属矿物的嵌布特征及共生特点，分析了砷在选矿流程中的走向，并就影响选矿指标的矿物学因素进行了探讨，为选矿产品方案的制订提供了矿物学依据。文中所获得的研究结果不仅丰富了该类型矿床的矿物学资料，同时对矿石的选矿也具有重要的指导意义。

2　矿石的化学组成

矿石中主要元素的化学分析结果见表1。

表1　矿石的化学分析/%

化学成分	Mo	Cu	S	Fe	Pb	Zn	As	P
含　量	0.013	0.52	2.13	2.90	0.028	0.064	0.017	0.023
化学成分	SiO$_2$	Al$_2$O$_3$	CaO	MgO	K$_2$O	Na$_2$O	Au	Ag
含　量	71.95	7.82	0.14	1.43	6.00	0.53	0.15	4.76

注：Au、Ag 单位为 g/t。

化学分析结果表明：矿石中铜的品位为0.52%，钼的品位为0.013%；矿石中贵金属元素金的品位为0.15 g/t，其他有色金属及贵金属的含量都比较低，无回收价值；此外，矿石中还含有少量的有害杂质元素砷。

3　矿石中的矿物组成及铜、钼的分布状态

矿石中金属矿物主要有辉钼矿、黄铜矿、铜蓝、蓝辉铜矿、斑铜矿、砷黝铜矿、黄铁矿、磁黄铁矿、闪锌矿、方铅矿、磁铁矿等；脉石矿物主要有石英、长石、黑云母。其中铜、钼元素主要以独立矿物的形式存在，钼的独立矿物主要为辉钼矿，铜的独立矿物主要有黄铜矿、铜蓝、蓝辉铜矿、斑铜矿和砷黝铜矿。

由于矿石中砷主要赋存在砷黝铜矿中，且砷黝铜矿也是铜的重要载体，选别作业时砷黝铜矿多会富集在铜精矿中，会对铜精矿的质量有一定影响。为查明砷黝铜矿的成分，扫描电镜下对该矿物进行了能谱分析，结果见表2。

表2　矿石中砷黝铜矿的化学组成/%

测　点	S	Mn	Fe	Cu	Zn	As	Sb
Spectrum 1	28.25	0.61	1.22	44.32	7.96	17.64	—
Spectrum 2	28.76	0.60	1.19	43.90	7.53	18.02	—
Spectrum 3	30.31	0.59	6.55	42.29	—	20.26	—
Spectrum 4	27.55	0.53	0.99	46.29	8.09	16.55	—
Spectrum 5	27.55	0.68	1.85	45.39	7.32	17.21	—
Spectrum 6	28.44	0.58	6.03	48.89	—	16.06	—
Spectrum 7	28.85	—	6.43	48.02	—	16.7	—
Spectrum 8	27.39	—	6.07	50.74	—	15.8	—
Spectrum 9	28.46	—	6.38	48.44	—	16.72	—
Spectrum 10	28.70	—	6.01	48.01	—	17.28	—
Spectrum 11	28.03	—	7.47	47.89	—	16.61	—
Spectrum 12	28.05	—	5.92	48.88	—	17.15	—
Spectrum 13	27.93	—	3.45	45.91	5.17	16.30	1.24
Spectrum 14	27.21	0.56	3.60	45.93	5.44	14.68	2.58
Spectrum 15	27.94	—	2.16	45.53	7.91	16.46	—
平均成分	28.23	0.28	4.35	46.70	3.29	16.90	0.25

在矿物组成研究基础上，对矿石中的铜进行了元素平衡计算，结果见表3。

表3　矿石中铜的元素平衡计算结果/%

矿物名称	矿物含量	矿物中铜含量	铜金属量	分布率
辉钼矿	0.02	—	—	—
黄铜矿	0.94	34.56	0.32	62.47
铜蓝※	0.10	66.49	0.07	12.79
斑铜矿	0.11	63.30	0.07	13.39
砷黝铜矿	0.10	46.70	0.05	8.98
黄铁矿	3.22	—	—	—
其他金属矿物	0.16	—	—	—
脉石矿物	95.35	0.01	0.01	2.37
合　计	100.00	0.52	0.52	100.00

注：铜蓝中包括极少量的蓝辉铜矿；其他金属矿物包括闪锌矿、方铅矿、磁铁矿等。

从表3中可以看出，矿石中金属矿物的含量合计为4.65%，除了黄铁矿以外，主要是以黄铜矿为主的铜矿物。按照铜矿物的相对含量及铜矿物的成分预测铜精矿的选矿指标，铜矿物中平均含铜为40.80%，砷为0.0135%，若铜精矿中富集铜矿物的含量为65%，则铜精矿中铜的含量为26.52%，砷的含量为0.88%，所获铜精矿中砷的含量将超标。

由此可以看出，铜精矿中富集砷黝铜矿是导致含砷高的主要原因，为满足环境保护对铜精矿质量的要求，合理开发该类型矿产资源，适当生产出部分合格的低砷铜精矿是必要的。根据该矿石的性质，选矿试验时可以考虑利用黄铜矿与砷黝铜矿间浮游性上的差异，分别生产低砷铜精矿（As < 0.5%）和高砷铜精矿[1]（As > 0.5%）。

4　矿石中重要金属矿物的嵌布特征

矿石中辉钼矿主要呈中细粒片状及粗粒集合体的形式嵌布在脉石矿物中，辉钼矿结晶好，微细粒者少，这对钼的选矿十分有利。

黄铜矿主要呈不规则状嵌布在脉石矿物中，其次是与次生铜矿物紧密共生，闪锌矿、磁铁矿中偶尔可见黄铜矿的包裹体。铜蓝、蓝辉铜矿及斑铜矿是本矿石中重要的次生铜矿物，矿石中铜蓝的嵌布粒度比较细，而蓝辉铜矿的粒度则相对较粗，常见它们与黄铜矿、砷黝铜矿、黄铁矿紧密共生，除此之外它们也常呈不规则状嵌布在脉石矿物中。与铜蓝相比，斑铜矿

的含铜量略低，但对生产高品位铜精矿也是比较有利的，矿石中常见斑铜矿与黄铜矿或砷黝铜矿密切共生。砷黝铜矿既是本矿石中重要的次生铜矿物，也是砷的主要载体（见表2、表3）。砷黝铜矿属嵌布粒度相对较粗的金属矿物，常与次生铜矿物、黄铜矿紧密共生，铜的硫化物集合体一般粒度为0.030～0.2 mm之间。多数砷黝铜矿与其他铜矿物紧密共生，共生关系十分复杂，常组成镶边结构、充填交代结构的铜硫化物集合体，它们之间充分解离较为困难；此外，少量砷黝铜矿也与黄铁矿共生。总的来看，黄铜矿在原矿石中的嵌布粒度较细，黄铜矿与砷黝铜矿间复杂的嵌布关系是铜精矿中降砷难的原因之一；若磨矿时大部分砷黝铜矿可以实现单体解离，工艺中可以考虑黄铜矿与砷黝铜矿浮选分离的问题。

显微镜下分别测量了辉钼矿、黄铜矿与铜蓝等次生铜及砷黝铜矿的粒度，结果见表4。

表4　矿石中重要金属矿物的粒度分布

粒级范围 /mm	黄铜矿		铜蓝等		砷黝铜矿		辉钼矿	
	含量	累计	含量	累计	含量	累计	含量	累计
+0.208	1.36	1.36					20.67	20.67
-0.208 +0.147	2.88	4.24			7.48	7.48	7.73	28.40
-0.147 +0.104	5.10	9.34			5.29	12.77	8.19	36.59
-0.104 +0.074	17.35	26.70	13.59	13.59	9.37	22.14	25.18	61.77
-0.074 +0.043	33.59	60.28	23.45	37.04	30.80	52.94	20.37	82.14
-0.043 +0.020	26.19	86.47	26.46	63.49	33.17	86.10	11.65	93.79
-0.020 +0.015	8.15	94.62	20.71	84.20	9.58	95.69	4.19	97.98
-0.015 +0.010	5.01	99.63	14.55	98.76	4.21	99.90	1.90	99.89
-0.010	0.37	100.00	1.24	100.00	0.11	100.00	0.11	100.00

注：铜蓝等包括铜蓝、蓝辉铜矿及斑铜矿。

从表4中可以看出，辉钼矿的嵌布粒度最粗，相比之下，黄铜矿等铜的硫化物的嵌布粒度都比较细。在 +0.074 mm 粒级中辉钼矿的占有率为61.77%，黄铜矿的占有率为26.70%，铜蓝、蓝辉铜矿及斑铜矿的占有率仅为13.57%，而砷黝铜矿的占有率为22.14%；在 -0.010 mm 粒级中仅铜蓝等次生铜矿物的占有率超过了1%，其他金属矿物在该粒级中的分布率都比较低。

5　选矿综合样中重要金属矿物的解离度

为探讨砷黝铜矿与黄铜矿分选的可能性，考查了不同磨矿细度条件下选矿综合样中不含砷铜矿物（黄铜矿、铜蓝、蓝辉铜矿、斑铜矿）、含砷铜矿物及辉钼矿的单体解离情况。采用线段法分别测定了不含砷铜

矿物、砷黝铜矿和辉钼矿的单体解离度，见表5、表6、表7。

表5　综合样中黄铜矿等铜矿物的解离度/%

磨矿细度 −0.074 mm /%	黄铜矿、斑铜矿、铜蓝、蓝辉铜矿等			
	单体	连生体		
		与砷黝铜矿	与黄铁矿	与脉石矿物
55	59.82	5.88	13.55	20.75
60	66.47	4.60	10.65	18.28
65	70.40	3.58	9.73	16.29
80	73.98	2.80	8.71	14.51

表6　综合样中砷黝铜矿的解离度/%

磨矿细度 −0.074 mm /%	砷黝铜矿			
	单体	连生体		
		与黄铜矿等	与黄铁矿	与脉石矿物
55	45.79	30.92	15.33	7.96
60	53.04	28.25	12.13	6.58
65	62.47	23.66	8.83	5.04
80	66.26	22.65	6.90	4.19

表7　综合样中辉钼矿的解离度/%

磨矿细度 −0.074 mm/%	辉钼矿	
	单体	与脉石矿物的连生体
55	73.08	26.92
60	79.00	21.00
65	82.68	17.32
80	87.04	12.96

从表5、6、7中可以看出：未能实现单体解离的黄铜矿等不含砷铜矿物主要与脉石矿物连生，其次是与黄铁矿连生；不同磨矿细磨的产品中砷黝铜矿的解离效果都不理想，未能解离的砷黝铜矿主要与黄铜矿等不含砷铜矿物连生，即使细磨矿至 −0.074 mm 占80%，超过22%的砷黝铜矿仍难以与黄铜矿、铜蓝、斑铜矿等充分解离；矿石中多数辉钼矿都易于实现单体解离，未能实现解离的辉钼矿主要与脉石矿物连生。

从重要金属矿物的单体解离效果来看，辉钼矿容易实现单体解离，易于浮选回收；不同磨矿细度条件下，选矿综合样中黄铜矿与砷黝铜矿的连生体不同，

这为黄铜矿与砷黝铜矿间的分选创造了机会。单体解离度分析结果意味着大部分砷黝铜矿与黄铜矿等铜矿物间实现分选是完全可能的。

6　影响选矿指标的矿物学因素

矿石属于以含铜为主、伴生钼，含砷的硫化铜矿石，其中铜的品位为 0.52%，钼的品位为 0.013%，砷的含量为 0.017%。矿石中钼主要以其独立矿物辉钼矿的形式产出，由于辉钼矿的嵌布粒度较粗且在磨矿时容易实现单体解离，选别作业时钼应该具有较好的选矿指标；矿石中铜主要是赋存在黄铜矿中，其次是赋存在铜蓝、蓝辉铜矿、斑铜矿及砷黝铜矿中；砷主要赋存在砷黝铜矿中。

从矿石中的矿物组成来看，该矿石在选矿时由于一定量的铜赋存在砷黝铜矿中，且绝大部分砷赋存在砷黝铜矿中，若选别工艺中不采取砷黝铜矿和黄铜矿分选的措施，则生产的铜精矿中砷的含量会比较高（As > 0.5%），若采用抑制砷黝铜矿的方式生产低砷铜精矿（As < 0.5%）则会显著降低铜的选矿回收率，最为理想的方案是生产高低砷铜精矿两个选矿产品，以保证铜具有较高的选矿回收率。已有的研究成果表明[3~5]，砷黝铜矿与黄铜矿在浮游性上有微小的差异，选矿工艺中可以利用它们的矿物学特性进行分选。从选矿综合样中砷黝铜矿与黄铜矿的连生情况看，半数以上砷黝铜矿容易实现单体解离，实际上为铜砷的分离提供了可能。就生产高低砷铜精矿而言，由于砷黝铜矿与黄铜矿间的连生体较多，选矿工艺中可以通过优先浮选黄铜矿的形式先生产低砷铜精矿（含砷黝铜矿较少的铜精矿），随后浮选砷黝铜矿以及砷黝铜矿与黄铜矿的连生体生产高砷铜精矿，相应的铜精矿中铜的品位也比较高。

7　结论

（1）矿石中可以回收的金属元素主要为铜和钼，它们的品位分别为 0.52% 和 0.013%；其他有益元素含量都较低；伴生的有害元素为砷，其含量为 0.017%。

（2）矿物组成研究结果表明，矿石中重点回收的铜、钼等元素都以独立矿物存在。铜的独立矿物为黄铜矿、铜蓝、蓝辉铜矿、斑铜矿和砷黝铜矿；钼的独立矿物为辉钼矿；其中辉钼矿的嵌布粒度较粗，相比之下，黄铜矿等铜的硫化物的嵌布粒度都比较细。

（3）砷黝铜矿在选矿流程中的走向是影响铜精矿质量的主要因素，该矿物与其他铜矿物间的解离及合理分选是制约生产低砷铜精矿的主要因素。

（4）为合理开发该类型矿产资源，选矿试验时可以依据矿石中铜矿物种类、矿物成分和矿物相对含量设计铜精矿产品方案，同时重视它们在选矿综合样中的解离特征，在保证铜具有较高选矿回收率的前提下，利用铜矿物间浮游性的微小差异实现生产高低砷两种铜精矿的目的。

参考文献

[1]《矿产资源综合利用手册》编辑委员会，矿产资源综合利用手册[M].北京：科学出版社，1999.

[2] 马瑛. 斑岩铜矿的研究现状与展望[J].西部探矿工程，2007(9)：89－92.

[3] D·弗拉西罗，等.硫砷铜矿和砷黝铜矿与不含砷的硫化铜矿物选择性氧化－溶解分离法[J].国外金属矿选矿，2001(3)：32－35.

[4] L·K·斯米斯，等. 采用电位控制浮选法分离北帕克斯铜金矿中的砷和铜[J].国外金属矿选矿，2008(8)：21－27.

[5] 王立刚，陈金中，李成必，等. 含砷铜矿的选矿用捕收剂及处理方法：中华人民共和国，专利号 201010229759[P].2010－11－24.

内蒙古某锌银铜锡多金属矿工艺矿物学研究

王明燕

（北京矿冶研究总院矿物加工科学与技术国家重点实验室，北京，100070）

摘　要： 对内蒙古某锌、银、铜、锡多金属矿进行了工艺矿物学研究。通过化学分析方法、化学物相分析、X 射线衍射、光学显微镜、扫描电镜和电子能谱等综合手段，查明该矿石的化学成分，锌、铜、铅、锡的化学物相组成，矿物组成及相对含量，矿石的结构和构造，锌矿物、银矿物、铜矿物、锡矿物等的嵌布特征和嵌布粒度，阐明影响锌、银、铜、锡选别的矿物学因素，为该多金属矿选矿工艺研究提供重要的基础矿物学资料。

关键词： 锌银铜锡矿；工艺矿物学；嵌布特征；综合回收

内蒙古某锌、银、铜、锡多金属矿矿产资源丰富，有价组分种类繁多，并且各有用矿物之间的嵌布关系较为复杂，为了配合该多金属矿的选矿试验，以便更好地利用矿产资源，对该矿进行了系统的工艺矿物学研究。

1　矿石的化学成分分析

1.1　矿石的化学多元素分析

表 1　矿石的化学多元素分析结果/%

组分	Cu	Pb	Zn	Fe	Sn	Sb	S	As	Mn	SiO$_2$
质量分数	0.40	0.36	1.36	6.70	0.91	0.26	4.08	0.77	0.067	59.60
组分	Na$_2$O	K$_2$O	Al$_2$O$_3$	CaO	MgO	TiO$_2$	P	C	Au*	Ag*
质量分数	0.23	0.95	11.19	1.13	0.45	0.45	0.028	0.29	0.05	156

注：* Au、* Ag 单位为 g/t 值。

从表 1 可以看出，矿石是以锌、银、铜、锡为主的多金属矿，其中伴生的有价元素主要为铅、锑，有害元素主要为砷。脉石矿物以石英及含铝的硅酸盐为主。

1.2　锌、铜、锡、铅的化学物相分析

矿石中锌、铜、锡、铅的化学物相分析结果见表 2、表 3。

表 2　矿石中铜、锡的化学物相分析结果/%

相别	自由氧化铜	硫化铜	次生硫化铜	其他铜	总铜	锡石	硫化锡	硅酸锡	总锡
含量	0.004	0.39	0.004	0.01	0.408	0.64	0.19	0.07	0.90
占有率	0.98	95.59	0.98	2.45	100.0	71.11	21.11	7.78	100.0

表 3　矿石中锌、铅的化学物相分析结果/%

相别	氧化锌	硫化锌	总锌	氧化铅	硫化铅	总铅
含量	0.03	1.34	1.37	0.012	0.35	0.362
占有率	2.19	97.81	100.0	3.31	96.69	100.0

根据表 2、表 3 的物相分析结果可以看出，矿石中锌、铜、铅的氧化率都很低，均小于 4%。

2　矿石矿物组成及相对含量

矿石的组成较复杂。锌矿物主要为闪锌矿、铁闪锌矿；银矿物及含银矿物主要为银黝铜矿，其次为辉银锑铅矿、深红银矿，方铅矿、硫锑铅矿中也含有少量银；铜矿物主要为黝铜矿－银黝铜矿和黄铜矿，另有少量车轮矿、黄锡矿、硫铜锑矿，微量铜蓝、蓝辉铜矿；锡矿物主要为锡石，其次为黄锡矿；铅矿物主要为脆硫锑铅矿、方铅矿，其次为硫锑铅矿，另有少量车轮矿，微量捷硫铋锑铅矿；锑矿物主要为脆硫锑铅矿、硫锑铅矿，其次为黝铜矿－银黝铜矿、车轮矿、辉锑矿、硫铜锑矿，另有微量自然锑、深红银矿、辉银锑铅矿、捷硫铋锑铅矿等；砷矿物主要为毒砂；其他金属硫化矿物有黄铁矿、白铁矿、磁黄铁矿、辉钼矿以及微量硫镉矿等；金属氧化矿物有磁铁矿、褐铁矿等。

脉石矿物主要为石英，其次为白云母、黑云母、绿泥石、电气石、高岭石，另有少量钾长石、斜长石、菱锰铁矿、白云石、金红石、方解石、萤石、磷灰石、绢云母、辉石、石榴石等。

矿石的矿物组成及相对含量见表 4。

表4 矿石的矿物组成及相对含量

矿物名称	含量	矿物名称	含量
黝铜矿－银黝铜矿	0.29	石英	47.62
黄铜矿	0.16	白云母	8.87
闪锌矿－铁闪锌矿	2.26	黑云母	
脆硫锑铅矿①	0.52	绿泥石	12.77
硫锑铅矿		电气石	5.09
方铅矿	0.17	高岭石	6.51
锡石	0.88	长石	1.24
黄锡矿	0.75	菱锰铁矿②	2.35
黄铁矿	5.42	金红石	0.45
白铁矿		磷灰石	0.16
铜蓝、蓝辉铜矿	0.006	其他	2.89
毒砂	1.59	合计	100.0

注：①包括车轮矿、辉锑矿、硫铜锑矿；②包括白云石等碳酸盐矿物。

3 矿石的结构、构造

矿石的构造主要为浸染状、脉状、网脉状、块状、斑点状及斑杂状构造，偶见晶洞状构造。

矿石的结构比较复杂，按其成因可分为以下几种类型：

(1)由结晶作用形成的它形晶粒状结构、半自形晶结构、自形晶结构、包含结构、共结边结构。这种结构类型在矿石中比较普遍，主要表现为黄铁矿、闪锌矿、黝铜矿、黄铜矿、锡石、方铅矿、毒砂等常呈不规则粒状结构；有时黄铁矿、闪锌矿、毒砂呈自形、半自形晶结构；闪锌矿、黄铁矿中还常包裹有微细粒黄铜矿、方铅矿包体。

(2)由交代作用形成的交错结构、骸晶结构、交织网状结构、镶边结构。这种结构类型在矿石中也较为常见，主要表现在黄铁矿、白铁矿、脆硫锑铅矿与闪锌矿交错穿插；部分黄铜矿呈不规则交织网状分布在闪锌矿中；有时可见黄锡矿与闪锌矿形成镶边结构。

(3)由固溶体分离作用形成的乳滴状结构。这种结构类型主要表现在黄铜矿、磁黄铁矿呈乳滴状嵌布在闪锌矿以及黄锡矿中。

(4)在某种地质条件(如变质、成岩、后生及表生作用等)下，由再结晶作用形成的放射状、胶状结构。这种结构类型一般表现在黄铁矿、闪锌矿呈胶状结构嵌布在脉石中。

(5)由应力作用形成的压碎结构。一般表现在黄铁矿、锡石受应力作用后常呈压碎结构。

4 重要矿物的嵌布特征

4.1 闪锌矿(ZnS)

闪锌矿常呈板状或不规则粒状嵌布，少量呈胶状结构嵌布在脉石矿物中；其次，闪锌矿与黄铜矿、黄铁矿、白铁矿、毒砂关系密切，常与之共生分布在脉石中，或形成复杂的相互包含结构，部分闪锌矿中包裹有细粒黄铁矿、黄铜矿以及脉石；有时可见闪锌矿与黄锡矿共生嵌布在脉石中；有时还可见闪锌矿与方铅矿、脆硫锑铅矿共生；偶见闪锌矿与辉钼矿、自然锑共生；偶尔还可见闪锌矿中包裹有硫镉矿。

闪锌矿的扫描电镜能谱分析结果表明，部分闪锌矿含有铜、镉，大部分闪锌矿含铁，平均含量为6.10%。闪锌矿的粒度分布很不均匀，一般为0.02～0.83 mm，粗的可达2 mm。

4.2 银矿物

矿石中银的赋存状态较简单，经镜下观察和扫描电镜X射线能谱分析，确定银矿物主要为银黝铜矿，其次为辉银锑铅矿、深红银矿等，此外方铅矿、硫锑铅矿等矿物也含少量银。

银黝铜矿((Cu，Ag，Zn)$_{12}$Sb$_4$S$_{13}$)是矿石中主要的铜矿物之一，同时也是主要的含银矿物。银黝铜矿与黄铜矿、闪锌矿关系密切，常与之共生嵌布在脉石矿物中，部分呈微细粒包体分布在闪锌矿、黄铜矿中，少量呈脉状沿着闪锌矿的裂隙分布；此外，银黝铜矿与黄铁矿、白铁矿、毒砂、黄锡矿的嵌布关系也较为密切，有时形成复杂的相互包含结构；有时可见银黝铜矿与脆硫锑铅矿、方铅矿、硫铜锑矿共生；有时可见银黝铜矿与锡石共生分布在脉石中；偶见银黝铜矿中包裹有深红银矿、车轮矿。

银黝铜矿的粒度一般分布在0.02～0.30 mm。

黝铜矿－银黝铜矿的扫描电镜能谱分析结果表明，其绝大部分含银，平均含银8.26%，铜32.45%，锑27.84%，硫23.96%，铁4.42%，锌3.07%。银含量变化较大，变化范围一般为0－19%，其中，银含量大于8%者为银黝铜矿，银小于8%的为含银黝铜矿，为方便起见，含银黝铜矿及银黝铜矿均称为银黝铜矿。

深红银矿(Ag$_3$SbS$_3$)很少见，一般呈不规则粒状分布在黝铜矿－银黝铜矿和方铅矿中。辉银锑铅矿(Ag$_3$Pb$_2$Sb$_3$S$_8$)也较少，该矿物常呈粒状产出，与方铅矿、硫锑铅矿、闪锌矿等矿物关系密切，紧密共生。

辉银锑铅矿的粒度较细，一般为 5~20 μm。

4.3　黄铜矿（$CuFeS_2$）

黄铜矿也是主要的铜矿物之一，常常呈不规则粒状分布，少量呈微粒嵌布在脉石中；黄铜矿与黝铜矿－银黝铜矿、闪锌矿、黄铁矿、白铁矿关系密切，常形成复杂的嵌布关系，有的黄铜矿呈细小颗粒被包裹在闪锌矿和黄铁矿中，有的呈细网脉状嵌布在闪锌矿中，少量以细小乳滴状甚至极细小的包体形式分布在闪锌矿中；有时可见黄铜矿与脆硫锑铅矿、黄锡矿、方铅矿、毒砂、锡石共生，少量以包体形式嵌布在黄锡矿中；有时还可见黄铜矿被包裹在硫铜锑矿中；偶尔可见黄铜矿被铜蓝、蓝辉铜矿等交代。

黄铜矿的粒度一般为 0.02~0.30 mm，粗粒可达1.2 mm，少量被包裹在闪锌矿、黄锡矿中的微粒黄铜矿的粒度不到 0.003 mm。

4.4　锡石（SnO_2）

锡石是矿石中最主要的锡矿物，也是选矿试验回收的对象。锡石主要以不规则粒状或集合体的形式分布在石英等脉石矿物中，这种形式存在的锡石粒度较粗，部分锡石呈细粒状分布在脉石中；其次，锡石与黄铁矿、白铁矿、闪锌矿、毒砂关系较为密切，常与之共生，有时闪锌矿、黄铁矿、白铁矿、毒砂等硫化物中包含有少量细粒锡石包体，这种形式存在的锡石，其粒度一般相对较细，易损失在浮选硫化物产品中；有时可见锡石裂隙中分布有黄锡矿、黝铜矿－银黝铜矿、黄铜矿，或与黄锡矿形成相互包含结构，少量黄锡矿呈脉状分布在锡石集合体裂隙中；偶尔可见锡石与脆硫锑铅矿共生。锡石的粒度主要以细粒为主，一般为 0.02~0.10 mm。

4.5　黄锡矿（Cu_2FeSnS_4）

黄锡矿也是较常见的一种锡的硫化物，常呈不规则粒状分布在脉石中；黄锡矿与闪锌矿关系密切，常与之共生，有的沿着闪锌矿边缘分布，少量被包裹在闪锌矿中；有时可见黄锡矿与锡石、黄铜矿、黝铜矿－银黝铜矿、毒砂、黄铁矿、白铁矿共生，部分细粒黄锡矿被包裹在锡石、毒砂、黄铁矿、白铁矿中，此外少量黄锡矿中含黄铜矿固溶体；有时也可见黄锡矿与脆硫锑铅矿、方铅矿共生在一起。

黄锡矿的粒度一般为 0.02~0.10 mm，粗的可达0.6 mm。

4.6　脆硫锑铅矿（$Pb_4FeSb_6S_{14}$），硫锑铅矿（$Pb_5Sb_4S_{11}$）

脆硫锑铅矿、硫锑铅矿是矿石中主要的铅矿物，常常呈针状、柱状、放射状、羽毛状及其集合体的形式分布在脉石中，有时呈脉状分布在脉石裂隙中；其次，脆硫锑铅矿、硫锑铅矿与闪锌矿关系最为密切，常与之共生分布在脉石中，有的呈不规则粒状或脉状分布在闪锌矿颗粒及其裂隙中；有时可见与黄铁矿、白铁矿、黝铜矿－银黝铜矿、方铅矿、毒砂共生，有的为闪锌矿、毒砂等矿物的包体，有的呈带状交代黄铁矿、闪锌矿等矿物；有时还可见与黄锡矿、黄铜矿共生。

脆硫锑铅矿、硫锑铅矿的嵌布粒度极不均匀，一般分布在 0.025~0.20 mm，粗粒可达 2.4 mm。X 射线能谱分析，硫锑铅矿平均含铅 39.91%，锑35.59%，铁 2.31%，硫 22.02%，铜 0.18%。

4.7　方铅矿（PbS）

方铅矿是含量仅次于脆硫锑铅矿的铅矿物之一。方铅矿主要呈不规则粒状分布在脉石中，有的呈半自形－自形晶嵌布，少量呈胶状结构嵌布在脉石中；此外，方铅矿与闪锌矿关系密切，常与之共生，少量细粒方铅矿以包体形式嵌布在闪锌矿中；有时可见方铅矿与黄铁矿、白铁矿、毒砂共生；有时还可见方铅矿与脆硫锑铅矿、黄铜矿、黝铜矿－银黝铜矿、黄锡矿共生，有的被包裹在黝铜矿－银黝铜矿中，少量方铅矿中甚至包裹有细粒黄铜矿；偶见方铅矿与车轮矿、硫铜锑矿或自然锑共生。方铅矿的粒度一般为0.01~0.07 mm。

4.8　车轮矿（$PbCuSbS_3$）

车轮矿主要呈不规则粒状分布在脉石中；有时可见与黄锡矿、黄铁矿、闪锌矿共生；有时可见车轮矿被包裹在黄铜矿、黝铜矿－银黝铜矿中；偶尔可见车轮矿与方铅矿共生。车轮矿的粒度一般为 0.015~0.05 mm。

4.9　黄铁矿、白铁矿（FeS_2）

黄铁矿、白铁矿是矿石中最主要的硫化物，主要呈不规则粒状嵌布在脉石矿物中，部分呈脉状分布，少量呈胶状形式分布；其次，黄铁矿、白铁矿与闪锌矿、黄铜矿、黝铜矿－银黝铜矿、毒砂关系密切，常与之形成复杂的嵌布关系，有的粗粒黄铁矿中包裹有细粒黄铜矿、闪锌矿、毒砂以及脉石，有的呈脉状分布在闪锌矿裂隙中；有时可见黄铁矿、白铁矿与锡石、脆硫锑铅矿、黄锡矿、方铅矿等矿物共生在一起；偶尔可见黄铁矿、白铁矿被褐铁矿交代。黄铁矿、白铁矿的粒度一般为 0.04~0.80 mm。

4.10　毒砂（$FeAsS$）

毒砂常呈不规则粒状嵌布在脉石中，有的呈自形－半自形粒状分布，少量呈脉状分布在脉石裂隙中；此外，毒砂与黄铁矿、白铁矿、闪锌矿关系较为密切，常与之共生，有的分布在黄铁矿裂隙及其颗粒中；有时可见毒砂与黄铜矿、黝铜矿 – 银黝铜矿、锡石、黄锡矿共生；有时还可见毒砂与脆硫锑铅矿共生；偶见毒砂与褐铁矿共生。

毒砂的粒度一般分布在 0.02 ~ 0.20 mm，粗的可达 1.5 mm。

5 矿石中锌、银、铜、锡等的嵌布粒度

由表 5 可知，闪锌矿的嵌布粒度较集中于粗 – 中

粒，银矿物主要以中 – 细粒为主，黄铜矿等铜矿物的嵌布粒度主要以中 – 细粒为主，锡石的嵌布粒度主要为细粒，黄铁矿的粒度比较粗，主要以粗粒为主。在 +74 μm 粒级中，闪锌矿的粒度占有率为 71.60%，银矿物为 51.33%，铜矿物为 51.55%，锡石为 30.91%，黄铁矿为 79.83%；在 – 10 μm 粒级中，闪锌矿的粒度占有率为 1.97%，银矿物为 3.03%，铜矿物为 3.42%，锡石为 7.18%，黄铁矿为 1.02%。

表 5 矿石中重要矿物的嵌布粒度统计结果

粒度范围 /mm	闪锌矿		银矿物①		铜矿物②		锡石		黄铁矿③	
	含量	累计	含量	累计	含量	累计	含量	累计	含量	累计
+2.00									4.71	4.71
– 2.00 +1.651	3.74	3.74							2.42	7.13
– 1.651 +1.168	4.33	8.08							7.48	14.60
– 1.168 +0.833	6.15	14.23	2.33	2.33	1.48	1.48			7.96	22.56
– 0.833 +0.589	9.47	23.70	3.31	5.64	3.15	4.63			12.25	34.82
– 0.589 +0.417	7.73	31.43	3.51	9.16	2.23	6.86	1.58	1.58	9.00	43.82
– 0.417 +0.295	6.93	38.37	4.14	13.30	3.16	10.02	1.12	2.70	6.61	50.43
– 0.295 +0.208	9.55	47.92	10.56	23.86	11.18	21.20	3.17	5.87	8.69	59.11
– 0.208 +0.147	6.75	54.67	8.29	32.15	8.42	29.62	3.92	9.79	5.66	64.77
– 0.147 +0.104	8.26	62.93	10.27	42.42	10.62	40.23	9.91	19.70	8.10	72.87
– 0.104 +0.074	8.66	71.60	8.91	51.33	11.31	51.55	11.20	30.91	6.96	79.83
– 0.074 +0.043	11.61	83.21	20.06	71.39	18.05	69.60	23.95	54.85	9.11	88.95
– 0.043 +0.02	8.85	92.06	15.65	87.03	16.37	85.97	21.75	76.60	6.41	95.35
– 0.02 +0.015	2.90	94.96	4.95	91.98	5.32	91.29	8.10	84.70	1.86	97.21
– 0.015 +0.01	3.08	98.03	4.99	96.97	5.28	96.58	8.12	92.82	1.77	98.98
– 0.01	1.97	100.0	3.03	100.0	3.42	100.00	7.18	100.0	1.02	100.0

注：①包括银黝铜矿、深红银矿、辉银锑铅矿；②包括黄铜矿、黝铜矿 – 银黝铜矿、黄锡矿；③包括黄铁矿、白铁矿、毒砂及磁黄铁矿。

矿石中黄铁矿的嵌布粒度最粗，其次为闪锌矿，铜矿物和银矿物的粒度都主要以中细粒为主，锡石的粒度最细。

6 影响锌、银、铜、锡选别的矿物学因素

6.1 影响锌选别的矿物学因素

（1）X 射线能谱分析结果表明，矿石中闪锌矿平均含铁 6.10%，主要影响浮选获得的锌精矿品位。

（2）部分闪锌矿中包裹微细粒黄铜矿、黝铜矿 – 银黝铜矿、黄铁矿、黄锡矿、脆硫锑铅矿、方铅矿、硫锑铅矿等矿物，这在磨矿过程中不易相互单体解离，影响锌、铜或锌、铅浮选分离。

（3）矿石中有 1.97% 的闪锌矿分布于 – 10 μm 粒级以下，这部分微细粒级闪锌矿主要浸染于脉石矿物中，在浮选过程中主要影响锌的回收率。

（4）矿石中部分锌以类质同象形式赋存于黝铜矿 – 银黝铜矿中，主要影响锌、铜或锌、银分离。

（5）化学物相分析结果表明，矿石中 0.03% 的锌以氧化物形式存在，这部分锌在浮选过程中将损失于尾矿中。

6.2　影响银选别的矿物学因素

（1）银矿物主要为银黝铜矿，另有少量辉银锑铅矿、深红银矿等。由此可见在浮选过程中银、铜的走向一致，另外，各个银矿物的浮游性存在一定差异，而且银矿物中同时含有铜、锌等元素，造成银、铜或银、锌分选难度增大。

（2）12.97%的银矿物分布于 $-20~\mu m$ 粒级以下，微细粒级银矿物主要嵌布于闪锌矿中，其次嵌布于黄铜矿中，这部分银矿物即使在细磨矿条件下也不易与闪锌矿、黄铜矿相互单体解离，使得浮选过程中银、锌或银、铜的分选难度很大。

（3）此外少量方铅矿、硫锑铅矿呈细粒浸染状分布在脉石矿物中或者在闪锌矿的裂隙中，与这种方铅矿有关的银矿物也较难回收。

6.3　影响铜选别的矿物学因素

（1）铜矿物主要是以黄铜矿和黝铜矿－银黝铜矿的形式存在，黄锡矿、车轮矿、硫铜锑矿中也含部分铜，此外还有微量铜以蓝辉铜矿和铜蓝的形式存在。黄铜矿与黝铜矿－银黝铜矿、闪锌矿、黄铁矿、白铁矿关系密切，常形成复杂的共生关系，在磨矿过程中不易相互单体解离，影响铜、锌、硫浮选分离。

（2）矿石中有3.42%的铜矿物分布于 $-10~\mu m$ 粒级以下，这部分微粒铜矿物主要浸染于脉石矿物和闪锌矿中，在磨矿过程中难以达到单体解离，在浮选过程中主要影响铜的回收率。

6.4　影响锡选别的矿物学因素

（1）锡石是锡的主要回收矿物，而矿石中锡只有71.11%以锡石的形式存在，21.11%以黄锡矿形式存在，这部分黄锡矿是锡损失的主要部分。

（2）锡石的粒度主要以细粒（10～74 μm）为主，其占有率为61.91%，微粒（ $-10~\mu m$ ）锡石占7.18%，锡石的嵌布粒度整体偏细是影响其选别回收率的主要因素。

7　结语

矿石中锌、银、铜、锡及伴生有价元素铅、锑等矿物种类繁多，还常存在多个有价元素赋存在同一个矿物中的现象，例如脆硫锑铅矿（ $Pb_4FeSb_6S_{14}$ ）、车轮矿（ $PbCuSbS_3$ ）、银黝铜矿（（Cu，Ag，Zn）$_{12}$Sb$_4$S$_{13}$）、黄锡矿（ Cu_2FeSnS_4 ）等，并且锌矿物、银矿物、铜矿物等相互共生关系比较复杂，主要表现为矿石中大部分黝铜矿－银黝铜矿与黄铜矿、闪锌矿复杂共生，有时相互包裹，这使得矿石中锌、银、铜等浮选分离难度大，可考虑混合浮选来提高锌、银、铜的回收率。

参考文献

[1] 于蕾，李正要，马斌. 某铅－锌－银矿银的工艺矿物学研究[J]. 现代矿业，2009（1）：33－35.

[2] 蔡劲宏. 南京栖霞山铅－锌－银矿银的工艺矿物学研究[J]. 矿产与地质，2007，21（2）：196－199.

[3] 王玲，汤集刚. 四川省白玉县呷村银多金属矿工艺矿物学研究[J]. 矿冶，2004，13（2）：94－96.

[4] 曾令熙，张志成，黄亚琴. 西藏索达县锡铜铅锌多金属矿工艺矿物学研究[J]. 矿产综合利用，2008（5）：22－25.

[5] 刘智林，叶雪均，肖金雄，等. 某铅锌银矿工艺矿物学研究[J]. 矿业快报，2008（12）：68－69.

[6] 王静纯. 麒麟厂铅锌矿银的工艺矿物学研究[J]. 矿物学报，2001，21（3）：531－533.

某低品位铌－钽多金属矿中锂的可利用性

李艳峰[1] 邓雁希[2] 王 玲[1]

（1.北京矿冶研究总院，北京，100044；2.中国地质大学（北京），北京，100083）

摘 要：某低品位铌、钽多金属矿中伴生组分锂含量（Li_2O）为 0.39%，已达工业回收品位。工艺特性研究表明，矿石中锂的赋存状态复杂，其中仅有 43.54% 的锂以锂辉石形式存在，其次以透锂长石及锂云母等形式存在，透锂长石与其他长石相似的可浮性，使得大部分透锂长石基本进入尾矿，而回收锂云母的同时白云母及黑云母也进入锂精矿，大大降低锂精矿的品位，表明矿石中的锂较为难选。

关键词：工艺矿物学；锂；工艺特性；赋存状态

作为具有极高战略价值的锂，主要以硅酸盐（占 67%）及磷酸盐（占 21.2%）的形式存在。所研究的锂矿石中锂主要以锂辉石、透锂长石形式存在，其次为锂云母和锂白云母，其他少量的锂矿物有磷锂铝石、锰磷锂矿及铁磷锂等。根据矿石中锂的工艺特性，进行了锂辉石浮选探索试验。经过一粗两扫后，浮选尾矿中锂（Li_2O）含量降至 0.18%，这部分尾矿可以作为最终尾矿丢弃，但是粗精矿经过两次精选锂，精矿含锂品位（Li_2O）仅 1.30%，一次浮选作业的富集比约为 1.5，而五次精选后，锂精矿品位没有得到明显提高，表明该矿样属于难选矿石，要想获得理想的锂辉石精矿比较困难。

1 矿石化学性质

原矿矿石中钽、铌、锡、锂及铍的含量分别为 0.0171%，0.0219%，0.088%，0.39% 及 0.017%，铌、钽达到工业可利用品位，锡、锂、铍均稍低于工业综合回收品位。原矿样化学成分及锂的化学物相分别见见表 1 和表 2。

表 1 原矿样化学成分

组分	Ta_2O_5	Nb_2O_5	Sn	Li_2O	Cs_2O	BeO	SiO_2	Al_2O_3
含量/%	0.0171	0.0219	0.088	0.39	0.026	0.017	71.33	12.19
组分	MgO	CaO	K_2O	Na_2O	Fe	S	P_2O_5	F
含量/%	0.23	0.52	2.84	4.07	0.62	0.027	0.41	0.086

表 2 锂的化学物相

锂相别	磷酸盐矿物	硅酸盐矿物	总锂
Li_2O 含量/%	0.036	0.38	0.416
Li_2O 分布/%	8.65	91.32	100.00

锂的矿物组成及相对含量如表 3 所示。矿石中锂矿物主要为锂辉石、透锂长石，其次为锂云母、锂白云母，其他极少量的磷锂铝石、锰磷锂矿、铁磷锂矿，锂的矿物组成复杂。

表 3 锂矿物的组成及相对含量

矿物名称	含量/%	矿物名称	含量/%
锂辉石	2.63	磷锂铝石	
透锂长石	3.33	锰磷锂矿	0.32
锂云母、锂白云母	0.94	铁磷锂矿	

2 锂的赋存状态

矿样中锂主要以独立矿物形式存在，锂的矿物种类复杂，因确定各锂矿物中 Li_2O 的含量对评估矿石质量非常重要，单矿物的化学定量分析确定矿样中锂辉石、白云母等矿物中 Li_2O 的含量分别为 6.40% 和 0.39%，锂的赋存状态见表 4。

表 4　锂在原矿样中的平衡分配计算结果

矿物种类	矿物量/%	锂含量/%	锂分布率/%
锂辉石	2.63	6.40	43.54
透锂长石	3.33	4.36	37.56
云母*	10.50	0.39	10.59
磷锂铝石			
锰磷锂矿	0.32	10.06	8.31
铁磷锂矿			
合计	16.78	—	100.00

*注：云母包括锂云母、锂白云母、白云母与黑云母，云母中锂的含量通过提取云母单矿物后化学分析获得。

从表 4 看出，原矿样中仅有 43.54% 的锂以锂辉石形式存在，其余 37.56% 的锂以透锂长石形式存在，10.59% 以锂云母、锂白云母形式存在，还有 8.31% 以磷锂铝石等锂的磷酸盐形式存在。

可见锂辉石是最主要的回收矿物，从技术角度可知透锂长石及磷锂铝石等磷酸盐矿物回收困难，而云母类矿物的回收将严重影响锂精矿品位。因此，对于该矿样来说，若能单独选出锂辉石，精矿最高品位为 6.40%，回收率只有 43.54%，而实际上从硅酸盐矿物之间的分选效率来看很难实现。

3　锂矿物的嵌布特征

3.1　锂辉石

锂辉石（$LiAl[Si_2O_6]$）以具有高的折射率、浅褐色及发育的柱状解理为特征。扫描电镜能谱分析中由于超轻元素 Li 不能显示，故只有 Al、Si、O，有时也显示含少量的 K 和 Na 等元素。矿物学资料显示，硅氧四面体中无 Al 代替 Si，Al 可被 Fe 和 Mn 等代替，Li 可被 K 和 Na 等代替，锂辉石中 Li_2O 含量一般在 5.8%～7.1% 之间变化，Li_2O 会随一价离子（如 Na 和 K）的类质同象代换而降低。X 射线能谱分析表明，该矿样中锂辉石常含少量 K，Na，Mn，Ca，Mg 等元素，它的典型 X 射线能谱见图 1。

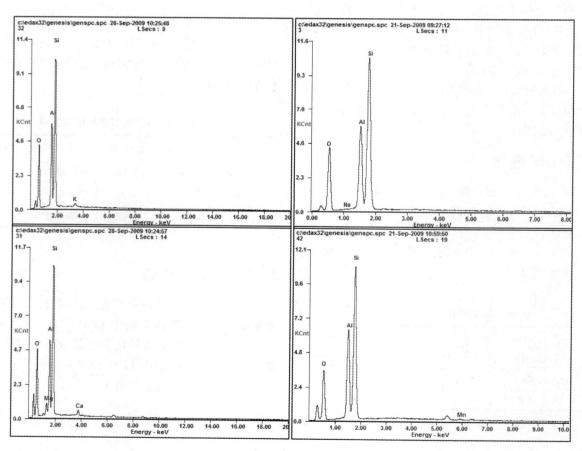

图 1　锂辉石的典型 X 射线能谱

锂辉石在矿石中主要呈粗粒嵌布，也有部分呈细粒柱状集合体嵌布于石英与长石粒间或包裹于石英中，粗粒锂辉石常受应力作用产生压碎现象，后期长英质细脉充填交代时导致其粒度变细且嵌布关系变得复杂，在粗粒锂辉石颗粒边缘或裂隙处，经常可见因交代作用发生的蚀变，从镜下特征看其产物主要是白云母（可能含 Li）、石英和长石。综合样中锂辉石的产出特征见图 2 至图 5。

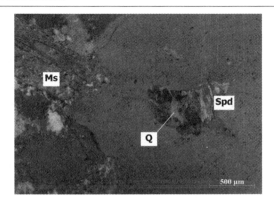

图 5   原矿样石英中的锂辉石（透光）

Q—石英；Spd—锂辉石；Ms—白云母

3.2   透锂长石

透锂长石由于在目前浮选技术下与钠长石及正长石等其他长石类矿物分离困难，所以其中的锂很难回收。透锂长石分子式为 $Li[AlSi_4O_{10}]$，其中锂可被钾、钠、钙等代替。X 射线能谱分析表明该矿样中透锂长石成分也比较稳定，其理论锂（Li_2O）含量为 4.36%，透锂长石的典型 X 射线能谱见图 6。

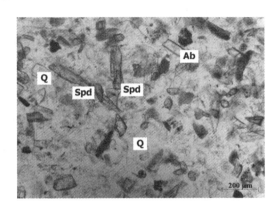

图 2   粗粒锂辉石（透光）

Q—石英；Spd—锂辉石；Ab—钠长石

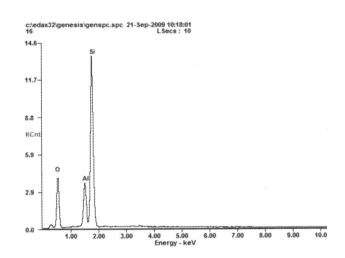

图 6   透锂长石的典型 X 射线能谱

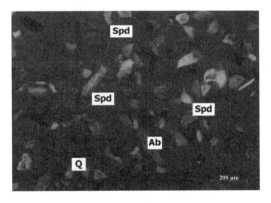

图 3   综合样中的粗粒锂辉石（透光）

Q—石英；Spd—锂辉石；Ab—钠长石

偏光显微镜下透锂长石与共生矿物锂辉石区别是透锂长石的折射率小，不见辉石式解理。与石英可根据它有解理、负低突起、二轴晶相区别。与正长石区别在于干涉色较高，且为正光性。矿样中透锂长石常呈中粗粒状集合体，常与其他长石、白云母、石英、锂辉石等共生在一起（见图 5）。透锂长石粒度分布范围一般为 0.030 ~ 1.0 mm。

3.3   云母类矿物

矿样中云母类矿物包括锂云母、锂白云母、白云母及黑云母，浮选工艺中无法相互分离，故按云母类综合描述。锂云母分子式为 $K\{Li_{2-x}Al_{1+x}[Al_{2x}Si_{4-x}$

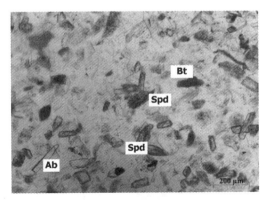

图 4   综合样中的锂辉石（透光）

Spd—锂辉石；Bt—黑云母；Ab—钠长石

$O_{10}](OH,F)_2$，其中 $x = 0 \sim 0.5$。扫描电镜能谱分析时不能显示 Li，但据矿物学资料，锂云母中 Li 的取代会导致 Al 的降低，故通过对比能谱中 Al/Si 强度比，可判断是否为锂云母或白云母中是否含 Li。矿样中白云母及锂云母、锂白云母的的 X 射线能谱图见图 7 和图 8。

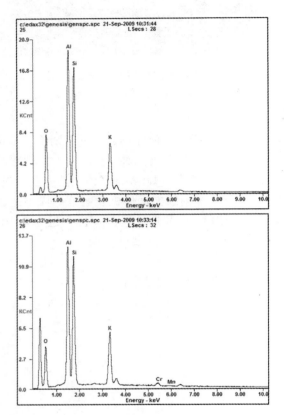

图 7   矿样中白云母 X 射线能谱
（不含 Li，Al/Si 强度比值相对高）

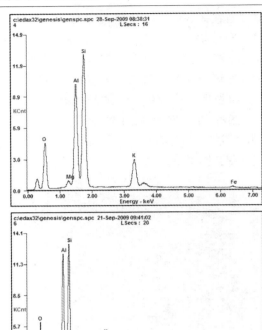

图 8   矿样中锂云母、锂白云母 X 射线能谱
（含 Li，Al/Si 强度较白云母中小）

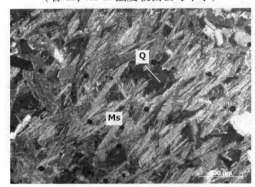

图 9   白云母类矿物（透光正交）
Q—石英；Ms—白云母

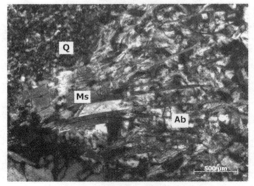

图 10   长石裂隙中的白云母类矿物（透光正交）
Q—石英；Ab—钠长石；Ms—白云母

云母类矿物主要呈大鳞片状嵌布，其次呈细鳞片状嵌布，还有一部分是交代长石、锂辉石时形成的。大鳞片状云母在标本上肉眼即可见到，其鳞片最大可接近 1 cm，其中大部分呈无色，少部分显浅紫色或褐色，显微镜下呈完整的片状集合体产出，粒度分布范围一般为 0.1 ~ 2.0 mm，磨矿时易于单体解离，见图 9。小鳞片状云母主要嵌布于石英、长石粒间或充填于锂辉石的裂隙，这部分云母分布广泛，粒度一般分布于 0.005 ~ 0.050 mm，磨矿过程中较难与共伴生矿物充分解离，影响矿物之间的浮选分离效果，见图 10 和图 11。

浮选回收锂时，云母类矿物的回收对提高回收率有一定贡献，但它的回收将明显降低锂精矿中 Li_2O 的含量，要想获得合格的锂精矿，在浮选过程中，必须抑制云母类矿物使其不会进入锂辉石精矿或从锂辉

图 11　细鳞片状集合体产出的绢云母（透光正交）

Ab—钠长石；Srt—绢云母

石精矿中分离出来。

3.4　磷锂铝石

磷锂铝石分子式为 $LiAl(PO_4)(OH,F)$。磷锂铝石常呈致密块状或土状集合体嵌布于长石、石英等矿物粒间，嵌布粒度以中细粒为主，其典型 X 射线能谱图见图 12。

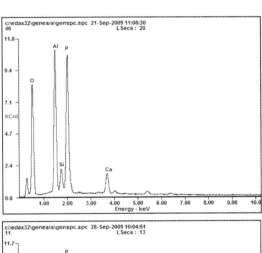

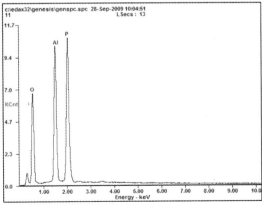

图 12　矿样中磷锂铝石的特征 X 射线能谱

3.5　锰磷锂矿－铁磷锂矿

锰磷锂矿－铁磷锂矿是锂的磷酸盐矿物，分子式为 $Li(Fe,Mn)[PO_4]$，Fe 与 Mn 为完全类质同象，根

据 $Mn > Fe$ 和 $Mn < Fe$ 分为锰磷锂矿和铁磷锂矿，常呈致密块状、细粒状或土状集合体嵌布于长石、云母、石英等矿物粒间，嵌布粒度以中细粒为主，其典型 X 射线能谱图见图 13。

4　矿石中锂矿物的粒度嵌布特征

采用 MLA（矿物解离分析仪）测定 0～2 mm 综合样中锂辉石的产出粒度，统计结果见表 5，结果显示，锂辉石的粒度粗，85.40% 均分布在 0.074 mm 以上。

5　原矿样不同磨矿产品中锂矿物的解离度特征

对磨矿细度 － 0.074 mm 分别占 60%，70%，80% 的综合样，采用 MLA（矿物解离分析仪）考查锂辉石、云母及透锂长石等矿物的单体解离特征，结果见表 6 至表 9。

表 5　原矿 0～2 mm 综合样中锂辉石产出粒度统计结果

粒级/mm	锂辉石	
	含量/%	累计/%
＋1.168	1.38	1.38
－1.168 ＋0.833	3.31	4.69
－0.833 ＋0.589	5.59	10.28
－0.589 ＋0.417	8.64	18.92
－0.417 ＋0.295	8.19	27.11
－0.295 ＋0.208	10.94	38.05
－0.208 ＋0.147	14.94	52.99
－0.147 ＋0.104	16.07	69.06
－0.104 ＋0.074	16.34	85.40
－0.074 ＋0.043	8.26	93.66
－0.043 ＋0.020	4.24	97.90
－0.020 ＋0.015	1.21	99.11
－0.010	0.89	100.00

表 6　不同磨矿细度产品中锂辉石的单体解离特征

磨矿细度（－74 μm）/%	单体含量/%	连生体含量/%		
		与云母	与长石	与其他矿物
60	94.47	1.46	2.17	1.90
70	95.48	1.00	1.91	1.61
80	97.12	1.08	1.19	0.61

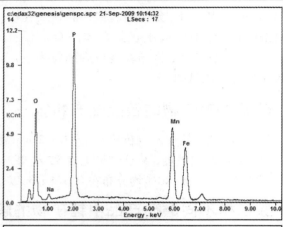

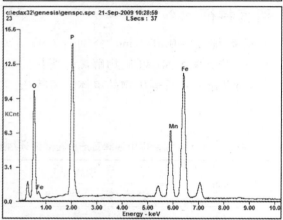

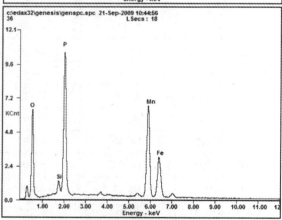

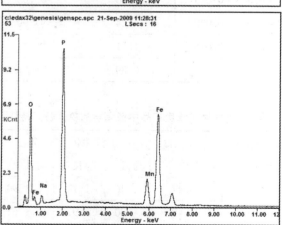

图13　矿样中锰磷锂矿－铁磷锂矿的特征 X 射线能谱

表7　不同磨矿细度产品中云母的单体解离特征

磨矿细度 （－74 μm） /%	单体含量 /%	连生体含量/%			
		与其他 云母	与长石	与锂 辉石	与高岭 石等
60	82.37	11.08	3.28	0.17	3.10
70	82.34	11.16	4.00	0.10	2.39
80	83.51	9.97	2.84	0.18	3.50

表8　不同磨矿细度产品中透锂长石的单体解离特征

磨矿细度 （－74 μm） /%	单体含量 /%	连生体含量/%			
		与其他 长石	与云母	与锂 辉石	与石 英等
60	85.13	6.96	3.73	0.55	3.62
70	85.95	6.56	4.02	0.31	3.16
80	85.99	6.44	2.16	0.60	4.82

表9　不同磨矿细度产品中各锂矿物的单体解离度统计结果

磨矿细度 （－74 μm）/%	矿物的单体解离度/%		
	锂辉石	锂云母	透锂长石
60	94.47	82.37	85.13
70	95.48	82.34	85.95
80	97.12	83.51	85.99

由此可知，当磨矿细度为 －0.074 mm 占60% 时，锂辉石单体解离很充分，透锂长石和锂云母单体解离也比较充分，锂辉石、锂云母及透锂长石的单体解离度随着磨矿细度的增加变化很小，说明这些矿物的产出粒度较粗，在较粗磨矿细度条件下即获得了较好的解离，此后继续提高磨矿细度时解离度的增加幅度变小而单体粒度则变细，而且镜下观察证明会使石英、长石类矿物出现过磨现象，影响矿物的分选效果，因为其余透锂长石主要与其他长石连生，锂云母主要与其他云母连生，可以作为矿物分选给料。

6　结论

原矿样中锂矿物种类复杂，仅有 43.54% 的锂以锂辉石形式存在，其余 37.56% 的锂以透锂长石形式存在，10.59% 以锂云母、锂白云母形式存在，还有 8.31% 以磷锂铝石等锂的磷酸盐形式存在。可回收的锂矿物主要为锂辉石，从技术角度透锂长石及磷锂铝石等磷酸盐矿物回收困难，而提取的云母类纯矿物含锂（Li_2O）仅为 0.39%，云母与锂辉石一起回收将严重影响锂精矿品位，若能单独选出锂辉石，精矿品位最高为6.40%，回收率最高为43.54%，实际上，由于硅酸盐矿物之间的分选效率一般较差，很难达到理想效果。

参考文献

[1] 郑纬平，王向东，彭齐鸣，陈正炎，赵元艺，戴自希，曾问渠. 锂的资源、生产、应用与市场[J]. 中国有色金属学报，2001，11(s1)：21－24.

[2] 李明慧，郑绵平. 锂资源的分布及其开发利用[J]. 科技导报，2003(12)：38－40.

[3] 李承元，李勤，朱景和. 世界锂资源的开发应用现状及展望[J]. 国外金属矿选矿 2001，38(8)：22－26.

[4] 赵元艺. 中国盐湖锂资源及其开发进程[J]. 矿床地质，2003，22(1)：99－106.

[5] 冀康平. 锂资源的开发与利用[J]. 无机盐工业，2005，37(5)：7－9.

[6] 戴自希. 世界锂资源现状及开发利用趋势[J]. 中国有色冶金，2008(4)：17－20.

[7] 余赞松，陈明星，龚杰. 宜春钽铌矿资源综合利用现状及存在问题[J]. 矿业快报，2007，23(10)：63－64.

[8] 彭永华，刘彪文. 宜春钽铌矿综合利用矿产资源的实践[J]. 矿业快报，2008，24(8)：87－89.

[9] 戴永年. 金属及矿产品深加工[M]. 北京：冶金工业出版社，2007：21－42.

[10] 汤集刚. 河南省卢氏县蔡家沟花岗伟晶岩型锂辉石铌钽矿可选性试样的工艺矿物学研究[R]. 北京：北京矿冶研究总院，2004.

红土型镍矿工艺矿物学研究

肖仪武

（北京矿冶研究总院矿物加工科学与技术国家重点实验室，北京，102600）

摘　要：该红土型镍矿为高铁低镍钴的矿石，矿石的矿物组成比较简单，主要为褐铁矿，另有少量的磁铁矿、半假象赤铁矿、铬铁矿、石英、蛇纹石、绿泥石、高岭石等。矿石中的镍主要分布在褐铁矿中，少量分布在硅酸盐矿物及锰的水合氧化物中；钴主要分布在锰的水合氧化物中，少量分布在褐铁矿中。此类矿石采用湿法高压酸浸的工艺，可以获得较好的镍、钴回收率。

关键词：红土型镍矿；镍钴；赋存状态

据美国地质调查局统计，截至 2010 年全世界镍储量约 7000 万吨，基础储量约 1.5 亿 t。其中硫化矿约占 31%、红土镍矿约占 69%。但随着硫化矿资源的逐渐减少，镍矿的开采正逐渐向红土镍矿（氧化镍矿）倾斜。红土型镍矿为地壳表层风化壳型矿床，为含镍基性 – 超基性岩体经风化—淋滤—沉积的残余产物。不同产地的红土型镍矿的化学与矿物组成及镍钴的赋存状态变化较大，相应的提取工艺也是有差别的。因此，为了高效开发此类资源，必须对矿石性质进行系统研究，并以此为依据制定合理的工艺方案。

1　矿石的化学成分

1.1　矿石的化学分析

表 1　矿石的化学分析结果（%）

成分	Ni	Co	Fe	Mn	Cr	SiO_2	Al_2O_3	CaO	MgO
含量	0.60	0.034	46.96	0.24	2.23	5.47	7.28	0.12	2.64

由表 1 看出，该红土型镍矿中有用元素主要是镍、钴和铁，而镍、钴的品位相对较低。

1.2　矿样中镍、钴的化学物相分析（见表 2、表 3）

表 2　镍的化学物相分析结果（%）

相别	硫酸盐	铁矿物	锰矿物	硅酸盐矿物	总镍
含量	0.017	0.48	0.036	0.07	0.603
分布率	2.82	79.60	5.97	11.61	100.00

表 3　镍的化学物相分析结果（%）

相别	硫酸盐	铁矿物	锰矿物	其他	总钴
含量	0.0025	0.017	0.013	0.0015	0.034
分布率	7.35	50.00	38.24	4.41	100.00

2　矿石的矿物组成

经光学显微镜鉴定、扫描电镜 X 射线能谱分析、X 射线衍射分析、透射电镜分析以及选择性溶解等综合方法确定，矿石中金属矿物主要为褐铁矿（针铁矿、水针铁矿、水赤铁矿），其次为磁铁矿、半假象赤铁矿，少量的水锰矿、锰的水合氧化物、铬铁矿及镍纤蛇纹石等。脉石矿物有石英、玉髓、蛇纹石、绿泥石、高岭石、方镁石、硅铁土等（见表 4）。

表 4　矿石中的矿物的相对含量（%）

矿　物	含量	矿　物	含量
褐铁矿	68.13	石英、玉髓	3.49
磁铁矿、半假象赤铁矿	10.79	蛇纹石、绿泥石	2.87
铬铁矿	3.24	高　岭　石	1.94
锰的水合氧化物	0.45	方　镁　石	3.62
水锰矿		硅　铁　土	2.91
镍纤蛇纹石	0.37	其他	2.19

3　矿样中重要矿物的嵌布特征

3.1　褐铁矿

褐铁矿是矿石中含量最多，也是最主要的含镍矿物。由于褐铁矿形成时的物理化学条件的差异，胶体沉淀、凝结、陈化的不同，晶体转变完全程度也有差异。组成褐铁矿的各矿物化学组成中铁被其他金属元素（Ni、Co、Ca、Al、Cr 等）置换的数量也有很大的差异，所以褐铁矿的化学组成变化较大。由褐铁矿的 X 射线能谱分析（见表 5）看出，褐铁矿中除铁外，还含数量不等的 Ni、Co、Si、Al、Ca、Cr、Mn、Mg 等元素，而且这些元素分布极不均匀。

矿石中褐铁矿主要呈土状、不规则状、蜂窝状、脉状、胶状等形式产出。褐铁矿的粒度为 0.005 ~ 0.05 mm。

表5　褐铁矿的 X 射线能谱分析结果（%）

序号	Fe	Ni	Co	Mn	Cr	Ti	Si	Al	Mg	O
1	61.06	0.82	—	—	0.80	—	0.65	1.09	—	35.58
2	62.12	0.74	—	—	0.65	—	0.86	1.47	—	34.16
3	62.63	0.23	—	—	0.69	—	1.79	2.75	—	31.91
4	61.32	0.42	—	—	1.34	—	1.05	1.08	—	34.79
5	59.81	0.13	—	—	0.58	—	2.96	3.32	—	33.20
6	51.22	0.68	—	—	2.32	—	4.62	5.66	—	35.50
7	60.89	0.33	—	—	1.38	—	0.81	1.13	—	35.46
8	54.02	1.16	—	—	2.11	—	3.67	4.91	—	34.13
9	55.35	0.81	—	—	2.52	1.00	3.30	4.59	—	32.43
10	57.24	0.46	—	—	1.46	—	0.94	2.15	—	37.75
11	63.38	0.89	—	—	1.02	—	1.28	1.42	—	32.01
12	57.81	0.42	—	—	1.14	—	2.10	2.78	0.98	34.77
13	60.37	0.37	—	—	1.60	0.36	2.08	1.44	—	33.78
14	65.20	0.17	—	—	0.41	—	1.35	1.19	0.23	31.45
15	60.42	0.54	—	—	0.56	—	3.86	2.14	—	32.48
16	60.50	0.46	0.31	1.08	1.24	—	0.95	1.57	0.42	33.47
17	48.35	0.63	0.28	7.30	0.32	—	1.72	3.26	—	38.14
18	55.51	0.70	0.13	4.63	0.73	—	0.77	2.08	—	35.45
19	52.66	0.49	0.08	4.97	—	—	2.61	2.18	—	37.01
20	68.61	0.34	—	—	—	—	0.98	—	—	30.07
21	63.14	0.47	—	—	2.19	0.31	0.61	1.05	—	32.23
22	66.95	0.56	—	—	—	—	1.09	—	—	31.40
23	63.12	1.27	—	—	1.13	—	0.57	2.51	—	31.40
24	58.97	0.38	—	—	0.87	—	3.14	2.02	0.98	33.64
25	64.48	0.59	—	—	1.29	—	0.91	1.29	—	31.44
平均	59.80	0.56	0.032	0.72	1.06	0.07	1.79	2.12	0.10	33.748

3.2 镍纤蛇纹石

镍纤蛇纹石是超基性岩深度风化过程中形成的次生矿物，是胶体吸附、交代形成的，借助胶体从溶液中吸附金属离子。镍纤蛇纹石呈淡绿色、苹果绿色到淡黄色，主要呈土状、胶状、皮壳状、隐晶质致密状分布。镍纤蛇纹石与褐铁矿、铬铁矿、石英、玉髓等矿物共生，并常沿脉石矿物的层理或裂隙分布，也有分布在硅质类矿物的片理上。镍纤蛇纹石的 X 射线能谱分析结果列于表6。

表6　镍纤蛇纹石的 X 射线能谱分析结果（%）

序号	Si	Mg	Ni	Fe	Mn	Co	Ca	S	O	备注
1	30.85	13.38	14.14	1.22					40.41	含镍、镁相当的镍纤蛇纹石
2	33.34	14.08	15.00						37.47	
3	32.33	15.04	14.17						38.56	
4	33.78	16.30	11.07				0.29		38.57	
5	35.53	14.83	14.36	2.52	0.75	0.24			31.77	
6	32.33	14.75	15.04						37.88	
7	32.56	13.69	16.52						37.22	
8	36.50	17.31	12.65				0.55		32.99	
9	37.24	16.59	14.30						31.87	
10	34.72	15.69	12.94	0.92			0.41		35.32	
11	39.57	16.19	12.95	2.24					29.06	
12	38.71	17.07	11.06	2.40					30.75	
13	38.60	16.90	12.07	0.65					31.77	
14	38.40	16.43	12.85						32.31	
15	36.46	18.48	11.27	1.54					32.26	
16	37.05	17.10	11.68						34.16	
平均	35.50	15.86	13.25						34.52	
1	30.08	10.76	21.84						37.31	含镍中等的镍纤蛇纹石
2	30.31	9.89	26.40						33.40	
3	30.94	11.59	23.68						33.80	
4	30.71	11.18	24.55			0.33			33.23	
5	28.27	8.77	26.60						36.36	
6	31.62	11.54	21.35	0.54					34.96	
7	32.67	10.77	27.31						29.25	
8	33.28	11.71	25.94				0.42		28.65	
9	32.40	11.67	22.22						33.71	
平均	31.14	10.88	24.43						33.41	
1	36.45	17.97	5.66	1.76			0.45		37.71	含镍最低、含镁最高的镍纤蛇纹石
2	33.87	17.27	9.69				0.32		38.85	
3	28.69	23.31	4.38	5.74					37.88	
4	39.68	19.27	5.29						35.75	
5	36.68	17.44	7.95	1.34					36.58	
6	36.71	20.83	6.62	4.90					30.93	
7	44.32	18.73	7.28	2.80					26.88	
8	33.96	16.47	7.15	0.56				0.55	41.32	
9	33.67	17.16	8.64	0.81			0.29		39.44	
10	35.26	17.98	5.93	0.75			0.78		39.30	
11	37.32	17.94	6.89	1.04			0.42		36.40	
12	35.47	17.10	8.34	1.14					37.96	
13	40.06	18.54	7.05				0.47		33.88	
平均	36.32	18.46	6.99						36.38	
1	29.98	8.23	32.25				0.33		29.21	含镍最高、含镁最低的镍纤蛇纹石
2	32.67	9.11	36.29						21.93	
3	26.33	3.76	40.24						29.68	
4	26.66	3.53	42.64						27.17	
5	27.01	4.45	39.81						28.73	
6	26.97	3.77	41.43						27.84	
7	27.23	3.66	41.23						27.87	
平均	28.12	5.22	39.13						27.49	

3.2 锰的水合氧化物

红土型镍矿中含锰0.24%，含量较低，但矿石中锰的组成比较复杂，它是表生含锰类矿物和其他矿物的机械混合物，成分以二氧化锰为主，并含有一些其他的金属氧化物和锰的水合氧化物，土状集合体。实际上矿石中的锰多以锰的水合氧化物形式存在。矿石中锰的水合氧化物主要呈土状、不规则粒状或葡萄状产出，与褐铁矿关系密切。锰的水合氧化物的 X 射线能谱分析结果列于表7。

表7　锰的水合氧化物的 X 射线能谱分析结果(%)

序号	Mn	Ni	Co	Fe	Al
1	39.6	8.69	4.47	12.66	10.23
2	12.4	2.99	1.17	53.31	5.77
3	14.48	11.51	2.00	2.33	—
4	13.60	10.95	1.72	7.75	—
5	14.75	8.40	2.02	21.60	—
6	12.13	7.53	2.10	32.65	—
7	15.79	11.37	2.55	21.02	—
8	21.28	13.95	3.11	26.92	—
9	23.85	11.85	3.71	8.31	—
10	15.56	9.66	2.27	20.98	—
11	34.23	9.13	22.38	—	—
12	46.64	19.70	2.10	1.17	—
13	20.97	10.77	0.87	—	—
14	46.46	4.91	0.54	1.68	—
15	39.97	5.09	0.50	1.47	—
平均	24.78	9.77	3.43	14.12	1.07

4　矿石中镍、钴的赋存状态研究

矿石中的镍、钴以吸附形式存在。镍主要分布在褐铁矿中，少量分布在硅酸盐矿物及锰的水合氧化物中；钴主要分布在锰的水合氧化物中，少量分布在褐铁矿中。镍元素在矿石中的平衡分配计算结果列于表8。

表8　矿石中镍的平衡计算结果(%)

矿物名称	矿物含量	矿物中镍含量	镍元素在各矿物中的分布率
褐铁矿	68.13	0.56	63.30
磁铁矿＋半假象赤铁矿	10.79	0.31	5.55
镍纤蛇纹石	0.37	17.71	10.87
锰的水合氧化物	0.45	9.77	7.29
铬铁矿	3.24	0.21	1.13
其他脉石矿物	17.02	0.42	11.86

5　结论

红土型镍矿的形成经历了超基性岩母岩风化过程和褐铁矿化过程，一部分元素淋滤发生次生富集变化，一部分又被风化过程中形成的胶体吸附、凝结或结晶，形成新的矿物，所以超基性岩风化过程中形成的各种矿物的稳定性也有较大的差别。从工艺矿物学的研究结果来看，该矿石含铁高，而镍、钴含量相对较低，且镍、钴主要分布在褐铁矿及锰的水合氧化物中，只有采用湿法高压酸浸的工艺，这些含镍、钴的矿物才能被溶解，有利于镍、钴的浸出。

参考文献

[1] 北京矿冶研究院编. 化学物相分析[M]. 北京：冶金工业出版社，1976.
[2] 王濮，潘兆橹，翁玲宝等. 系统矿物学[M]. 北京：地质出版社，1984.
[3] 斯米尔诺夫著. 地质部编译出版室译. 矿化硫床氧化带[M]. 北京：地质出版社，1955.
[4]《矿产资源综合利用手册》编辑委员会编. 矿产资源综合利用手册[M]. 北京：科学出版社，2000.
[5]《中国矿床》编委会编著. 中国矿床[M]. 北京：地质出版社，1994.
[6] 付伟，牛虎杰，黄小荣. 东南亚典型红土型镍矿床的成矿特征与找矿思路[J]. 矿物学报，2011增刊.

柿竹园30号矿体铜锡多金属矿工艺矿物学研究

王明燕　肖仪武　金建文　费勇初

（北京矿冶研究总院矿物加工科学与技术国家重点实验室，北京，102600）

摘　要：柿竹园野鸡尾铜锡多金属矿属于低品位铜锡钨锌萤石多金属矿，由30、31和32号三个矿体组成，其中30号矿体为云英岩型多金属矿，31和32号矿体为矽卡岩型。本文主要针对30号矿体进行了系统的工艺矿物学研究。通过工艺矿物学研究，我们查明了矿石的化学组成、矿物组成及相对含量、重要嵌布特征、粒度组成以及影响选矿指标的矿物学因素。

关键词：多金属矿；云英岩型；工艺矿物学；选矿指标

　　柿竹园铜锡多金属矿矿床规模大，具有有益组分多、矿物种类多、有用矿物粒度细、共生关系密切等特点，属于难选的低品位多金属矿。为提高柿竹园低品位多金属矿的综合利用水平，运用化学多元素分析、化学物相分析、光学显微镜、扫描电镜和电子能谱、自动矿物分析仪（简称MLA）等综合手段对30号矿体进行了系统的工艺矿物学研究。

1　矿石成分

1.1　矿石的化学多元素分析

　　矿石的多元素分析结果见表1。

表1　矿石的多元素分析结果

组分	Cu	Sn	WO$_3$	Pb	Zn	Fe	Bi
含量/%	0.11	0.14	0.051	0.053	0.22	5.07	0.022
组分	As	S	SiO$_2$	Al$_2$O$_3$	CaO	MgO	Mo
含量/%	0.064	2.85	65.77	9.69	4.95	0.18	0.012
组分	K$_2$O	Na$_2$O	*Au	*Ag	CaF$_2$	烧失	
含量/%	1.64	0.051	0.08	21.98	5.63	4.23	

注：*Au、*Ag单位为g/t值。

　　化学分析结果表明，矿石中Cu和Sn的含量稍高，分别为0.11%和0.14%；矿石中伴生有0.051%WO$_3$和0.22%Zn，其品位接近综合回收的最低品位，可以考虑综合回收。另外萤石和硫的品位分别为5.63%和2.85%。

1.2　矿石中铜、锡、钨、锌、铅的化学物相分析

　　矿石中铜、锡、钨、锌、铅的化学物相分析结果见表2～表5。

表2　矿石中铜的化学物相分析结果

相别	氧化铜	硫化铜	总铜
铜含量/%	0.005	0.103	0.108
占有率/%	4.63	95.37	100.00

表3　矿石中锡的化学物相分析结果

相别	酸溶锡	硫化锡	锡石	硅酸锡	总锡
锡含量/%	0.005	0.01	0.12	0.01	0.145
占有率/%	3.45	6.90	82.76	6.90	100.00

表4　矿石中钨的化学物相分析结果

相别	白钨矿	黑钨矿	总WO$_3$
WO$_3$含量/%	0.003	0.048	0.051
占有率/%	5.88	94.12	100.00

表5　矿石中锌的化学物相分析结果

相别	氧化锌	硫化锌	总锌
锌含量/%	0.01	0.22	0.23
占有率/%	4.35	95.65	100.00

表6　矿石中铅的化学物相分析结果

相别	氧化铅	硫化铅	总铅
铅含量/%	0.004	0.048	0.052
占有率/%	7.69	92.31	100.00

2 矿石矿物组成及相对含量

矿石的组成较复杂。铜矿物绝大部分为黄铜矿，少量为铜蓝、辉铜矿、蓝辉铜矿；锡矿物主要为锡石，另有少量的黄锡矿；铅矿物主要为方铅矿，另有少量辉铅铋矿、铅矾和辉铋铅银矿；锌矿物为闪锌矿和铁闪锌矿；钨矿物主要为黑钨矿，另有少量白钨矿和微量辉钨矿；铁矿物主要为赤铁矿和褐铁矿，另有少量磁铁矿；硫矿物主要为黄铁矿，其次为少量磁黄铁矿；钼矿物为辉钼矿；铋矿物主要为辉铋矿，其次为自然铋、辉铅铋矿，另有微量辉铋铅银矿、硫铜铋矿和软铋矿；银矿物主要为自然银和硫铜银矿，另有少量螺状硫银矿、含铋硫铜银矿、硫银铋矿、黑硫银锡矿、辉锑铅银矿、块硫铋银矿、硫碲银矿等。

脉石矿物绝大部分为石英，少量为黑云母、萤石、白云母、绿泥石、黄玉、钙铝榴石、铁铝榴石、正长石，另有微量斜长石、方解石、辉石、透辉石、绢云母、绿帘石、金红石、独居石、磷灰石、电气石、榍石、铁白云石、锰铝榴石、金云母、锆石等。矿石的矿物组成及相对含量见表7。

表7　矿石的矿物组成及相对含量

矿物名称	含量/%	矿物名称	含量/%
黄铜矿	0.30	石英	56.41
铜蓝（包括辉铜矿、蓝辉铜矿）	0.008	黑云母	4.78
锡石	0.165	萤石	5.63
黑钨矿	0.063	白云母	7.24
白钨矿	0.004	绢云母	
黄铁矿	4.57	绿泥石	3.60
方铅矿	0.06	黄玉	7.88
铅矾	0.003	钙铝榴石	1.39
闪锌矿	0.24	铁铝榴石	
铁闪锌矿	0.12	斜长石	0.43
辉钼矿	0.02	正长石	3.70
磁黄铁矿	0.24	方解石	0.62
磁铁矿	0.01	辉石	0.32
赤、褐铁矿	1.07	透辉石	
辉铋矿	0.014	黄锡矿	0.042
自然铋	0.006	毒砂	0.14
辉铅铋矿	0.008	其他	0.917

3 重要矿物的嵌布特征

（1）黄铜矿（$CuFeS_2$）。黄铜矿是矿石中最主要的铜矿物，常见黄铜矿呈不规则细粒分布在脉石中（见图1），部分呈微粒嵌布在脉石中；此外，黄铜矿与闪锌矿、黄铁矿和方铅矿关系也很密切，有的黄铜矿呈细小粒状被包裹在闪锌矿和黄铁矿中，少量黄铜矿呈固溶体分布在闪锌矿中；有时可见黄铜矿被铜蓝、蓝辉铜矿等次生铜矿物沿黄铜矿的边缘和裂隙交代形成镶边结构；黄铜矿也与黄锡矿共生，少量黄铜矿以包体形式嵌布在黄锡矿中；偶尔还可见黄铜矿为磁铁矿所交代。

（2）锡石（SnO_2）。锡石主要以不规则粒状或集合体的形式分布在石英、萤石等脉石矿物中（见图2）；其次可见锡石呈不规则状与黄铜矿、黄铁矿、方铅矿共生，有时黄铁矿等硫化物中含有少量细粒锡石包体，这种形式存在的锡石，其粒度一般相对较细，易损失在各种浮选硫化物产品中；有时还可见锡石裂隙中分布有黄锡矿，或与黄锡矿共同分布在脉石中；偶见锡石与黑钨矿、黄铁矿共生。

（3）黑钨矿〔（Fe、Mn）WO_4〕。黑钨矿是矿石中最主要的钨矿物。黑钨矿多呈不规则粒状及自形－半自形板状、柱状的单晶或集合体等形式产出（见图3），常呈稀疏浸染状嵌布在石英、云母、萤石、绿泥石等脉石矿物中，有时可见黑钨矿与黄铁矿、黄铜矿、锡石和黄锡矿共生在一起，在黄铁矿的裂隙及晶体中还可见黑钨矿的包体；有时可见黑钨矿与白钨矿共生；偶尔可见黑钨矿中包裹有方铅矿、黄铜矿、辉铋矿、辉铅铋矿和自然铋的包体；此外还偶尔可见蓝辉铜矿或辉钨矿沿黑钨矿的边缘或裂隙交代黑钨矿。

黑钨矿的 X 射线能谱分析结果显示，黑钨矿中 WO_3 平均含量为 76.38%，MnO 平均含量为 11.31%，FeO 平均含量为 12.31%。

（4）闪锌矿、铁闪锌矿（ZnS）。矿石中的闪锌矿、铁闪锌矿分布不均匀，常呈板状或不规则粒状嵌布在脉石矿物中；此外，闪锌矿、铁闪锌矿与黄铁矿、黄铜矿及磁黄铁矿关系较为密切，常与之连生分布在脉石中，有时形成复杂的相互包含结构，如在闪锌矿、铁闪锌矿中可见细粒黄铁矿、黄铜矿、磁黄铁矿以及脉石包裹体；有时还可见闪锌矿、铁闪锌矿与黄锡矿形成连晶嵌布在脉石中。

（5）方铅矿（PbS）。矿石中的方铅矿主要呈不规则粒状分布在脉石中；有时可见方铅矿与锡石、自然铋、黄铁矿、黄铜矿、闪锌矿或自然银共生（见图4），少量细粒方铅矿以包体形式嵌布在自然银和黑钨矿中；偶尔可见方铅矿被铅矾交代呈交代残余结构。方铅矿的粒度一般为 0.01 ~ 0.07 mm。

(6)黄铁矿、白铁矿（FeS_2）。黄铁矿是矿石中最主要的硫化物，另有少量白铁矿。黄铁矿主要呈不规则状粒状产出，少量呈胶状、脉状分布，矿石中局部富集有粗粒黄铁矿集合体；其次可见黄铁矿与黄铜矿、锡石、闪锌矿、方铅矿或黑钨矿共生在一起，有的粗粒黄铁矿中包裹有细粒黄铜矿、锡石、闪锌矿、毒砂、方铅矿、铋的硫盐以及脉石。

(7)铋矿物。矿石中铋矿物组成较复杂，主要为辉铋矿，其次为自然铋、辉铅铋矿，此外还有微量辉铋铅银矿、硫铜铋矿和软铋矿等。

辉铋矿（Bi_2S_3）：主要呈不规则粒状及其集合体分布在脉石及脉石裂隙中（见图5），少数呈脉状分布在脉石中，脉宽约为 0.015 ~ 0.1 mm；有时可见辉铋矿与自然铋构成连晶分布在脉石中；有时可见辉铋矿被黄铁矿所包裹。辉铋矿的粒度一般为 0.025 ~ 0.3 mm。

自然铋（Bi）：它是矿石中主要的铋矿物，该矿物多呈不规则状或细小粒状及粒状集合体单独或与方铅矿、辉铋矿等铅铋矿物连晶嵌布在脉石矿物中，部分被包裹在方铅矿、辉铋矿、黑钨矿中；有时可见自然铋中嵌布有硫铜银矿和自然银；偶见自然铋被蓝辉铜矿所交代。自然铋的嵌布粒度较细，一般为 0.001 ~ 0.03 mm。

辉铅铋矿（$PbS \cdot Bi_2S_3$）：理论含 Bi 55.5%、Pb 27.50%、S 17.0%。该矿物常呈细粒状嵌布在黄铁矿的裂隙和空洞中或嵌布在脉石中，有时辉铅铋矿与黄铜矿紧密连晶并一起分布在黄铁矿颗粒中。

(8)萤石（CaF_2）。萤石是矿石中综合回收的矿物之一。萤石一般呈半自形-它形粒状产出，有的聚集成团块状分布在石英、云母等矿物的颗粒间隙中（见图6）。萤石常与锡石、闪锌矿、黑钨矿、方铅矿等金属矿物共生。萤石在矿石中的分布较不均匀，有局部富集现象。

4 矿石中重要矿物的粒度组成

表8显示了该矿石中黄铜矿的嵌布粒度以细粒（0.074 ~ 0.01 mm）为主，粗粒（> 0.3 mm）、中粒（0.074 ~ 0.3 mm）嵌布的黄铜矿分别占 12.55% 和 15.44%，此外，微粒（< 0.01 mm）黄铜矿的占有率为 11.33%；锡石的嵌布粒度主要为细粒，微粒占有率为 8.99%；黑钨矿以细粒分布为主；闪锌矿、铁闪锌矿的嵌布粒度较集中于中、细粒，这两者共占 83.82%；铅、铋矿物嵌布粒度主要为细粒；萤石的粒

度主要为中、细粒，两者共占 82.13%；黄铁矿的粒度比较粗；磁黄铁矿主要以中、细粒为主。

表 8 矿石中重要矿物的嵌布粒度特性表/%

矿物名称	粗粒 > 0.3	中粒 0.074 - 0.3	细粒 0.074 - 0.01	微粒 < 0.01
黄铜矿	12.55	15.44	60.68	11.33
锡石	2.66	17.16	71.19	8.99
黑钨矿	1.61	25.29	68.74	4.36
铅、铋矿物	—	11.63	82.12	6.25
萤石	12.85	43.31	38.81	5.02
闪锌矿、铁闪锌矿	13.95	32.76	51.06	2.23
黄铁矿	23.95	48.42	26.63	1.00
磁黄铁矿	4.53	27.09	66.27	2.10
黄锡矿	—	7.95	82.67	9.38

5 影响选矿指标的矿物学因素

(1)铜主要是以黄铜矿的形式存在，少量以辉铜矿、蓝辉铜矿和铜蓝的形式存在。微粒黄铜矿含量较多，其占有率为 11.33%，这部分黄铜矿在磨矿过程中难以达到单体解离，将成为铜在尾矿中损失的一个主要原因；此外，部分黄铜矿与磁黄铁矿、黄铁矿等硫化物关系密切，部分微细粒黄铜矿被包裹在闪锌矿、黄铁矿、磁黄铁矿中，这部分铜也极易损失。

(2)锡主要以锡石的形式存在，少量以黄锡矿的形式存在。锡石粒度主要以细粒为主，其占有率为 71.19%，微粒占 8.99%。由于锡石的粒度太细，磨矿时单体解离较困难，这是影响锡回收最主要的矿物学因素。另外锡石多呈不规则粒状嵌布在石英等脉石矿物中，少量呈细粒状被包裹在黄铁矿等硫化物中，这部分锡石也极易损失在尾矿或其他硫精矿产品中。

(3)矿石中钨的矿物主要为黑钨矿，其次含少量白钨矿。黑钨矿与其他矿物的嵌布关系较简单，并且有局部富集现象，影响回收 WO_3 的最主要因素是矿石中 WO_3 的含量太低，以致于较难既获得合格产品又能达到较高回收率；另外黑钨矿粒度较细也是影响其选矿指标的重要因素之一。

(4)影响锌选矿回收的主要因素就是锌的品位比较低，矿石中仅含 0.22% Zn，闪锌矿中常见呈乳滴状嵌布的黄铜矿，有的闪锌矿中还包裹有细粒黄铜矿或脉石包体，而铁闪锌矿中则含有一定量的铁，这些

因素的存在影响了锌精矿质量的提高；此外，部分闪锌矿与黄铁矿、黄铜矿等硫化物嵌布关系密切，并呈复杂的相互包含结构，这些因素对选矿回收率有很大的影响。

（5）矿石中萤石的嵌布粒度不均匀，以中、细粒嵌布为主，另外矿石中部分萤石呈微细粒包体形式嵌布于脉石矿物中，还有部分脉石呈微细粒包体的形式嵌布于粗粒萤石中，萤石的嵌布粒度和嵌布特征决定了想要提高萤石的回收率及提高萤石精矿的质量，可以适当考虑细磨浮选萤石给矿。

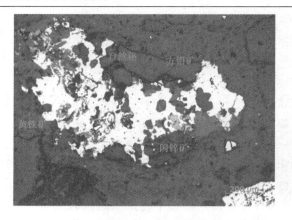

图 4　方铅矿与自然铋、黄铁矿等共生（反光）

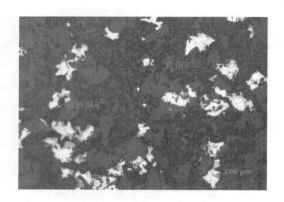

图 1　不规则粒状黄铜矿、蓝辉铜矿（反光）

图 2　锡石与方铅矿、黄铁矿共生（反光）

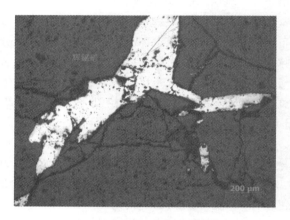

图 5　不规则状辉铋矿（反光）

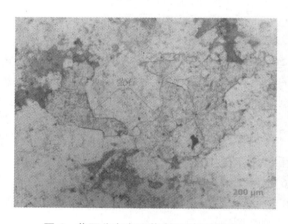

图 6　萤石分布在石英中（透射单偏光）

矿石中铜、锡、钨、铅、锌、萤石的含量很低，主要回收目的矿物黄铜矿、锡石、黑钨矿、闪锌矿、铅铋矿物的嵌布粒度以细粒分布为主，也有相当部分以微粒分布，为了提高矿石有价元素的回收指标，矿石必须细磨，而且要注意磨矿方式，此外，要选择适宜的浮选药剂强化锡石和黑钨矿的回收。

图 3　黑钨矿粗细不均（反光）

参考文献

[1] 《矿产资源综合利用手册》编辑委员会.矿产资源综合利用手册[M].北京:科学出版社,2000.

[2] 北京矿冶研究院.化学物相分析[M].北京:冶金工业出版社,1976:177-197.

[3] 孙传尧,程新潮,李长根.钨铋钼萤石复杂多金属矿综合选矿新技术-柿竹园法[J].中国钨业,2004,19(5):8-13.

[4] 梁冬云,张莉莉.假象白钨矿和黑钨矿工艺矿物学特征及对选矿的影响[J].有色金属(选矿部分),2010(2):1-4.

[5] 李碧平.柿竹园I矿带硫化矿综合回收铜铅锌的工艺研究.有色金属(选矿部分),2010(3):1-4.

某原生金矿的工艺矿物学研究

杨 毅 李和平 袁 威

（昆明冶金研究院，昆明，650031）

摘 要：利用 X 射线衍射仪和电子探针研究了某原生金矿的矿物组成、嵌布特征、矿物单体解离度以及金在矿物中的赋存状态，所提供的与该矿石选矿工艺有关的工艺矿物学资料对拟定合理的工艺参数是必要和有用的。

关键词：工艺矿物学；金矿；单体解离度；赋存状态

1 前言

研究原生金矿的物质组成及金的赋存状态对开发利用金的矿产资源方面有着重要意义，但在金的矿产资源日趋贫乏，矿物组分复杂，金的品位越来越低的今天，用传统的矿物鉴定方法已不能满足科研工作的需求。我们应用 X 射线衍射仪和电子探针研究某地原生金矿，查明了原生金矿的矿物组成和含量，矿物的共生关系，主要金属矿物的单体解离度以及金在矿物中的存在状态、富集规律、分布走向，为制定金的选矿工艺提供了重要科学的依据。表明了应用大型精密仪器从揭示物质微观结构入手开展工艺矿物学研究的先进性和优越性。

2 矿石特征

某原生金矿矿石为块状结构，质硬。矿块有灰黑色和灰色两类，灰黑色矿块表面有红色矿物附着，并分布有黑色光泽矿物，灰色矿块中有白色矿物呈条状或层状嵌布。矿块中有细小具金属光泽的黄色矿物颗粒与脉石矿物密切共生，有的矿块表面局部被褐黄色矿物浸染，并有疏松状深灰色矿物在表面附着，原生金矿为岩金矿床。

3 实验方法

3.1 光谱分析

原生金矿石的光谱分析结果见表1。

表 1 原生金矿石光谱分析结果

元素	As	Al	Si	Mn	Mg	Pb	Sn	Fe
含量（%）	0.10	3.00	>10.00	0.03	0.30	0.01	0.01	3.00
元素	W	Ti	Cu	Ni	Ca	Na	V	Ag
含量（%）	0.01	0.10	0.03	0.003	1.00	0.30	0.01	0.001

光谱分析结果表明：矿样的主要组成元素为 Si，次要组成元素有 Al、Fe、Ca，其他含有元素少量或微量，Au 的光谱灵敏度低其谱线未显现。

3.2 化学分析

根据含有元素对原生金矿石做多元素化学分析，结果见表2。

表 2 原生金矿石的化学多元素分析结果

元素	SiO_2	CaO	MgO	Al_2O_3	As
含量/%	63.92	3.83	1.05	10.89	0.30
元素	Fe	C	S	Au /（$g \cdot t^{-1}$）	Ag /（$g \cdot t^{-1}$）
含量/%	3.14	2.21	1.59	4.50	37.50

由化学多元素分析结果可以看出：原生金矿石 SiO_2 含量很高，含 Al_2O_3 较多，CaO、MgO、Fe、S 少量，Au 的品位 4.50 g/t，银的品位 37.50 g/t。

3.3 矿样的 X 射线衍射分析

使用仪器：日本理学 3015 升级型 X 射线衍射仪。

经挑选矿物和单矿物做衍射分析，原生金矿的矿物组成有：石英、方解石、铁白云石、白云母、黑云母、高岭石、黄铁矿、雄黄、石墨和兰辉铜矿等。脉石矿物石英为主要矿物，黄铁矿呈细粒状嵌布在石英矿块中，它们的共生关系密切。综合样品的 X 射线衍射分析结果见图1。

3.4 矿物定量分析

应用综合定量法对原生金矿的平均样品做矿物定量分析，结果见表3。

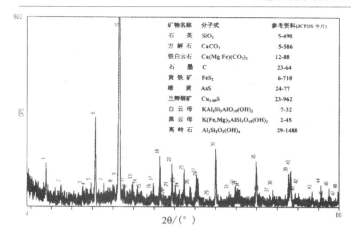

图 1 原生金矿的 X 射线衍射分析结果

表 3 原生金矿的矿物定量分析结果

矿物名称	石英	方解石	铁白云石	石墨
分子式	SiO$_2$	CaCO$_3$	Ca(Mg, Fe)(CO$_3$)$_2$	C
含量(%)	55.83	4.23	5.40	1.07
矿物名称	黄铁矿	雄黄	蓝辉铜矿	白云母
分子式	FeS$_2$	AsS	Cu$_{1.60}$S	KAl$_2$Si$_3$AlO$_{10}$(OH)$_2$
含量(%)	2.72	0.43	< 0.10	23.45
矿物名称	黑云母	高岭石	其他	—
分子式	K(Fe, Mg)$_3$Al Si$_3$O$_{10}$(OH)$_2$	Al$_2$Si$_2$O$_5$ (OH)$_4$	—	—
含量(%)	3.89	2.38	0.50	—

由定量分析结果可知:原生金矿中脉石矿物石英占 55.83%;黏土矿物占 29.72%;碳酸盐矿物占 9.63%;金属硫化矿物黄铁矿占 2.72%、雄黄占 0.43%、硫化铜矿小于 0.10%;碳质矿物石墨占 1.07%;其他矿物占 0.50%。

3.5 原生金矿石的电子探针分析

使用仪器:日本岛津 1600 型电子探针。

3.5.1 主要矿物的电子探针形貌图

黄铁矿与石英、白云母共生的电子探针形貌图见图 2。

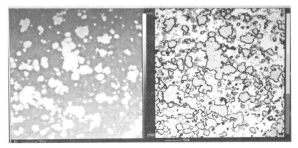

图 2 黄铁矿与石英白云母的电子探针形貌图

图 2 是黄铁矿与脉石矿物石英及黏土矿物白云母共生的电子探针形貌图。左图的矿物分布与右图的元素分布相对应。左图是背反射电子像(放大 150 倍),黄铁矿(灰白色)呈片状或粒状嵌布在石英(灰黑色)矿物中,而白云母(浅灰黑色)则是以细颗粒状分布在石英矿物间隙内。右图是元素 X 射线像:由元素 X 射线像可见黄铁矿(灰黑色)呈颗粒状或不规则状嵌布在石英(灰白色)矿物中,大小不一,最大颗粒的嵌布粒度近 45 μm;最小的小于 1 μm;多数在 5 ~ 15 μm 之间。黄铁矿裂隙中还包裹有石英和白云母。石英矿物中又分布有细粒状白云母(黑色),粒度 1 ~ 5 μm。可见黄铁矿、石英、白云母之间的共生关系十分密切。

3.5.2 电子探针分析金元素的赋存状态

金元素在黄铁矿中的电子探针形态见图 3。

图 3 黄铁矿中 Au、Fe、S 等
元素的 X 射线像面分布图
(放大倍数为 1 万倍)

图 3 是金元素在黄铁矿中的电子探针形态图,放大倍数为 1 万倍。左图是背反射电子像,灰黑色部分是黄铁矿,白色亮点为金矿物。与之相对应的右图是元素 X 射线像,黑色部分是黄铁矿,可见黄铁矿里面包裹着金矿物,金元素(白色部分)呈微细颗粒状团聚或分散分布在黄铁矿中,并由其分布形态可看出金元素为自然金,颗粒十分细小,粒度小于 0.5 μm。在脉石矿物石英和黏土矿物白云母里未看到金元素的踪迹,表明金主要在金属硫化矿物黄铁矿里富集,并且是呈细分散机械混入物状态赋存在黄铁矿中。原生金矿中含有的银可能是以类质同象形态与自然金共生。

3.6 原生金矿石 -0.074 mm 粒级矿样的单体解离度测定

对原生金矿 -0.074 mm(-200 目)粒级矿样做单体解离度测定,测定结果见表 4。

表4　原生金矿单体解离度测定结果（%）

黄铁矿与脉石矿物连生体	黄铁矿单体				合计
	>100 μm	100-50 μm	50-10 μm	<10 μm	
24.49	2.00	20.72	24.64	28.15	75.51

测定结果表明：当粒度小于100 μm时，黄铁矿单体解离度逐步提高。在50～100 μm、10～50 μm、<10 μm三个粒级中，黄铁矿的单体解离度可到73.51%。

4　结语

（1）原生金矿脉石矿物石英占55.83%；黏土矿物占29.72%；碳酸盐矿物占9.63%；金属硫化矿物黄铁矿占2.72%、雄黄占0.43%、硫化铜矿物小于0.10%；碳质矿物石墨占1.07%；其他微量矿物占0.50%。金矿是以脉石矿物石英为主，黏土和碳酸盐矿物共生，伴生有金属硫化矿物的石英脉型金矿床。

（2）电子探针分析在脉石矿物、黏土矿物和碳酸盐矿物中都未检测到金。金主要在金属硫化矿物黄铁矿里富集，并呈细分散机械混入物状态赋存在黄铁矿中，为被黄铁矿包裹的自然金。自然金呈微细粒状分散或团聚在一起，颗粒非常细小，粒度小于0.5 μm。而黄铁矿呈细粒状或不规则状分布在石英矿物中，其最大嵌布粒度近45 μm；最小的小于1 μm；多数在5～15 μm之间。

（3）在原生金矿的选矿工艺中只要提高黄铁矿的品位就能达到富集金的目的。黄铁矿的单体解离度测定结果表明当粒度小于100 μm时，其单体解离度逐步提高，在50～100 μm、10～50 μm和小于10 μm三个粒级中，黄铁矿的单体解离度可达到73.51%。

参考文献

[1] 潘兆橹. 结晶学及矿物学（下册）[M].北京：地质出版社,1985.

[2] 南京大学地质学系岩矿教研室.结晶学与矿物学[M].北京：地质出版社,1978

[3] 中国科学院贵阳地球化学研究所. 简明地球化学手册[M].北京：科学出版社,1981

[4] 粉末衍射标准联合会（美国）.（JCPDS, Joint Cmmittee on Powder Diffraction Standards USA）1989 [S].

梅山尾矿工艺矿物学研究

陈 平

（中钢集团马鞍山矿山研究院，安徽马鞍山，243000）

摘 要：对梅山尾矿再选精矿进行工艺矿物学研究，查明了尾矿中的化学组成、铁矿物和含 SiO₂ 矿物的矿物组成及含量、有益有害元素 Fe 和 SiO₂ 的赋存状态在各主要矿物中的分布；尾砂中主要矿物的粒度嵌布特征以及铁矿物单体解离度测定并对其进行选矿理论指标预测，用以对尾矿砂再选精矿提供理论依据。

关键词：铁尾矿；赋存状态

梅山铁矿属国内大型铁矿床，储量丰富，含铁品位高，是上海梅山集团公司主要铁矿石原料基地。尾矿库多年来堆积了大量尾矿砂，这部分尾砂同样含铁品位较高，为使国家矿产资源得到充分利用，梅山矿于 2011 年决定对这部分尾砂进行再选精矿。据此我们对该尾砂矿进行工艺矿物学研究。

1 尾砂多元素化学分析和铁物相分析

对尾砂矿进行化学分析，所得结果见表 1、表 2。

表 1　尾砂多元素化学成分分析

元素	TFe	S	P	SiO₂	Al₂O₃	CaO	MgO	MnO
含量/%	31.82	0.77	0.34	16.07	2.14	11.29	3.11	0.38
元素	Cu	Zn	Cr	Ni	K₂O	Na₂O	V	TiO₂
含量/%	0.010	0.049	0.003	0.009	0.31	0.066	0.026	0.19

表 1 结果表明尾砂中四元碱度（CaO + MgO）/（SiO₂ + Al₂O₃）= 0.79，属于半自熔性铁矿砂。

表 2　尾砂铁物相分析

矿物名称	磁性铁	赤褐铁矿	碳酸铁	硅酸铁	硫化铁	合计
金属量/%	3.48	13.87	12.37	1.70	0.40	31.82
占有率/%	10.94	43.59	38.87	5.34	1.26	100

2 尾砂矿物组成及含量

2.1 尾砂矿物组成

尾砂中金属矿物主要为赤铁矿、菱铁矿，少量磁铁矿及黄铁矿、磁黄铁矿；主要脉石矿物为铁白云石、石榴石，其次为石英、斜长石、透辉石、绿泥石、阳起石、绿帘石、黏土（含绢云母）和磷灰石。

赤铁矿：呈棱角状或次棱角状，个别呈次圆状，单晶较少，多数含细粒脉石包裹体或在颗粒边缘与脉石呈连生体（见图 1）。

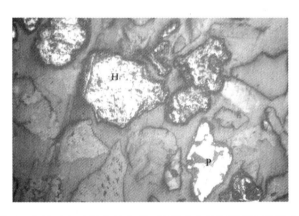

图 1　赤铁矿（H）呈次棱角状，颗粒中包裹细粒脉石（反光）

磁铁矿：半自形 – 它形粒状，颗粒边缘有时具轻微溶蚀现象，部分颗粒被赤铁矿交代后呈残留体嵌于其中，两者紧密共生（见图 2、图 3）。

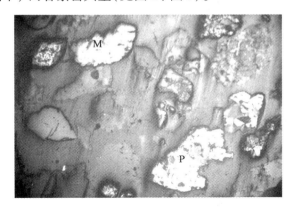

图 2　磁铁矿（M）呈次棱角状，边缘有轻微溶蚀现象，黄铁矿（p）与脉石连生（反光）

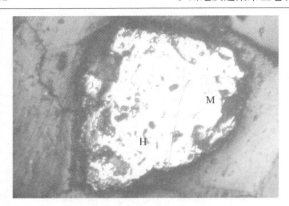

图3　磁铁矿（M）被赤铁矿（H）部分呈粒状残留体，两者紧密连晶（反光）

黄铁矿（含磁黄铁矿）：一般不与铁矿物连晶，主要呈不规则粒状与脉石连生（见图2），部分为细粒自形晶浸染嵌于脉石矿物中。

菱铁矿：半自形粒状集合体，但集合体中常嵌有粒状铁白云石与之共生，并且局部有时被氧化铁污染而呈颜色较深的褐色（见图4、图5）。

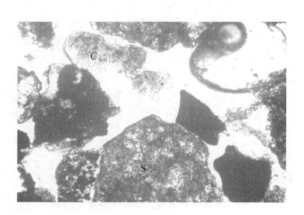

图4　菱铁矿（S）呈粒状集合体与铁白云石共生，菱铁矿（S）被氧化铁污染而呈暗褐色（单偏光）

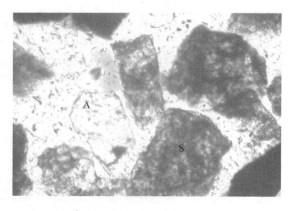

图5　绿泥石（C）中浸染细粒铁矿物（黑色）斜长石（A）呈近于等轴的粒状，局部有细粒铁矿物（黑色）与之连生（单偏光）

碳酸盐：主要为铁白云石，少量方解石，菱形解理常见，沿解理缝常有铁质析出镶嵌其中（见图6）。

石榴石：为钙铁榴石，它形粒状，裂理极为发育，但多数颗粒由内而外向石英、长石渐变，Fe质析出后则富集于裂理中（见图7）。

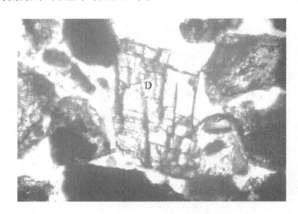

图6　铁白云石（D）沿解理缝及颗粒边缘见有铁质（黑色）镶嵌（单偏光）

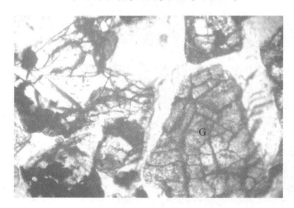

图7　石榴石（G）被硅质交代（白色），铁质（黑色）析出后充填于裂理中（单偏光）

石英：它形粒状、碎屑状嵌布，部分与铁矿物或硅酸盐矿物连晶（见图8）。

斜长石：半自形短柱状或不规则粒状，聚片双晶常见，颗粒中有时含铁矿物包裹体。

透辉石：半自形或它形粒状，解理常见，因变质作用常见晶体中铁质析出后附着解理缝或颗粒边缘形成镶边状，颗粒中有时含细粒铁矿物包裹体。

绿泥石：不规则粒状，其中不均匀浸染微细粒铁矿物。

透闪石－阳起石：自形晶柱状，部分为集合体嵌布，因铁质污染颗粒常呈黄褐色，与铁矿物有时呈连晶状。

绿帘石：它形粒状，呈连晶或集合体与铁矿物互嵌，多数颗粒见有铁矿物沿颗粒边缘呈镶边状与之连晶。

黏土(含绢云母):细粒集合体,其中不均匀浸染铁质或者与绢云母混嵌。

磷灰石:根据有关研究资料,该矿磷灰石为含氟磷灰石。呈自形晶柱状,与铁矿物或脉石互嵌,有时呈粒状集合体嵌布(见图9)。

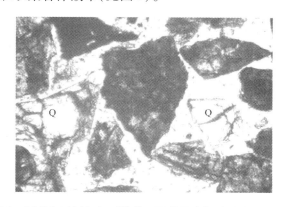

图8　石英(Q)呈不规则粒状,呈单晶或与硅酸盐矿物连晶

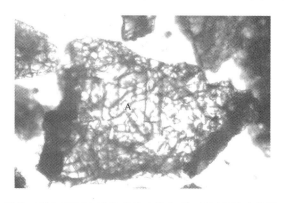

图9　磷灰石(A)呈柱状集合体与铁矿物(黑色)连晶

2.2　尾矿砂矿物含量

经显微镜下对矿物含量进行统计,尾砂中主要铁矿物为赤铁矿和菱铁矿,含量为18.88%和16.51%,次要铁矿物为磁铁矿,含量为4.87%;主要脉石矿物为碳酸盐类矿物铁白云石,含量为28.88%。各种矿物含量详见表3。

表3　尾矿再选精矿矿物含量统计

矿物	磁铁矿	赤铁矿	黄铁矿(磁黄铁矿)	菱铁矿	铁白云石(方解石)
含量/%	4.87	18.88	0.86	16.51	28.88
矿物	石榴石	石英	绿泥石	长石	黏土(含绢云母)
含量/%	7.37	5.61	2.19	5.62	5.36
矿物	透辉石	透闪石阳起石	绿帘石	磷灰石	合计
含量/%	1.28	0.75	0.23	1.59	100

注:赤铁矿中含微量褐铁矿。

3　尾砂中主要矿物工艺粒度分析

对尾矿中主要矿物赤铁矿、碳酸盐(菱铁矿、含铁白云石)进行工艺粒度分析,所得结果见表4。

结果表明:样品中赤铁矿粒度微细,−0.05 mm分布率为72.27%,其中−10 μm占到41.60%,菱铁矿等碳酸盐矿物虽然粒度较赤铁矿略粗,但是在−0.05 mm也占47.75%,因此尾砂中有用矿物总体来看属微细粒分布。

表4　梅山尾砂矿中主要铁矿物及脉石矿物粒度分布范围

粒度范围/mm	赤铁矿		碳酸盐类	
	含量/%	累计/%	含量/%	累计/%
<0.01	41.6	41.6	0.74	0.74
+0.01~0.02	14.05	55.65	13.51	14.25
+0.02~0.03	7.66	63.31	13.06	27.31
+0.03~0.04	3.72	67.03	8.53	35.84
+0.04~0.05	5.24	72.27	11.91	47.75
+0.05~0.06	1.39	73.66	9.55	57.3
+0.06~0.07	2.44	76.1	4.88	62.18
+0.07~0.08	2.32	78.42	4.12	66.3
+0.08~0.09	3.24	81.66	1.82	68.12
+0.09~0.10	1.18	82.84	5.15	73.27
+0.1~0.15	1.28	84.12	16.12	89.39
+0.15~0.20	2.27	86.39	4.79	94.18
>0.20	13.61	100	5.82	100
合计	100		100	

4　单矿物电子探针分析及Fe元素和SiO₂赋存状态

4.1　单矿物化学成分分析

对尾砂中铁矿物磁铁矿、赤铁矿、褐铁矿和菱铁矿以及脉石矿物铁白云石、石英以及硅酸盐等单矿物化学成分进行电子探针波谱分析。对不同颗粒进行多点测试后计算出元素平均含量。

结果表明:尾砂中主要铁矿物菱铁矿中FeO含量平均为48.87%,折算成Fe为37.97%,不同分析点均含有少量MgO,平均为6.25%,因此该样品中菱铁矿为含镁菱铁矿。磁铁矿中FeO含量平均为91.98%,折算成Fe为71.46%,接近理论值。而赤铁矿单矿物平均FeO含量为87.80%,折算成Fe为

68.21%，要低于理论值，主要是其中含杂质所致。

4.2 尾砂中 Fe 元素和 SiO₂ 赋存状态平衡计算

根据显微镜下矿物含量分析、电子探针单矿物化学成分平均分析结果，对尾矿中有用元素 Fe 和有害杂质 SiO₂ 赋存状态进行平衡计算，计算结果详见表5、表6。

表5 Fe 元素分布平衡计算（%）

矿物	矿物量	含Fe量	分布量	分布率	累计分布率
磁铁矿	4.87	71.46	3.48	10.89	10.89
赤铁矿	18.88	68.21	12.88	40.30	51.19
黄铁矿（磁黄铁矿）	0.86	46.57	0.40	1.25	52.44
菱铁矿	16.51	37.97	6.27	19.62	72.06
铁白云石（方解石）	28.88	23.84	6.88	21.53	93.59
石榴石	7.37	18.80	1.39	4.35	97.94
石英	5.61	0.09	0.01	0.03	97.97
绿泥石	2.19	19.53	0.43	1.35	99.32
长石	5.62	0.42	0.02	0.06	99.38
黏土	5.36	2.56	0.14	0.44	99.82
透辉石	1.28	3.26	0.04	0.12	99.94
透闪石、阳起石	0.75	2.51	0.02	0.06	100
绿帘石	0.23	0.03	微		
磷灰石	1.59	0.16	微		
合计	100		31.96		
平衡系数（K）	$K = 31.96/31.82 = 1.004$ 原矿含 Fe：31.82%				

表6 SiO₂ 元素分布平衡计算（%）

矿物	矿物量	含SiO₂量	分布量	分布率	累计分布率
磁铁矿	4.87				
赤铁矿	18.88	微			
黄铁矿（磁黄铁矿）	0.86				
菱铁矿	16.51				
铁白云石（方解石）	28.88	1.21	0.35	2.15	2.15

续表6

矿物	矿物量	含SiO₂量	分布量	分布率	累计分布率
石榴石	7.37	34.81	2.57	15.79	17.94
石英	5.61	97.79	5.49	33.72	51.66
绿泥石	2.19	38.63	0.85	5.22	56.88
长石	5.62	56.36	3.17	19.47	76.35
黏土	5.36	49.13	2.63	16.15	92.50
透辉石	1.28	54.81	0.70	4.30	96.80
透闪石、阳起石	0.75	55.74	0.42	2.58	99.38
绿帘石	0.23	38.02	0.09	0.56	99.94
磷灰石	1.59	0.79	0.01	0.06	100
合计	100		16.28		
平衡系数（K）	$K = 16.28/16.07 = 1.0131$ 原矿含 SiO₂：16.07				

5 尾砂产品考察及理论指标预测

5.1 尾砂产品考察

对尾矿中铁矿物和脉石矿物单体解离度进行分析，结果表明铁矿物解离度较差，其中单体占比不到一半，单体解离度为 44.32%，脉石矿物单体解离也较差，单体解离度仅为 51.45%，矿物解离度分析结果见表7。

表7 尾砂铁矿和脉石单体解离度分析（%）

矿物＼解离度	单体	连生体				合计
		>3/4	2/4～3/4	1/4～2/4	<1/4	
铁矿物	44.32	40.13	7.20	4.90	3.45	100
脉石	52.19	47.81				100

注：铁矿物包括磁铁矿、赤铁矿、菱铁矿。

5.2 尾砂中 Fe 的理论指标预测

根据解离度分析结果及尾砂单体和连生体矿物行为（含量）分析，对该样品选矿理论指标进行预测。

由矿物含量统计结果及电子探针单矿物化学成分分析计算出铁矿物（磁铁矿、赤铁矿、菱铁矿）平均含 Fe 量为 54.35%，在理论指标预测时据铁矿物含 Fe 量进行计算。矿物分析（含量）结果见表8、理论指标预测结果见表9。

表8 梅山尾矿砂矿物含量分析（%）

含量\矿物	单体	连生体				合计
		>3/4 (A－B)	3/4～2/ (A－B)	2/4～1/4 (A－B)	<1/4 (A－B)	
铁矿物	17.84	16.16 ~6.73	2.90 ~2.60	1.97 ~6.10	1.39 ~13.13	40.26 ~28.56
脉石	31.18	28.56	59.74			

注：A＝铁矿物，B＝脉石。

表9 梅山尾矿砂产品理论指标预测（%）

回收矿粒形态	产品名称	产率	铁品位	铁回收率
回收单体铁矿物	精　矿	17.84	56.21	31.51
	尾　矿	82.16	26.52	68.49
	合　计	100	31.82	100
回收单体铁矿物及大于3/4连生体铁矿物	精　矿	40.73	49.47	63.32
	尾　矿	59.27	19.69	36.68
	合　计	100	31.82	100
回收单体铁矿物及大于1/2连生体铁矿物	精　矿	46.23	47.97	69.70
	尾　矿	53.77	17.93	30.30
	合　计	100	31.82	100
回收单体铁矿物及大于1/4连生体铁矿物	精　矿	54.30	44.62	76.14
	尾　矿	45.70	16.61	23.86
	合　计	100	31.82	100
回收单体铁矿物及全部连生体铁矿物	精　矿	68.82	39.27	84.94
	尾　矿	31.18	15.37	15.06
	合　计	100	31.82	100

6 结论

经对梅山尾矿再选精矿进行工艺矿物学研究后得出以下结论，可对尾矿砂再选精矿提供理论依据。

（1）尾砂中主要有用铁矿物为赤铁矿、菱铁矿及少量磁铁矿，矿物含量分别为18.88%、16.51%和4.87%，主要脉石矿物为碳酸盐类矿物铁白云石，含量为28.88%，其中含微量方解石。

（2）有用矿物赤铁矿、菱铁矿等矿物工艺粒度均较微细，其中以赤铁矿最为细小，在－0.05 mm，粒级分布率为72.27%，－10 μm占到41.60%。菱铁矿（含碳酸盐脉石）也占到47.75%，因此尾砂矿属微细粒嵌布。

（3）经X射线电子探针单矿物化学成分分析结果得知，砂样中赤铁矿单矿物平均含Fe量略低于理论值，为68.21%，其中主要是含Al_2O_3等杂质所致，磁铁矿单矿物含Fe为71.46%，菱铁矿为37.97%，由于Fe、Mg呈类质同相置换，菱铁矿中不同程度含MgO，平均为6.25%，因此尾砂中菱铁矿为含镁菱铁矿。

（4）对尾砂中有益元素Fe和有害杂质SiO_2赋存状态进行平衡计算，结果表明有用元素Fe主要赋存在赤铁矿和碳酸盐中，其中赤铁矿Fe的分布率为40.30%，碳酸盐矿物菱铁矿和铁白云石（含微量方解石）中Fe分布率为19.62%和21.53%。其次分布在磁铁矿中，分布率为10.89%。其余约7.66%分布在硅酸盐等矿物中，是选矿不可回收的Fe。SiO_2约33.72%以独立矿物石英的形式存在，其余约64.07%分布在硅酸盐矿物中，其中以石榴石、长石、黏土为主，分布率分别为15.79%、19.47%和16.15%。

（5）由于有用矿物菱铁矿单矿物含Fe量较低，所以样品中铁矿物平均含Fe量只有56.21%，经铁矿物解离度分析得知，尾砂中有用铁矿物主要以连生体的形式出现，单体解离度较差，为44.32%，脉石矿物解离度也只有52.19%，经理论指标预测显示，该样品即使将铁矿物单体全部单独选出也不可能获得高质量精矿，此时铁品位为56.21%，铁回收率只有31.51%，因此尾砂必须再磨再选。

参考文献（略）

河北某难选钼矿工艺矿物学研究

马　驰[1,2]　卞孝东[1,2]　王守敬[1,2]

（1.中国地质科学院郑州矿产综合利用研究所，郑州，450006；2.国家非金属矿资源综合利用工程技术研究中心，郑州，450006）

摘　要：对河北某难选钼矿，通过光学显微镜、人工重砂、X射线衍射分析以及电子探针分析，确定了该矿主要矿物的组成及含量，详细研究了含钼矿物的化学成分和嵌布特征，以及钼的赋存状态，查清了该矿难选的原因。该矿性质复杂，氧化程度高，矿泥含量多，约7.2%的钼赋存在褐铁矿中，褐铁矿是钼的主要载体矿物，但是褐铁矿集合体多呈胶状、细脉－微细脉结构充填在矿石的裂隙、微裂隙中，粒度多在10 μm左右，这些不利于选矿富集。

关键词：难选钼矿；工艺矿物学；褐铁矿；赋存状态

　　河北某钼矿为中低温热液斑岩型铀－钼矿床，分为单一型钼矿和铀钼矿两种矿石类型，赋矿岩石为火山碎屑岩和火山流纹岩。该矿石性质复杂，氧化程度高，易泥化，目的矿物嵌布粒度极其微细，部分以胶状矿物存在，有相当部分钼赋存在褐铁矿中，褐铁矿多呈胶状、细脉－微细脉结构充填在矿石的裂隙、微裂隙中，粒度极细，大部分为几个微米。与其矿床类型相似的矿山有江西银坑山铀钼矿、浙江蒋村铀钼矿，都属于与火山岩有关的铀钼矿床，但目前对于这类型的铀钼矿的工艺矿物学研究不够，没有彻底弄清这类矿床中钼的赋存状态，本文对河北某钼矿中的钼的赋存状态做了深入的研究，为该类型的矿山开发利用提供依据。

1　原矿的化学分析

　　原矿化学多项分析结果见表1。原矿含Mo为0.26%，SiO_2和Al_2O_3，含量较高，二者含量综合接近90%，说明矿石中主要的矿物应为石英和黏土矿物。从原矿钼物相分析结果（见表2）看出，矿石中钼的氧化率为54.20%，氧化率较高。

表1　原矿化学多项分析结果

成　分	Mo	WO_3	S	TFe	Cu	Pb
含量/%	0.26	0.00	0.16	3.22	0.00086	0.023
成　分	Zn	CaO	MgO	Al_2O_3	SiO_2	P
含量/%	0.012	0.37	0.10	9.86	77.83	0.010
成　分	F	As	K_2O	Na_2O	烧失量	
含量/%	0.089	0.17	1.76	0.14	4.78	

表2　原矿钼物相分析结果

钼　物　相	含量/%	分布率/%
硫化钼中钼	0.12	45.80
氧化钼中钼	0.142	54.20
合　计	0.262	100.00

2　原矿矿物组成及矿物含量

　　通过显微镜下对矿石进行光片、薄片鉴定、X衍射分析（见图1）和人工重砂鉴定，查明矿石中主要矿物，主要的含钼矿物为胶硫钼矿、钼钙矿、铀钼矿、蓝钼矿，其他的金属矿物有褐铁矿、黄铁矿，少量的赤铁矿、磁铁矿；脉石矿物主要有石英和黏土矿物（蒙脱石、高岭石、伊利石），以及少量的斜长石、萤石，含量见表3。

表3　矿石中主要矿物的相对含量

矿　物	胶硫钼矿	黄铁矿	褐铁矿	石英	长石
含量/%	<0.1	0.16	6	60~65	2~3
矿　物	黏土矿物	铀钼矿	蓝钼矿	钼钙矿	萤石
含量/%	25~30	少量	少量	少量	少量

3　主要矿物嵌布特征和粒度分析

3.1　褐铁矿

　　褐铁矿多呈细脉状、网脉状、胶状结构（见图2），在矿石中含量约为6%。褐铁矿的脉宽1~100 μm之间，多数集中在10 μm以下。褐铁矿的电子探针分析结果见表4。褐铁矿含MoO_3 1.04%~7.86%，平均含量5.21%。褐铁矿中的Mo到底是以何种矿物的形

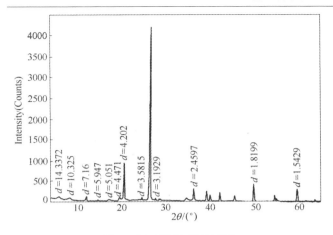

图1 原矿的X衍射图谱

式存在，目前没有仪器可以确定。褐铁矿含有一定量的S、As、Ca、Mg、Si、Al和Na，含有少量的U、Ni。褐铁矿的电子探针分析褐铁矿平均含Mo为3.47%，以褐铁矿的含量为6%计算，褐铁矿中的Mo约占总Mo的7.2%，从分布形式来看Mo主要在褐铁矿中。这些褐铁矿细脉多充填在矿石的裂隙、微裂隙中，而且其粒度主要集中在10 μm以下，如果磨矿粒度较粗，褐铁矿不能单体解离；如果磨矿粒度较细，由于石英和褐铁矿硬度的差异，这就造成细磨褐铁矿容易泥化，而进入尾矿。

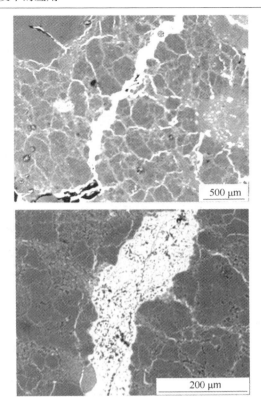

图2 细脉状褐铁矿的背散射图像

（白色区域为褐铁矿，褐铁矿都含有一定量的Mo）

表4 褐铁矿的电子探针分析结果（%）

Na$_2$O	MgO	Al$_2$O$_3$	SiO$_2$	SO$_3$	K$_2$O	CaO	TiO$_2$	Cr$_2$O$_3$	MnO	FeO	NiO	AsO	MoO$_3$	WO$_3$	UO$_2$	合计
1.00	1.72	0.11	1.07	0.88	0.07	1.44	0.01	0.12	0.09	64.95	0.07	3.14	6.29	0.00	0.03	81.08
0.62	0.99	0.59	1.19	2.66	0.10	0.76	0.00	0.00	0.05	70.25	0.01	2.06	6.49	0.43	0.23	86.43
0.87	0.97	0.72	0.44	3.23	0.00	1.05	0.04	0.10	0.00	67.11	0.16	1.54	7.86	0.34	0.12	84.55
0.46	0.40	7.54	13.55	3.05	2.63	0.33	0.00	0.00	0.00	60.80	0.36	0.36	1.04	0.00	0.24	90.85
1.11	1.92	1.51	2.39	2.47	0.43	1.77	0.01	0.13	0.06	61.67	0.17	3.45	2.46	0.22	0.28	80.05
0.27	0.71	0.08	0.71	0.53	0.04	1.05	0.00	0.05	0.00	66.09	0.06	1.13	2.97	0.16	0.19	74.04
0.22	0.32	1.98	3.07	2.14	0.86	0.65	0.07	0.04	0.12	65.09	0.01	0.64	2.10	0.07	0.13	77.51
0.24	0.39	0.70	0.51	4.27	0.00	0.96	0.07	0.07	0.09	64.45	0.00	0.82	4.85	0.15	0.17	77.79
0.11	0.40	6.51	11.13	3.05	2.03	0.73	0.00	0.00	0.00	62.80	0.36	2.01	1.36	0.00	0.31	90.80
0.24	0.85	0.85	4.21	1.35	0.61	1.05	4.71	3.07	0.26	63.82	0.00	1.47	4.69	0.11	0.35	87.75
0.03	0.03	4.53	5.32	1.46	1.14	0.87	0.00	0.06	0.07	61.60	0.03	0.83	5.96	0.00	0.38	82.31
0.12	0.10	2.24	2.70	0.86	0.40	1.12	0.00	0.14	0.04	65.73	0.04	0.88	7.74	0.10	0.31	82.52
0.05	0.03	4.68	6.15	1.13	1.19	0.85	0.03	0.01	0.08	58.78	0.22	0.73	6.87	0.00	0.54	81.34
0.04	0.06	0.47	0.38	1.21	0.06	1.41	0.00	0.07	0.15	70.01	0.01	1.14	6.45	0.02	0.36	81.84
0.04	0.04	0.37	0.29	0.63	0.04	0.96	0.00	0.07	0.08	70.81	0.11	1.05	7.35	0.11	0.48	82.71
0.00	0.07	1.31	11.57	0.00	0.08	1.09	0.00	0.13	0.13	55.37	0.20	0.78	7.73	0.00	0.30	78.76
0.05	0.04	0.11	0.26	8.44	4.16	0.07	0.07	0.01	0.00	65.03	0.19	0.20	5.46	0.02	0.40	84.60
0.00	0.04	0.02	0.05	6.56	5.07	0.04	0.02	0.03	0.06	64.18	0.04	0.12	6.18	0.02	0.40	83.08

3.2　钼钙矿

　　钼钙矿为含钼的矿物之一，在重选矿物中富集，结晶较差（见图3）。粒度在$0.01 \sim 0.025$ mm之间。电子探针结果见表5，钼钙矿中含有少量的Fe。

 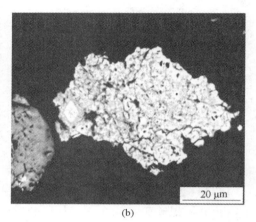

（a）　　　　　　　　　　　　　　　　　　（b）

图3　粗粒的钼钙矿（背散射图像）

（a）粗粒的钼钙矿；（b）（a）图中B图区域放大图

表5　钼钙矿的电子探针分析结果（%）

MgO	Al_2O_3	K_2O	CaO	CrO	FeO	NiO	AsO_2	MoO_3	WO_3	UO_2	合计
0.00	0.00	0.05	28.36	0.02	1.11	0.16	0.35	69.15	0.16	0.00	99.42
0.10	0.06	0.03	28.19	0.10	1.07	0.06	0.17	69.24	0.11	0.00	99.14
0.38	0.00	0.00	28.12	0.07	0.00	0.06	0.63	68.11	0.27	0.22	97.86
0.17	0.01	0.08	28.31	0.06	1.11	0.17	0.16	67.03	0.07	0.00	97.19
0.00	0.14	0.02	28.83	0.02	1.15	0.07	0.15	69.21	0.10	0.35	100.24
0.10	0.23	0.00	28.76	0.00	0.45	0.01	0.00	70.03	0.10	0.12	99.80
0.13	0.01	0.14	28.59	0.00	0.47	0.00	0.00	69.22	0.17	0.15	98.88

3.3　铀钼矿

　　该矿的重选产品发现有铀钼矿、硅钙铀矿、钼铀矿。在矿石中含量较低，粒度在$0.01 \sim 0.02$ mm之间。铀钼矿的电子探针分析结果见表6。MoO_3的含量变化较大，还含有一定量的Fe、Ca和K等。

表6　铀钼矿的电子探针分析结果（%）

Na_2O	MgO	Al_2O_3	SiO_2	K_2O	CaO	TiO_2	CrO	MnO_2	FeO	NiO	AsO	MoO_3	WO_3	UO_2	合计
0.00	0.08	0.07	0.19	1.25	2.04	0.25	0.33	0.08	5.17	0.79	0.00	8.60	0.10	79.02	97.97
0.02	0.14	0.25	9.40	0.92	7.00	0.06	0.02	0.05	0.65	0.15	0.00	1.55	0.00	76.77	97.16
0.21	0.14	0.10	0.13	1.60	1.36	0.23	0.19	0.08	6.08	0.22	0.34	45.20	0.03	42.10	98.01

3.4 胶硫钼矿

该矿主要赋存在胶状黄铁矿中(见图4),粒度极细,一般在 2 μm 左右,电子探针分析结果见表7,胶硫钼矿含有少量的 As、Ca。

表7 胶硫钼矿的电子探针分析结果(%)

Al	Si	S	K	Ca	Cr	Fe	Ni	As	Mo	合计
0.10	0.00	37.14	0.01	0.13	0.21	0.00	0.14	0.11	56.76	94.60
0.05	0.01	38.15	0.02	0.15	0.16	0.12	0.03	0.12	58.12	96.93

3.5 蓝钼矿

该矿少量,天蓝色,极易溶于水,溶于水后溶液变为深蓝色,蓝钼矿的粒度在 0.01 ~ 0.1 mm 之间,为胶硫钼矿氧化产物。

3.6 黄铁矿

该矿主要呈粒状、胶状、草莓状,呈浸染状分布在矿石中,该黄铁矿含 As 较高。黄铁矿的粒度在 0.02 ~ 0.25 mm 之间。

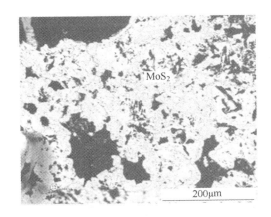

图4 胶状黄铁矿的背散射图像
(图中最亮的白色小点为胶硫钼矿)

3.7 石英

石英多呈它形粒状,粒度粗细不均,粗粒在 0.1 ~ 0.3 mm 之间,细粒的石英一般在 0.06 mm 以下。部分石英发生碎裂,裂隙被黏土矿物和褐铁矿充填。黏土矿物:主要是高岭石、伊利石和蒙脱石,呈脉状、团状、云朵状分布在石英粒间,应为长石风化蚀变的产物。

4 钼的赋存状态

为了更好地查清钼的赋存状态,进行了 -2 mm 原矿粒度的筛析试验(见表8)和重选产品的电子探针分析。

表8 -2 mm 原矿粒度筛析试验结果

粒级/mm	产率/%	品位/%		金属分布率/%	
		Mo	TFe	Mo	TFe
-2 ~ +0.1	17.35	0.24	2.29	15.48	13.15
-1 ~ +0.8	9.91	0.25	2.79	9.21	9.15
-0.8 ~ +0.5	15.41	0.24	2.81	13.75	14.33
-0.5 ~ +0.4	14.40	0.25	2.80	13.39	13.35
-0.4 ~ +0.2	11.59	0.26	2.96	11.20	11.36
-0.2 ~ +0.15	5.22	0.27	3.14	5.24	5.43
-0.15 ~ +0.074	8.91	0.29	3.28	9.61	9.67
-0.074 ~ +0.045	5.76	0.31	3.64	6.64	6.94
-0.045 ~ +0.031	7.30	0.35	4.18	9.50	10.10
-0.031 ~ +0.15	2.54	0.38	4.66	3.59	3.92
-0.015	1.61	0.40	4.87	2.39	2.60
合 计	100.00	0.27	3.02	100.00	100.00

由表8可见,粒度越细钼和铁含量越高,但微细粒级中钼的金属分布率并不高。铁和钼的金属分布率在各个级别中基本一致,对 Mo 和 Fe 在各个级别的金属量分布率做线性回归(见图5),得到的线性回归方程为 $y = 0.984x$(y 代表 Fe 的金属量分布,x 代表 Mo 的金属量分布),二者相关系数 $r = 0.98$,反映出 Fe 和 Mo 的关系密切,二者紧密共生。

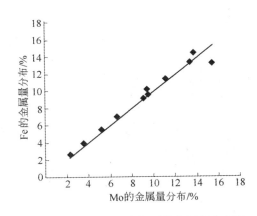

图5 Mo 和 Fe 在各个级别的金属量分布率

对重选产品(主要是褐铁矿和石英,少量的锆石和独居石)进行电子探针的面扫描分析(见图6、图7),结果仅发现独立的含 Mo 矿物有铀钼矿、胶硫钼矿和钼钙矿,但是含量较低,Mo 主要富集在褐铁矿中。对褐铁矿单矿物做面扫描分析,发现 Mo 在褐铁矿中均匀分布,无明显的富集点。

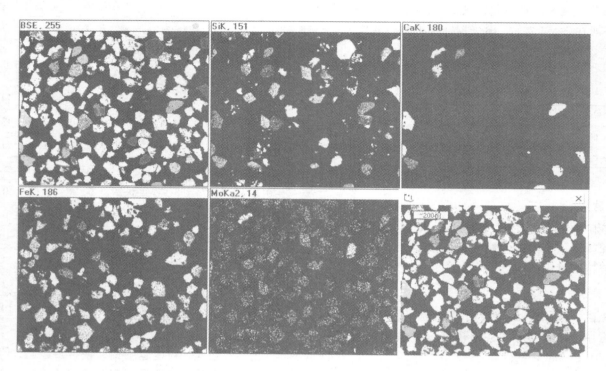

图 6　重选产品的 Si、Ca、Fe 和 Mo 元素的面扫描分析

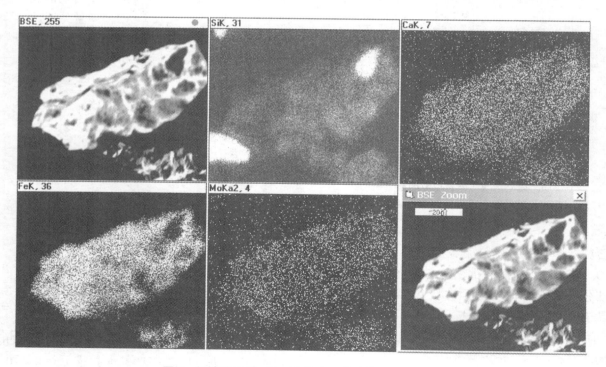

图 7　褐铁矿的 Si、Ca、Fe 和 Mo 元素的面扫描分析

5 该矿难选的主要原因

选矿试验采用重选、磁选、浮选、重浮联合、浮磁联合等多种流程方案的探索研究，得到的精矿产品富集比和回收率均较低，尾矿品位也未能大幅降低。其中浮磁联合流程可以抛掉产率为 42.62%，品位为 0.099%，回收率为 16.13% 的尾矿，但采用该流程得到钼精矿品位仅为 1.30%，回收率仅为 12.0%。

该矿难选的主要原因是：①矿石矿物复杂，有胶硫钼矿、钼钙矿、铀钼矿、蓝钼矿，脉石矿物主要是石英和黏土矿物，且黏土矿物含量在 30% 左右，这导致矿石容易泥化。②有用矿物粒度细，从光片和电子探针分析结果来看，粒度多在 $1 \sim 2\ \mu m$，钼钙矿的结晶较差，不利于浮选富集。③褐铁矿中的钼是 Mo 的主要赋存形式，褐铁矿含量约 6%，褐铁矿的电子探针分析褐铁矿中平均含 Mo 为 3.47%，说明褐铁矿中的 Mo 约占总 Mo 的 7.2%。但褐铁矿多呈胶状、细脉 - 微细脉结构，结晶较差，粒度极细，大部分在 10 μm 以下，如果磨矿粒度粗，不能单体解离，如果细磨则容易泥化，如果采用强磁选，粗粒的褐铁矿可以回收，但是细粒泥化部分则很难回收，导致回收率较低；由于褐铁矿中本身 Mo 含量较低，再加上褐铁矿与石英的连生体，这导致磁选精矿品位较低。④采用重选可回收比重较大的粒度较粗的钼钙矿、铀钼矿以及含钼的褐铁矿，对于粒度极细的、易泥化的钼矿不能回收。

为了更好地开发利用本矿，作者提出磁化焙烧 - 磁选的方案，选矿指标为钼粗精矿的品位选到 0.86%，抛掉近 80% 的尾矿，回收率近 60% 的相对较好选矿指标，但是磁化焙烧成本过高，在实际生产中无法推广使用。

6 结语

（1）该矿为中低温热液斑岩型铀 - 钼矿床，赋矿岩石为火山碎屑岩。主要矿物是褐铁矿、黄铁矿、钼钙矿、铀钼矿，脉石矿物主要是石英、黏土矿物和长石。

（2）Mo 主要赋存在褐铁矿中，部分以钼钙矿、铀钼矿、蓝钼矿和胶硫钼矿的形式存在。

（3）难选的原因主要是 Mo 的主要载体矿物褐铁矿粒度较细，Mo 的赋存状态复杂多样，其他含 Mo 矿物粒度细小，结晶较差，这不利于选矿富集。并且该矿石中黏土矿物含量较高，矿石容易泥化。

参考文献

[1] 王启滨，汤国平，叶林春. 安远县银坑山铀钼矿地质特征及找矿方向[J]. 黑龙江科技信息，2009(31).

[2] 金淼张. 浙江蒋村铀钼矿地质特征及控矿因素[J]. 华东理工大学学报(自然科学版)，2011，34(2)：129 - 134.

某铜矿山老尾矿中铜的赋存状态研究

王　玲　王明燕

（北京矿冶研究总院矿物加工科学与技术国家重点实验室，北京，100160）

摘　要：某铜矿山老尾矿含铜0.46%，为了查明铜的赋存状态，本文通过化学物相分析、X射线衍射分析、光学显微镜、扫描电子显微镜及矿物自动分析仪（MLA）等方法仪器，查明该尾矿中铜的赋存状态十分复杂，其中42.22%的铜以黄铜矿、辉铜矿等硫化铜形式存在，26.67%的铜以孔雀石、赤铜矿等氧化铜形式存在，还有31.11%的铜以吸附状态或微粒包裹体形式赋存于褐铁矿、硬锰矿及高岭石等黏土矿物中，研究结果给铜回收工艺的合理制定提供了基础数据。

关键词：铜矿山；老尾矿；赋存状态；吸附状态

在过去的几十年中，由于对矿石的工艺特性研究不够充分，或者选矿技术水平所限，我国的矿产资源综合利用率较低，资源流失较严重。一些矿山的老尾矿中常含有可综合回收利用的有价元素。由于老尾矿经长期堆存，许多矿物因氧化或吸附等原因造成回收难度加大。北京矿冶研究总院依托国家科技支撑计划，对某铜矿山老尾矿进行了详细的工艺矿物学研究，为有效开发利用老尾矿资源提供了有力的基础数据。

1　老尾矿的化学组成

老尾矿的主要化学成分分析结果见表1。分析结果表明，老尾矿中有利用价值的金属元素有铜、金、银和铁，其含量分别为0.46%、0.33 g/t、6.96 g/t和14.52%。从品位来看，铜的回收价值最大。

表1　老尾矿的多元素化学分析结果

组分	Cu	Au (g/t)	Ag (g/t)	Fe	Pb	Zn	S	As	Mn
含量/%	0.46	0.33	6.96	14.52	0.019	0.19	0.24	0.017	0.33
组分	SiO_2	Al_2O_3	CaO	MgO	K_2O	Na_2O	P	C	
含量/%	32.67	5.48	17.10	3.81	0.64	0.70	0.050	4.16	

2　老尾矿的矿物组成

在化学分析的基础上，结合充分的显微镜观测、X射线衍射分析及扫描电镜分析等确定，老尾矿中铜矿物种类非常复杂，主要有黄铜矿、孔雀石，其次为辉铜矿、蓝辉铜矿、斑铜矿、铜蓝，还有少量赤铜矿、自然铜、锰铜矿，以及微量硅孔雀石、黝铜矿等。矿石的矿物组成及相对含量见表2。

表2　老尾矿的矿物组成及相对含量

矿物名称	含量/%	矿物名称	含量/%
黄铜矿	0.44	方解石	20.81
辉铜矿		白云石	8.28
蓝辉铜矿	0.06	铁白云石	
斑铜矿		石英	19.25
铜蓝		钙铁榴石	7.81
孔雀石	0.20	白云母	4.36
自然铜	0.01	黑云母	2.45
赤铜矿		斜长石	5.86
锰铜矿	0.01	正长石	
磁铁矿	2.79	绿泥石	5.22
赤铁矿	5.33	高岭石	3.88
褐铁矿	6.65	透辉石	1.38
菱铁矿	3.51	透闪石	
黄铁矿	0.04	阳起石	
闪锌矿	0.08	磷灰石等	1.57
方铅矿	0.01	合计	100.0

3　铜的化学物相分析

在化学分析及矿物组成考察的基础上，通过不同溶剂的选择性溶解进行铜的化学物相分析，化学物相分析样品粒度均小于0.074 mm，结果见表3。

表3　老尾矿中铜的化学物相分析结果

相别	原生硫化铜	次生硫化铜	自由氧化铜及金属铜	与铁、锰结合铜	与硅结合铜	合计
含量/%	0.15	0.04	0.12	0.10	0.04	0.45
分布率/%	33.33	8.89	26.67	22.22	8.89	100.0

从表3可以看出，矿样中铜的赋存状态很复杂，主要以硫化铜矿物形式产出，其次以自由氧化铜及金属铜形式存在，这部分可通过浮选回收。与铁、锰及硅的结合铜在目前的经济条件下不可浮选回收利用。

4　铜的赋存状态及铜矿物的产出特征

4.1　硫化铜

以硫化铜形式存在的矿物主要为黄铜矿，其次为辉铜矿、蓝辉铜矿、斑铜矿及铜蓝，偶见黝铜矿。硫化铜矿物主要呈以下几种形式产出：①呈粒状或不规则状与脉石矿物连生产出（见图1）；②呈单体形式产出，部分黄铜矿等单体颗粒以微细粒形式产出（见图2），粒度在0.010 mm以下，这部分黄铜矿浮选时也容易丢失；③与磁铁矿、赤铁矿、褐铁矿等铁矿物连生产出，可见褐铁矿沿黄铜矿、辉铜矿等边缘交代产出；④与黄铁矿、闪锌矿等其他硫化矿物连生产出，不影响铜的回收，但对铜精矿品位有一定影响；⑤部分黄铜矿、辉铜矿、蓝辉铜矿呈交代残余嵌布于孔雀石、褐铁矿等氧化矿物中，辉铜矿、蓝辉铜矿、铜蓝的产出粒度较黄铜矿要细，其单体解离程度低于黄铜矿，与褐铁矿的共生关系更为密切。

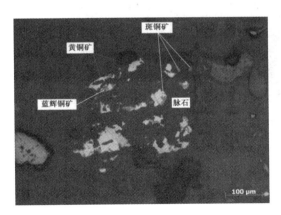

图1　黄铜矿与脉石矿物连生产出（反光）

4.2　氧化铜矿物

以氧化铜形式存在的矿物主要为孔雀石，其次为赤铜矿，还可见自然铜、假孔雀石（在选择性溶解过程中其与氧化铜的溶解性相似）。孔雀石主要呈粒

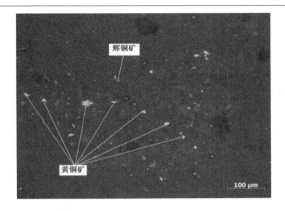

图2　黄铜矿呈微细单体产出（反光）

状、放射状、肾状、葡萄状、充填脉状形式产出，大部分为单体，其次与褐铁矿相互穿插或包裹产出（见图3），还有部分与白云石等脉石矿物连生产出，部分孔雀石中可见呈不规则状或星点状产出的辉铜矿的残余。孔雀石的嵌布粒度变化范围很大，大部分以中、细粒为主，还有相当部分孔雀石呈微细粒或皮壳状产出。赤铜矿主要呈细粒状产出，赤铜矿与褐铁矿的共生关系较为密切，主要表现为褐铁矿呈镶边结构沿赤铜矿边缘产出（见图4）。自然铜与赤铜矿、褐铁矿的共生关系较为密切，常呈微细粒包裹于赤铜矿、赤铁矿中产出，部分自然铜呈微细粒包裹于石英等脉石矿物中产出（见图5）。

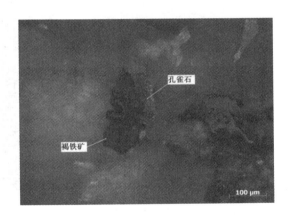

图3　孔雀石与褐铁矿紧密共生产出（反光正交）

4.3　铁、锰结合铜

铁结合铜主要赋存于褐铁矿中，褐铁矿中铜主要以两种形式存在，一种是硫化铜或氧化铜矿矿物以微粒包裹于褐铁矿中（见图5），也是主要的产出形式；另一种是氧化铜以吸附态分散于褐铁矿中。

锰结合铜以锰铜矿形式存在，锰铜矿主要呈细粒状、鲕状或胶状单体产出，部分与孔雀石、褐铁矿或脉石连生产出。

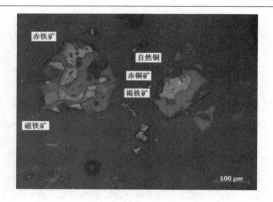

图 4 赤铜矿、自然铜与褐铁矿连生产出（反光）

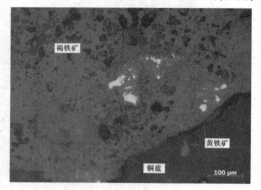

图 5 铜蓝呈微粒包裹于褐铁矿中（反光）

4.4 硅结合铜

硅结合铜主要以两种形式存在：一种呈吸附状态分布于层状硅酸盐矿物或黏土矿物中，一种呈微细粒铜矿物包裹于硅酸盐矿物中产出，偶见硅孔雀石。在 MLA 分析过程中，常发现微细粒黏土矿物的 X 射线能谱图中有铜谱峰（见图 6），并非由铜矿物包裹体所致，而系高岭石、绿泥石等黏土质矿物吸附铜，铜在其中含量一般为 0.3% ~ 1.0%，有时高达 5% ~ 16%，含铜黏土矿物的粒度一般小于 0.010 mm。为进一步证实 MLA 分析结果，对老尾矿进行筛水析分级试验（见表 4），并对原矿样及 - 0.010 mm 粒级产品进行衍射对比分析（见图 7、图 8），结果显示，矿样粒度分布范围较广且泥化较为严重，- 0.010 mm 粒级产品中高岭石及绿泥石含量明显高于原矿样，铜在 - 0.010 mm 粒级中品位明显偏高，分布率高达 39.24%，与 MLA 分析结果相吻合。为了进一步获得硅结合铜的定量数据，对 - 0.010 mm 粒级产品进行化学物相，结果见表 5。

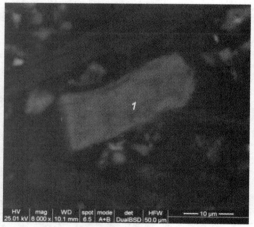

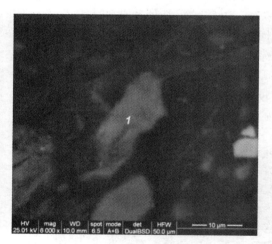

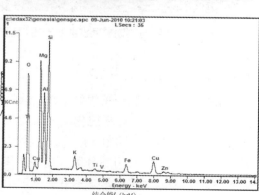

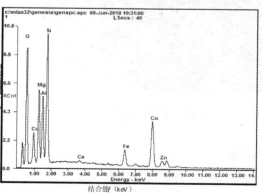

图 6 含铜绿泥石呈微细片状单体产出（背散射图）

表4　矿样的筛水析分级结果

粒级/mm	产率/%	品位/%	分布率/%
-1.0 +0.3	4.50	0.43	4.98
-0.3 +0.15	9.71	0.35	8.74
-0.15 +0.074	24.63	0.27	17.10
-0.074 +0.038	15.21	0.28	10.95
-0.038 +0.020	11.49	0.31	9.16
-0.020 +0.010	10.62	0.36	9.83
-0.010	23.84	0.64	39.24
合计	100.0	0.39	100.0

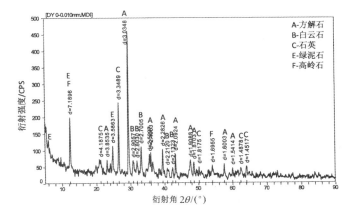

图7　-0.010 mm 粒级样品的 X 射线衍射图

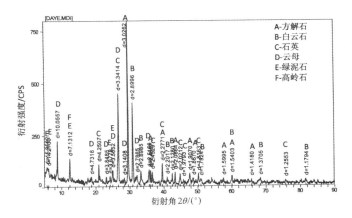

图8　老尾矿样的 X 射线衍射图

表5　-0.010 mm 粒级产品中铜的化学物相分析结果

相别	硫化铜	自由氧化铜及金属铜	硅结合铜	合计
铜含量/%	0.18	0.30	0.16	0.64
铜分布率/%	28.13	46.87	25.00	100.0

与原矿样的铜化学物相分析结果相比，-0.010

mm 粒级中铜在硫化铜相中的分布率下降明显，在自由氧化铜及硅结合铜中的分布率均明显偏高，确系高岭石、绿泥石等黏土质矿物吸附铜所致。

5　老尾矿中铜的赋存状态研究

老尾矿含铜0.46%，铜的赋存状态非常复杂，通过化学物相分析、扫描电镜分析及提取单矿物等综合手段，对其中铜的赋存状态进行定量分析，结果见表6。

表6　铜的赋存状态分配情况

矿物名称	矿物量	矿物中铜含量	矿石中铜含量	铜分布率
黄铜矿[①]	0.44	34.56	0.15	34.43
辉铜矿[②]	0.06	63.33	0.04	8.61
孔雀石[③]	0.20	57.14	0.11	25.88
赤铜矿[④]	0.01	88.42	0.009	2.00
锰铜矿	0.01	42.38	0.004	0.96
铁矿物[⑤]	14.77	0.57	0.08	19.06
硅酸盐矿物	84.51		0.04	9.06
合计	100.0		0.44	100.0

注：①黄铜矿中包括微量黝铜矿；②辉铜矿中包括斑铜矿、蓝辉铜矿、铜蓝；③孔雀石中包括少量假孔雀石；④赤铜矿中包括自然铜；⑤铁矿物包括褐铁矿、赤铁矿、磁铁矿，将矿样经过磁化焙烧，使褐铁矿、赤铁矿均转变为磁铁矿，然后再磁选并分析磁选精矿中铜含量，最后折算出铁矿物中铜的含量及分布率。

6　结论

老尾矿中铜的赋存状态非常复杂，其中42.22%的铜以黄铜矿等硫化铜形式存在，26.67%的铜以孔雀石等自由氧化铜形式存在，31.11%的铜以目前难以回收的吸附铜或结合氧化铜形式存在。独立铜矿物种类多且产出状态复杂，理论上，采用浮选可回收老尾矿中的硫化铜矿物及自由氧化铜矿物。在实际浮选过程中，铜矿物嵌布粒度细，或呈连生体形式产出，或呈微细粒单体形式产出，在浮选过程中均较难回收。另外，矿样含泥量大，也会影响铜的浮选回收。

参考文献

[1] 陈金中，王立刚，李成必，等. 铜矿山老尾矿综合回收铜金银浮选技术研究[J]. 有色金属(选矿部分)，2011(3)：1-4.

[2] 李鱼，高茜，李鸿业，等. 表层沉积物中黏土及其主要组分吸附 Cu 和 Zn 的行为研究[J]，华北电力大学学报，

2009, 36(2): 89 - 93.

[3] HE Hongping, GUO Jiugao, XIE Xiande, et al. Experimental Study of the Selective Adsorption of Heavy Metals onto Clay Minerals [J]. Chinese Journal of Geochemistry, 2000, 19(2): 105 - 109.

[4] 何宏平, 郭九皋, 谢先德, 等. 蒙脱石等黏土矿物对重金属离子吸附选择性的实验研究[J]. 矿物学报, 1999, 19(2): 231 - 235.

[5] 何宏平, 郭九皋, 谢先德, 等. 蒙脱石中 Cu^{2+} 的吸附态研究[J]. 地球化学, 2000, 29(2): 198 - 201.

[6] 何宏平, 郭九皋, 谢先德. 可膨胀性层状黏土矿物对铜离子吸附机理的模拟研究[J]. 环境科学, 2000, 21(4): 47 - 51.

[7] 陈宇峰, 陆晓燕. 铜尾矿资源化的现状和展望[J], 南通大学学报：自然科学版, 2004, 3(4): 60 - 62.

[8] 夏平, 李学亚, 刘斌. 尾矿的资源化综合利用[J]. 矿业快报, 2006, 25(5): 10 - 13.

某难选镜铁矿工艺矿物学研究

李 磊　王明燕　李艳峰

（北京矿冶研究总院矿物加工科学与技术国家重点实验室，北京，102600）

摘　要：通过使用 X 射线衍射、X 射线能谱分析、扫描电子显微镜及光学显微镜等综合鉴定手段，对某难选镜铁矿矿石进行了系统的工艺矿物学研究。由分析结果可知，矿石中金属矿物主要为镜铁矿，另有少量的磁铁矿、褐铁矿，非金属矿物主要为石英；矿石中镜铁矿的嵌布粒度总体较细，有 9.25% 的镜铁矿嵌布粒度小于 0.01 mm，要提高精矿中铁的品位，获得理想的选矿指标，细磨是必不可少的。

关键词：镜铁矿；粒度；解离度；工艺矿物学

某火山成因的铁矿，主要的铁矿物为镜铁矿，矿石中铁的品位较低，为 31.14%，其有害组分 P 和 S 的含量也比较低。矿山选厂在选矿过程中，回收利用率低，精矿品位不合格。通过对该矿石系统的工艺矿物学研究，查明了矿石的工艺特征，为合理开发利用该镜铁矿矿石提供了依据。

1　矿样的化学成分

1.1　矿样的化学分析

矿样的化学分析结果见表 1。

表 1　矿样的化学分析结果

化学组分	Fe	SiO_2	Al_2O_3	TiO_2	Na_2O	CaO
含量/%	31.14	46.90	2.83	0.18	0.26	1.80
化学组分	MgO	K_2O	P	S	烧失	
含量/%	0.23	0.60	0.042	0.26	1.02	

分析结果表明铁是矿样中最主要的有价元素，品位为 31.14%，其他金属元素含量都比较低；有害杂质元素 S、P 的含量分别为 0.26% 和 0.042%，含量相对较低，对铁精矿影响不大。

1.2　矿样中铁的化学物相分析

矿样中铁的化学分析结果见表 2。

表 2　铁的化学物相分析结果

相别	磁性铁	硫化物	镜铁矿	褐铁矿	硅酸铁	合计
铁的含量/%	1.6	0.21	25.57	1.14	2.6	31.12
铁的占有率/%	5.14	0.67	82.17	3.66	8.35	100.00

注：硅酸铁包括含铁的铝硅酸盐及其包裹的细粒镜铁矿等。

由铁的化学物相分析结果可知，矿样中的铁主要赋存在镜铁矿中。

2　矿样的矿物组成及相对含量

2.1　矿样的 X 射线衍射分析

矿样的 X 射线衍射分析结果见图 1，由此可知矿样中主要为石英和镜铁矿（片状，具金属光泽的赤铁矿）。

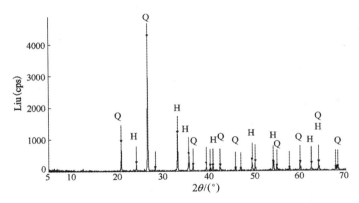

图 1　矿石综合样的 X 射线衍射图

Q—石英；H—镜铁矿（具金属光泽的赤铁矿）

2.2　矿样的矿物组成及相对含量

根据 X 射线衍射、X 射线能谱分析、扫描电子显微镜及光学显微镜等综合鉴定结果可知，矿样的矿物组成比较简单，矿样中金属矿物主要为镜铁矿（具金属光泽的赤铁矿），另有少量的磁铁矿、褐铁矿、黄铁矿，偶见黄铜矿、钛铁矿等。非金属矿物主要为石英，另有少量的黑云母、方解石、高岭石、钾长石、钠长石、绿泥石、角闪石等，偶见重晶石、萤石等。矿物组成及相对含量见表 3。

表3　矿样的矿物组成及相对含量

矿物名称	含量/%	矿物名称	含量/%
镜铁矿	38.64	高岭石	2.42
磁铁矿	2.21	钾长石	2.31
褐铁矿	1.97	钠长石	2.30
黄铁矿	0.45	绿泥石	1.65
石英	40.81	角闪石	0.63
黑云母	3.09	其他	0.33
方解石	3.00	总计	100.00

3　矿样中重要矿物的嵌布特征

3.1　镜铁矿

镜铁矿是矿石样品中最主要的铁矿物，也是要回收的目的矿物。矿石标本中可见镜铁矿的颗粒细小，呈钢灰色，具金属光泽，有时可见贝壳状断口。

镜铁矿主要以不规则状产出，其中多呈微细粒稠密浸染状分布在脉石矿物中（见图2），部分细粒镜铁矿呈星散状或稀疏浸染状嵌布在脉石矿物中；其次可见部分粗粒的镜铁矿集合体，呈不规则状或脉状分布在脉石矿物中，其中常嵌布有粒度粗细不等的脉石矿物，有时可见少量的镜铁矿呈片状集合体分布。镜铁矿在矿石中多以独立的镜铁矿或其集合体颗粒分布在脉石中，另有少部分镜铁矿与褐铁矿、磁铁矿等共生，有时在镜铁矿的裂隙或边缘可见褐铁矿嵌布，在磁铁矿的裂纹或颗粒边缘处常见细粒的镜铁矿颗粒。矿石样品中的镜铁矿与脉石矿物的嵌布关系较为简单，但是由于镜铁矿本身的嵌布粒度很细，常规磨矿细度下镜铁矿充分单体解离比较困难，因此要提高铁精矿品位，细磨矿是必要的。

3.2　磁铁矿

磁铁矿是矿石中的含铁矿物之一，主要呈自形、半自形粒状产出（见图3），多分布在脉石矿物颗粒间，在矿石中的嵌布粒度总体较粗，最粗可达2 mm，粒度多分部在0.074~0.35 mm。矿石中磁铁矿与镜铁矿的共生关系密切，在磁铁矿的边缘和裂隙中常见有细粒的镜铁矿交代；有时能见到磁铁矿与黄铁矿共生，在磁铁矿的内部可见细粒的黄铁矿，偶尔能见到磁铁矿与褐铁矿连生。

3.3　褐铁矿

褐铁矿也是矿石中常见的含铁矿物之一，主要呈不规则状产出（见图4），另有部分褐铁矿呈稠密浸染

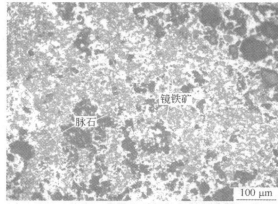

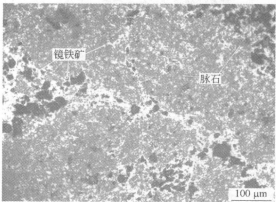

图2　细粒镜铁矿呈稠密浸染状分布在脉石中（反光）

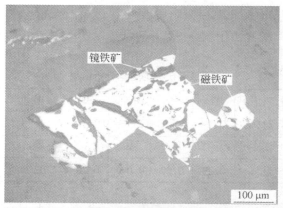

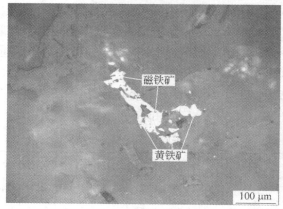

图3　磁铁矿在矿石中的嵌布特征（反光）

状、脉状或网脉状在脉石中产出。褐铁矿在矿石与镜铁矿的共生关系密切，在粗粒的褐铁矿中常见到细粒的镜铁矿，在镜铁矿中也常常见到包裹的褐铁矿；有时能见到褐铁矿与黄铁矿复杂共生，有些黄铁矿已全部褐铁矿化，还保留了黄铁矿的晶型，在黄铁矿的边缘和裂隙常见褐铁矿化；在矿石中偶尔能见到褐铁矿与磁铁矿共生。褐铁矿在矿石中的嵌布粗细不均，最粗可达 2 mm，最细在 0.001 mm，主要集中在 0.02 ~ 0.10 mm 之间。

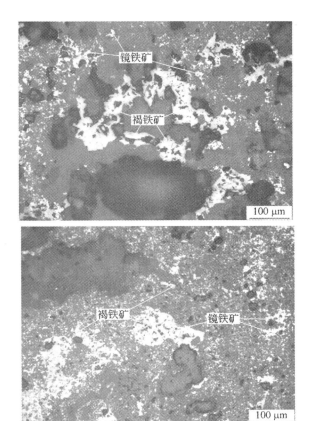

图 4 褐铁矿与镜铁矿共生（反光）

3.4 黄铁矿

黄铁矿是该矿石中主要的硫化矿物，也是要除杂的矿物。黄铁矿主要以自形 - 半自形晶状态嵌布在脉石矿物中（见图5）；部分黄铁矿与磁铁矿的关系密切，常在黄铁矿的边缘包裹磁铁矿，可见少量的细粒黄铁矿嵌布在磁铁矿中；另有部分黄铁矿与褐铁矿的嵌布关系复杂，沿黄铁矿的边缘和裂隙常发生褐铁矿化，少量的黄铁矿颗粒被褐铁矿包裹，有些黄铁矿完全被氧化成褐铁矿且保留了黄铁矿的晶型；另外在黄铁矿颗粒中或其裂隙部位能见有细粒的黄铜矿嵌布。黄铁矿在矿石中的粒度分布范围较大，最粗 >1 mm 以上，最细 <0.005 mm，主要集中在 0.05 ~ 0.3 mm 之间。

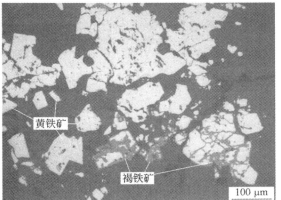

图 5 自形 - 半自形的黄铁矿在脉石中产出（反光）

4 矿样中镜铁矿粒度组成及分布特征

由于矿样中镜铁矿的嵌布粒度对于确定磨矿工艺及磨矿细度十分重要，因而使用线段法在显微镜下对矿石样品中镜铁矿的嵌布粒度进行了系统测定，其结果见表4。

表 4 矿样中镜铁矿的粒度测定结果

粒度范围/mm	镜铁矿	
	占有率/%	累计/%
1.168 ~ 0.833	0.29	0.29
0.833 ~ 0.589	0.84	1.13
0.589 ~ 0.417	1.92	3.05
0.417 ~ 0.295	2.41	5.46
0.295 ~ 0.208	4.07	9.53
0.208 ~ 0.147	6.28	15.81
0.147 ~ 0.104	5.74	21.55
0.104 ~ 0.074	7.54	29.09
0.074 ~ 0.043	17.36	46.45
0.043 ~ 0.020	24.09	70.54
0.020 ~ 0.015	11.33	81.87
0.015 ~ 0.010	8.88	90.75
<0.010	9.25	100.00

　　由表4可知，矿样中镜铁矿的嵌布粒度比较细，粒度在0.074 mm之上的占29.09%，在0.010 mm之下的占9.25%，镜铁矿粒度主要集中在0.015～0.074 mm之间。由于镜铁矿的这种粒度特征，必须通过细磨才能使镜铁矿与其他矿物解离。

5　矿样中镜铁矿的解离特征

　　对原矿磨矿细度 −200 目占40%、50%、60%、70%、80%及90%六个产品中的镜铁矿进行了单体解离度测定，测定结果见表5。

表5　各磨矿细度产品中镜铁矿的解离度测定结果

−0.074 mm 占有率/%	单体/%	连生体/%	合计/%
40	10.61	89.39	100.00
50	25.01	74.99	100.00
60	30.89	69.11	100.00
70	35.08	64.92	100.00
80	43.39	56.61	100.00
90	50.95	49.05	100.00

　　解离度测定结果表明，随着磨矿细度的增加，镜铁矿的解离度也随之增加。磨矿细度在 −0.074 mm 占50%之后，随着细度的增加，解离度没有大幅的提高，−0.074 mm 占90%的磨矿细度时，矿物的解离情况亦不理想。要提高精矿中铁的品位，获得理想的选矿指标，还需要进一步提高矿样的磨矿细度。

6　结论

　　（1）矿样中的铁大部分是以镜铁矿的形式存在，另有少量的铁以磁铁矿和褐铁矿的形式存在，这部分铁会通过弱磁和强磁进入铁精矿矿中；还有一部分以硫化物和硅酸铁形式存在的铁，它们在磁选作业中大部分会进入尾矿中。另外有部分细粒包裹在脉石矿中的镜铁矿，会在强磁选的过程中协同脉石一起进入强磁选精矿中，会对精矿的品位造成一定的影响。

　　（2）矿样中的镜铁矿在矿石中嵌布粒度总体比较细，因此要提高精矿中铁的品位，获得理想的选矿指标，细磨是必不可少的。另外，由于矿石中的脉石主要为石英，因此可以考虑通过对磁选精矿进行反浮选来提高铁精矿的品位。

　　（3）矿样中的磁铁矿粒度相对较粗，比较容易单体解离，在细磨之前可以考虑先进行弱磁选，防止在细磨过程中出现磁凝聚现象，使其夹杂部分单体脉石矿物，影响精矿品位。

　　（4）镜铁矿的嵌布粒度表明，有9.25%的镜铁矿嵌布粒度小于0.01 mm，这部分镜铁矿在磨矿过程中难以完全单体解离，对铁的回收率也会造成一定的影响。

参考文献

[1]《矿产资源综合利用手册》编辑委员会.矿产资源综合利用手册[M].北京：科学出版社，2000：208−247.
[2] 袁致涛，高太，印万忠，等. 我国难选铁矿石资源利用的现状及发展方向[J].金属矿山，2007(1)：1−6.
[3] 孙炳泉.近年我国复杂难选铁矿石选矿技术进展[J].金属矿山，2006(3)：11−13.
[4] 方明山.青海某难选铁矿石工艺矿物学研究[J].矿冶，2009，18(1)：93−95.

津巴布韦某地金矿石工艺矿物学研究

于宏东

（北京矿冶研究总院矿物加工科学与技术国家重点实验室，北京，102600）

摘　要：对津巴布韦某地金矿石进行了工艺矿物学研究，查明了矿石中金的赋存状态，并就影响选冶指标的矿物学因素进行了分析。研究结果表明：矿石 Au 的品位较高，为 14.83 g/t；金的独立矿物为自然金和银金矿，这些金矿物主要以包裹体形式嵌布在脉石矿物中，其次是嵌布在黄铁矿、毒砂、磁黄铁矿粒间或它们和脉石的粒间；硫化物 - 硫砷化物等载体矿物中金的金属分布率达 34.72%，这是造成单一氰化工艺过程中金浸出率低的主要原因；获得金的高回收指标必须加强对独立金矿物和综合硫化物 - 硫砷化物的回收。

关键词：可氰化金；自然金；载体矿物；工艺矿物学；津巴布韦

为合理开发津巴布韦某地金矿，作者采用多种矿物学研究方法对该金矿石开展了系统的工艺矿物学研究工作。文中所获研究结论可作为后继选冶试验研究的基础及确定合理选冶指标的依据。

1　矿石的化学组成特征

矿石分析样的扫描电镜能谱分析结果见图 1；化学多元素定量分析结果见表 1。

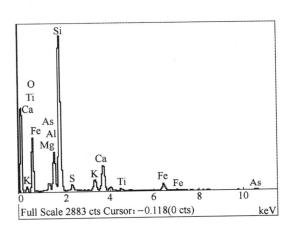

图 1　金矿石综合样能谱图

表 1　矿石的化学分析结果

化学成分	Au	Ag	Fe	Cu	Pb	Zn	S	As
含量/%	14.83	5.46	4.76	0.006	<0.005	0.011	2.50	1.38
化学成分	SiO$_2$	Al$_2$O$_3$	CaO	MgO	K$_2$O	Na$_2$O	C	WO$_3$
含量/%	61.22	8.10	6.58	2.01	2.12	0.16	1.87	0.013

注：Au、Ag 的单位为 g/t。

化学分析结果表明，矿石中所含贵金属中 Au 的品位为 14.83 g/t，Ag 的品位仅为 5.46 g/t；含 Si 很高，另见显著量的 Ca、Al 和 K、Mg；含 S、As 显著，而贱金属 Cu、Pb、Zn 量很少。据此判断，其属于含显著数量硫化物和硫砷化物的金矿石；造岩元素类别预示着其脉石矿物主要为石英、碳酸盐和绢云母。

2　矿石的矿物组成

矿石中金属矿物有自然金、银金矿、毒砂、黄铁矿、闪锌矿、黄铜矿、磁黄铁矿、白钨矿等；脉石矿物有石英、白云石、方解石、长石、绿泥石、绢云母等。

矿石中主要的矿物组成如图 2 所示，矿石的矿物组成及矿物相对含量见表 2。

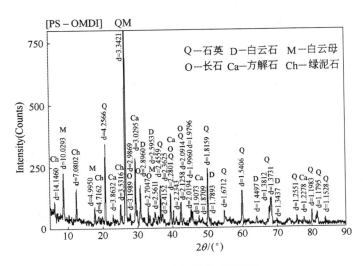

图 2　矿石分析样的 XRD 谱

表 2　矿石的矿物组成及相对含量

金属矿物		脉石矿物	
矿物名称	含量/%	矿物名称	含量/%
自然金	痕量	石　英	52.50
银金矿		长　石	4.50
黄铜矿	0.02	绢云母	15.80
闪锌矿	0.02	绿泥石	5.50
黄铁矿	3.16	白云石	14.50
磁黄铁矿	0.49	方解石	
毒　砂	3.00	磷灰石	
白钨矿	0.02	金红石	0.49
		榍　石	
		其他矿物	

从表 2 中可以看出，该金矿石中除了贵金属矿物以外，黄铁矿、毒砂和磁黄铁矿等金属硫化矿物的含量合计为 6.69%；易泥化的脉石矿物绢云母和绿泥石含量合计达 20% 以上。

3　矿石中重要金属矿物的嵌布特征

3.1　自然金和银金矿

矿石中金的独立矿物为自然金和银金矿。经过显微镜下鉴定目前共发现 83 粒金矿物，对其中部分进行了扫描电镜能谱分析，多为自然金，银金矿相对很少。

从金粒的嵌布特征及产出特点来看，金矿物主要以包裹体的形式嵌布在绿泥石、白云石、方解石、白云母和石英等脉石矿物中，所观察到的金粒粒度多数都小于 0.015 mm，金粒最大粒度为 0.025 mm（见图 3、图 4）。除了以包裹体的形式嵌布在脉石矿物中外，金矿物也常呈细小片状、微细粒状、细脉状嵌布在脉石矿物粒间、黄铁矿与毒砂粒间、毒砂与脉石矿物粒间、黄铁矿与脉石矿物粒间、磁黄铁矿与脉石矿物粒间以及毒砂裂隙中（见图 5、图 6）。毒砂、磁黄铁矿中也发现有微细粒金矿物存在，与脉石矿物中包裹的金相比，硫化物中所发现的金矿物颗粒不多，且金矿物的嵌布粒度多数都小于 0.006 mm，说明即使硫化物和硫砷化物中载金，由于金粒的粒度过细，显微镜下大多也难以发现。

对所观察到的金矿物的嵌布特征进行的统计结果表明：它主要以包裹体形式嵌布在脉石矿物中，尤其是成矿后期形成的绿泥石和碳酸盐矿物中，其次是嵌

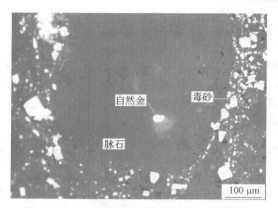

图 3　脉石矿物中包裹的细粒自然金（反光）

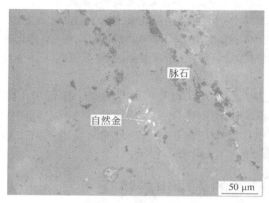

图 4　脉石矿物中包裹的微细粒自然金（反光）

图 5　毒砂和黄铁矿粒间金（反光）

图 6　毒砂粒间和毒砂中包裹的自然金（反光）

布在脉石矿物与黄铁矿、毒砂、磁黄铁矿等矿物的粒间、黄铁矿与毒砂粒间、脉石矿物粒间以及毒砂裂隙中，而毒砂和磁黄铁矿等金属矿物中包裹金所占比例不高。矿石中已见金粒的嵌布特点及其与载体矿物的共生关系见表3。

表3　矿石中金粒的嵌布特征及其与载体矿物的共生关系（％）

粒间金	包裹金		
	磁黄铁矿中	毒砂中	脉石矿物中
32.53	1.38	15.54	50.55

注：统计时同名矿物间的裂隙金计入粒间金。

总的来看，矿石中金矿物以自然金为主，少部分为银金矿，大多数金矿物的粒度分布在0.01 mm以下，最大粒度为0.025 mm。

3.2　黄铁矿

黄铁矿的矿物相对含量为3.16％，是本矿石中含量最高的金属矿物。

黄铁矿主要呈半自形晶嵌布在脉石矿物中，常与毒砂呈共晶结构而紧密共生。中－细粒黄铁矿中常包裹微细粒黄铜矿、磁黄铁矿和毒砂，目前为止镜下尚未发现黄铁矿中包裹的金粒。

矿石中黄铁矿以中粒嵌布为主，多数黄铁矿的粒度分布在0.02～0.2 mm之间，其次是细粒嵌布，微细粒黄铁矿极少，作为金的重要载体矿物之一，磨矿作业时绝大多数黄铁矿易于实现单体解离，因此亦易于通过选矿得到高效回收。

3.3　毒砂

毒砂的矿物相对含量为3.00％，是本矿石中含量比较高的金属矿物，亦是金的重要载体。

研究结果说明，该矿石中金矿物与毒砂的共生关系较为密切，常见自然金沿毒砂裂隙、毒砂与脉石矿物的粒间、毒砂与黄铁矿粒间嵌布，此外毒砂中也发现有微细粒自然金及银金矿的包裹体。除常与黄铁矿紧密共生外，少数毒砂亦与磁黄铁矿、黄铜矿呈简单的共边结构一同嵌布在脉石矿物中。

与黄铁矿相比，矿石中毒砂的的嵌布粒度比较细，多数毒砂的粒度分布在0.02～0.104 mm之间。研究表明，毒砂也是本矿石中重要的金的载体矿物之一，其中常包裹微细粒的金矿物。为提高金的选矿回收指标，也应重视对细粒毒砂的选矿回收。

3.4　磁黄铁矿

磁黄铁矿也是该矿石中重要的金属矿物之一，但与黄铁矿和毒砂相比，该矿物的含量比较低，其矿物相对含量仅为0.49％。

矿石中磁黄铁矿主要呈不规则状嵌布在脉石矿物中，其次是与毒砂、黄铜矿或者黄铁矿组成简单的硫化物集合体而嵌布在脉石矿物中。除此之外，微细粒－细粒磁黄铁矿在黄铁矿中也比较常见。研究结果表明，金矿物在磁黄铁矿中有所分布，但磁黄铁矿中包裹的金粒粒度都十分细（＜0.005 mm），即使细磨矿金粒也难以解离。此外，在磁黄铁矿与脉石矿物的粒间也发现有微细粒的金矿物。

磁黄铁矿具有中－细粒嵌布的特点，其粒度比毒砂略粗。总的来看，为提高金的选矿回收指标，选别作业时也应强化磁黄铁矿的选矿回收。

3.5　其他金属矿物

除了自然金、银金矿、黄铁矿、毒砂以及磁黄铁矿之外，该矿石中还含有少量的闪锌矿、黄铜矿、白钨矿等。研究表明，除了黄铜矿常以微细粒包裹体的形式嵌布在黄铁矿中外，闪锌矿与其他金属矿物共生关系比较简单，目前为止尚未发现黄铜矿、闪锌矿与金矿物共生，而白钨矿的矿物含量比较低，亦无综合利用价值。

4　矿石中金的赋存状态及分配

4.1　金矿物的种类及成色

研究表明，该矿石中金矿物主要为自然金，其次是银金矿。对所见83粒金矿物的一部分进行了扫描电镜分析，其中20粒金矿物的电子探针能谱分析结果见表4。

表4　金矿物的化学组成及成色（能谱分析结果）

矿物种类	序号	化学组成/%		金的成色
		Ag	Au	
自然金	1	13.64	86.36	863.6
	2	13.43	86.57	865.7
	3	13.48	86.52	865.2
	4	13.23	86.77	867.7
	5	13.55	86.45	864.5
	6	14.39	85.61	856.1
	7	13.88	86.12	861.2
	8	14.76	85.24	852.4
	9	13.78	86.22	862.2
	10	19.91	80.09	800.9

续表4

| 矿物种类 | 序号 | 化学组成（%） | | 金的成色 |
		Ag	Au	
自然金	11	11.52	88.48	884.8
	12	13.78	86.22	862.2
	13	14.71	85.29	852.9
	14	9.58	90.42	904.2
	15	13.01	86.99	869.9
	16	15.55	84.45	844.5
	17	13.31	86.69	866.9
	18	15.79	84.21	842.1
	19	14.13	85.87	858.7
	平均	13.97	86.03	860.3
银金矿	20	24.15	75.85	758.5

从表4中可以看出，银金矿的成分中含Ag 24.15%，Au 75.85%，其成色为758.5；自然金的成分中平均含Ag 13.97%，Au 86.03%，其成色平均860.3。

4.2　金矿物的粒度组成

对显微镜下所观察到的金矿物的粒度进行了测量（见表5），金矿物粒度最小者为0.0005 mm，最大者为0.025 mm。

表5　矿石中金矿物的粒度分布

级别	粒级范围	颗粒数	相对含量/%	累计分布/%
1	+0.020	1	8.65	8.65
2	-0.020 +0.010	3	13.49	22.14
3	-0.010 +0.005	14	34.95	57.09
4	-0.005	65	42.91	100.00

金矿物的粒度分布直方图见图7。

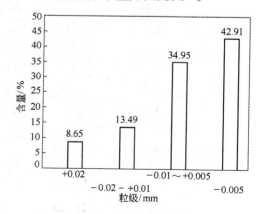

图7　矿石中金矿物的粒度分布直方图

4.3　矿石中综合硫化物－硫砷化物的载金量

采用浮选及选择性溶解方法提取了本矿石中的综合硫化物－硫砷化物，其能谱分析结果见图8。

将该硫化物综合样充分细磨后再除去单体金和裸露金，最终进行载金量分析，结果为76.97 g/t。由于这部分硫化物所载金不可能通过直接氰化来回收，所以该矿石中通过选矿来回收硫化物所载金就显得十分重要。

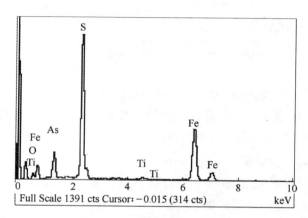

图8　自金矿石中提纯的综合硫化物能谱

4.4　矿石中可直接氰化金的测定

对磨矿细度为-0.074 mm占88%的综合样进行了"可直接氰化金"和"不可直接氰化金"的测定，其分析结果见表6。

表6　矿石综合样中金的物相分析结果

可直接氰化金		不可直接氰化金		合量	
含量/(g·t⁻¹)	占有率/%	含量/(g·t⁻¹)	占有率/%	含量/(g·t⁻¹)	占有率/%
8.30	57.48	6.14	42.52	14.44	100.00

显然，显著数量"不可直接氰化金"的存在和综合硫化物－硫砷化物富含Au有关。按其相对含量6.69%和载金量76.97 g/t计，不可氰化金达到5.15 g/t左右，与表列数据接近。该数据再次证明通过选矿回收矿石中的硫化物－硫砷化物对提高本矿石中Au的回收率有重要的意义。

5　金提取冶金应考虑的若干矿物学因素

在拟定本矿石中金的提取冶金方案时必须考虑下述若干矿物学因素。

显微镜下矿物鉴定证明，矿石中独立金矿物极为细小，部分载金的硫化物－硫砷化物粒度也极细，这一特征决定了回收工艺中必须采取细磨；直接氰化试验证明本矿石在品位为 14.83 g/t 时即使细磨也只能提取约 57% 的金；硫化物 – 硫砷化物含金量高达 76.97 g/t，加上其在矿石中含量为 6.69%，所以其中载金量将达到 5 g/t 以上，折算后金的金属分布率达 34.72%，它是造成单一氰化工艺过程中金浸出率低的主要原因；存在相当数量的易泥化矿物（绢云母和绿泥石等），细磨同样会给氰化和选矿工艺在分选、过滤、洗涤等方面带来不良影响。

6 结论

（1）本矿石 Au 的品位为 14.83 g/t，Ag 的品位仅为 5.46 g/t，有色金属 Cu、Pb、Zn 的含量未达综合评价指标，无回收价值。

（2）矿石中金属矿物有自然金、银金矿、黄铁矿、毒砂、磁黄铁矿，亦见有少量闪锌矿、黄铜矿，脉石矿物中除石英、白云石、方解石和长石外，存在显著数量易于泥化的绿泥石和绢云母。

（3）矿石中金矿物为自然金和银金矿，它们的嵌布粒度较细；金矿物主要以包裹体形式嵌布在脉石矿物中，尤其是成矿后期形成的绿泥石和碳酸盐矿物中，部分嵌布在黄铁矿、毒砂、磁黄铁矿粒间或它们和脉石的粒间，为保证独立金矿物的裸露程度和硫化物的解离度，将来的处理工艺中也必须考虑采取细磨措施。

（4）本矿石中纯硫化物 – 硫砷化物中金的含量为 76.97 g/t，按矿物在矿石中的相对含量 6.69% 计算，则本矿石内黄铁矿 – 毒砂等金属矿物中载金量为 5.15 g/t，占总金量的 36% 左右，意味着采用单一的氰化工艺只能回收总金的 55% ~ 60%。

（5）原矿细磨（细度为 – 0.074 mm 占 88%）氰化试验结果说明，可直接氰化金约为总金的 57.48%，难以浸出的金主要是以极细粒包裹体或不可见金的形式分布在以黄铁矿和毒砂为主的载体矿物中。

（6）要获得金的高回收指标必须同时注意独立金矿物和综合硫化物的回收。

参考文献

[1] 选矿手册编委会. 选矿手册（第一卷）[M]. 北京：冶金工业出版社，1991.

[2] Изоитко. B. M. Технологическая минералогия и оценка руд. СПб.：Наука，1997 г.

[3] 孙传尧. 当代世界的矿物加工技术与装备——第十届选矿年评[M]. 北京：科学出版社，2006.

青海某难选铁矿石工艺矿物学研究

方明山

（北京矿冶研究总院，北京，100044）

摘 要：青海某铁矿为沉积变质矿床，其中主要的回收矿物为磁铁矿。通过系统的工艺矿物学研究，全面了解该铁矿的矿石性质。结果表明：矿石中的磁铁矿嵌布粒度很细，其中在 -0.043 mm 粒级中，磁铁矿的占有率高达 58.65%，属于难选矿石。

关键词：铁矿；粒度；工艺矿物学

青海某铁矿位于青海省祁连县境内，为中型沉积变质矿床，主要的回收矿物为磁铁矿。该铁矿品位为 34.86%，当磨矿细度为 -0.074 mm 占 85% 时，其磁选铁精矿的品位仅为 51%，难以获得高质量的铁精矿产品。为查明其难选的原因，综合采用了多种手段对其进行了系统的工艺矿物学研究。

1 矿石的化学成分

1.1 矿石的化学分析

矿石的化学成分见表 1。

表 1 矿石的多元素化学分析结果

化学成分	TFe	FeO	SiO$_2$	Al$_2$O$_3$	CaO	MgO
含量/%	34.86	15.34	31.82	3.21	1.68	2.07
化学成分	Na$_2$O	K$_2$O	P	S	C	Cu
含量/%	0.42	0.53	0.45	0.076	1.38	<0.005

结果表明矿石中主要的有价元素为铁，其品位为 34.86%，其他金属元素含量都比较低；有害杂质元素 S、P 的含量分别为 0.076% 和 0.45%，含量相对较低。造岩成分主要为 SiO$_2$、Al$_2$O$_3$、MgO、CaO，可以推断矿石中脉石矿物主要为石英，其次为硅酸盐及碳酸盐类矿物。

1.2 矿石中铁的化学物相分析

矿石中铁的化学物相分析结果见表 2。

化学物相分析结果表明，矿石中的铁主要以磁铁矿形式存在，占总量的 72.13%；以硫化铁形式存在的铁含量很低，其中磁黄铁矿中铁只占总量的 0.03%，对磁铁矿精矿质量影响很小。

表 2 矿石中铁的化学物相分析结果

相 别	磁铁矿	磁黄铁矿	其他硫化铁	赤、褐铁矿	碳酸铁	硅酸铁	总量
铁含量/%	24.71	0.01	0.05	3.80	2.91	2.78	34.26
占有率/%	72.13	0.03	0.15	11.09	8.49	8.11	100.00

2 矿石的矿物组成及相对含量

矿石中金属矿物组成比较简单，主要为磁铁矿，其次为菱铁矿、褐铁矿、赤铁矿以及少量的黄铁矿、黄铜矿、磁黄铁矿等。脉石矿物主要有石英、绿泥石，其次为磷灰石、白云母、黑云母、黏土矿物以及少量的方解石、正长石等其他矿物。各矿物相对含量见表 3。

表 3 矿石的矿物组成及相对含量

矿物名称	含量/%	矿物名称	含量/%
磁铁矿	34.1	石英	26.8
菱铁矿	12.6	绿泥石	9.9
赤铁矿、褐铁矿	6.2	磷灰石	2.4
白云母	2.3	黑云母	2.2
黏土矿物	1.4	方解石	0.6
正长石	0.4	其他矿物	1.1

3 矿石中重要矿物的嵌布特征

3.1 磁铁矿

磁铁矿是矿石主要的回收对象。磁铁矿主要以细粒、微细粒稠密或稀疏浸染于脉石矿物中（见图 1）；

经常可见细粒磁铁矿聚集在一起呈脉状集合体形式产出(见图2),其中包裹有细粒的脉石矿物;有时可见有细粒磁铁矿以不规则粒状集合体形式嵌布在脉石矿物中。磁铁矿与矿石中其他金属矿物的嵌布关系相对简单,有时可见细粒磁铁矿被褐铁矿和赤铁矿沿边缘或裂隙交代;偶尔可见磁铁矿中包裹有微细粒的黄铁矿和磁黄铁矿,包体粒度一般都小于0.010 mm。

图1　微细粒的磁铁矿浸染于脉石矿物中(反光)

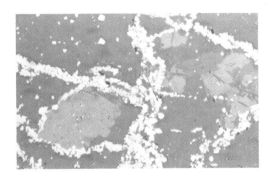

图2　磁铁矿呈脉状集合体嵌布于脉石矿物中(反光)

3.2　褐铁矿

褐铁矿是矿石中重要的铁矿物之一,主要呈不规则状嵌布于脉石矿物中,有时可见其中包裹有细粒交代残余磁铁矿(见图3);其次呈脉状产出,沿脉石矿物的裂隙及颗粒间隙充填,其中有少量褐铁矿以细脉状形式嵌布于脉状磁铁矿集合体中。褐铁矿的嵌布粒度较磁铁矿粗,多分布在0.100~0.200 mm之间,并相对富集于矿样的局部区域。

3.3　赤铁矿

赤铁矿同样是矿石中重要的铁矿物之一,常与磁铁矿共生在一起嵌布于脉石矿物中(见图4);其次以不规则状和针状嵌布于脉石矿物中;有时可见赤铁矿以微细粒浸染于脉石矿物中。赤铁矿的嵌布粒度较细,多分布在0.050~0.100 mm之间,同样相对富集于矿石的局部区域。

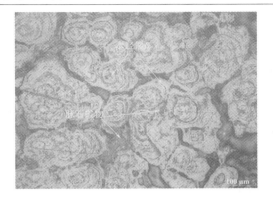

图3　褐铁矿与磁铁矿的共生关系(反光)

图4　赤铁矿与磁铁矿的共生关系(反光)

3.4　菱铁矿

菱铁矿也是矿石中重要的含铁矿物之一,主要呈不规则状嵌布于脉石矿物中(见图5),有时可见其中包裹有细粒的磁铁矿及石英等包体。菱铁矿的嵌布粒度也比较细,多分布在0.050~0.100 mm之间。

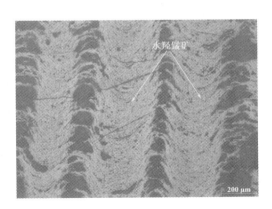

图5　不规则状的菱铁矿嵌布于脉石矿物中(背散射图)

4　矿石中磁铁矿的粒度组成及嵌布特征

矿石中磁铁矿的粒度组成结果见表4。从表4中可以看出,在+0.074 mm粒级中,磁铁矿的占有率仅为 20.65%；而在 -0.010 mm 粒级中，磁铁矿的占有率为 11.41%。其中在 -0.043 mm 粒级中，磁铁矿的占有率高达 58.65%，达到了一半以上。可见，矿石中磁铁矿的嵌布粒度很细。

表 4　矿石中磁铁矿粒度分布

粒级/mm	磁铁矿	
	含量/%	累计/%
+0.295	0.37	0.37
-0.295 +0.208	0.88	1.25
-0.208 +0.147	3.99	5.24
-0.147 +0.104	4.70	9.94
-0.104 +0.074	10.71	20.65
-0.074 +0.043	20.70	41.35
-0.043 +0.020	38.37	79.72
-0.020 +0.015	4.94	84.66
-0.015 +0.010	3.93	88.59
-0.010	11.41	100.00

5　矿石中磁铁矿的解离特征

为了查清矿石中磁铁矿的解离特征，对原矿不同磨矿细度产品中的磁铁矿进行了系统的测定，其结果见表 5。结果表明，当磨矿细度为 -0.025 mm 占 85% 时，磁铁矿的单体解离度为 84.4%，仍有 15.6% 的磁铁矿与脉石矿物连生；当磨矿细度为 -0.025 mm 占 96% 时，磁铁矿的单体解离度达到了 93.0%，此时磁铁矿的单体解离比较充分。但是在目前的经济技术条件下，这样的磨矿细度在实际工业生产中是难以实现和达到的。

表 5　不同磨矿条件下磁铁矿的解离特征

-0.025 mm 占有率/%	单体/%	连生体/%
85	84.4	15.6
88	90.6	9.4
96	93.0	7.0

6　结论

该铁矿中主要的回收矿物磁铁矿嵌布粒度细，在目前的经济技术条件下，难以综合开发利用该资源。

参考文献

[1] 袁致涛，高太，印万忠，等. 我国难选铁矿石资源利用的现状及发展方向[J]. 金属矿山，2007(1)：1-6.

[2] 孙炳泉. 近年我国复杂难选铁矿石选矿技术进展[J]. 金属矿山，2006(3)：11-13.

[3] 周乐光. 工艺矿物学[M]. 北京：冶金工业出版社，2002：4-7.

[4] 北京矿冶研究总院. 化学物相分析[M]. 北京：冶金工业出版社，1976：141-147.

河南某钼矿工艺矿物学研究

王明燕

（北京矿冶研究总院矿物加工科学与技术国家重点实验室，北京，100070）

摘　要： 通过对河南某钼矿进行工艺矿物学研究，查明了该矿石的化学组成、矿物组成、嵌布特征、粒度组成和不同磨矿细度下重要矿物的单体解离度等工艺性质，并阐明了影响选矿工艺的矿物学因素，指出提高选别指标的途径，为选矿工艺提供合理的理论依据。

关键词： 工艺矿物学；钼矿；解离度；选别指标

1　矿石成分

矿石的化学成分和钼、铅的化学物相组成分别见表1、表2和表3。表1表明，矿石中钼的品位为0.083%，伴生有价元素铅和硫的品位分别为0.45%和2.28%，可考虑综合回收利用，其他金属元素铜、锌、金、银等的品位相对较低。表2、表3表明，辉钼矿中钼占96.51%，氧化率只有3.49%，这对钼的选别有利；硫化铅中铅占95.65%，由此可见，该矿石为硫化矿。

表1　矿石多元素分析结果

成分	Mo	Pb	Cu	Zn	Fe	S	As	K_2O
含量/%	0.083	0.45	0.024	0.038	4.31	2.28	0.0011	5.20
成分	Na_2O	SiO_2	Al_2O_3	CaO	MgO	Au^*	Ag^*	
含量/%	1.62	51.52	10.41	9.82	1.81	0.04	6.95	

注：Au^*、Ag^*单位为g/t。

表2　钼的化学物相分析结果

相别	辉钼矿中钼	钼铅矿中钼	钼华、铁钼华中钼	总　钼
含量/%	0.083	0.002	0.001	0.086
占有率/%	96.51	2.33	1.16	100.00

表3　铅的化学物相分析结果

相别	硫化铅中铅	氧化铅中铅	其他铅	总　铅
含量/%	0.44	0.01	0.01	0.46
占有率/%	95.65	2.17	2.17	100.00

2　矿石矿物组成及相对含量

矿石中金属矿物有黄铁矿、磁铁矿、磁黄铁矿、辉钼矿、方铅矿、褐铁矿、赤铁矿，另有少量黄铜矿、闪锌矿、钼铅矿、钼华、蓝辉铜矿、斑铜矿、铜蓝、毒砂、白铅矿等。

脉石矿物主要有钾长石、钠长石、石英、方解石、白云母和黑云母，其次为透闪石、萤石和绿泥石，另有少量透辉石、金红石、重晶石、榍石、锆石、绿帘石、褐帘石、氟碳钙铈矿、磷灰石等。矿石的矿物组成及含量列于表4。

表4　矿物组成及相对含量

矿物名称	含量/%	矿物名称	含量/%
辉钼矿	0.14	白铅矿	0.007
方铅矿	0.51	毒砂	0.002
黄铁矿	3.18	长石	36.97
磁黄铁矿	1.06	石英	18.08
磁铁矿	1.64	方解石	11.00
黄铜矿	0.066	云母	11.00
闪锌矿	0.057	透闪石	6.99
钼铅矿	0.008	萤石	3.30
赤、褐铁矿	0.16	绿泥石	2.08
辉铜矿、蓝辉铜矿、铜蓝	0.002	其他	3.75

3　重要矿物的嵌布特征

（1）辉钼矿（MoS_2）。辉钼矿是矿石中最主要的钼矿物，也是选矿试验回收的对象。辉钼矿在矿石中的分布极不均匀，多呈大小不等的叶片状、鳞片状、板状或脉状产出。辉钼矿与脉石矿物的关系比较密切（见图1），有的呈鳞片状集合体分布，有的呈微细鳞片状、叶片状浸染在脉石中；部分辉钼矿与黄铁矿、磁铁矿等矿物一起沿脉石矿物的破碎裂隙充填交代（见图2）；还有部分辉钼矿与方铅矿共生或被包裹在方铅矿中；此外，少量辉钼矿与闪锌矿共生。

图3　方铅矿与黄铁矿共生，并包裹辉钼矿（反光）

图1　辉钼矿呈不规则状嵌布在脉石中（反光）

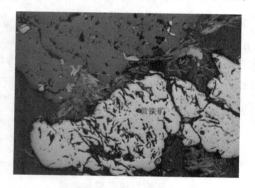

图2　辉钼矿与磁铁矿、黄铁矿共生（反光）

辉钼矿的粒度大小不一，一般为 0.02 ～ 0.10 mm，呈鳞片状分布在脉石中的辉钼矿的粒度比较细，一般小于 0.003 mm。

总体而言，辉钼矿集合体的嵌布粒度相对较粗，少量辉钼矿结晶程度较差，此外，部分辉钼矿呈微细鳞片状嵌布在脉石矿物中，这些原因都将不利于其在磨矿过程中的单体解离。

（2）方铅矿（PbS）。方铅矿常呈自形、半自形粒状或它形粒状嵌布。方铅矿与脉石的关系比较密切，一般呈粒状或粒状集合体分布在脉石中，少量呈细粒浸染状嵌布的方铅矿在破碎和磨矿过程中较难单体解离；部分方铅矿与黄铁矿、磁铁矿、闪锌矿共生或被包裹在其间（见图3）；少量方铅矿中还包裹有片状辉钼矿；极少量方铅矿被白铅矿交代。

方铅矿的粒度分布很不均匀，一般为 0.02 ～ 0.15 mm。

（3）黄铁矿（FeS$_2$）。黄铁矿是矿石中最主要的硫

化物，多呈自形、半自形粒状嵌布在脉石矿物中，有的破碎黄铁矿裂隙中充填有脉石矿物，另有少量黄铁矿以脉状形式嵌布于脉石矿物中；部分黄铁矿与磁铁矿、方铅矿、辉钼矿、磁黄铁矿、闪锌矿或黄铜矿等矿物共生或相互包含；此外还有少量黄铁矿被褐铁矿或赤铁矿交代。

黄铁矿的粒度大小不一，一般为 0.04 ～ 0.42 mm，最粗的可达 2 mm。

（4）磁黄铁矿（Fe$_{1-x}$S）。磁黄铁矿多呈不规则粒状嵌布在脉石矿物中；部分磁黄铁矿与黄铜矿、黄铁矿等矿物关系密切，常一起沿脉石矿物的裂隙或颗粒间隙充填；少量与闪锌矿共生。

磁黄铁矿的粒度一般为 0.015 ～ 0.04 mm。

（5）磁铁矿（Fe$_3$O$_4$）。矿石中磁铁矿的粒度粗细不均匀，常呈中细粒浸染状嵌布在脉石矿物中；部分磁铁矿与黄铁矿、磁黄铁矿、方铅矿关系密切，常与之一起沿脉石矿物的裂隙或颗粒间隙充填交代；少量磁铁矿被赤铁矿交代。

磁铁矿的粒度一般为 0.02 ～ 0.10 mm。

（6）白铅矿（PbCO$_3$）。白铅矿的含量很少，一般呈不规则粒状嵌布，主要与方铅矿伴生（见图4），X 射线能谱分析部分白铅矿中含少量 Sr。白铅矿的粒度一般为 0.01 ～ 0.10 mm。

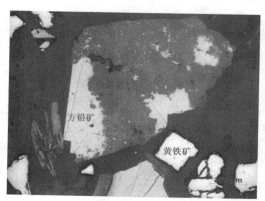

图4　方铅矿与白铅矿共生（反光）

（7）钼铅矿（PbMoO₄）。钼铅矿的含量很少，粒度细，主要与辉钼矿伴生（见图5），常呈不规则粒状与辉钼矿共生嵌布在脉石的裂隙中。钼铅矿的粒度一般为 0.003 ~ 0.015 mm。

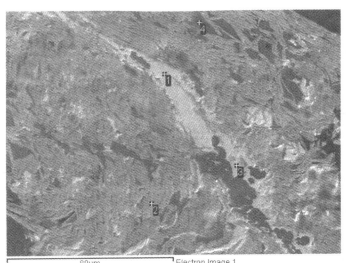

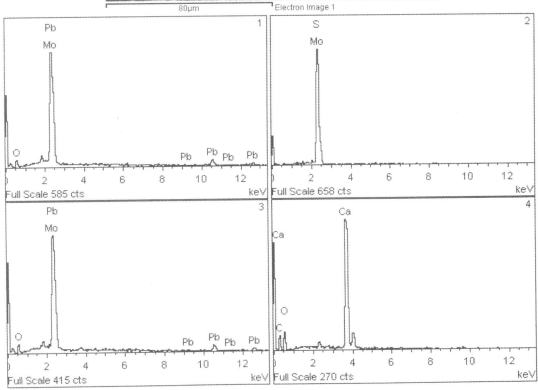

图5　钼铅矿嵌布在辉钼矿集合体的裂隙中（背散射图）

（1、3—钼铅矿；2—辉钼矿；4—方解石）

4　矿石中重要矿物的粒度特性

表5显示了该矿石中黄铁矿的粒度相对较粗，方铅矿次之，而辉钼矿的粒度最细。其中，黄铁矿和方铅矿主要以粗（>0.3 mm）- 中粒（0.074 - 0.3 mm）为主，辉钼矿以细粒（0.01 ~ 0.074 mm）为主。在 +0.074 mm 粒级中，辉钼矿的粒度占有率为33.72%，方铅矿为 58.81%，黄铁矿为 76.82%；在 -0.010 mm 粒级中，辉钼矿的粒度占有率为8.48%，方铅矿为 2.43%，黄铁矿为 1.41%。

表 5　重要矿物的粒度分布

粒度范围/mm	辉钼矿		方铅矿		黄铁矿※	
	含量/%	累计/%	含量/%	累计/%	含量/%	累计/%
1.651－1.168					1.61	1.61
1.168－0.833			1.28	1.28	3.42	5.02
0.833－0.589	2.01	2.01	2.74	4.02	4.86	9.88
0.589－0.417	1.42	3.43	4.52	8.54	7.44	17.32
0.417－0.295	2.01	5.44	6.39	14.93	11.75	29.07
0.295－0.208	2.85	8.29	8.08	23.01	11.76	40.84
0.208－0.147	4.53	12.82	8.90	31.91	12.76	53.60
0.147－0.104	7.83	20.65	13.09	45.00	10.76	64.36
0.104－0.074	13.08	33.72	13.81	58.81	12.46	76.82
0.074－0.043	16.34	50.06	16.04	74.85	10.48	87.30
0.043－0.020	21.88	71.94	11.04	85.89	7.29	94.58
0.020－0.015	9.41	81.35	7.83	93.72	2.36	96.94
0.015－0.010	10.17	91.52	3.85	97.57	1.66	98.59
<0.01	8.48	100.00	2.43	100.00	1.41	100.00

注：黄铁矿※包括全部黄铁矿、磁黄铁矿及其集合体。

5　辉钼矿、方铅矿、黄铁矿单体解离度

为了解矿石中辉钼矿、方铅矿、黄铁矿在磨矿过程中的单体解离特性，对原矿不同磨矿细度产品进行了系统的解离度测定，结果列于表 6、表 7 和表 8。

表 6　不同磨矿条件下辉钼矿的解离特征

磨矿细度 －0.074 mm /%	单体/%	连生体/%			总计
		与方铅矿连生	与黄铁矿连生	与脉石连生	
50	71.55	1.80	1.20	25.46	100.00
60	80.94	1.24	0.50	17.33	100.00
65	85.40	1.12	0.48	13.00	100.00
70	87.29	1.10	0.37	11.25	100.00
75	89.79	0.81	0.16	9.24	100.00
80	91.95	0.40	0.13	7.52	100.00

表 7　不同磨矿条件下方铅矿的解离特征

磨矿细度 －0.074 mm /%	单体/%	连生体/%			总计
		与辉钼矿连生	与黄铁矿连生	与脉石连生	
50	81.61	2.56	4.14	11.69	100.00
60	85.87	1.58	2.47	10.08	100.00
65	88.32	1.59	2.16	7.93	100.00
70	91.35	0.39	0.79	7.47	100.00
75	92.43	0.35	0.86	6.36	100.00
80	95.32	0.22	0.43	4.03	100.00

表 8　不同磨矿条件下黄铁矿※的解离特征

磨矿细度 －0.074 mm /%	单体/%	连生体/%			总计
		与辉钼矿连生	与方铅矿连生	与脉石连生	
50	73.01	1.85	9.43	15.71	100.00
60	83.18	0.98	5.34	10.50	100.00
65	89.46	0.77	2.12	7.65	100.00
70	92.45	0.23	0.56	6.76	100.00
75	94.35	0.22	0.54	4.89	100.00
80	95.09	0.15	0.25	4.51	100.00

注：黄铁矿※包括全部黄铁矿、磁黄铁矿及其集合体。

结果表明，当磨矿细度为 －0.074 mm 占 65% 时，辉钼矿、方铅矿和黄铁矿的单体解离度分别为 85.40%、88.32% 和 89.46%，单体解离充分，并且随着磨矿细度的增加，单体解离度随之增加的幅度减小。在连生体中，辉钼矿主要与脉石连生，少量与方铅矿、黄铁矿连生；方铅矿主要与脉石连生，其次与黄铁矿和辉钼矿连生；黄铁矿主要也是与脉石连生，其次与方铅矿连生，少量与辉钼矿连生。

6　影响钼、铅、硫选别指标的矿物学因素

（1）该矿石钼主要以辉钼矿形式存在，由于辉钼矿具有天然良好的可浮性，易回收，因此绝大部分辉钼矿会进入钼精矿中；辉钼矿的粒度粗细分布不均，矿石中有 8.48% 的辉钼矿的粒度小于 0.01 mm，这部分微细粒辉钼矿的单体解离较为困难，易损失到尾矿中；部分叶片状辉钼矿的片理间隙中充填有少量的脉石矿物，这些微细片理间的脉石的粒度比较细，在磨矿时单体解离较困难，浮选时易进入钼精矿，从而影响钼精矿品位的提高，因此，对钼的粗精矿需再磨

再选。

（2）矿石中有少量铅以氧化物形式存在，这是影响铅回收率的最主要因素。此外，矿石中有2.43%的方铅矿的粒度小于0.01 mm，这部分方铅矿即使细磨也较难单体解离，最终将损失到尾矿中。

（3）矿石中的硫主要以黄铁矿、磁黄铁矿的形式存在，少量以重晶石等硫酸盐的形式存在。黄铁矿、磁黄铁矿的分布较为均匀，并且粒度较粗，选矿难度不大，可以考虑综合回收。

7 结论

矿石中辉钼矿的嵌布粒度粗细不均匀，部分辉钼矿呈微细粒浸染于脉石矿物中，部分叶片状辉钼矿的片理间隙中充填有少量的脉石矿物，要想获得理想的钼的选别指标，采用粗磨粗选，粗精矿多段再磨再选的工艺，可获得较为理想的钼精矿指标。矿石中方铅矿、黄铁矿的嵌布粒度较粗，在粗磨条件下单体解离较为充分，可综合回收。

参考文献

［1］周金平，吴峰，贾木欣.伊春鹿鸣钼矿工艺矿物学研究［J］.矿冶，2008，17（2）：111－113.

［2］刘智林，叶雪均，肖金雄.江西某钨钼矿工艺矿物学研究［J］.中国钨业，2008，23（6）：8－10.

［3］陈江安，龚恩民.福建某钼矿的工艺矿物学研究［J］.江西理工大学学报，2009，30（1）：4－7.

［4］洪秋阳，梁冬云，王毓华，李波.斑岩型低品位铜钼矿石工艺矿物学研究［J］.中国钼业，2010，34（4）：6－8.

［5］祁玉海，李昌寿.乌努格吐山铜钼矿石工艺矿物学研究［J］.黄金，2008，29（4）：42－44.

菲律宾某尾矿样中金的赋存状态研究

王　玲

（北京矿冶研究总院矿物加工科学与技术国家重点实验室，北京，100044）

摘　要：菲律宾某尾矿库中矿样是金矿全泥氰化的浸渣，含 Au 0.88 g/t，含 Ag 4.94 g/t。在传统显微镜观察及化学物相分析等研究方法基础上，结合矿物自动分析仪 MLA 查明了尾矿库中金的赋存状态。矿样中 82.95% 的金以自然金、银金矿形式存在，17.05% 以碲金矿、碲金银矿形式存在。自然金、银金矿产出粒度一般小于 0.125 mm；碲金矿、碲金银矿产出粒度均小于 0.020 mm，金矿物产出特征复杂，主要以硫化矿物、褐铁矿、石英及方解石等矿物包裹体形式存在，有时可见粗粒单体自然金及银金矿。矿样中金可采用浮选及氰化浸出方法回收，而且磨矿、焙烧及预先重选有利于金的回收。

关键词：尾矿样；金；赋存状态；MLA

1　矿样的化学分析

矿样原始粒度为 −0.074 mm 占 63.15%，首先缩分 200 g 矿样并将其振磨至全部通过 0.074 mm 筛析，再缩分出 10 g 振磨样进行化学分析，结果见表 1。

表 1　矿样化学分析

组分	Au*	Ag*	Pb	Zn	Cu	Fe	S	As
含量/%	0.88	4.94	0.046	0.096	0.063	4.37	3.05	0.013
组分	SiO$_2$	Al$_2$O$_3$	CaO	MgO	K$_2$O	Na$_2$O	C	
含量/%	58.72	11.09	7.44	1.69	2.37	0.43	1.10	

注：Au*、Ag* 单位为 g/t。

矿样中除了主要回收元素 Au 以外，Ag 可综合回收，而其他伴生金属 Pb、Zn、Cu 品位均很低，暂无综合回收价值。

2　矿样的矿物组成

将原矿样磨制成环氧树脂光片 10 片，在显微镜下考查金属矿物，用振磨样进行 X 射线衍射分析，考查碳酸盐及硅酸盐等脉石矿物，再结合化学分析结果及扫描电镜分析，最终查明了矿样的主要矿物组成及相对含量，结果见表 2。

3　矿样中金矿物的考查

传统工艺矿物学研究方法中，金的赋存状态考查主要依靠显微镜、扫描电镜、化学物相分析方法等，由于矿样中金的品位一般较低，为找到足够数量的金矿物颗粒来进行相关工艺特性的统计，一般要采用重砂淘洗方法预先富集，这样一来矿样中金矿物的实际

表 2　矿样的矿物组成及相对含量

矿物名称	含量/%	矿物名称	含量/%
黄铁矿	5.48	石英	45.60
毒砂	0.03	云母	18.70
黄铜矿	0.18	长石	9.90
方铅矿	0.05	方解石	9.20
闪锌矿	0.14	绿泥石	7.30
褐铁矿	0.28	其他矿物	2.88
磁铁矿	0.26	合计	100.00

注：黄铜矿中包括斑铜矿、辉铜矿、铜蓝。

产出状态将会或多或少有所改变。另外，传统的显微镜观察容易将 1 μm 以下金矿物忽略掉，也会导致统计结果存在或多或少的偏差。本次研究采用矿物自动分析仪（MLA），其优点为能辨认 0.5 μm 以上的金颗粒，而且可以更高效地找到不经过重砂淘洗粉状矿样中的金矿物。

MLA 统计结果表明，矿样中 82.95% 的金以自然金、银金矿形式存在，17.05% 以碲金矿、碲金银矿形式存在，产出特征均很复杂。

自然金、银金矿粒度分布范围很大，所见到的最小颗粒小于 0.001 mm，最大颗粒大于 0.125 mm。一部分自然金、银金矿呈单体形式产出，粒度一般较粗，大部分与黄铁矿、闪锌矿、黄铜矿等硫化矿物连生或包裹于其中产出，还有一部分与褐铁矿、磁铁矿等连生或包裹于其中产出，少部分与方解石、石英等脉石矿物连生或包裹于其中产出。自然金、银金矿在扫描电镜下的产出状态描述见图 1。

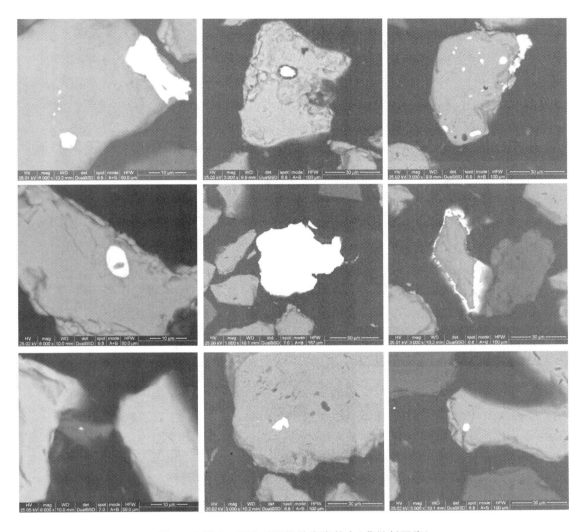

图1　自然金、银金矿颗粒的产出状态(背散射图像)

亮白色为自然金、银金矿,浅灰色为黄铁矿等硫化矿物等,深灰色为石英等脉石矿物,基底为环氧树脂。碲金矿($AuTe_2$)、碲金银矿(Ag_3AuTe_2)粒度普遍较小,分布范围一般为 0.001 ~ 0.020 mm。碲金矿、碲金银矿的产出特征比较复杂,大部分碲金矿、碲金银矿包裹于黄铁矿中或嵌布于其裂隙,有时与闪锌矿、黄铜矿等硫化矿物连生或包裹于其中产出,少部分包裹于褐铁矿、磁铁矿或方解石、石英等脉石矿物中产出。碲金矿、碲金银矿在扫描电镜下的产出状态描述见图2。

亮白色为碲金矿、碲金银矿,浅灰色为黄铁矿、黄铜矿、闪锌矿等,深灰色为石英、方解石等脉石矿物,基底为环氧树脂

矿样中银主要以碲银矿(Ag_2Te)形式存在,大部分碲银矿含 Au 0.48% ~ 8.21%,其他银矿物为很少量的铜银矿、自然银、铜银铅铋矿[$Pb(AgCu)_2Bi_4S_9$]及硫铋铅银矿($Ag_{12.5}Pb_{15}Bi_{20.5}S_{52}$)。碲银矿粒度分布范围较大,一般为 0.001 ~ 0.125 mm,个别较粗达 0.25 mm,大部分碲银矿呈较粗粒不规则状与黄铁矿、闪锌矿、黄铜矿、方铅矿等连生产出,少部分包裹于这些硫化矿物或褐铁矿、磁铁矿,以及石英等脉石矿物中产出。铜银铅铋矿、硫铋铅银矿主要呈微细粒包裹体嵌布于黄铁矿等硫化矿物中。碲银矿在扫描电镜下的产出状态见图3。

4　矿样的粒度特征及金、硫在不同粒级的分布特征

为了解金在矿样不同粒级中的分布,以及金与硫的相关关系,对矿样进行筛分分析。图3中亮白色为碲银矿,部分单体碲银矿边缘或裂隙被氧化,个别高亮白色为方铅矿,浅灰色为黄铁矿、黄铜矿、闪锌矿等,深灰色为石英、方解石等脉石矿物,基底为环氧树脂。分析不同粒级金、硫的分布特征,结果见表3。

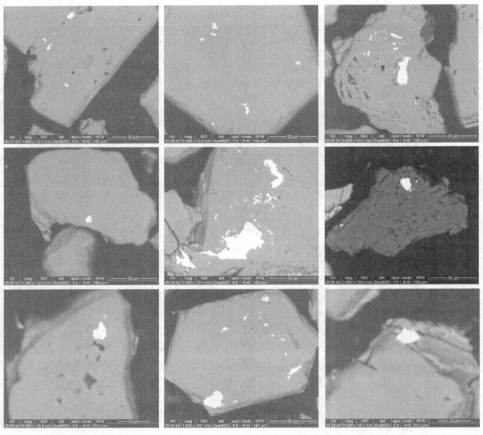

图 2　碲金矿、碲金银矿颗粒的产出状态（背散射图像）

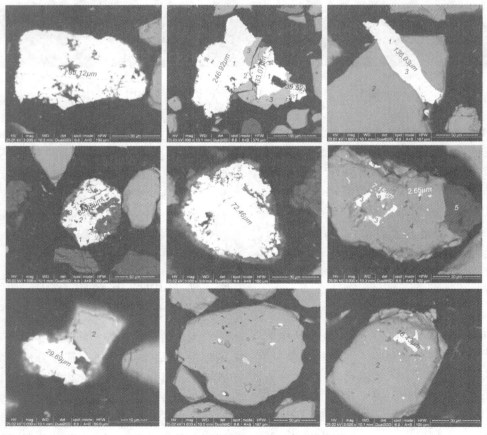

图 3　碲银矿颗粒的产出状态（背散射图像）

表3　矿样的粒度特征及金、硫在不同粒级的分布率

粒级	目	+100	−100 +200	−200 +400	−400	合计
	mm	+0.104	−0.104 +0.074	−0.074 +0.038	−0.038	
产率	%	16.65	20.20	22.97	40.18	100.00
Au	品位, g/t	0.78	0.73	0.88	0.98	0.87
	分布率/%	14.87	16.89	23.15	45.09	100.00
S	品位/%	1.50	2.04	4.13	1.99	2.41
	分布率/%	10.36	17.10	39.36	33.18	100.00

　　根据表3结果,计算矿样中金、硫的相关系数为0.39,说明金与硫有一定相关性,但相关性不很强,尤其在矿样细磨情况下。

5　矿样中金的赋存状态

　　在MLA统计结果的基础上,采用化学选择性溶解的方法(即化学物相分析)考查一定粒度矿样中金在不同矿物中的分布率。缩分原矿样200 g,在振磨机中加工至全部通过200目筛子(小于0.074 mm),再缩分100 g进行选择性溶解试验,金的浸出剂采用 $I_2 + NH_4I$,试验结果见表4。

表4　矿样中金在各类矿物中的分布率

相别	裸露金	硫化物包裹	金属氧化物包裹矿物	碳酸盐矿物包裹	硅酸盐矿物包裹	合计
金含量/(g·t⁻¹)	0.58	0.11	0.12	0.065	0.01	0.885
金分布率/%	65.54	12.43	13.56	7.34	1.13	100.00

　　综合显微镜、MLA分析统计结果及金的化学选择性溶解试验结果来看,矿样中0.58 g/t金以单体金或裸露金形式存在,分布率为65.54%,这部分金矿物主要为自然金及银金矿;0.11 g/t金以硫化物包裹金形式存在,分布率为12.43%,这部分金矿物既包括自然金、银金矿,也包括少量的碲金矿、碲金银矿;0.065 g/t金以方解石等碳酸盐矿物包裹金形式存在,分布率为7.34%,这部分金矿物主要为自然金、银金矿,还包括很少量的碲金矿、碲金银矿;0.12 g/t金以褐铁矿及少量磁铁矿包裹金形式存在,分布率为13.56%,这部分金矿物主要为碲金矿、碲金银矿,只包括很少量的自然金、银金矿,而且碲金矿、碲金银矿除了被金属氧化物包裹的以外,还包括与其他矿物连生而先前未被溶解的碲金矿、碲金银矿,这与其特殊的化学性质有关;0.01 g/t金以石英及硅酸盐矿物

包裹金形式存在,分布率为1.13%,这部分金矿物既有自然金、银金矿,又有碲金矿、碲金银矿。

6　矿样粒度与金浸出率的相关性

　　为了考查矿样粒度与金浸出率的相关性,缩分原矿样及不同磨矿细度的矿样各100 g,在相同条件下进行浸出试验,金的浸出剂采用 $I_2 + NH_4I$,试验结果见表5。

表5　不同粒度条件下原矿样中金的浸出特征

矿样粒度/%	相别	裸露金	硫化物包裹金	其他矿物包裹金	合计
63.15 (−0.074 mm)	含量/(g·t⁻¹)	0.48	0.19	0.20	0.87
	分布率/%	55.17	21.84	22.99	100.00
93.82 (−0.074 mm)	含量/(g·t⁻¹)	0.52	0.17	0.19	0.88
	分布率/%	59.09	19.32	21.59	100.00
86.32 (−0.038 mm)	含量/(g·t⁻¹)	0.58	0.10	0.18	0.86
	分布率/%	67.44	11.63	20.93	100.00

　　表5结果显示,不同粒度条件下原矿样中金均主要以裸露金形式存在,矿样经过振磨后,金的产出状态有所变化,主要表现为裸露金中金的分布率提高了12.27%,硫化物包裹金中金的分布率减少了10.21%,而其他矿物包裹金的分布率变化不大,只降低了2.06%,说明包裹于其他矿物中的金颗粒粒度很细,磨矿对其解离效果不明显。

　　总体来看,磨矿可在一定程度上提高金的浸出率及浮选回收率。

7　结论

　　(1)菲律宾某尾矿库中矿样含金0.88 g/t,矿样原始粒度为−0.074 mm占63.15%,在回收金的同时,银可综合回收,铜、铅、锌等无综合回收价值。

　　(2)MLA考查统计结果表明,矿样中金82.95%以自然金、银金矿形式存在,17.05%以碲金矿、碲金银矿形式存在。

　　(3)综合来看,矿样中金可采用浮选及氰化浸出方法回收,而且磨矿、焙烧及预先重选有利于金的回收。

参考文献

[1] 张惠斌, 矿石和工业产品化学物相分析[M]. 北京: 冶金工业出版社, 1992.

[2] 刘成义. 山东金矿工艺矿物学概论[M]. 北京: 冶金工业出版社, 1995.

[3] 张佩华、朱金初、赵振华、卢龙等, 东坪碲金矿的次生氧化与溶解[J], 矿床地质, 2002, 21(增刊): 783–786.

[4] 张佩华、赵振华、朱金初、张文兰等, 东坪式金矿的金银碲化物及其载金性[J]. 矿物学报, 2002, 22(4): 321–327.

[5] 文瑄、孙国曦、张文兰、王昭坤等, 山东乳山金矿中金–银碲化物的矿物学特征与沉淀机理[J], 矿物学报, 2005, 21(2): 178–181.

某铜钼尾矿工艺矿物学研究

郃　伟　王　玲

（北京矿冶研究总院矿物加工科学与技术国家重点实验室，北京102600）

摘　要：为查明某铜钼尾矿的综合利用价值，对其进行了系统的工艺矿物学研究。结果表明，该尾矿中主要的有价元素为铜、钼，对应的回收矿物为黄铜矿和辉钼矿；这些矿物的产出粒度均较细，在磨矿细度为 −0.074 mm 占90%时，单体解离度分别仅为74.74%及60.55%，目的矿物单体解离不充分及细磨矿产生的泥化现象是影响尾矿中铜、钼浮选回收率的主要因素。

关键词：工艺矿物学；铜钼尾矿；单体解离；泥化

矿产资源是人类赖以生存和社会发展的重要物质基础，又是一种不可再生的资源。随着社会经济的高速发展，矿产资源日趋贫竭，而我国工业化的发展，对矿产资源的需求又日益增长。矿山尾矿作为重要的矿山二次资源，无论是从社会经济发展的需要，还是从矿山企业可持续发展来讲，都具有重要的再利用价值，必须加以综合利用。因此，为了更好的利用该尾矿资源，对其进行了工艺矿物学研究。

1　矿样的化学性质

1.1　矿样的化学成分

矿样的化学成分分析见表1。

表1　矿样的化学成分分析

成分	Cu	Mo	S	Pb	Zn	Fe	Mn
含量/%	0.086	0.011	0.13	0.010	0.016	4.03	0.092
成分	SiO_2	Al_2O_3	CaO	MgO	K_2O	Na_2O	Bi
含量/%	54.84	15.78	5.57	2.42	3.70	1.59	<0.005
成分	TiO_2	P_2O_5	C	As	Au	Ag	–
含量/%	0.43	0.44	1.39	0.0059	0.06	5.09	–

注：其中 Au、Ag 单位为 g/t。

从表1可知，有价元素铜和钼的品位分别为0.086%和0.011%；硫和铁的品位分别为0.13%和4.03%，可考虑综合回收。

1.2　矿样中铜、钼的化学物相分析

将矿样研磨加工，然后进行铜、钼的化学物相分析，分析结果列于表2和表3。

表2　矿样中铜的化学物相分析

相别	自由氧化铜	原生硫化铜	次生硫化铜	铁结合铜	硅结合铜	合计
铜含量/%	0.023	0.048	0.030	0.010	0.007	0.088
铜分布率/%	26.14	20.45	34.09	11.36	7.95	100.00

表3　矿样中钼的化学物相分析

相别	氧化钼	硫化钼	合计
钼含量/%	0.0004	0.0107	0.0111
钼分布率/%	3.60	96.40	100.00

表2和表3的化学物相分析结果表明，铜的氧化率较高，只有54.54%的铜以硫化物形式存在；矿样中钼主要以硫化物的形式存在，占总量的96.40%；从铜的氧化率来看，该尾矿样为混合矿。

2　矿样的矿物组成及相对含量

矿样中钼的独立矿物主要为辉钼矿；铜的独立矿物主要为黄铜矿和斑铜矿，其次为辉铜矿、蓝辉铜矿和铜蓝，另有少量的孔雀石和蓝铜矿，微量的硫砷铜矿；铁矿物主要为磁铁矿和赤铁矿，其次为褐铁矿；另有少量的黄铁矿；其他金属矿物主要为金红石，另见少量方铅矿、闪锌矿、毒砂、锰铅矿等。非金属矿物主要为石英、斜长石、钾长石和高岭石，其次为金云母、铁白云石和方解石（见图1）及少量菱铁矿、绿泥石、磷灰石、钙铝榴石、角闪石、重晶石等。矿物的相对含量见表4。

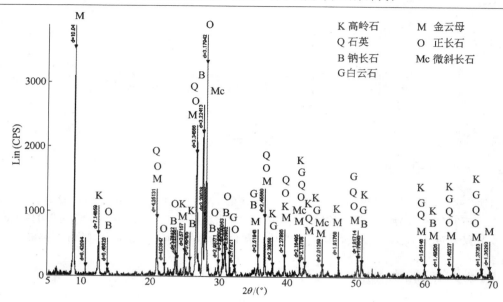

图1　矿样综合样的 X 射线衍射图

表4　矿样的矿物组成及相对含量表

矿物名称	含量/%	矿物名称	含量/%
辉钼矿	0.02	石英	20.59
黄铜矿	0.05	高岭石	18.79
斑铜矿	0.02	钾长石	16.08
辉铜矿、蓝辉铜矿、铜蓝	0.02	斜长石	15.96
孔雀石、蓝铜矿	0.04	方解石、铁白云石、菱铁矿	11.95
磁铁矿	0.51	金云母	9.42
赤铁矿	0.60	绿泥石	2.20
褐铁矿	0.37	磷灰石	1.06
黄铁矿	0.15	金红石	0.43
方铅矿	0.01	其他矿物	1.70
闪锌矿	0.02	合计	100.00
毒砂	0.01		

3　重要矿物的产出特征

3.1　黄铜矿（$CuFeS_2$）

黄铜矿是矿样中主要的原生硫化铜矿物，常呈不规则状或它形粒状与脉石矿物呈贫连生体形式产出（见图2），部分黄铜矿呈微细粒浸染于脉石矿物中，少量细粒黄铜矿呈单体分布，部分单体黄铜矿的边缘可见氧化痕迹；此外，黄铜矿与斑铜矿紧密连生，部分黄铜矿被斑铜矿沿边缘交代，少量粗粒黄铜矿中嵌布有细脉状斑铜矿；部分黄铜矿被辉铜矿、蓝辉铜矿和铜蓝等次生硫化铜矿物沿黄铜矿的边缘和裂隙交代形成镶边结构；有时可见黄铜矿与磁铁矿连生呈集合体形式嵌布在脉石矿物中，这部分黄铜矿粒度小于0.015 mm；有时还可见黄铜矿被褐铁矿交代，或呈交代残余嵌布于褐铁矿中，并与孔雀石紧密连生；偶尔可见黄铜矿与硫砷铜矿、褐铁矿紧密连生产出。

3.2　斑铜矿（Cu_5FeS_4）

斑铜矿是矿样中的次生硫化铜矿物之一，斑铜矿与黄铜矿关系最为密切，斑铜矿常沿黄铜矿边缘或裂隙处交代呈不规则状集合体产出于脉石矿物中，部分斑铜矿在黄铜矿中呈叶片状固溶体分离结构产出；有时可见斑铜矿与辉铜矿、蓝辉铜矿和铜蓝等次生硫化铜矿物呈格子状、叶片状、细脉状集合体形式紧密连生产出在脉石矿物中；偶尔可见不规则状斑铜矿与脉石矿物连生产出。矿样中斑铜矿以微粒、细粒为主产出，并且常与黄铜矿、辉铜矿、蓝辉铜矿和铜蓝等铜的硫化矿物紧密连生。

3.3　辉铜矿（CuS_2）、蓝辉铜矿（Cu_8S_5）、铜蓝（CuS）

辉铜矿、蓝辉铜矿和铜蓝是矿样中主要的次生硫化铜矿物。辉铜矿、蓝辉铜矿常与黄铜矿连生呈不规则状集合体的形式产出在脉石矿物中，辉铜矿常沿斑铜矿的内部结晶方向呈格子状及沿中心部位呈网脉状交代；有时可见铜蓝与蓝辉铜矿紧密连生产出在脉石矿物中；偶尔可见铜蓝呈不规则状与脉石矿物紧密连生。矿样中辉铜矿、蓝辉铜矿和铜蓝主要以微粒、细粒产出，其粒度分布范围一般为 0.010～0.038 mm。

3.4　孔雀石（$Cu_2[CO_3](OH)_2$）、蓝铜矿（$Cu_3[CO_3]_2(OH)_2$）

孔雀石是矿样中主要的氧化铜矿物，多呈纤维状或放射状集合体形式产出，亦有呈不规则状产出在脉石矿物的颗粒表面或者是充填在脉石矿物的颗粒间隙以及裂隙中；此外，孔雀石与褐铁矿的连生关系密切，常沿褐铁矿边缘或裂隙处呈不规则状或粒状产出；偶尔可见孔雀石沿磁铁矿裂隙处呈不规则状或粒状单体产出。

蓝铜矿是矿样中次要的氧化铜矿物，蓝铜矿主要呈不规则状与脉石矿物连生；偶尔可见蓝铜矿与孔雀石连生呈集合体形式分布在脉石矿物中；偶尔还可见蓝铜矿呈细粒状单体分布。

3.5　辉钼矿（MoS_2）

辉钼矿是矿样中主要的钼矿物，辉钼矿主要与脉石矿物连生（见图3），常呈鳞片状、叶片状、针状晶体与脉石矿物呈贫连生体形式产出，有时可见辉钼矿呈束状甚至呈类似变形岩石中的"膝折"产出在脉石矿物中；部分辉钼矿呈纤维状、毛发状和不规则状单体形式产出，这部分辉钼矿单体的粒度较细，其粒度范围一般为0.005～0.015 mm；辉钼矿与其他金属矿物的连生关系均不密切。

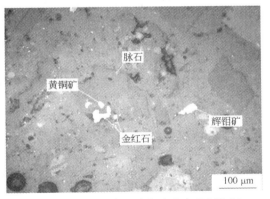

图2　黄铜矿与脉石矿物连生产出（反光）

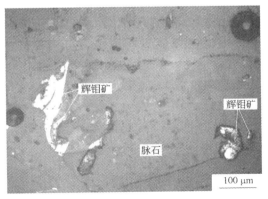

图3　辉钼矿与脉石矿物连生产出（反光）

4　重要矿物的粒度产出特性

为了解矿样中重要矿物的粒度分布特性，在显微镜下用线段法对综合样中的辉钼矿、黄铜矿、黄铁矿及磁铁矿的粒度进行统计，统计结果列于表5。

表5　矿样中重要矿物的粒度统计表

粒度范围 /mm	辉钼矿		黄铜矿*		黄铁矿		磁铁矿**	
	含量 /%	累计 /%	含量 /%	累计 /%	含量 /%	累计 /%	含量 /%	累计 /%
-0.589 +0.295	-	-	1.64	1.64	1.25	1.25	1.32	1.32
-0.295 +0.208	-	-	3.28	4.92	3.53	4.78	4.99	6.31
-0.208 +0.147	-	-	1.74	6.66	6.22	11.00	12.54	18.85
-0.147 +0.104	-	-	3.69	10.35	3.52	14.52	9.02	27.87
-0.104 +0.074	6.81	6.81	5.52	15.87	9.05	23.57	17.10	44.97
-0.074 +0.043	8.95	15.76	14.89	30.76	12.92	36.49	15.88	60.85
-0.043 +0.020	28.90	44.66	24.68	55.44	25.73	62.22	22.25	83.10
-0.020 +0.015	9.37	54.03	16.34	71.78	12.70	74.92	7.37	90.47
-0.015 +0.010	14.34	68.37	12.65	84.43	13.67	88.59	6.77	97.24
-0.010 +0.005	23.70	92.07	15.57	100.00	11.41	100.00	2.76	100.00
-0.005	7.93	100.00						

注：①黄铜矿*指硫化铜矿物集合体，包括黄铜矿、斑铜矿、辉铜矿、蓝辉铜矿和铜蓝等次生硫化铜矿物；②磁铁矿**指磁铁矿集合体，包括磁铁矿单体和磁铁矿与赤铁矿的连生体。

表5结果表明，矿样中辉钼矿以细粒、微粒为主产出；黄铜矿*、黄铁矿以细粒为主产出，其次呈中粒、微粒产出；磁铁矿**主要以中粒、细粒为主产出。在 +0.074 mm 粒级中，辉钼矿的占有率为6.81%，黄铜矿*的占有率为15.87%，黄铁矿的占有率为23.57%，磁铁矿**的占有率为44.97%。在 -0.010 mm 粒级中，辉钼矿的占有率为31.63%，黄铜矿*的占有率为15.57%，黄铁矿的占有率11.41%，磁铁矿**的占有率为2.76%。

5　矿样的粒度分布特征

通过筛分及水析分级方法，将矿样分为6个级别，并分别考查各粒级中钼、铜的分布规律，结果见表6。

表6　矿样筛分水析分级结果及钼、铜的粒级分布特征

粒级/mm	产率/%	品位/%		分布率/%	
		Mo	Cu	Mo	Cu
+0.150	36.63	0.0093	0.092	39.39	37.14
−0.150 +0.074	18.97	0.0058	0.060	12.72	12.55
−0.074 +0.038	15.54	0.0075	0.063	13.48	10.79
−0.038 +0.020	6.82	0.0094	0.085	7.41	6.39
−0.020 +0.010	7.50	0.0098	0.110	8.50	9.09
−0.010	14.54	0.0110	0.150	18.50	24.04
合计	100.00	0.0090	0.091	100.00	100.00

从表6可以看出，矿样泥化较为严重，钼、铜在 −0.010 mm 粒级的分布率均高达 18.50% 及 24.04%，这是影响钼、铜浮选回收的主要因素之一。

6　不同磨矿细度下重要矿物的单体解离特性

将矿样磨至不同细度后，在显微镜下分别测定了不同磨矿细度下辉钼矿、黄铜矿的单体解离度，统计结果列于表7。

表7　不同磨矿细度下样品中重要矿物的解离特征

−0.074 mm 占有率/%	单体/%	
	辉钼矿	黄铜矿
44（原矿样磨矿细度）	42.58	17.11
65	46.66	50.50
75	55.79	61.12
80	56.34	68.11
90	60.55	74.74

从表7可以看出，当磨矿细度为 −0.074 mm 占 90% 时，辉钼矿、黄铜矿单体解离均不充分，与脉石矿物连生关系紧密，这是影响钼、铜浮选回收的主要因素。

7　结语

该矿样中有价元素为铜、钼，对应的回收矿物为黄铜矿和辉钼矿；同时，硫和铁的品位分别为 0.13% 和 4.03%，对应矿物主要为黄铁矿及磁铁矿，可考虑综合回收。矿样中辉钼矿、黄铜矿的产出粒度较细，且大部分辉钼矿和黄铜矿与脉石矿物呈贫连生体的形式产出，而且，铜的氧化率高，导致铜、钼浮选回收难度大。另外，矿样中高岭石、金云母等矿物含量高，泥化较为严重，磨矿后易产生二次泥化，在一定程度上恶化浮选环境，浮选前脱泥有利于铜、钼回收。磁铁矿、黄铁矿相对易于回收，但含量低，仅分别为 0.51% 和 0.15%，影响其综合回收价值。

参考文献

[1] 洪秋阳，梁冬云，王毓华，李波. 斑岩型低品位铜钼矿石工艺矿物学研究[J]. 中国钼业，2010(4)：12−14.
[2] 魏党生. 广东某铜钼矿浮选工艺研究[J]. 有色金属（选矿部分），2009(2)：37−42.
[3] 周金平，吴峰，贾木欣. 伊春鹿鸣钼矿工艺矿物学研究[J]. 矿冶，2008(2)：115−117，123.
[4] 张青草. 新疆富蕴索尔库都克铜（钼）矿石工艺矿物学研究[J]. 甘肃冶金，2010(3)：49−52.
[5] 李兵容，赵华伦，邱允武，陈海蛟. 西藏某铜钼矿浮选工艺研究[J]. 有色金属（选矿部分），2010(3)：8−12.

铝电解废旧阴极的工艺矿物学研究

袁 威 金自钦 杨 毅

（昆明冶金研究院，云南昆明，650031）

摘 要：研究了铝电解废旧阴极炭块的矿物学特征。使用 X 射线衍射仪查明了废旧阴极炭块的主要物质组成为碳、金属铝、氧化铝和冰晶石；用光学显微镜查明了其嵌布特征、嵌布粒度以及碳、铝的赋存状态。

关键词：废旧阴极；工艺矿物学

铝电解槽大修后的固体废料——废旧阴极炭块是铝电解产生的最大的污染源。相关研究表明，每生产 1 t 铝锭，就会产生大约 30 kg 废旧阴极炭块，根据工业铝电解槽的氟平衡计算结果，每生产 1 t 铝平均消耗氟 30 kg，其中有 30% ~40% 渗透于炭阴极中，并且电解质成分越来越复杂。铝电解废旧阴极里面含有大量的可以回收的有价值物质，而目前采取的堆放和不恰当处理不但对环境产生很大的不利影响而且造成资源浪费。现阶段，针对铝电解槽综合回收利用已有了许多相关研究报道，特别是使用浮选的方法。本文作者通过偏光显微镜、X 射线衍射等设备和手段研究了铝废旧阴极炭块的主要物质组成、含量、嵌布特征以及 C、Al 元素赋存状态等工艺矿物学参数，为减轻环境压力和废旧阴极的资源回收利用提供了技术依据。

1 铝电解废旧阴极的化学性质

废旧阴极炭块的多元素分析结果见表 1。

表 1 废旧阴极炭块的多元素分析结果

元素	C	Al₂O₃	Na	Fe	F	Si	CaO	S	K
含量/%	33.74	35.86	5.49	3.58	10.33	1.01	0.67	0.33	0.04

从表 1 得知，废旧阴极中 C、Al_2O_3、F、Na 的含量较高，是主要回收对象。

2 废旧阴极的物质组成分析

2.1 X 射线衍射分析

采用 X 射线衍射分析废旧阴极的物质组成，废旧阴极的 X 射线衍射结果见图 1。

2.2 废旧阴极的物质组成与计算

经磨制光、薄片镜下观察、化学分析、X 射线衍

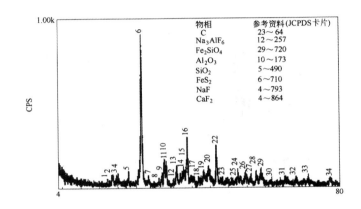

图 1 废旧阴极的 X 射线衍射结果

射分析等方法，查出矿石中有自然元素、氧化物、硅酸盐、硫化物、卤化物五类共 10 种物质存在，其中自然元素占 43.30%，氧化物占 32.98%，卤化物占 17.01%，其他少量。详见表 2。

表 2 废旧阴极物质组成与相对含量

类 型	物质名称	分子式	含量/% ±
自然元素	石墨	C	20.24
	无定形碳	C	13.50
	金属铝	Al	9.56
氧化物	石英	SiO_2	0.39
	氧化铝	Al_2O_3	32.59
硫化物	白铁矿	FeS_2	0.62
硅酸盐	硅酸铁	Fe_2SiO_4	6.00
卤化物	冰晶石	Na_3AlF_6	15.27
	氟化钠	NaF	0.89
	萤石	CaF_2	0.94
合 计	/	/	100.00

由表2得知，废旧阴极中有用物质为石墨、金属铝、氧化铝、冰晶石等。

3　主要物质的嵌布特性

3.1　石墨

分子式是 C，含量有 20.24% 左右，黑色，不透明。镜下观察，主要为片状晶体及土状微晶集合体，常与无定形碳成分混杂、相互包裹（部分图中标注为"碳质"，意为石墨及无定形碳的混合物）。石墨及无定形碳的混合物常与金属铝（氧化铝）、冰晶石等物质连生或相互包裹。片状晶体粒度多在 0.05 ~ 0.5 mm 之间，−0.2 mm 的粒级中，解离程度相对较好。见图2、图3、图4、图5。

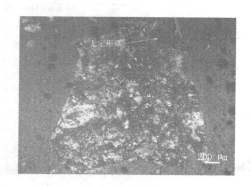

图2　石墨常与无定形碳呈混杂状（反射单偏光）

图3　石墨（无定形碳）独立产出（反射单偏光）

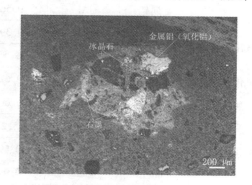

图4　石墨与金属铝、冰晶石连生（反射单偏光）

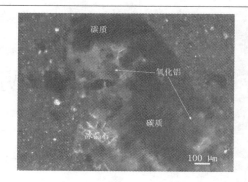

图5　废旧阴极中物质混杂产出（透射正交偏光）

3.2　无定形碳

分子式是 C，含量有 13.50% 左右，黑色，不透明。镜下观察，主要为土状混合物，常与石墨成分混杂或相互包裹，与微晶状石墨无明显界限，较难区别。除了在反射正交偏光视场之下石墨非均性较明显及部分石墨常为片状晶体以外，其他条件下难于区分碳和石墨。见图6、图7。

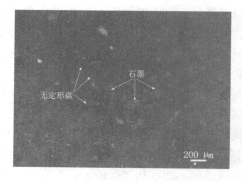

图6　石墨非均性明显，无定形碳全黑色（反光正交）

图7　石墨与无定形碳难于区别（反射单偏光）

3.3　金属铝

分子式是 Al，白色至锡白色，含量为 9.56% 左右，金属光泽，不透明。镜下观察，常呈延展性较好的片状产出，部分与氧化铝、碳质、冰晶石连生，或与碳质、冰晶石等相互包裹。粒度在 0.5 ~ 5 mm 之间。见图8、图9。

图 8　金属铝中常包裹碳质等（反光）

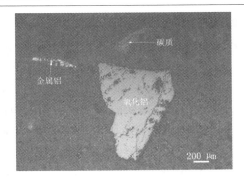

图 11　氧化铝、金属铝、碳质独立产出（反光）

图 9　反射正交偏光下金属铝为全黑（反光正交）

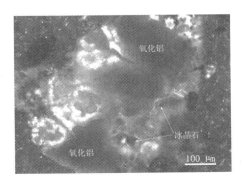

图 12　冰晶石常与氧化铝连生（透光正交）

3.4　氧化铝

分子式是 Al_2O_3，含量为 32.59% 左右，白色、乳白色至无色，半透明，玻璃光泽。镜下观察，常呈片状至粒状，常与冰晶石连生或成分混杂产出，部分与碳质等相互包裹。粒度在 0.01 ~ 1 mm 之间。见图 10、图 11。

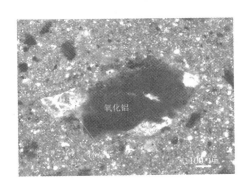

图 13　冰晶石与氧化铝连生（透光）

4　碳、铝的赋存状态

4.1　碳的赋存状态及分配率计算

经化学分析，废旧阴极中 C 的含量为 33.74%，经镜下观察、X 射线衍射分析等方法研究发现，碳主要以独立矿物及非晶态物质的形式赋存在石墨及无定形碳之中。详见表 3。

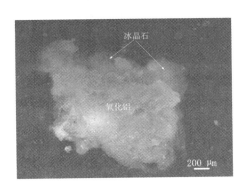

图 10　氧化铝与片状冰晶石混杂连生（反光正交）

3.5　冰晶石

分子式是 Na_3AlF_6，含量在 15.27% 左右，无色透明，玻璃光泽。镜下观察，常为片状至粒状晶体，多与氧化铝连生或相互包裹，粒度在 0.05 ~ 0.1 mm 之间。见图 12、图 13。

表 3　碳在主要矿物中的分配率计算表

物质	物质重量/%	物质中碳的含量/%	物质中碳的分配量/%	碳在各物质中的分配比/%
石墨	20.24	100.00	20.24	60.00
无定形碳	13.50	100.00	13.50	40.00
合计	33.74	/	18.09	100.00

4.2 铝的赋存状态及分配率计算

经化学分析，废旧阴极中 Al_2O_3 的含量为 35.86%，考虑到金属铝延展性较好，制备化学分析及 X 衍射分析样品时难于粉碎，所以化学分析时检出的 Al_2O_3 含量未包括金属铝。综合镜下相面积目测及废旧阴极各组成物质的平衡计算，金属铝含量确定为 9.56%。故废旧阴极中的 Al 含量为 31.07%（化学分析数据 Al_2O_3 中 Al 加上金属铝中的 Al）。经镜下观察、X 射线衍射分析等方法研究发现，Al 主要以独立矿物（或物质）的形式赋存在金属铝、氧化铝、冰晶石中，详见铝在主要物质中的分配率计算表。

表 4　铝在主要物质中的分配率计算表

物质	物质重量/%	物质中铝的含量/%	物质中铝的分配量/%	铝在各物质中的分配比/%
金属铝	9.56	100.00	9.56	30.77
氧化铝	32.59	59.99	19.55	62.92
冰晶石	15.27	12.85	1.96	6.31
合计	57.42	/	31.07	100.00

5　结论

（1）废旧阴极中有自然元素、氧化物、硫化物、硅酸盐、卤化物五类共 10 种物质存在，其中自然元素占 43.30%，氧化物占 32.98%，卤化物占 17.10%，其他少量。

（2）废旧阴极中石墨及无定形碳的含量合计有 33.74%，石墨含量有 20.24%，无定形碳含量有 13.50%。石墨及无定形碳的含量尚需进一步做详细研究方可精确定量。石墨与无定形碳经常相互包裹、相互连生，颗粒细小者边界不明显，故针对石墨的选矿试验得到的产品预计为石墨及石墨与无定形碳的混合物。

（3）废旧阴极中冰晶石含量为 15.27% 左右，多与氧化铝连生或相互包裹，粒度在 $0.05 \sim 0.1$ mm 之间。

（4）废旧阴极中氧化铝含量有 32.59%。金属铝的含量为镜下目测法结合矿石物质平衡估算，精确定量尚需进一步做矿物分离等详细研究工作。金属铝在选矿过程中极难破碎，会对选矿工艺造成较大影响，如何对金属铝进行有效的分离回收应做重点研究。氧化铝（或称为有一定结晶程度的刚玉）相对金属铝容易回收利用。

参考文献

[1] 翟秀静、邱竹贤，铝电解槽废旧阴极炭块的结构和组成[J].东北工学院学报，1992(80)：456-459.
[2] 曹继明、李军英，浅议铝电解槽废旧阴极炭块的回收与综合利用[J].炭素技术，2004，23(5)：41-44.
[3] 李方义、李清，铝电解槽废阴极内衬的回收利用[J].矿产保护与利用，2001，8(4)51-54.
[4] 邱竹贤、翟秀静、卢惠民，等.铝工业废旧碳阴极材料的综合利用[J].轻金属，1999，(11)：42-44.
[5] 孟宵春，铝电解槽废旧阴极内衬的回收利用[J].中国物资再生，1992，(11)：12-13.
[6] 卢惠民、邱竹贤，浮选法综合利用铝电解槽废阴极炭块的工艺研究[J].金属矿山，1997，(6)32-34.
[7] 翟秀静、邱竹贤，浮选法从废旧阴极炭块中回收电解质的研究[J].轻金属，1992，(8)：24-27.
[8] 翟秀静、朱旺喜、邱竹贤，用浮选碳粉再制阴极炭块的研究[J].中国有色金属学报，1994，3，4(1)：40-42.

广西珊瑚钨锡矿床矿化特征及钨矿物研究

李 莉 王滋平 刘运锷 姚金炎 刘 伟

（中国有色桂林矿产地质研究院有限公司，广西桂林，541004）

摘 要:根据大量薄片鉴定、钨矿物物相分析及结合前人在该区的勘查科研成果，主要将珊瑚钨锡矿床划分为钨锡黄玉－萤石－白云母阶段、黑钨矿－锡石－石英阶段、硫化物－石英阶段、白钨矿－碳酸盐阶段4个成矿阶段；论述了黑钨矿、白钨矿的矿物特征及生成关系。

关键词:成矿阶段；钨矿物特征；生成关系；钨锡矿床；广西珊瑚

1 矿区地质概况

珊瑚钨锡矿床是我国湘、赣、粤、桂钨－锡成矿带典型矿床之一，位于南岭东西向构造带西段，分布在北东向笔架山断层和石墨冲断层间的珊瑚向斜北西翼的构造盆地中。区内大面积分布的地层主要是泥盆系、石炭系。泥盆系下部以碎屑岩为主，上部为碳酸盐岩。泥盆系不整合于早古生代地层之上。石炭系以碳酸盐岩为主，已发现矿产主要赋存于泥盆系中。矿床规模大，由数百条工业矿脉组成6个矿脉组，以Ⅱ、Ⅲ和Ⅳ脉组最为重要。矿脉延深已达千米。矿脉上部赋存在中泥盆系碳酸盐岩中，下部延伸至中下泥盆系的砂页岩中。

在矿田范围内有4种矿床类型，即钨锡石英脉型、钨锑萤石－石英脉型、含钨石英角砾脉型和似层状锡－多金属硫化物型。其中钨锡石英脉型最具工业意义，长营岭钨锡矿床探明储量钨达大型、锡为中型。

2 成矿阶段划分

珊瑚钨锡矿床主要金属矿物有：黑钨矿、锡石、白钨矿、黄铜矿、闪锌矿、毒砂、黄铁矿、氟磷酸铁锰矿、菱锰矿、黝锡矿、磁黄铁矿、白铁矿、方铅矿、辉铋矿等；主要脉石矿物有：石英、方解石、白云石、白云母、萤石、磷灰石、绿泥石、自然砷、雄黄等。

根据矿物共生组合、矿石结构构造和矿物穿插包裹交代关系等，可将矿区成矿阶段分为4个主要成矿阶段，即钨锡黄玉－萤石－白云母阶段、黑钨矿－锡石－石英阶段、硫化物－石英阶段和白钨矿－碳酸盐阶段。

2.1 钨锡黄玉－萤石－白云母阶段

该阶段主要形成线脉，零星分布于长营岭东侧石

灰山一带地表及浅部，脉幅窄，规模小，数量少。主要矿物为白云母、萤石、黄玉，少量石英、黑钨矿、锡石、毒砂，黑钨矿呈小柱板状、不均匀浸染分布，锡石多呈短柱状。

2.2 黑钨矿－锡石－石英阶段

该阶段的产物为大脉，分布范围大，延伸深，数量多。本区主要的工业矿脉为该阶段产物。脉石以石英为主，白云母、萤石次之，白云母常产于脉壁局部分布，少见黄玉。黑钨矿富集，常呈大、小板状，一般长20 cm左右，常与白云母共生，由脉壁向脉中心呈放射状集合体产出。锡石呈浅棕褐色，自形至半自形，粒度较粗。被硫化物与白钨矿穿插。局部分布毒砂、闪锌矿、黄铜矿、菱锰矿、氟磷酸铁锰矿（见图1、图2）。

图1 白钨矿（Sch）穿插交代晶黑钨矿（Wf）晶族

2.3 硫化物－石英阶段

该阶段以硫化物为主，石英、白云母、萤石等脉石矿物含量少，硫化物种类多，以毒砂、闪锌矿为主，次为磁黄铁矿、黄铁矿、黄铜矿等金属矿物，可见黄

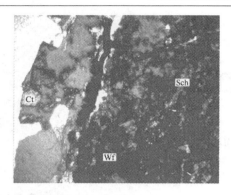

图 2　黑钨矿（Wf）、白钨矿（Sch）、锡石（Ct）发育

铁矿包裹闪锌矿、锡石，闪锌矿包裹小颗粒毒砂。本阶段产物叠加于Ⅱ阶段钨锡石英阶段的中下部。

2.4　白钨矿－碳酸盐阶段

该阶段的白钨矿呈网脉及环状沿黑钨矿晶面或解理裂隙分布，白钨矿还保留少量黑钨矿残晶，交代强烈时白钨矿呈黑钨矿板状外形。亦可见白钨矿穿插锡石，脉石为碳酸盐（见图3、图4）。

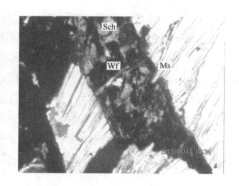

图 3　白钨矿（Sch）交代黑钨矿（Wf）产于白云母（Ms）脉中

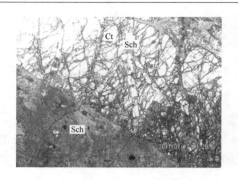

图 4　白钨矿（Sch）穿插交代锡石（Ct）

综上所述，黑钨矿、锡石有两个成矿阶段，其中以黑钨矿－锡石－石英阶段为主，该阶段黑钨矿、锡石粒径大，分布广，数量多，白钨矿则产于第Ⅳ阶段末期的白钨矿－碳酸盐阶段。

3　钨矿物特征

3.1　黑钨矿

黑钨矿形成于钨锡黄玉－萤石－白云母阶段和黑钨矿－锡石－石英阶段，且以后一阶段为主。

钨锡黄玉－萤石－白云母阶段：黑钨矿为黑色，呈板状、柱状和细粒不均匀浸染体，粒径 0.5~2.0 mm，粒径小，分布在浅部，与黄玉、萤石、电气石、锡石（早阶段）、毒砂等共生。

黑钨矿－锡石－石英阶段：黑钨矿为板状和针状晶体，粒径大，晶体最长达 70 cm，厚 2 cm，一般长 10~20 cm 左右，厚 1~1.5 cm，常呈放射状集合体由脉壁向脉中央产出，与毒砂、黄铜矿、菱锰矿、氟磷酸铁锰矿、水云母等共生。黑钨矿化学成分特征见表1。

表 1　黑钨矿化学成分特征

| 矿床 | 样品编号 | 矿化阶段 | 标高/m | 化学成分/% | | | | | 资料来源 |
				WO_3	FeO	MnO	Nb_2O_5	Ta_2O_5	
长营岭	ZK1－①－11	Ⅱ钨锡石英脉阶段	4	76.06	3.95	17.45	0.0051	0.045	桂林矿产地质研究院
	ZK7－②－11		-129	76.45	7.72	14.53	0.0080	0.0028	
	ZK2－①－1		-175	75.55	7.70	12.56	0.023	0.028	
	ZK12－1－1		-253	76.50	3.20	19.32	0.032	0.050	
	ZK8－2－1		-376	75.82	7.41	14.95	0.036	0.041	
	ZK8－3－1		-606	74.42	9.73	13.32	0.15	0.070	
栗木		花岗岩		72.28	9.99	13.32	1.42	0.240	林德松（1996）
水溪庙		花岗岩		69.85	10.75	11.32	1.06	0.330	
大吉山 101 矿床		花岗岩		74.80	6.83	17.85	0.544	0.171	
		花岗岩		74.04	10.89	13.64	0.711	0.939	

由表 1 可见，该区黑钨矿富含 MnO，贫 FeO、Nb_2O_5、Ta_2O_5，基本归属于钨锰矿或钨锰铁矿，黑钨矿的 WO_3 含量为 74.42% ~76.55%，接近钨锰铁矿标准值 WO_3 76.55%。本区的黑钨矿成分与栗木老虎头、水溪庙、大吉山 101 钨锡（铌钽）花岗岩型矿床的黑钨矿相比，WO_3 偏高，而 Nb_2O_5、Ta_2O_5 明显偏低，尤其含铌、钽相差一二个数量级。

本区标高 -600 m 的黑钨矿与上部黑钨矿化学成分有明显差别，WO_3、MnO 分别下降 74.42%、13.32%，FeO、Nb_2O_5、Ta_2O_5 则升高，分别为9.73%、0.15%、0.070%，铌钽含量随深度不断增高，这可能说明深部已接近岩浆岩体。

3.2　白钨矿

在黑钨矿 - 锡石 - 石英阶段，白钨矿有少量晶出，呈正方双锥或单锥晶体，粒径 3~4 cm，分布在石英的裂隙中。

白钨矿主要在成矿末期碳酸盐阶段产出，呈微细脉、网脉状沿黑钨矿晶面或解理裂隙交代，交代强烈时，常呈黑钨矿板状假象。白钨矿单矿物化学分析结果：WO_3 74.08%，CaO 20.97%，P_2O_5 0.014%。

广西有色 204 地质队 1968 年对钨矿的物相分析成果见表 2。

表 2　钨矿的物相分析成果

中段 /m	样品个数 /个	WO_3 平均含量/%			WO_3 含量各占/%			黑钨矿与白钨矿含量之比
		黑钨矿	白钨矿	钨华	黑钨矿	白钨矿	钨华	
240	14	0.119	0.334	0.024	24.95	70.02	5.03	1:2.8
175	156	0.669	0.287	0.043	66.97	28.73	4.3	2.3:1
75	140	1.632	0.734	0.042	67.77	30.48	1.74	2.2:1
75 中段以下	75	2.105	0.961	0.028	68.03	31.06	0.91	2.28:1
平均	395	1.351	0.592	0.039	68.16	29.87	1.97	2.2:1

资料来源：广西有色 204 地质队。

由表 2 可知，浅部 240 m 中段黑钨矿与白钨矿之比为 1:2.8；175 m 中段以下，黑钨矿与白钨矿之比基本稳定为 2.3:1。白钨矿的富集在矿床上部与围岩碳酸岩关系极为密切；在下部砂岩、页岩中，白钨矿则与黑钨矿含量有关，在黑钨矿含量较高时，白钨矿常较为富集，白钨矿与黑钨矿呈正相关关系。

本次工作选择 32 件矿石样品做了钨矿物相分析，其中 29 件为含钨锡石英脉样品，采样标高为 -700~0 m 之间。分析结果见表 3，从钨矿物相分析结果和光、薄片鉴定可以看出：

（1）29 件含钨石英脉物相分析表明，WO_3 含量平均值黑钨矿为 1.94%、白钨矿为 0.79%，黑钨矿与白钨矿比值为 2.4，与广西有色 204 地质队在 75 m 中段以下物相分析比较，黑钨矿为 2.1%、白钨矿为0.96%，黑钨矿/白钨矿的比值为 2.28，两者基本一致。

29 件样品中 WO_3 大于 1% 的有 13 件，其中 2 件主要为黑钨矿特高样品，不计平均值，11 件平均值 WO_3 黑钨矿为 3.2%、白钨矿为 1.85%，黑钨矿与白钨矿比值为 1.3。WO_3 小于 1% 的有 16 件，2 件白钨矿、黑钨矿特高样品，不计平均值，14 件平均品位：黑钨矿 0.374%、白钨矿 0.17%，黑钨矿/白钨矿的比值为 1.9。由上可知，富矿石英脉中，除黑钨矿含量高，白钨矿也同时极为富集，占重要地位，贫矿石英脉中则以黑钨矿为主，白钨矿含量很少。

（2）根据黑钨矿 - 白钨矿绝对含量绘制的纵投影图（见图 5）表明：WO_3（黑钨矿、白钨矿）含量较高的主要有两个区域：① 以 3 勘探线为中心，标高 -200 ~ -600 m 区域，该区域有向北侧伏的趋势；② 以 8 勘探线为中心，标高 -500 ~ -150 m 区域，该富集中心向北未封闭。

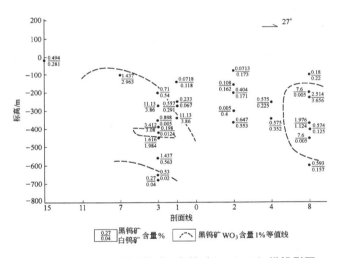

图 5　含钨石英脉型黑钨矿、白钨矿（WO_3%）纵投影图

（3）低品位钨矿化围岩，基本以黑钨矿为主。本区黑钨矿石英脉中，黑钨矿为主要的工业矿物，但白钨矿占有相当比重，特别在富矿的石英脉中，白钨矿也是一种重要的钨矿物，值得重视。

（4）根据大量含矿石英脉薄片鉴定发现，白钨矿中常有黑钨矿残晶，白钨矿呈细脉穿插交代黑钨矿、锡石，显示了白钨矿普遍交代黑钨矿现象，白钨矿与含锰碳酸盐关系密切。推断白钨矿主要由碳酸盐成矿溶液交代黑钨矿，析出钨与溶液中的钙结合形成白钨矿。同时，黑钨矿分解出的锰，形成含锰碳酸盐矿物。因此，白钨矿不是成矿溶液带来的钨与围岩碳酸盐岩中的钙控制形成的，而是由交代黑钨矿形成。

表3　长营岭石英脉钨矿物相分析结果

编号	样品编号	标高/m	WO₃ 含量/%			WO₃ 含量各占/%		黑/白含量之比	备注
			总量	白钨矿	黑钨矿	白钨矿	黑钨矿		
1	ZK1－②－20	－286.4	3.1	1.21	1.89	39.0	61.0	1.56	
2	ZK1－③－27	－326.8	15	3.86	11.135	25.7	74.2	2.88	
3	ZK1－③－32	－397.4	6.5	3.087	3.412	47.5	52.5	1.11	
4	ZK3－①－85	－283.3	9.25	0.54	8.71	5.8	94.2	16.13	
5	ZK3－③－23	－450.1	3.6	1.984	1.616	55.1	44.9	0.81	
6	ZK7－②－12	－125.4	4.4	2.963	1.437	67.3	32.7	0.48	
7	ZK8－2－16	－198.9	7.6	0.005	7.6	0.1	100.0		WO₃ 含量大于1%
8	ZK8－2－18	－223.3	6.2	3.686	2.514	59.5	40.5	0.68	
9	ZK8－2－39	－376.3	3.1	1.124	1.976	36.3	63.7	1.76	
10	ZK8－3－21	－442.8	7.6	0.005	7.6	0.1	100.0		
11	ZK2－③－43	－364.4	1.2	0.553	0.647	46.1	53.9	1.17	
12	ZK3－①－69	－252.4	1.25	0.801	0.449	64.1	35.9	0.56	
13	ZK3－③－30	－596.5	2	0.563	1.437	28.2	71.9	2.55	
WO₃ 大于1% 13件样品平均值5.45			1.57	3.88	36.5	63.5	1.7		
11件样品平均值(其中黑钨矿含量特高样品7号、10号未计算在内)			5.05	1.85	3.2	43.14	56.85	1.3	
1	ZK1－①－31	－150.3	0.19	0.118	0.0718	62.1	37.8	0.61	
2	ZK1－①－54	－232.9	0.3	0.067	0.233	22.3	77.7	3.48	
3	ZK1－②－15	－243.4	0.85	0.293	0.557	34.5	65.5	1.90	
4	ZK15－①－12	0.8	0.77	0.281	0.494	36.3	63.7	1.76	
5	ZK2－①－15	－59.0	0.25	0.178	0.0718	71.2	28.7	0.40	
6	ZK2－①－26	－137.8	0.27	0.162	0.108	60.0	40.0	0.67	
7	ZK2－②－22	－194.1	0.57	0.171	0.404	29.7	70.3	2.36	
8	ZK2－③－32	－310.0	0.4	0.4	0.005	100.0			
9	ZK3－①－98	－417.2	0.21	0.0124	0.198	5.9	94.3	15.97	
10	ZK3－③－21	－399.6	0.9	0.005	0.898	100			WO₃ 含量小于1%
11	ZK3－③－46	－691.5	0.55	0.02	0.53	3.6	96.4	26.50	
12	ZK4－①－24	－235.9	0.8	0.225	0.575	28.1	71.9	2.56	
13	ZK4－②－27	－335.7	0.9	0.325	0.575	36.1	63.9	1.77	
14	ZK8－①－9	－73.4	0.4	0.22	0.18	55.0	45.0	0.82	
15	ZK8－3－20	－403.3	0.7	0.125	0.574	17.9	82.0	4.59	
16	ZK8－3－34	－616.0	0.75	0.157	0.593	20.9	79.1	3.78	
WO₃ 小于1% 16件样品平均值			0.55	0.17	0.38	36.5	63.58	1.7	
14件样品平均值(其中黑钨矿含量特高样品8号、10号未计算在内)			0.54	0.17	0.37	34.55	65.44	1.9	
29件样品平均值2.73			0.79	1.94	29	71	2.4		

参考文献

[1] 宋慈安. 珊瑚钨锡矿床[M]. 北京: 北京工业大学出版社, 2001.

[2] 广西有色局地质勘探公司204队. 广西珊瑚钨锡矿储量总结报告书[R]. 广西平桂矿务局珊瑚矿, 1968.

[3] 谢为鑫, 等. 珊瑚钨锡矿床中黑钨矿的标型特征及形成条件的研究[J], 矿物岩石, 1986, (2): 25-34.

[4] 夏宏远, 梁书艺, 张千明. 珊瑚钨锡矿床的矿化水平分带和成矿机理[J], 矿物岩石, 1991, (1): 59-73.

[5] 林德松. 华南富钽花岗岩矿床[M]. 北京: 北京工业大学出版社, 1996.

矿山深部找矿理论与实践

论矿山深部找矿新途径

方啸虎　　汪贻水　　彭　觥

（中国地质学会矿山地质专业委员会，北京，100814）

我们说资源兴矿，其意思一是要找到大量的接替资源，二是要提高资源的利用率。2011 年是"十二五"开局的第一年，全国地质勘查投入超过 1200 亿元。全年完成钻探工作量 2000 多万米，新增的各项资源储量巨大，对缓解国内资源紧缺的局面有重要意义。随着国民经济的高速发展，国家对矿产资源的需求不断加大，因此国务院批准了 2012—2020 年《找矿突破战略行动纲要》。我们矿山地质工作者是主力军之一，要实现"三年有新进展，五年有重大突破，8 ~ 10 年改变矿产开发布局"，为矿山开源节流做出新贡献。

1　建立新理念，落实找大矿新矿

（1）认真总结矿山找矿经验。回顾"十一五"，全国地质项目在"十一五"期间荣获科技进步奖项近 300 项。其中，国家级奖 14 项。在危机矿山接替资源找矿效益显著，已经对全国铁、铜及铝等 30 个矿种矿产，1010 个大中型生产矿山进行了资源潜力调查。截至 2010 年末，在 230 个项目中有多项取得突破性进展，探明资源量达到大型矿床规模的有 47 个，达到中型矿床的 82 个，达到小型矿床的 88 个。2012 年是"十二五"的第二年，中央对国民经济发展有所调整，但资源的需求从来不会停止，反而呈上升趋势。现在作为矿山地质工作者的一项极为重要的任务是：继续解放思想，树立找大矿、找新矿的新理念，运用新技术、新装备，取得新成效。近几年，矿山地质专业委员会推广凡口铅锌矿、锡铁山矿、铜陵矿区、紫金矿业等典型矿山找矿经验，以及广西某些矿山找矿与研究相结合的模式，是想发挥示范作用，也是落实一些创新的找矿思路，新的找矿理论。

（2）深部找矿大有可为。在这里我们还要特别地强调一下深部找矿问题，深部找矿其实并不是新鲜事。早在 1982 年举行的联合国地区间矿产工业钻探学术讨论会上，深孔钻探就是主要议题之一。1984 年，在南非钻探协会召开的学术年会上，该协会主席在开幕词中指出：由于钻进硬岩的孕镶金刚石钻头与绳索取心方法的进展，意味着钻进 3000 m 深的钻孔将会是很普遍的。1986 年 3 月，探矿会议上也指出，加拿大在地质勘探方面，过去是在寻找浅部矿床上做了大量工作，最近的发展趋势是寻找深部矿床。在加拿大，一般把 1500 m 以上的钻孔视为深孔。例如加拿大的萨德贝里因乔镍矿，该矿区有三个矿带，上部主矿带为镍，下部为镍铜矿带。早在 1929 年就开始开采，已经有 80 多年的矿龄，在中国可能早就是一个废矿了，但他们不断向深部发展，目前正常开采深度不小于 1000 m，计划 1700 m，已经掌握的矿化深度为 3000 m。该矿开始投产时的矿量为 7000 万 t，到目前为止已开采矿量为 1 亿 t，矿产保有量仍 1.6 亿 t 以上，该矿不仅大而且深，这充分说明深部找矿的重要性、价值和意义。

我国是一个矿业大国，以前有些人认为，深部找矿似乎没有必要。时至今日，我国的采矿技术已经有了很大进步，深井已经可以开采到 1000 ~ 1500 m，固体钻探用钻机已在开发研制 1500 ~ 2500 m，深孔探矿与国外一样提到了极为重要的课题上来了。我们应该强调，任何一个矿业大国，都把深部找矿放到重要议事日程上来。

（3）坚决落实走出去的策略。这是实现两个资源市场的重要途径。我国坚持长期发展经济的道路，实施国内外两个市场、两个资源将是必然的，这将会是我国基本国策之一。

第一，目前国家政策是：以国内为主，但必须做到"两个市场、两个渠道"同时重视。第二，非洲、南美洲以及澳大利亚和北美地区，这些地区对于我国急需的矿种都有较好的成矿背景。我们应建立一些国际性的地质友好组织，通过所在国进行行业交流，友好合作，这样比单打一的独资更为有利。第三，建立全球矿产资源信息数据库。

2　采用新技术、新方法，拓宽矿产资源范围

（1）矿产资源需求日益突出，除了常规矿产资源外，必须重视开发生产过程中产生的废料，我们称为补充资源，包括矿山废石尾矿和炉渣以及"城市矿产"再利用。这是地质、矿冶人员新的重大课题，是我们应该引起重视的重点。特别是要在找大矿、找新矿上下工夫。

（2）矿山工艺矿物学研究得到广泛重视。矿物研究与应用是矿山企业集约、节约利用资源的基础，是确定选冶加工工艺技术的先决条件，是合理利用矿山企业各类矿产资源的前提工作，要为我国工艺矿物学

在矿石、尾矿和炉渣含金属废料与应用方面做出创新性贡献，赶上世界先进水平。

（3）在找矿工作中必须重视一批基础工作。这里包括成矿理论和空中、地面、深部矿产勘查以及矿产综合利用等关键技术的研发和仪器的研制，涉及勘查技术的物探、化探、遥感、钻探、分析测试和矿产综合利用等领域。这对基本建成卫星—空间—地面—地下立体的对地勘查技术体系、研发并保持世界领先地位极为重要。

（4）要提出新观点、新理念、新理论。在找矿中必须随时进行总结，如盲矿体和隐伏矿床与已探采矿床（体）矿化特征的对比等研究，这是一项非常重要的任务，对于我们找大矿、找新矿更具重要意义。这些新观点、新理念、新理论更能解决我国的实际问题，要坚决落实到今后找矿工作中去。

（5）要坚持综合找矿方法。综合找矿特别是在找深部矿体，更要注意探索。运用综合找矿信息，综合分析，优化数据以得到最佳预测靶体、靶区找矿线索。

作为地质科技智库的学术团体，我们的学术活动要坚持为矿业发展服务和为矿山地质找矿服务的方针，在当前找矿突破战略行动中要发挥更大的作用。

参考文献（略）

"十二五"与矿山地质学的全方位发展

彭　觥　汪贻水　杨保疆　肖垂斌　王静纯

（中国地质学会矿山地质专业委员会，北京，100814）

1　矿山地质发展演变历史

100多年前西方现代工业化发达国家，在实现大规模机械化开采的矿山中，因生产需要才有了专业矿山地质工作。随后，以地质学原理及方法与采矿工程学结合的学科（专业）——矿山地质学应运而生。最早建立矿山地质部门并用于生产实践的企业是美国安那康达（Anaconda）铜矿公司和所属生产矿山（始于1900年），同期组建矿山地质机构的有加拿大肖得贝里（Sudbury）镍业公司等，1908年俄国乌拉尔（Ural）博格斯基矿山等开始进行矿山地质工作。

国外早期矿山地质从业者多由采矿工程师和矿产勘探学者构成，他们的专业基础知识相通，经过简短培训和现场练习，在"跨行冶实践中转变为专业矿山地质"先行者"。20世纪50年代，苏联出版一本《矿山地质学》，是由地质学教授与采矿工程师合作撰写的。

在我国冶金系统组建矿山地质机构和人员队伍时，一些技术骨干也是由采矿人员和地质勘探单位选调的。当时，经过苏联专家讲课及现场指导，以及翻译参考苏联技术规程并结合我国矿山实际加以试行应用。回顾中外漫长矿山地质发展演变历史，人们可以看到下列几个特点：

（1）矿山地质是应现代化矿山生产科技发展需要而产生，并随地质科技进步而演变，其内涵、外延得以不断充实，并以开放式发展。在矿区成矿理论研究与深边部找矿和提高矿产资源开采利用方面贡献显著。

（2）矿山地质在矿山企业内部发挥着科技与经营管理（主要是矿产储量及采矿、出矿等方面）多种指标优化技术等作用，并按管理体制转型而作相应调整。

（3）在矿产开发利用的产业链中处于上游环节，有开源节流作用。在为保障经常性生产提供地质资源数据、信息的同时，为矿山长远发展提供找矿规划和组织实施。

（4）矿山地质是我国地质事业重要组成部分，矿山找矿的勘探资金、技术人员等向市场化整合，有些危机矿山找矿项目，政府资助对企业起了鼓励示范作用。

（5）"跨行"与流动：矿山地质不只在一矿一井小天地，也不仅限于坑道采矿场的地质编录、取样及储量管理与储量保护等日常业务。与相关学科专业交叉融合，"开放式"发展已成大趋势。矿业市场专业化（勘查、采矿分包外包）和国家找矿突破战略新机制，即三项核心要求；鼓励高风险找矿勘查优先，技术与资本结合，形成利益共同体，坚持探采一体化（详见2012年全国探矿者年会有关文件）以及矿产资源节约利用与循环利用。"城市矿产"的理念将促进矿山地质学向集成化创新与演变和全方位发展。

2　危机矿山接替资源找矿是集成式找矿范例

（1）全国危机矿山接替资源找矿效益显著。至2010年末，已经对煤、铁、铜、铝等30个矿种1010个大中型生产矿山进行了资源潜力调查。在230个项目中，许多项取得突破性进展，探明资源量达到大型矿床规模的有47个，达到中型矿床规模的82个，小型矿床的88个。这项历经数年的矿山找矿工作是在政府主管部门统一策划指导下，地勘、科研、高校参加和矿山地质部门积极配合，大力协同又按承包、分包、自营等方式运营操作，是一次规模大、专业广、单位多的"集成"创新。据2012年4月5日《中国工业报》报道，荣获中国地质学会2011年度十大地质找矿成果表扬的弓长岭铁矿，是找矿范例。为保障鞍钢对矿产资源特别是对高品位富铁矿的需求，按照全国危机矿山接替资源找矿规划，从2005年12月开始，国家和辽宁省投入地质勘查资金1760万元，在辽阳市弓长岭铁矿二矿区外围和深部开展铁矿资源特别是富铁矿资源勘查。经过几年的勘查，辽阳市弓长岭铁矿接替资源勘查共计新探明铁矿资源量1.2亿t，其中富铁矿7400多万吨，平均品位达63%，最高品位达68%，成为该省近40年来发现的最大富铁矿，也是继海南石碌铁矿之后我国发现的最大富铁矿。在当前国家找矿突破战略行动中，明确要求进一步加强老矿山找矿，对矿山地质学集成创新意义重大，影响深远。

（2）矿山与地勘单位长期合作进行矿区地质工作。青海省锡铁山矿与驻矿地质队按协议承担矿区井上井下各项地质工作任务，同时按有偿服务邀请科研和高校参加矿山地质物探和成矿及找矿研究，进一步指导深部外围找矿工作，并获得巨大成果。显示出"外包外委"的活力，累计共增加探明储量数百万吨。

（3）在矿山企业内部集中主要地质力量组建找矿勘探队伍，靠自己力量开展扩大后备资源找矿工作，同时聘请院校、研究院所协作指导。成绩最突出的有福建紫金矿业公司金矿储量的增长，投产时仅18.09 t，经过边生产边探矿，技术经济不断改进，至2010年金的储量达到313 t，成为国内第一大金矿山。广东凡口矿和安徽铜陵公司长期坚持深部和外围找矿，分别增加铅锌储量200万t、铜储量数十万吨。

从国外近百年找矿的成果和找矿勘查技术及成矿研究历史演变进程来看，地质科技进步、理论创新，都是实践与理性思维结合而取得的。如物理学，化学同地学交叉融合的物探、化探技术对深部找矿具有划时代意义（见表1）。矿山找矿及矿山地质需要开放式发展，也要走集合创新之路。当今处于信息化时代，科技进步日新月异。在办公室综合野外各项数据资料，应用计算机等技术手段进行模拟成矿规律和提高找矿技术，呈现的正是最佳集成创新成就。

表1　勘查技术百年演变

阶　段	勘查技术及特征
1900—1950年	由找矿人提供勘探区，在矿体附近填图和采样。大多数勘探是通过竖井、平巷及少量钻探进行的
1950—1960年	由采样、地质填图提供勘查区，进行相当多的钻探。开始采用一些地面和航空磁测、电磁法和放射性测量，进行一些早期的化探
1960—1970年	草根勘查[①]开始盛行，发展了区域物探和区域化探，研制了激发极化法，采用了一些探测性钻进和航摄地质学的成果
1970—1980年	主要是进行草根勘查，采用更多的区域化探和区域物探方法，矿床模型盛行，勘探工作很少
1980—1990年	板块构造分析、遥感和计算机模拟成为时尚手段
1990—2000年	在办公室里增加高技术的应用，野外工作量减少，勘查成功率低下
2000—现在	办公室里的高技术室内工作进一步增加，矿床的发现成本也增加

资料来源：J. DavidLowell，2000。

注：①草根勘查（Grassrootexploration）是指在未知有矿化的地区，从踏勘开始的勘查。

戴自希、王家枢在2004年评述近百年矿产勘查演变时指出，20世纪西方找矿勘查大体上可以划分3个主要阶段：第一阶段是1900—1940年，勘查工作是以直接观察为主，找矿人在矿床发现中起了非常重要的作用。西方所谓找矿人是指那些以找矿、采矿为职业，一般没有经过比较系统的地质学教育和训练的找矿者。他们主要依据经验法则行事，发现的大多数矿床或者出露地表，或者有明显的地表标志。这一阶段的重大发现例子有赞比亚的罗安安提洛普（RoanAntelope）铜矿床（1902年）、澳大利亚的芒特·艾萨（Mountlsa）铅－锌－银矿床（1923年）和南非的布什维尔德（Bushveld）杂岩体中的梅林斯基层（Merenske）铂族金属矿床（1925年）等。第二阶段为1940—1965年，其特点是引入间接观察的方法，特别是地球物理方法进行区域调查。地球物理方法在加拿大受过冰川作用的地区特别成功，发现了许多新矿床，如加拿大基德克里克（KiddCreek）铜－锌－银矿床（1964年）等。第三阶段为1965年以后直至现在，这个时期大量使用地球物理、地球化学、遥感等各种方法，而且其技术、装备越来越先进。同时对运用地质理论解决勘查实际问题必要性的认识日益加深，矿床模型找矿显示出巨大威力。这一时期发现了大量铜矿、铅－锌矿、金矿和铀矿，如智利埃斯康迪达（Escondida）铜矿（1981年）、印度尼西亚格拉斯贝格（Grasbem）铜－金矿（1988年）、加拿大赫姆洛（Hemlo）金矿（1981年）和西加湖（CigarLake）铀矿（1981年）、澳大利亚奥林匹克坝（OlympicDam）铜－铀－金矿（1976年）和"世纪"（Century）铅－锌矿（1990年）、美国"红狗"（RedDog）铅－锌矿（1975年）等。

著名的美国斑岩铜矿勘查学家洛厄尔（J. DavidLowell）在2000年撰写的《矿床是怎样发现的》一文中，对过去的一个世纪矿床勘查技术的演变作了总结。他认为，1950年标志着现代矿产勘查的起步。1950—2000年这50年的时间跨度可分为两个阶段，前一阶段以勘查钻进逐渐增加为特征，后一阶段则以普查逐渐减少、高科技应用和间接勘查不断增多、发现成本迅速增加为特征。从过去50年间有效的矿产勘查技术演变来看，二战后到20世纪50年代和60年代，突出的进展是物探中的电法和电磁法测量系统，由此发现了许多块状硫化物矿床，放射性测量发现了大量铀矿，磁法测量发现了一些铁矿。目前全球矿产资源总体上保障程度尚可，与20世纪五六十年代的大力勘查、发现大量矿床有关。下一个技术突破是地球化学技术的发展，用地球化学方法发现了大量矿床。在 60 年代晚期，肯奈科特（Kennecott）公司在美国西部和加拿大西部开展了大规模的区域化探测量。据他们统计，当时使用化探技术发现了 14 个斑岩铜矿和斑岩钼矿。同时由于高精度分析方法（质谱、原子吸收等）的进展，使一些化探技术和测量技术成为可能。

1941 年，南非在政府组织的地质调查中发现了卡拉哈里（Kalahari）锰矿区的矿石露头；1976 年，巴西政府组织综合勘探，巴西人 Nuclebras 发现了伊塔泰亚（1tataia）铀矿；1977 年，Docegeo 发现了萨洛甲（Salobo）铜矿等。在计划经济国家中，政府负责从区域调查到采矿和加工的整个过程，如苏联 1921—1991 年，由政府组织的地质考察队发现的重要矿床有 1920 年发现的诺里尔斯克（Norilsk）镍 - 铜矿、1925 年发现的阿尔马累克（Almalyk）铜 - 钼矿、1928 年发现的科翁腊德（Kounrad）铜 - 钼矿、1937 年发现的肯皮尔赛（Kempirsal）铬矿、1956 年发现的穆龙套（Muruntau）金矿、1961 年发现的塔尔纳赫（Talnakh）镍 - 铜矿、1968 年发现的霍洛德宁（Kholodnina）铅 - 锌 - 银矿、1978 年发现的瓦西里科夫斯克（Vasilkovskoe）金矿和库姆托尔（Kumtor）金矿以及 20 世纪 60 年代发现的苏霍依洛克（Sukhoilog）金 - 铂矿等。

在矿业公司有组织、有队伍的科研项目找矿中，有澳大利亚 1976 年发现的奥林匹克坝（OlympicDam）铜 - 铀 - 金矿床，1977 年葡萄牙发现的内维斯科尔沃（NevesCorve）铜矿和 1981 年在智利发现的埃斯康迪达（Escondida）铜 - 钼矿床等。实际上公司发现的矿床初始对矿化特征以及对古代采矿史与矿山遗迹等进行了综合考察，因此，公司的贡献主要不在于发现，而是在已有发现的基础上深入勘查、探明储量并开采资源。这些矿化在早期没有被人们认识，是公司坚持不懈地勘查，才会成为如今的巨型矿床。

从拉兹尼卡对这些矿床的发现状况的统计中可以看出，私人公司通过组织项目的找矿和由政府组织的找矿，发现多是依靠先进技术和通过复杂勘探而实现的，两者合计占总发现的 45.5%。若把时间跨度缩短，从 1900—1982 年共计发现 96 个巨型矿床，其中通过公司参加组织找矿发现的计 66 个，占总数的 68%（大致相当于采用先进的勘查理论和先进的勘查技术获得的找矿发现）。可见，先进的勘查理论和各种先进的勘查技术在现代矿床发现中越来越起着重要作用。

指导矿产勘查的新概念、新理论、新思想、新认识，包括如板块构造理论、层控矿床理论、火山构造控矿理论、剪切带金矿理论、矿床模型、成矿系列等。勘查技术包括各类地球物理方法、地球化学方法、遥感技术、计算机技术、各类钻探技术、地质填图等。20 世纪一些重大发现，尤其是近 50 年来的勘查发现多是综合运用地质物探、化探、遥感和钻探方法发现的，也包括常规的地质测量、各种比例尺的地质填图和大量的野外地质观察等手段。总之，现代勘查项目实施是以集成创新、市场开放与专业化为前提。

3　在市场化探索中发展

当前，矿山合同采矿、选矿工艺矿物研究、矿山废石尾矿开发、露天采场边坡加固工程、环境地质和复垦绿化正在市场化探索中发展。

合同采矿也称矿山外包，发展较快，这是矿业市场专业分工进一步细化和市场竞争加剧的结果。改变了投资建设经营的单一传统模式。矿业通过把矿山生产外包给专业的承包商，使自己能够集中精力在矿产资源与技术研发、市场开拓、资本运作等核心业务上更好更快发展，不断降低风险与成本，优化效益。

在澳大利亚 20 世纪 90 年代末期的金矿业中合同采矿已占 80%，必和必拓的岩地铁矿一直由 HWE 公司承包开采，年采掘量达 2800 万 m^3，年产原矿石 5500 万 t。

在我国广东和新疆的一些矿山企业推行合同采矿运营管理模式，已见成效。实例有：广东云浮硫铁矿。广东云浮硫铁矿是国家"六五"计划重点建设项目之一，是我国最大硫铁矿生产基地，素有"东方硫都"之美誉。

2004 年，宏大爆破与云浮硫铁矿业集团达成采矿及剥离工程总承包协议，采用灵活的合同采矿模式，矿山原有可用设备租给宏大爆破使用，按规定缴纳设备折旧费给矿山，矿山留用技术及工作人员，其工资、资金及福利均由宏大爆破负责支付。同时，宏大爆破投入新的钻机、挖掘机及运输车辆，以提升矿山能力。2005 年，采剥总量创造了历史最高、全年总剥离量 1200 万 t、总采矿量 320 万 t 的骄人成绩。通过科技创新和技术改造，使矿石生产成本降低 10% ~ 20%，通过对生产管理的激励制度，年平均劳动生产率提升 20%。

河南舞钢经山寺铁矿。在河南舞钢经山寺露天铁矿，为了满足业主增加矿石的需求，宏大爆破通过实施高强度合同采矿。2007 年 12 月至 2008 年 4 月，5 个月共采出矿石 550.87 万 t；平均月采出矿石 110.17 万 t，月最高采出矿石量 141 万 t，是初步设计的 2 倍多，达到了高强度开采的要求，为合作双方取得了良好的经济效益。

经山寺露天铁矿按原设计要开采 12 年，现在强化开采后只需用 5 年半时间就可以完成矿山的全部开采计划，运营全部开采计划，运营时间缩短，相应费用大减。一是边坡成本方面。由于矿山服务年限的缩短，边坡处理采用缓冲爆破代替原设计的预裂爆破，可以满足矿山对边坡的要求，仅此一项节省费用 800 万元；二是排水成本方面。设备投资方面节省一半，而且在时间上强化开采后缩短一半以上，排水费用只有原设计的 1/4。

广东大宝山金属矿地下开采转露天开采。广东省大宝山矿业有限公司于 1975 年正式投产，矿区为铁、铜、铅锌及硫等多金属矿区，目前矿山从地下开采转到露天开采。2009 年，宏大爆破承担了大宝山矿业有限公司的年产 330 万 t 铜硫原生矿露天采剥工程。

20 世纪 80 年代，周边居民对井下铜硫铅锌资源进行了掠夺式开采，民窿多达 112 条，加上该矿的原地下开采留下的采空区，给施工作业人员和设备带来严重的安全隐患，所以采空区的探测、监测及处理是确保该工程顺利安全施工的必要条件。此外，大宝山矿区海拔高，全年有 1/3 时间笼罩在雾气和阴雨天气中，道路湿滑泥泞，部分采区出现积水、烂泥，严重影响了工程的正常进度。

赵强在《评述新疆库铁矿工程外包生产管理》一文指出：

由于采矿工程劳务属于分段发包 4 家施工队伍，所以在公司的生产管理、技术管理难度较大。采矿劳务外分包后，采掘计划相当于其他工程管理中的设计，是检查和考核承包单位的依据，显得非常重要。新疆库铁矿生产技术人员在根据矿山设计制定采掘计划时，要了解不同承包单位设备的实际生产能力；考虑同一采场内各承包单位的采掘进度及超前关系、相互干扰和影响等因素。因而采掘计划的制订要经过多次修改，同时在执行过程中也会有局部的调整，采掘计划编制和调整的工作量比较大，同时还要保证矿山整体各施工劳动区域的进度衔接关系，难度较大。

采矿管理方面，按照新疆库铁矿根据初步设计、采矿劳务合同书及采矿技术协议内容对劳务施工队伍进行矿山采掘管理。新疆库铁矿公司依照生产中各项作业规程和安全生产规定及合同约束条款内容，监督承包商的执行情况，对违规行为进行经济杠杆管理。

矿山地质管理工作是矿山的重要工作之一。矿石的损失率、贫化率等技术指标，依据地质工作确定，是考核承包单位的重要依据之一。新疆库铁矿矿石指标较复杂，品位变化区间为 TFe20% ~45%，矿体内

贫富矿交错分布。为充分利用资源，根据实际生产情况，确定的损失率为 5%、贫化率为 10%。对承包单位按损失率和贫化率考核的办法，实际操作比较方便，同时也相对较合理。矿山测量是剥岩工程验收的依据，新疆库铁矿矿石开采费用按实际过磅量，结合回采率和贫化率，与承包单位结算；剥岩工程的结算按实际发生量测量验收为准，后期采用岩石过磅验收，作为结算的依据。每月测量技术人员分水平、分单位测量验收，工作量和责任很大。目前，采用每月测量验收和台阶验收结合的办法，确定剥岩量。同时，每年年底进行台阶综合验收，以验证矿山测量的工作量和准确性。

该矿取得经济效益明显。主要包括：矿山建设的投资减少。矿山的投资主要是道路建设、电力外网、爆破器材库、防排水和管理人员的生活设施等，而设备及维护设施、设备材料库、生产人员及生活设施等投资由采矿承包单位承担。

建设速度加快。采矿承包单位依据矿山下达的生产任务配置设备，不足时还可以租赁或调用更多设备，加快矿山建设的速度。充分利用承包单位、矿山生产和建设、技术人员的经营管理工作优势。

外包已经作为一种新的、应用广泛的经营管理模式在各企业运用，要因矿而异，边干边改，进一步完善为矿业及地质找矿新路。在 20 世纪下半叶，北京矿冶研究总院的工艺矿物学研究为矿山选冶金生产服务，成果丰硕，在国家科技攻关项目中，金川、包头、攀枝花三大矿山的矿产资源综合利用，提高回收率及共生伴生组分（铂、钯、稀土、钒钛等）与主体矿物在选冶过程富集与分离变化，矿物相、解离度、关联性等，从宏观到微观为全面开发复杂矿床提供了有力支撑。

环境绿化与土地复垦外包新进展。在 2011 年 9 月于安徽黄山市召开的"矿山地质环境保护与土地复垦生态重建技术交流研讨会"上，围绕建设绿化矿山的主题有：（1）矿山生态环境保护与恢复治理新技术；（2）矿山地质环境调查、监测与恢复治理；（3）矿山"三废"综合利用与环境保护；（4）矿区土地复垦、复绿与生态重建评价；（5）矿区重金属污染土地的修复技术；（6）矿区复垦环境安全监测与评价技术；（7）矿山环境生态与人体健康；（8）矿山环境生态补偿机制的探索与实践；（9）矿区废弃土地复耕与生态重建施工技术；（10）煤矸石山等废弃地抗旱栽植等林地重建技术；（11）微生物复垦关键技术；（12）绿色矿山建设的典型实例与矿区农业先进技术（栽培节水技术）示范。

上述单位众多，其中有绿化和生态环境修复工程公司以及农业研发企业等，是矿山地质市场化专业分工发展的大趋势。

矿山地质环境评价项目外委外包已广为进行，其评价体系日益细化，如四川拉拉矿区矿山环境系统是一个因素众多、关系复杂的庞杂系统，所建立的矿山地质环境计划评价指标体系要立足于资源、环境、经济和社会的可持续发展。拉拉铜矿区可持续发展评价指标体系的构建及指标构权研究已取得了一些进展，作者在可持续发展指标体系基础上，对比其他矿区地质环境评价指标体系，并结合矿山生产实际，构建了拉拉铜矿山地质环境评价指标体系（见图1），本指标体系包括3个层次、9个指标。

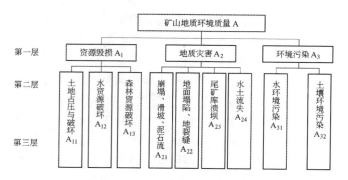

图1　四川拉拉铜矿地质环境评价指标体系

4　由粗放向集约与节约转变

两年来，地质和矿业在实现"十二五"规划纲要中有关加强矿产资源勘查，保护和合理开采，矿山生产由粗放向集约与节约转变等方面取得显著进展。

国土资源部领导指出：为落实找矿突破战略行动总体方案，已成立跨部门领导小组及办公室、技术指导中心。

找矿突破战略行动任务非常艰巨。要完成这样的任务，就要制度创新。找矿突破战略行动，既不同于计划经济体制下的会战，也不同于目前很多工程规划采用的传统模式，它是用公益性工作提供优选靶区，利用市场导向引进社会、企业资金。这是一次超常规、创新型、风险与回报并存的行动，需要制度创新。在这个过程中，必须坚持资本与技术相结合的路线。在市场经济条件下，资本与技术的结合不是一个简单的过程。好的方式是矿山企业、社会出资人和地勘单位结合、合资，形成利益共同体，很好地促进地质找矿。加快找矿突破应该考虑契约式找矿，这样激发探矿权人的积极性，使资本与技术加快结合。落实地质找矿必须要坚持探采一体化和坚持"358"的目标，还

要重视科技成果的转换，在找矿实践中不断发展理论、方法和装备。

为了贯彻矿产资源节约与集约利用，节约是大战略。国土资源是发展之本，节约与集约利用是发展之基，把节约矿产资源优先放在更突出位置。

在矿山生产建设的产业链条中，重要的一环是矿山地质工作肩负着重要责任，面临开源（找矿）节流（用矿）各种机遇与挑战，要多元式、多方位、多层次思考，集成创新方式来应对和全方位探索。

要按矿山探、采、出、运、碎、磨、选（冶）生产流程的各道工序，进行资源节约与集约回收利用，做好矿产主体资源、提高矿体、矿块、矿石的精细化研究，用微观技术开展工艺矿物查定，为废料矿物材料匹配的开发提供依据。

探讨改变矿山运营管理，与外包、分包强化补充资源（含城市矿产）的研究和矿山企业、矿山地质工作关联性可操作性的研究见表2。

总结交流技术密集型与劳动密集型生产矿山地质工作的共同性与差异性的发展经验及实例。

表2　城市矿产循环经济重点工程简表

序号	项目
1	资源综合利用 支持共伴生矿产资源，粉煤灰、煤矸石、工业副产石膏、冶炼和化工废渣、尾矿、建筑废物等大宗固体废物以及秸秆、畜禽养殖粪便、废弃木料综合利用。培育一批资源综合利用示范基地
2	废旧商品回收体系示范 建设80个网点布局合理、管理规范、回收方式多元、重点品种回收率高的废旧商品回收体系示范城市
3	"城市矿产"示范基地 建设50个技术先进、环保达标、管理规范、利用规模化、辐射作用强的"城市矿产"示范基地，实现废旧金属、废弃电器电子产品、废纸、废塑料等资源再生利用、规模利用和高值利用
4	再制造产业化 建设若干国家级再制造产业集聚区，培育一批汽车零部件、工程机械、矿山机械、机床、办公用品等再制造示范企业，实现再制造的规模化、产业化发展。完善再制造产品标准体系
5	餐厨废弃物资源化 在100个城市（区）建设一批科技含量高、经济效益好的餐厨废弃物资源化利用设施，实现餐厨废弃物的资源化利用和无害化处理
6	产业园区循环化改造 在重点园区或产业集聚区进行循环化改造
7	资源循环利用技术示范推广 建设若干重大循环经济共性、关键技术专用和成套设备生产、应用示范项目与服务平台

注：摘自"十二五"规划纲要。

按学术分类细化交流活动。矿山地质专业委员有必要恢复设立非金属矿山地质小组，加强行业纵横联系，改变不均衡现状，全方位提高科技学术水平，充分发挥全国性矿山地质学术团体优势和组织引导作用。

参考文献

[1] 人民出版社.中华人民共和国国民经济和社会发展第十二个五年规划纲要, 2011.

[2] 戴自希, 王家枢, 矿产勘查百年[M]. 北京: 地震出版社, 2004: 89 - 92.

[3] 唐涛, 赵博深, 吴昊. 合同采矿模式及宏大爆破的探索[J]. 矿业装备, 2011(11 - 12): 42 - 47.

[4] 赵强. 矿山露天采矿工程外包生产运营实践及管理的探讨[J]. 矿业装备, 2011(11 - 12): 51 - 53.

[5] 钟文丽, 邓江红, 肖庆. 拉拉铜矿矿山地质环境综合评价及持续发展对策[C]. 全国大型矿山地质成果暨学术交流会论文集, 2012: 274 - 286.

[6] 彭觥, 汪贻水, 中国实用矿山地质学(下)[M]. 北京: 冶金工业出版社, 2010: 6 - 9.

[7] W·C·彼得斯. 勘查和矿山地质学[M]. 北京: 冶金工业出版社, 1988.

发展中国矿山地质学

王静纯　汪贻水　彭　觥　杨　兵

（中国地质学会矿山地质专业委员会，北京，100814）

1 矿山地质学在地质研究中的地位和作用

我国是世界上最早发现、开采、使用矿产资源的国家之一。甘肃马家窑出土的青铜刀年代为公元前2750年；湖北大冶铜录山的采矿冶炼遗址规模宏大，留存完整，采矿至迟始于西周末年。在几千年的找矿采矿实践中，我们祖先积累了矿产产出规律的认识和地质找矿的经验。在《管子·地数》中就有"上有丹砂者，下有黄金。上有慈石者，下有铜金。上有陵石者，下有铅锡赤铜。上有赭者，下有铁"的记载。可以说，地质学和矿山地质学是人类从漫长的矿业活动中，经过长期积累、总结、验证、提高而逐步形成和发展的。

矿山地质是地质学的分支之一。主要是矿山探矿及生产中的地质理论、技术，以及与矿山建设和矿山生产有关的矿产资源经济的理论与方法的学科。矿山地质学是地质科学与矿冶工程之间的边缘学科。矿山地质学与一些相邻学科（专业）也有密切关系，例如，为了研究矿床的开采条件和选矿条件，不仅要运用矿床学、矿山工程地质学、水文地质学，还要掌握岩石学、矿相学、工艺矿物学、采矿学、选矿学和冶炼等方面的知识。为了搞好矿区和矿床的经济评价，充分合理地综合回收利用矿产资源和矿山环境保护，还必须熟悉矿业经济和环境地质科学。矿山地质学研究矿山地质的理论和方法，是地学中一门综合性强、应用面广的边缘学科。矿山地质学是随着近代采掘业兴起而逐渐发展的新兴学科，作为一门独立的学科出现较晚，直至20世纪三四十年代才有矿山地质学专著出版。今天，矿山地质学已发展为地质学的一门重要学科。

矿山地质工作是找矿勘探的继续和深入，它贯穿在矿山基建、生产、直至矿山关闭的全过程，肩负着在矿床开采中的先导作用，承担着矿山基建中的地质探矿，矿山开采中的生产探矿，矿山闭坑中的地质评价。

矿山地质学的主要任务是保证开拓掘进、采矿准备和生产作业的正常进行；保障和监督矿产资源的合理开发和综合利用；力求减少贫化损失，最大限度地循环利用矿产资源；开源节流，尽可能地延长矿山寿命。因此，加强矿山周边及其外围的找矿工作，力争找到勘探遗漏的和未被发现的新矿体，增加矿山储量，在整个矿山生产过程中都必须抓紧进行，不能稍有停顿。在我国工业化进程加快，矿产资源日渐减少，可用资源不足的今天，矿山深部、近外围与周边找矿研究已成为现阶段矿山地质工作者的重要使命。

2 矿山地质学研究进展

21世纪，随着矿业的兴旺，与矿山生存发展息息相关的矿山地质学得到了长足发展并做出了很大贡献，矿山地质工作业绩得到了国家和社会的充分肯定。我国矿山地质学研究的主要进展有四个方面。

2.1 学术交流推动学科发展

中国地质学会矿山地质专业委员会是全国性、学术性的社会团体。与我国改革开放同龄的矿山地质专业委员会的学术活动异常活跃，不仅繁荣矿山地质学术活动，而且促进矿山地质事业的发展。近5年来，矿山地质专业委员会共计召开了9次各类学术交流会议，出席会议代表有800余人，发表论文390多篇，共计约165万字。这些学术交流会议，认真贯彻党和国家发展矿业的方针政策，探讨一些矿山地质领域的学术理论问题，以及矿山生产地质方面热点及难点问题，在与其他地质学多个分支学科、多个研究领域的交流中，促进了矿山地质学的发展。

紧紧抓住当前矿山地质找矿的核心问题，在我国多个大型重要矿山举办了多次学术会议，针对矿山找矿中的新思路、新方法，关键技术问题，成矿理论与勘查战术，组织专题学术交流，成效显著。得到了广大矿山地质工作者和矿山企业的大力支持，促进了矿山地质找矿工作的开展，如青海锡铁山铅锌矿、铜陵铜矿、凡口铅锌矿、紫金铜金矿区等。

2.2 编著专业书籍推广学科成果

矿山地质专业委员会出版学术会议论文集 30 余种，出版《矿山地质》季刊 120 期，发表论文 1200 多篇，字数达 600 万字。组织专家编辑出版我国首部关于矿山地质的综合性著作《矿山地质手册》，字数达 262 万字，发行 6000 余册。2010 年又由汪贻水、彭觥主编出版了《中国实用矿山地质学》（上、下册），共计 211 万字。主编出版了《尾矿库手册》等类专著。我国已有多本矿山地质学专著出版，中国矿山地质学的体系趋于成熟。

2.3 矿山深部找矿的实施推进了学科发展

矿产资源是人类生存与发展的物质基础，是矿业发展的前提和条件，是矿山生存的命脉。经济的快速发展对资源的强劲需求，为矿业的兴旺和矿山地质学的发展提供了新的机遇。

为了促进矿山的持续发展，2002 年 9 月 27 日，时任国务院副总理温家宝批示："要把解决矿山的资源接替问题作为重点，通过对具备资源条件和市场需求的大中型矿山深部和外围探矿，提高矿山经济效益，延长矿山服务年限。"2004 年 9 月 6 日，国务院正式通过了找矿规划纲要，对大中型矿山的找矿工作进行了系统规划和全面部署，对推动我国矿山地质学的发展具有里程碑意义。

矿山处于有利的成矿地质环境，危机矿山接续资源找矿成效显著。"十一五"期间进行的煤、铁、铜、铅锌、铝等 30 多个矿种，1010 个大中型矿山的 230 个项目中，有多个取得突破性进展，探获资源量达到大型矿床规模的有 47 个，中型矿床规模的有 82 个，小型矿床有 88 个。矿山深部找矿的成功经验与失败教训，特别是这些宝贵的找矿思路和勘查技术方法，促进了矿山地质学理论创新与学科发展。卓有成效的找矿思路和成功的勘查实践，为矿山深化成矿规律认识，提高预测勘查命中率，取得找矿更大突破奠定了坚实基础。

如应用现代成矿预测理论，冲破传统认识，建立新的成矿模式，使锡铁山、会泽、霍各乞、金川等取得找矿重大突破；矿区成矿地质规律与成矿系列研究，推动了青城子、八家子矿山外围找矿的进展；应用现代成矿理论和统计预测方法，建立多级控矿模型，取得了铜陵、封山等矿区深部矿体的发现；成矿与控矿构造研究是矿山深部找矿获得成功的关键，如红透山、澜沧老厂等；打破原有找矿模式，在第二富集带"攻深找盲"获重大突破，如焦家寺庄金矿、大冶第三四部矿体的重大发现；开展深部矿床定位预测，

引进先进的物化探手段，获得巨大找矿成果，如个旧老厂东、大白岩、六苴石门坎、马城；已知矿床与深部预测区段精细对比研究，获得找矿重大突破，如大厂 96 号、支家地多个矿体的发现；矿化多样性和成矿叠加性研究，开拓找矿思路，使瑶岭、瑶岗仙等诸多矿区发现共生矿产；引入价格法重新评价表外矿石，获得可观可采矿产资源，如黄沙坪南区；开展资源动态评价，达到可采储量与经济效益增长最大化，使紫金矿业金可采储量由 5.45 t，增到 312 t。又如，李惠开创的"构造叠加晕找矿法"，提出原生叠加晕理论，解决了困惑人们几十年的原生晕轴向分带的无规律或反常现象，先后在 40 多个危机金矿山应用，验证预测靶区靶位，已获得黄金金属量 140.6 t，潜在价值 240 亿元，延长了十几个矿山服务年限。

近年的矿山深部找矿实施获得了丰富的理论和实践成果，有力地促进了矿山找矿突破，推进了矿山地质学的发展。

2.4 加强资源综合利用和尾矿资源化进程

保证和监督矿产资源的综合利用是矿山地质学的重要领域之一。随着矿山可生产资源日渐减少，粗放型生产经营理念在矿山生产中的影响得到改变，采、选、冶工艺研究受到重视，资源概念趋于完善，"矿业循环经济"理念开始受到重视。矿区尾矿、废石资源化提到了矿山企业的工作日程。部分矿山企业取得了可喜的成果，提高了矿产资源综合利用指标，应用矿山固体废弃物中的有用组分，使其资源化、减量化、无害化，提高了经济效益和社会效益。

与先进矿业国家比较，我国在矿产资源综合利用方面还存在明显差距。开展综合利用矿山的共伴生有用组分综合利用指数比例低（为先进矿业国家矿山的 1/4～1/3，矿体的 1/2）。据统计，我国综合利用较好的矿山占 31.2%，部分综合利用的矿山占 25.6%，完全没有进行综合利用的矿山占 43.2%，10 万个集体、个体矿山基本未开展综合利用。开展综合利用的矿山，综合回收的矿种只占可综合回收矿种的 1/2，比国外低 30% 左右。我国共伴生组分综合回收率在 40%～70% 的国有矿山企业不足 40%。大量集体、个体矿山综合回收率更低。我国伴生金的选矿回收率为 50%～60%，银为 60%～70%，而国外分别为 60%～70% 和 70%～80%。我国有色和黑色金属综合回收率为 35% 左右。发达国家伴生金属的综合回收率平均不小于 80%，综合利用产值占总产值的 30% 以上，比我国高出 20%。我国必须按照"要大力推进科技创新，加强科技支撑"（2011 年 9 月 5 日《中国国土资源报》），切实加强资源综合利用和尾矿资源化进程，推

动资源节约型、环境友好型矿山的发展。

同样，中国矿山地质与发达国家相比，除了矿山资源利用率低以外，生产矿山的资源自给率很低，矿山环境生态水平也低，这三方面的差距我们要下定决心加以改进。

3 矿山地质学研究展望

社会经济的快速发展，为矿山地质学的发展提供了更广阔的空间，矿山地质研究也面临着更大的机遇和挑战，也必将有力地推动矿山地质学的创新和全方位发展。发展我国矿山地质学的战略课题主要有八个方面内容。

3.1 矿山地质学肩负着寻找固体矿产资源的任务

矿山深部及外围找矿研究是矿山地质学的重要课题及矿山地质工作的战略定位。老矿区存在着很大的资源潜力和找矿前景。50 年来的矿山地质工作经验证明，在经过详细勘探投入生产的数千个固体矿山中，几乎没有一个不在它的深部、周边及外围找到新的矿体或新的矿段。对生产矿区成矿规律和隐伏矿体赋存特征研究，推动矿山找矿进程，增加矿产资源，这些都是促进矿山企业发展，推动矿业繁荣和国家现代化的战略需要。

3.2 优先支持的重大领域或重要矿区找矿课题研究

全力推进我国东部老矿区深部找矿系统规划的实施，着力关注我国西部矿产资源基地建设及重要矿区资源潜力研究。

3.3 实践科学发展观，提高矿山地质学科研究水平

发挥矿山地质学的边缘性与交叉性学科特点，利用矿山地质专业委员会这个由多个行业（包括有色金属、黑色金属、稀土、化工、黄金、核工业、建筑材料、非金属及环境工程等）的矿山地质学研究人员集成的优势，扩大矿山地质学与多种交叉学科的交流与合作，倡导多学科、多矿种综合性研究与科技成果共享，促进创新性找矿战术的交流与推广，使矿山地质学理论研究水平和科学实践应用效果向广度与纵深方向发展。

3.4 矿山地质学发展的保障措施

矿山地质的研究成果直接服务于保障矿山生产，扩大矿产资源，关系到国民经济的持续发展及社会民生的需求。应持续推进国家层面的中长期矿山地质研究计划、国家重要矿产资源基地研究计划、国家示范矿区的科技支撑计划的支持力度。

3.5 重视培养矿山地质学科带头人及专业人才

创造必要的工作条件和良好的学术环境，使矿山地质技术骨干稳定在科研与生产技术岗位上，吸引更多的地质学家从事矿山地质研究。制订专门政策和专项研究计划，培养矿山地质学科专业人才和高层次学术群体。

3.6 加强新理论、新技术、新方法的应用

要站在世界科技前沿，积极引进国外先进的技术，推进新理论、新技术、新方法、新设备的应用和数字化矿山，这是提高我国矿山地质学科研究水平的重要途径。

3.7 重视工艺矿物学、环境地质学及地质经济学研究

矿产资源综合利用和建设环境友好型矿山已成为我国工业化进程中的重要国策。应建立有效的科技机制，加强国家在矿产资源综合利用和环境地质研究力度，增加配套资金的投入，以尽快缩短我国在资源综合利用和环境保护方面与世界发达国家的差距。

3.8 总结和推广先进经验，学习先进典型

先进典型如紫金矿业、西部矿业、铜陵公司等，应推广以资源兴矿，加强协作，提高资源保障力与节约集约利用资源的举措。

参考文献

[1] 当代中国有色金属工业编委会. 新中国有色金属地质事业[R]. 1987(12 - 13)：234 - 238.

[2] 彭觥. 我国矿山地质学的现状与展望[C]. 中国地质学会矿山地质专业委员会第一届全国矿山地质学术会议论文选集[M]. 北京：冶金工业出版社，1983：1 - 2.

[3] 彭觥. 矿山地质学的发展成就与今后任务[J]. 中国地质学会矿山地质专业委员会会刊，1980(1)：8 - 15.

[4] 康永孚. 加强生产矿山周边及其外围的地质找矿工作[C]. 中国地质学会矿山地质专业委员会第一届全国矿山地质学术会议论文选集[M]. 北京：冶金工业出版社，1983：13 - 20.

[5] 汪贻水，彭觥，等. 21 世纪矿山地质学新进展[M]. 北京：冶金工业出版社，2012.

[6] 中国地质学会，国土资源部科技与国际合作司. "十一五"地勘行业地质科技和地质找矿成果综述[R]. 2012：39.

构造叠加晕预测金矿盲矿的共性与特性

李　惠　禹　斌　李德亮　马久菊　孙凤舟　李　上　魏　江　赵佳祥　翟　培　王　俊　王　晓　张贺然

（中国冶金地质总局地球物理勘查院地球化学勘查院，河北保定，071051）

20 世纪 90 年代初，以李惠教授为首的专家们根据热液矿床严格受构造控矿，成矿具有多期多阶段叠加成矿成晕的特点，提出了热液矿床原生叠加晕理论，并开创了构造叠加晕找盲矿新方法，通过 20 多年在近 50 个金矿床深部找盲矿预测实践，不仅获得了非常显著的找矿效果，取得了显著的经济效益和社会效益，而且使构造叠加晕找盲矿理论研究不断深入，研究思路不断创新，方法技术不断完善，总结出了构造叠加晕预测金矿盲矿的共性 – 特性及应用准则，提高了深部盲矿预测的准确性。

1　构造叠加晕找盲矿法

（1）原生叠加晕找盲矿法：研究矿床原生叠加晕特征，即研究单一期次形成矿体 – 晕的轴向分带及不同期次形成矿体 – 晕在空间上叠加结构，并用于盲矿预测的方法，称为原生叠加晕找盲矿法。

（2）构造叠加晕找盲矿法：研究构造蚀变带中原生叠加晕特征、提取构造中成矿信息，并用于盲矿预测的方法，称为构造叠加晕找盲矿法。

根据热液矿床严格受构造控制，构造中矿体的原生晕发育特点是在矿脉上、下盘不发育，而在构造带内强度高、范围大，特别是前缘晕在矿体前缘发育可达几百米。在构造带中采取有成矿热液蚀变叠加样品，不但强化了晕的强度或盲矿预测信息，加大了预测深度，而且大大减少采样及分析工作量，比原生叠加晕法更经济、快速，是叠加晕找盲矿的又一发展。

2　单一期次成晕形成原生晕的轴向分带特点

（1）在金矿床周围能形成异常的元素有 Au、Ag、Cu、Pb、Zn、As、Sb、Hg、Bi、Mo、Mn、Co；鸡冠嘴铜金矿还有 I、F、Be、Sr、Ba、Li、Cs。

（2）每次成矿形成矿体都有明显轴向分带，即有自己的前缘晕、近矿晕和尾晕。As、Sb、Hg、B，强异常分布于矿体头部与前缘；Au、Ag、Cu、Pb、Zn 强异常以矿体为中心向外逐渐降低；Bi、Mo、Mn、Co 强异常分布于矿体尾部与尾晕。

（3）原生晕轴向分带序列从上到下：I、F→As、Sb、Hg→Ba、B→Ag、A→Cu、Pb、Z→Bi、Mo、Mn、Co。

3　矿床构造叠加晕共性

（1）不同成矿阶段元素组合。金矿床一般分为 4 个脉动成矿阶段：第一阶段为黄铁矿 – 石英阶段，含 Au、Ag、Cu、Pb、Zn、As、Sb、Hg 都很低，不能形成金矿体；第二阶段为石英 – 黄铁矿阶段，含 Au、Ag、As、Sb、Hg 都很高，Cu、Pb、Zn 较高，为主成矿阶段，形成金矿体；第三阶段为石英 – 多金属硫化物阶段，含 Au、Ag、As、Sb、Hg 都高，以 Cu、Pb、Zn 高含量为特征，亦为主成矿阶段，形成金矿体；第四阶段为石英 – 碳酸盐阶段，含 Au、Ag、Cu、Pb、Zn、As、Sb、Hg 都很低，不能形成金矿体；第二、第三为主成矿阶段，金矿体及其原生晕实际是第二、第三两个主成矿阶段叠加的结果。

（2）不同成矿阶段元素沉淀演化理想模式。对典型金矿床不同成矿阶段形成矿体元素组合的研究，是通过对 4 个成矿阶段（第一阶段：黄铁矿 – 石英阶段，第二阶段：石英 – 黄铁矿阶段，第三阶段：金 – 多金属硫化物阶段，第四阶段：石英 – 碳酸盐阶段）的地球化学采样和多元素分析，结合不同成矿阶段形成的矿物组合、各矿物占的比例、单矿物中微量元素含量以及不同成矿阶段 Au 及其伴生元素含量比例关系的综合研究，在研究建立典型金矿床不同成矿阶段成矿元素（Au）、伴生元素（Ag、Cu、Pb、Zn、As、Sb、Bi、Hg、Mo、Mn 等）、控矿元素（K、Na、Si、Fe）及矿化剂元素（S、F、Cl）的沉淀理想模式的基础上，总结出了热液金矿床不同成矿阶段元素组合沉淀演化规律模式（见图 1）。

1）原生叠加晕叠加结构特征：金矿床具有多期多阶段叠加成矿成晕特点，每个主要成矿阶段每次成矿形成矿体都有自己的前缘晕近矿晕和尾晕，其形成矿体晕在空间上有同位叠加、部分同位叠加等多种形式叠加。

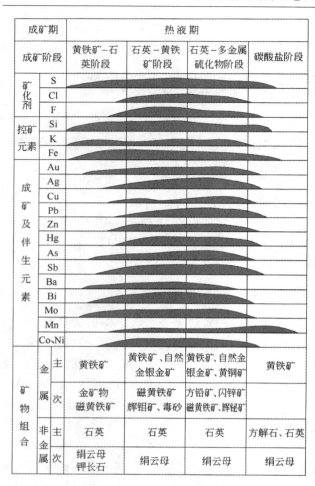

图1　金矿床不同成矿阶段元素沉淀演化规律模式

2）构造叠加晕剖面图、平面图及垂直纵投影图上的异常叠加特点：前缘晕、近矿晕及尾晕元素异常有多中心。

3）构造叠加晕轴向分带序列反常或反分带。

4）金矿床构造叠加晕轴向地球化学参数转折（见图2）。

4　矿床构造叠加晕模式——最佳指示元素组合及其指示意义

（1）在矿体周围能形成异常的元素有：Au、As、Sb、Hg、B、Ag、Cu、Pb、Zn、Bi、Mo、Mn、Co、Ni、V、Ti、W、Sn。

（2）最佳指示元素组合是：Au、As、Sb、Hg、B、Ba、Ag、Cu、Pb、Zn、Bi、Mo、Mn、Co。

（3）特征指示元素组合：前缘晕特征指示元素是As、Sb、Hg（B、Ba）；近矿特征指示元素是Au、Ag、Cu、Pb、Zn；尾晕特征指示元素是Bi、Mo、Mn、Co。

5　金矿床盲矿预测的5条构造叠加晕准则

指示深部有盲矿的5条准则：（1）前缘晕（强度大）准则；（2）前、尾晕共存准则；（3）原生晕轴向反分带准则；（4）地球化学参数转折准则；（5）前缘晕强度趋势准则。

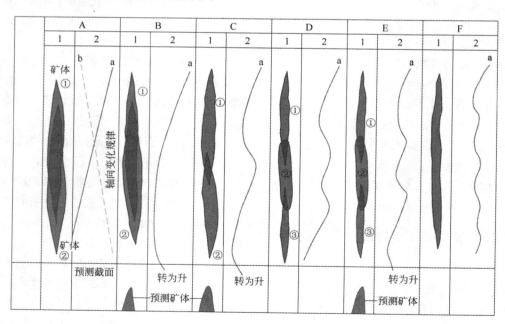

图2　金矿床构造叠加晕轴向地球化学参数转折

A，B，C，D，E，F—金矿叠加成矿（晕）的叠加结构类型；①，②，③—不同阶段形成的矿体；1—不同阶段含量形成矿体①②③的叠加结构；2—尾晕元素地球化学参数的轴（垂）向变化规律；a，b—地化参数（a为前缘晕元素或为前缘晕元素（含量、累加、累乘）/（含量、累加、累乘）；b为尾晕元素或尾晕元素/前缘晕元素）

6 金矿床盲矿预测模式和预测准则的应用条件

（1）模式特性。金矿床构造叠加晕虽有上述共性，但又有很大的特性，特别是前缘晕、尾晕元素都差不多，但各矿床各元素浓度分带标准不同，前、尾晕元素组合不尽相同：1）有的矿床前缘晕为 As、Sb、Hg、B、F，有的金矿床前缘晕只有 As、Sb、Hg；2）各矿床构造叠加晕中各特征指示元素含量相差很大，前、尾晕元素含量是相对的，如 As 是前缘晕，某矿床前缘晕 As 为 100×10^{-6}，尾晕为 50×10^{-6}，另一矿床 As 前缘晕为 50×10^{-6}，尾晕为 10×10^{-6}，如果没有模式含量，某含矿构造带 As 出现 50×10^{-6} 的含量，则无法判别是否前缘晕。

（2）应用准则。对某矿床深部预测必须研究建立该矿床的构造叠加晕模式和确定盲矿预测标志，确定各元素浓度分带标准，用本矿床模式对其深部预测效果最佳。用于矿床外围或同一构造带矿床是重要参考，不同矿带只有参考价值。

7 在勘查－普查区推广构造叠加晕法应用准则

普查区没有已知矿建模，只能预测相对成矿有利程度，如某勘查区有 4 条构造，采用构造叠加晕法，可预测出哪一条构造含矿相对最好，含矿最好的构造哪一段最好，缩小找矿范围，提出相对较好靶区，优先打钻，如找到矿，则逐步扩大找矿范围，但由于没有模式，应在区内相对最有利成矿部位打钻，若无矿，其他地段则见矿的可能性更小。

参考文献

[1] 李惠，张文华，常凤池.大型、特大型金矿盲矿预测的原生叠加晕模型[M].北京：冶金工业出版社，1998：8－63.

[2] 李惠，张国义，禹斌.金矿区深部盲矿预测的构造叠加晕模型及其找矿效果[M].北京：地质出版社，2006：16－32.

[3] 李惠，禹斌，李德亮.构造叠加晕找盲矿新方法及找矿效果[M].北京：地质出版社，2011：31－70.

陕西太白双王角砾岩型金矿床
构造叠加晕研究跟踪及预测效果

禹　斌　李　惠　李德亮　马久菊　孙凤舟　李　上　魏　江　赵佳祥　翟　培　王　俊　王　晓　张贺然

（中国冶金地质总局地球物理勘查院地球化学勘查院，河北保定，071051）

双王金矿床为－大型的低品位的钠长角砾岩型金矿床。1997—2010 年，李惠、禹斌等 3 次对太白双王角砾岩型金矿床构造叠加晕研究、跟踪及预测。1997 年为国家攻关项目专题（96 - 914 - 03 - 04 - 04），研究建立了双王金矿盲矿定位预测的叠加晕模型，对深部预测，提出了 4 个盲矿靶位。2006 年为太白金矿立项，跟踪研究和完善构造叠加晕模型，向深部推进预测。2010 年全国危机矿山项目，在 1997 年和 2006 年指导深部探矿取得了显著效果的基础上，遵照实践 - 认识 - 再实践 - 总结提高的实践论，跟踪研究修改完善模式和盲矿预测指标，再向深部推进预测，提出预测靶位，为深部进一步探矿提供依据。

验证预测靶位已探获金金属量 1.385 t，取得了很好的找矿效果，2007 年获中国黄金协会科技进步一等奖。

1　矿床特征简述

1.1　与成矿有关的地层、构造、岩浆岩

（1）赋矿地层。区内广泛出露泥盆纪地层，泥盆系上统星红铺下亚组的第二段为赋矿地层，其岩性为浅绿灰色变质粉砂岩、粉砂质绢云板岩。

（2）控矿构造。印支运动使本区形成了一系列轴向为 NW—SE 向的复式背、向斜构造，其中西坝褶皱为复式背斜中次级褶皱。区内 NWW 向断层控制了含金角砾岩带及带内金矿床（体）的分布。

（3）岩浆岩。西坝中酸性复式岩体侵位于西坝复背斜轴部，长轴方向为 NWW 向，主要岩性为石英二长闪长岩、二长花岗岩，形成于双王金矿成矿之前，双王含金角砾岩带位于岩体北 1.3 km。

1.2　角砾岩体特征

双王含金角砾岩体呈带状分布，从西部红崖河的王家楞至东部的太白河王家庄（双王），长约 11.5 km、宽 4~500 m，分布有大小不等的 8 个角砾岩体。角砾岩体长度 50~3050 m，一般长为 1000 m 左右，

宽 4~500 m，多为 100 m 左右。地表出露高差约 700 m，垂深超过 1000 m。含金角砾岩带走向与区域构造线一致，呈 NW - SE 向，与地层呈低角度斜切。含金角砾岩体是由角砾大小不等、形态多样、有多次破碎、多阶段热液活动胶结、以钠长质角砾岩为主的地质体。双王金矿床赋存于泥盆系星红铺组的含金角砾岩体内，矿床严格受构造角砾岩体（带）控制，局部角砾岩体就是金矿体。

角砾多为棱角明显的板条状、多角状和不规则状，大小不等，从几厘米至几十厘米。成分为钠长石化板岩或粉砂质绢云板岩。在角砾岩体上部，边部角砾块大，且在角砾岩体上部和边部相邻角砾间或角砾块与碎裂围岩间往往具有可拼性，说明这部分角砾岩形成过程中位移很小。

胶结物主要是多阶段热液活动产物，以钠长石、含铁白云石为主，其次有方解石、石英及黄铁矿等矿物集合体。

据胶结物成分可将角砾岩类型划分为 5 类：（1）以钠长石为主，含不定量石英，含铁白云石胶结角砾岩；（2）黄铁矿、钠长石、（石英）、含铁白云石胶结角砾岩；（3）黄铁矿、方解石胶结角砾岩；（4）黄铁矿胶结角砾岩；（5）石膏、硬石膏胶结角砾岩。其中（1）、（2）类型角砾岩分布广，是区内主要角砾岩类型，其他仅见于局部地段或叠加于（1）、（2）类型之上。

1.3　矿体特征

双王含金角砾岩可构成金矿床（体）或是矿化体的直接围岩。在 8 个出露的角砾岩体中已发现 14 个大小不等的金矿体，其中 KT8 矿体规模最大，已控制金金属储量 40 余吨，平均品位 3.08 g/t。KT8 矿体产于遇号角砾岩体中，长 1200 m，平均厚度 28.39 m。其余矿体目前控制规模均小于 KT8 矿体。

1.4　矿物组合

金属硫化物主要为黄铁矿，氧化矿物主要为褐铁矿，非金属矿物主要为钠长石，含铁白云石、石英、

方解石等。金矿物主要是自然金及微量碲金矿，含微量碲银矿。硫化物以黄铁矿为主（占2.26%），有少量白铁矿及极微量磁黄铁矿、黄铜矿、毒砂、针镍矿、闪锌矿、方铅矿、辉钼矿、辰砂等。

自然金主要赋存于热液期Ⅰ、Ⅱ、Ⅳ阶段的黄铁矿中，黄铁矿是重要的载金矿物。

1.5 多期多阶段叠加成矿成晕特点

双王金矿可分为5个阶段，Ⅰ：黄铁矿—含铁白云石—石英—钠长石阶段；Ⅱ：石英—钠长石—黄铁矿—铁白云石阶段；Ⅲ：黄铁矿方解石阶段；Ⅳ阶段又分为：Ⅳ-1石英黄铁矿亚阶段、Ⅳ-2黄铁矿亚阶段；Ⅴ：萤石—地开石—方解石阶段。Ⅱ、Ⅳ阶段为主成矿阶段，主矿体（KT8）主要发育阶段为Ⅰ~Ⅳ4个阶段。多阶段叠加部位，特别是Ⅱ、Ⅳ阶段叠加部位形成富矿。

1.6 围岩蚀变

双王金矿床金矿化蚀变类型有钠长石化、铁白云石化、黄铁矿化等，三者常常叠加伴生，以钠长石化为代表，简称钠长石化蚀变岩。钠长石化蚀变岩的分布仅局限于构造角砾岩带（体）的内部及其两侧，主要表现为绢云板岩、粉砂岩等浅变质的围岩或角砾块沿岩层走向或倾向发生蚀变褪色现象。

2 金矿床地球化学特征

2.1 矿床元素组合及其相关关系

（1）矿床元素组合。

以各元素的衬值（矿体中元素含量/围岩背景含量）大于1为标准，矿体元素组合是：

矿体1.5 g/t≤w(Au)≤3 g/t元素组合：Au、As、Sb、B、Ag、Mo、Mn、Co、Ni、W；

矿体w(Au)≥3 g/t元素组合：Au、As、Sb、B、Ag、Bi、Mo、Mn、Co、Ni、W。

（2）矿体中元素相关性（以—表示矿体中元素的纵横相关性）：

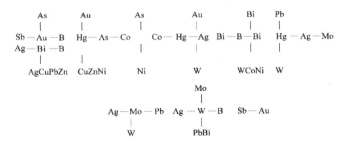

2.2 不同成矿阶段元素组合

以各元素衬度值≥0.5标准，各阶段元素组合是：

Ⅰ—Au、As、Sb、W；Ⅱ—Au、As、Sb、Mn、Ni、W；Ⅲ—Au、As、Sb、B、Mn、W；Ⅳ-1—Au、As、B、Bi、Mo、W；Ⅳ-2—Au、As、Sb、B、Ag、Bi、Mo、Co、Ni、W。

2.3 围岩蚀变过程中元素的带入带出特点

矿床的主要围岩是浅绿色粉砂质绢云板岩，其受蚀变强弱从颜色上看表现为褪色，蚀变由弱→强，岩石褪色为浅灰色→浅黄、黄棕色，蚀变类型主要是钠长石化、方解石化和铁白云石化等。蚀变过程中元素带入带出特点：从弱蚀变→强蚀变，Na_2O、CaO、CO_2带入量增大，而FeO、H_2O、MgO带出量（进入溶液）逐渐增大，K_2O在强蚀变带带出，SiO_2、Al_2O_3含量变化不大，Au带入量逐渐增加。

从区域绢云板岩→钠长石化绢云板岩（弱蚀变）→铁白云石钠长石化绢云板岩→交代铁白云石钠长岩→交代钠长岩，Na_2O含量（%）逐渐增加，由0.94→1.54→3.45→6.68→9.97，CO_2含量（%）由0.24→2.33→3.5→0.3，Au（$\times10^{-9}$）由3.5→13.5→11.8→67→25.4，交代钠长岩中CO_2后，Au又有所降低。

3 双王金矿床构造叠加晕特征

3.1 单一期次成矿成晕轴（垂）向分带特征

（1）在矿体及其周围能形成异常的元素有Au、As、Sb、B、Hg、Mn、Bi，出现不连续异常的元素有Ag、Mo、Co，而Cu、Pb、Zn、W、V、Sn在矿体中总体含量很低，仅形成零星异常。

（2）单一期次成矿形成原生晕的轴（垂）向分带特点：Au随远离矿体含量降低，B、Hg、Sb、As的强异常分布于矿体上部、头部及前缘，从矿体上部→下部异常强度和范围都有明显减弱、变小趋势；Mn、Bi、Mo、Co异常向深部有增强的趋势。

（3）单阶段形成矿体（晕）元素轴（垂）向理想分带序列从上→下是：Hg、B、Sb、A→Ag、A→Mn、Bi、Mo、Co。

3.2 原生叠加晕特征

（1）由于不同期次成矿成晕的叠加结构有同位、近于同位等多种形式的叠加结构，导致了在剖面图上、平面图上及垂直纵投影图上叠加晕复杂化和各元素异常多中心。

（2）剖面地化参数的轴（垂）向变化特点从上→下是：即从矿前缘→矿头→上部→中部→矿体下部→尾部，B、Sb、As及As/Mn、Sb/Co、As+Sb+B值逐渐降低，深部又升高（见表1）。这种转折指示矿体向深部延伸还很大或深部有盲矿存在。

表1　陕西双王金矿 KT8 矿体 8 线剖面不同部位地化参数轴（垂）向变化规律

中段/m	Au	As	Sb	Hg	B	Ag	Bi	Mo	Mn	Co	As + Sb + B	As/Mn	Sb/Co
1330	0.42	67.88	1.31	82.73	126.45	0.05	0.53	0.20	1420.68	8.99	0.55	0.70	0.64
1290	0.05	19.34	0.51	91.75	72.48	0.07	0.51	0.26	732.92	9.14	0.20	0.39	0.25
1200	0.70	39.74	0.86	58.38	62.78	0.08	0.32	0.28	1150.69	8.44	0.32	0.50	0.45
1150	1.13	16.98	0.97	28.12	140.50	0.06	0.45	0.39	568.64	13.01	0.30	0.44	0.33
1040 钻孔	0.28	32.31	1.16	25.01	139.88	0.06	0.50	0.38	655.57	8.53	0.45	0.72	0.60

4　双王金矿床深部盲矿预测的构造叠加晕模型

双王金矿床构造叠加晕模型图1。

4.1　最佳指示元素及其指示意义

（1）最佳指示元素组合：Au、As、Sb、B、Hg、Mn、Ag、Mo、Bi、Co。

（2）特征指示元素组合：前缘晕特征指示元素组合是 As、Sb、Hg、B；近矿晕元素组合：Au、Ag。Ag 强异常出现指示有第Ⅱ阶段叠加，可能形成富矿体；尾晕特征指示元素组合：Bi、Mo、Mn、Co。

4.2　模式特点

（1）每个阶段形成的矿化体都有自己的前缘晕（B、As、Sb、Hg 晕），近矿晕（Au、Ag）和尾晕（Mn、Bi、Mo、Co 晕）。

（2）模式中展示了Ⅰ、Ⅱ、Ⅳ阶段形成矿体及其晕在空间上的同位叠加结构。

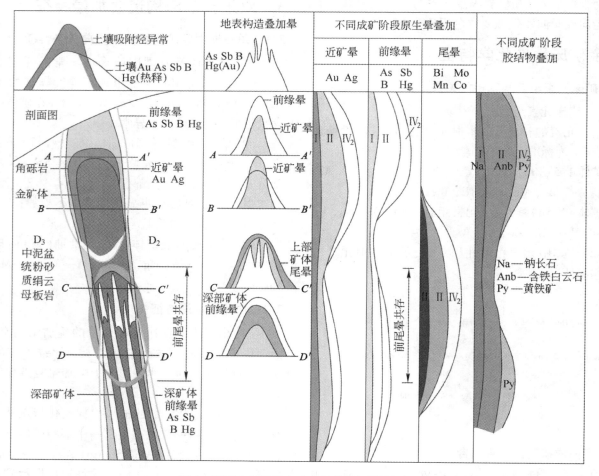

图1　陕西太白双王金矿床构造叠加晕模式图

（3）模式中上、下两个矿体（串珠状矿体），可能是同一次成矿在上、下两个有利成矿部位形成的两个矿体，也可能是两次成矿分别形成上、下两个矿体（晕）的同位叠加，也可能是两次成矿分别形成了上、下两个矿体，但不论哪种情况，上部矿体的尾晕都与下部矿体的前缘晕叠加共存，前、尾晕共存是在上部矿体深部进行预测的重要依据。

5 双王金矿床深部盲矿预测取得了显著效果

5.1 主要成果

（1）1999 年构造叠加晕研究成果，研究建立了双王金矿床的构造叠加晕模式，应用模式和盲矿预测标志，对太白双王金矿 KT8 号矿体走向西延部分 20 线～西 6 线和东延部分 48～56 线及主矿体深部盲矿进行了定位预测，提出了 4 个盲矿预测靶位（见图 2），预测金储量为 11.071 t。

（2）2006 年构造叠加晕研究成果：①完善了双王金矿床盲矿预测的构造叠加晕模型。对验证见矿靶位上方构造叠加晕进行了进一步研究、总结，并与验证靶位见矿坑道和钻孔构造叠加晕统一研究，进一步完善了双王金矿床的模式和盲矿预测标志；②研究盲矿定位预测系统和定量化预测指标及数学模型；③向深部推进预测：提出了 3 个预测靶位，预测金金属量 23.76 t。

（3）2010 年构造叠加晕研究成果：总结了 1999 年和 2006 年预测靶位验证见矿显著特点，肯定了已建太白双王金矿床构造叠加晕模型的有效性和实用价值。对验证坑道、钻孔跟踪采样研究，图 3、图 4 是双王金矿构造叠加晕剖面图和垂直纵投影图及预测靶位图。向深部推进预测，修改了 2006 年部分靶位，最终提出 3 个靶位，预测金金属资源量 19.91 t。三次研究预测金金属资源量 54.74 t。

5.2 找矿效果

2001—2006 年 10 月，太白双王金矿对部分预测靶位用坑道和钻探验证，其中预测靶位范围与坑道和钻孔见矿范围基本一致（见图 2 至图 5），见矿效果显著，已探获金金属量 14.38 t，取得了很好的找矿效果。

验证 2006 年向深部推进预测靶位，每孔都见矿，但矿体厚度变薄、品位变低。

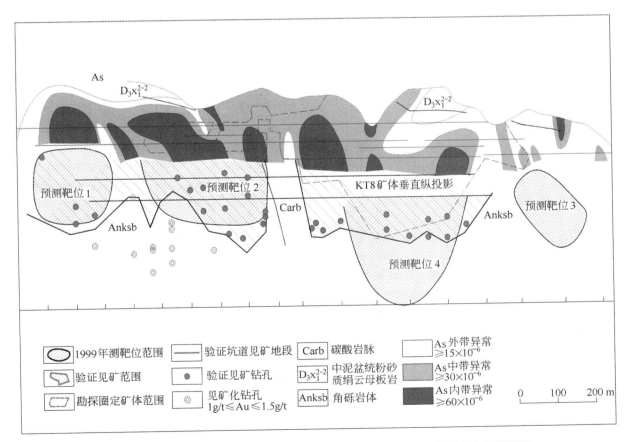

图 2 陕西太白双王金矿床 1999 年构造叠加晕预测靶位及验证结果垂直纵投影图

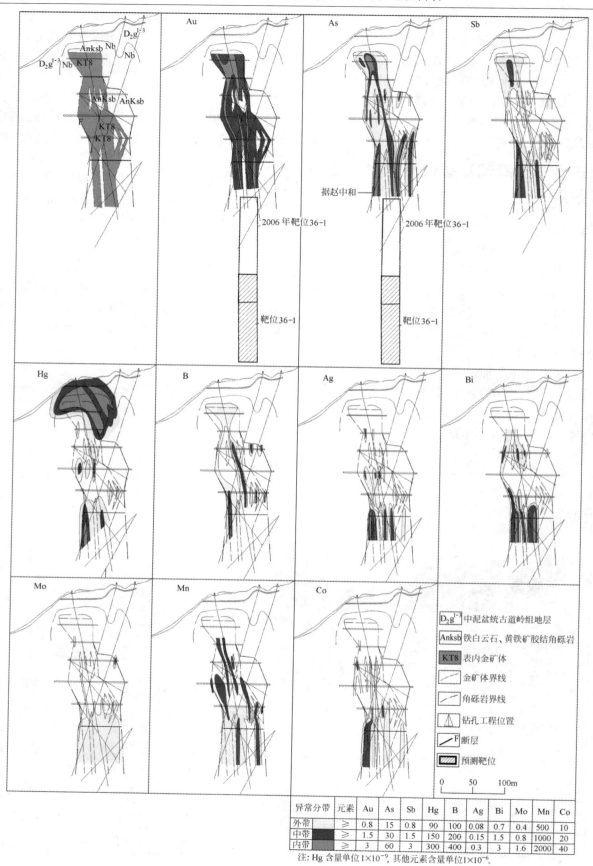

注：Hg 含量单位 1×10^{-9}，其他元素含量单位 1×10^{-6}。

异常分带	元素	Au	As	Sb	Hg	B	Ag	Bi	Mo	Mn	Co
外带	≥	0.8	15	0.8	90	100	0.08	0.7	0.4	500	10
中带	≥	1.5	30	1.5	150	200	0.15	1.5	0.8	1000	20
内带	≥	3	60	3	300	400	0.3	3	1.6	2000	40

图3　陕西太白双王金矿床36线构造叠加晕及预测靶位剖面图

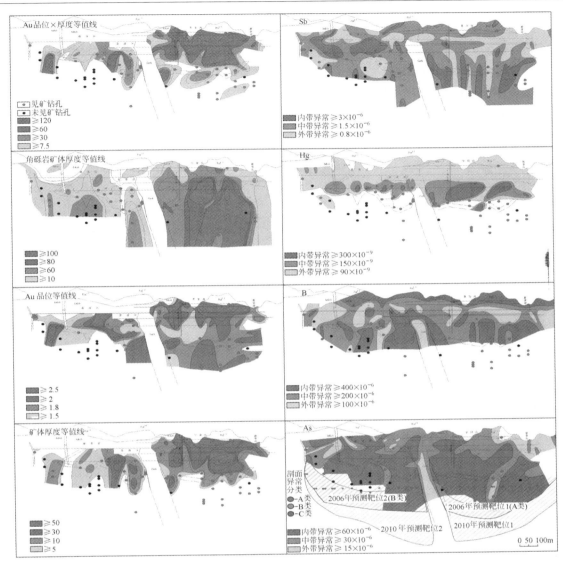

图 4　陕西太白双王金矿构造叠加晕垂直纵投影及预测靶位图

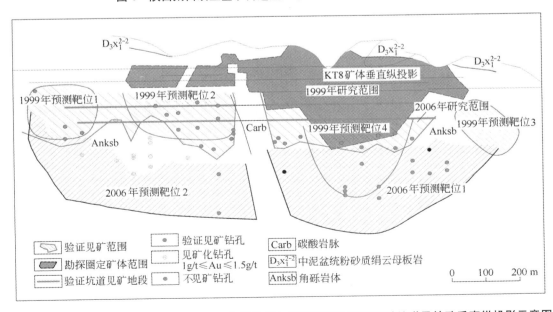

图 5　陕西太白双王金矿床 1999 年、2006 年构造叠加晕预测靶位验证见矿坑道及钻孔垂直纵投影示意图

参考文献

[1] 李惠，张文华，常凤池，大型、特大型金矿盲矿预测的原生叠加晕模型[M].北京：冶金工业出版社，1998：8-63.

[2] 李惠，张国义，禹斌.金矿区深部盲矿预测的构造叠加晕模型及其找矿效果[M].北京：地质出版社，2006：16-32.

[3] 李惠，禹斌，李德亮.构造叠加晕找盲矿新方法及找矿效果[M].北京：地质出版社，2011：31-70.

广西珊瑚钨锡矿资源接替勘查
项目找矿效果及找矿前景分析

徐文杰　刘运锷　谭少初

（桂林矿产地质研究院，广西桂林，541004）

关键词：钨锡矿；矿脉；不整合面；隐伏岩体；物化探异常；钻探；找矿前景

1　引言

"广西钟山县珊瑚钨锡矿接替资源勘查"项目，为国土资源部2007年下达的全国危机矿山接替资源勘查项目，承担单位广西桂华成有限责任公司，勘查单位桂林矿产地质研究院，项目实际实施时间为2008年4月至2011年1月，项目总投入2365万元。新增资源储量（333）（未评审）：矿石量717万t，WO_3金属量10万多吨，Sn金属量约2.6万t，相当于发现两个大型钨矿床和一个中型锡矿床，找矿效果十分明显。

2　地质概况

珊瑚钨锡矿是我国湘、赣、粤、桂钨-锡成矿带典型矿床之一，大地构造（见图1）位置属东南地洼区赣桂地洼系，正处于南岭EW向构造带、湘南SN向构造带和桂东南新华夏系构造带的交汇部位的桂东北凹陷区。地质史上主要经历了加里东、印支、燕山运动。褶皱基底主要为下古生界寒武系，盖层主要为上古生界泥盆系，后者不整合于基底之上。

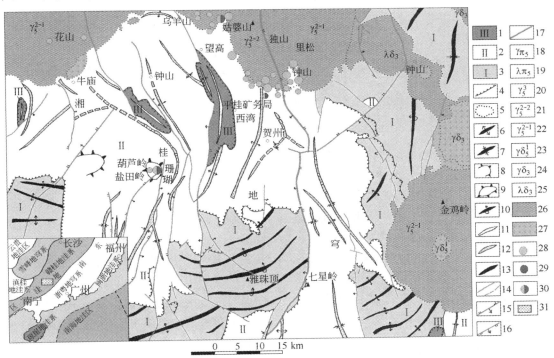

图1　富贺钟地区大地构造及钨锡矿产分布略图

1—地槽构造区；2—地台构造层；3—地洼构造层；4—实测及推测构造层界线（角度不整合）；5—侵入岩地质界线；6—背斜；7—向斜；8—鼻状背斜；9—穹窿；10—倒转背斜；11—燕山期及喜山期构造线；12—印支期构造线；13—加里东期构造线；14—实测及推测断层；15—逆断层；16—正断层；17—区域大断层；18—燕山期花岗斑岩；19—燕山期石英斑岩；20—燕山晚期（第三亚期）花岗岩；21—燕山中期（第二亚期）花岗岩；22—燕山早期（第一亚期）花岗岩；23—印支期石英闪长岩；24—加里东期花岗闪长岩；25—加里东期石英闪长岩；26—花岗岩；27—花岗闪长岩、石英闪长岩；28—锡矿床；29—钨矿床；30—钨锡矿床；31—富贺钟地区的大地构造位置

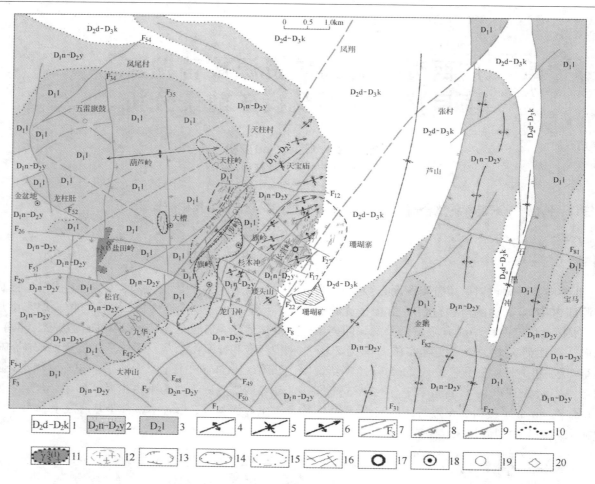

图2　珊瑚钨锡矿田地质略图

1—中泥盆统东岗岭组–上泥盆统桂林组碳酸盐岩；2—下泥盆统那高岭组–中泥盆统郁江组砂页岩；3—下泥盆统莲花山组砂岩；4—背斜；5—向斜；6—倾伏背斜；7—实测或推测断层及其编号；8—正断层；9—逆断层；10—地质界线；11—燕山晚期花岗岩岩株；12—推测隐伏花岗岩体；13—钨锡石英脉及其分布范围；14—钨锑萤石石英脉及其分布范围；15—含钨石英角砾脉及其分布范围；16—矿脉；17—钨锡石英脉型矿床；18—钨锑萤石石英脉型矿床（点）；19—含钨石英角砾脉矿床（点）；20—似层状锡多金属硫化物型矿床（点）

　　珊瑚钨锡矿是指珊瑚长营岭钨锡矿床（大型），其西侧和南侧尚有八步岭钨锡矿，杉木冲、大槽、金盆岭钨锑矿，大冲山、旗岭、天柱岭钨矿和盐田岭锡多金属矿等小型矿床，与珊瑚钨锡矿床共同组成珊瑚钨锡矿田（见图2）。矿化范围：东起石墨冲，西至金盆地，南起大冲山，北至凤尾村，面积约80 km²。区内大面积出露泥盆系地层，泥盆系不整合于寒武系地层之上，已发现的矿体主要赋存于切穿泥盆系的陡倾断裂中。区内构造复杂，以NNE向断裂为主，次为NW向断裂，两组构造呈交叉发育，构成菱形格状构造体系，并在该区形成一个穹隆构造（葫芦岭穹隆），该构造体系活动强烈，与成矿关系密切。区内出露燕山期细粒花岗岩岩株（盐田岭花岗岩体），该岩体岩石中W、Sn含量分别高出华南燕山期花岗岩平均值的1.7倍和2.8倍，属含W、Sn重熔型花岗岩，与该区钨锡矿的形成有密切成因关系。同时物探磁异常及可控源

电法异常显示该区深部（地表以下1300～1500 m）还存在隐伏花岗岩体。隐伏岩体及断裂直接控制着矿体的产出。

　　在矿田范围内发现有4种类型矿床，即钨锡石英脉型、钨锑萤石石英脉型、含钨石英角砾脉型和似层状锡多金属硫化物型，其中钨锡石英脉型最具工业意义。珊瑚矿田中区以长营岭隐伏花岗岩为中心，自东向西形成了由钨锡石英脉型→钨锑萤石石英脉型→含钨石英角砾型的单侧水平分带，构成了一个以钨锡为主的成矿系列。西区以产于盐田岭花岗岩外接触带的似层状锡多金属硫化物为主，外部产出有钨锑萤石石英脉型、含钨石英角砾脉型矿床。

3　矿体特征

　　珊瑚矿主采区矿体明显受NNE向的F_1、F_5断层与NW向的F_{27}、F_{17}、F_{22}、F_8等断层交叉构成的格状

断裂系统控制，矿脉在平面上呈分组密集平行排列，由西向东分为6个脉组，脉组向下具有侧伏现象。矿脉充填于走向NNE、倾向SE和NW的剪切裂隙中。矿化面积约2 km²，矿带延长2500 m、宽600～1000 m、延深达900 m以上，全区共有钨锡石英脉700多条，其中工业矿脉200多条，Ⅱ、Ⅲ和Ⅳ3个脉组（见图3）工业矿脉数量占矿床矿脉总数的99%，脉幅一般为0.1～0.8 m，最大6.14 m，工业矿脉平均脉幅0.65 m，属大脉型，是一个大型的气化高温钨锡石英脉型矿床。

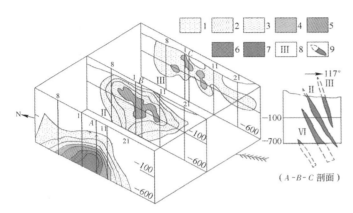

图3 长营岭钨锡石英脉Ⅱ、Ⅲ和Ⅳ脉组等厚线及空间分布

1—脉组厚1～3 m；2—脉组厚3～5 m；3—脉组厚5～7 m；
4—脉组厚7～9；5—脉组厚9～11 m；6—脉组厚11～13 m；
7—脉组厚13～15 m；8—脉组编号；
9—矿体（脉组）（虚线部分为剥蚀矿体和推测的盲矿体）

平行密集排列是本区矿脉产出的主要特点，地表Ⅱ、Ⅲ细脉向深部逐渐收敛，至－150 m标高以下，两脉组趋于合并或Ⅲ脉组趋于尖灭。其中Ⅲ脉组地表出露较多，中心在1线标高约100 m附近；Ⅱ脉组地表规模小，脉组中心在3线标高－100 m附近，沿倾斜向下至－400 m尚未尖灭；Ⅳ脉组地表基本未出露，脉组中心在3线标高－400 m附近，沿倾斜向下至－700 m尚未尖灭。在各脉组中，大小不等的钨锡石英脉密集平行排列，矿脉间距一般为2～15 m，脉组间距60 m左右。

4 接替资源勘查项目找矿效果及新认识

"广西钟山县珊瑚钨锡矿资源接替勘查"项目，经过近3年的实施，完成钻探工程22个孔近11900 m、坑探工程近1520 m、槽探工程1100 m³及一些物化探工作。取得的主要成果：新增资源储量（333）（未评审）：矿石量717万t，WO₃金属量约10.8万t，Sn金属量约2.6万t，矿脉平均厚0.65 m，WO₃平均品位1.52%，Sn平均品位0.365%，同时伴生铜金属量约

1万t，伴生锌金属量约1万t，伴生银金属量约130 t。等于新增两个大型钨矿床，找矿效果十分显著。

通过该项目的实施，取得了4个方面的新认识：①通过钻探工程的揭露，确认Ⅳ脉组在深部确实变富变大、矿脉增多，资源储量占总储量的比例由过去的11.3%提高到18.7%；②Ⅳ脉组不仅在南西部存在，在北部一直到12号勘探线都存在，改变了过去仅在南西部侧伏存在的观点，扩大了Ⅳ脉组的找矿空间；③在3号勘探线－700 m深处发现了一个真厚度10.53 m、WO₃品位达0.195%、Sn品位0.01%的似层状蚀变岩型矿化体（强硅化砂岩），预示着深部隐伏花岗岩体顶部外接触带存在有缓倾斜性蚀变岩型钨（锡）矿化体，为今后深部找矿提供了新的思路；④综合磁测与CSAMT测量结果，推测探测区内隐伏岩体顶界面深度在标高－1500～－950 m，由矿区岩体顶界面三维立体图（见图4）可看出，岩体顶界面埋深最浅在矿区中部，往东和往西岩体顶界面埋深均变深。

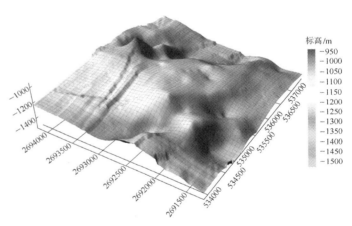

图4 珊瑚矿区物探CSAMT推断岩体顶界面三维立体图

5 珊瑚矿区找矿前景及找矿方向

5.1 深部找矿前景

（1）在2008—2010年两年多期间完成深部探矿钻孔22个，都见到了工业矿脉，共见到工业矿体（脉）110多条，主要的Ⅱ、Ⅳ脉组延深控制已达－700～－600 m标高，仍见较好的钨矿化，所有剖面深部Ⅱ、Ⅳ脉组都未完全控制，因此深部找矿前景还很大。

（2）根据华南钨矿总结规律，下部贫矿带或近隐伏岩体含矿石英脉中常出现长石，围岩发育花岗岩脉，但本区现钻孔控制的深度－700 m标高以上范围内含矿石英脉中极少出现长石，也未发现花岗岩脉，围岩泥质岩石以水白云母－高岭石为主，围岩热变质

不强。不同标高的含矿石英脉石英均一法测温表明，包裹体以纯液相为主，包裹体形态、大小、盐度（5.2% ~6.3%）基本相同，说明成矿环境条件相当稳定。综上地质特征，显示工业矿体和脉组下限还有相当延深空间，按矿脉自然尖灭的原则推算，它的下限可能在 -900 m 标高以下。

（3）物探 CSAMT 电阻率二维反演结果（见图5）

表明，长营岭矿区深部 1400 m（标高 -1100 ~ -1200 m）处可能存在隐伏花岗岩体，在 -700 m 标高以上，钨锡石英脉主要呈陡倾脉状产出，而在 -800 m 标高至推测的隐伏花岗岩体顶部界面（标高 -1200 m）以上 400 m 空间范围内，低阻异常呈层状面型分布，推测可能存在一个新类型钨矿化富集区。

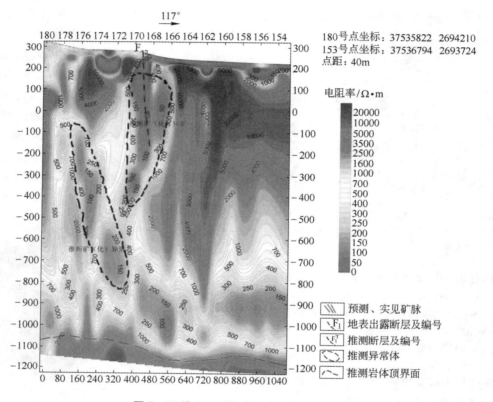

图5　28 线 CSAMT 电阻率二维反演结果

5.2　边部找矿前景

（1）北东向 Ⅱ、Ⅲ、Ⅳ 3 组主要矿脉组走向尚未圈闭，最北的 12 勘探线钻孔 ZK12 -1 尚见到 Ⅱ、Ⅳ 脉组强烈矿化（见表1）；南部 15 勘探线 ZK15 -1 见到大小石英脉 20 多条，主要分布于中上部 5 ~ 140 m，Ⅱ号脉组中 5 ~ 97 m 处见 16 条，最厚矿脉 1.3 m，超过 1.0 m 有 3 条，超过 0.35 ~ 1.0 m 有 3 条。因此，沿走向南、北矿化仍有一定延长，尤其北东部矿脉有转向北北东向迹象，可能与近葫芦岭穹隆东西向轴部有关，一般近穹隆（背斜）轴部倾没部是构造薄弱部为成矿的有利空间。同时，岩石地球化学异常图（宋慈安 2001）中显示，长营岭矿区北东部 W、F、As、Sn 等异常尚未封闭。因此，南北两端，特别是北部找矿前景还很大。

表1　钻孔 ZK12 -1 见矿情况

脉组	样号	脉宽 /m	WO$_3$ /%	见矿孔深 /m	标高 /m
Ⅱ	28	0.17	10.19	582.2	-340
	31	0.12	7.16	612.4	-370
	32	0.60	0.64	641.6	-400
Ⅵ	33	0.23	3.45	732.5	-490
	41	0.45	0.67	804.5	-560
	42	0.44	0.34	811.85	-567
	43	0.19	3.82	821.3	-575
	44	0.32	0.95	832.9	-588

（2）长营岭主采区东部，石灰山主井东 0.5 km 的南北长 2.7 km、东西宽 1.1 km、面积约 3.0 km² 范围

内，可能存在一个与长营岭钨锡矿带平行的新矿带，预测该矿化带长约 2 km，矿脉深部在 100～700 m 之间。其依据：该区位于推测长营岭隐伏花岗岩体东侧、北东向石灰山断裂与芦山断裂之间，该区北西向断裂也较发育，北东向断裂与北西向断裂在该区构成有利成矿的格状构造系统；桂林工学院在该区开展过化探电导率、汞和电提取等方法研究，发现较好的电导率异常和汞异常，异常规模 2～3 km，宽 200～300 m，5 线、17 线精测剖面上发现 Pb、Zn、Sn、W、As、Ag 等多元素电提取异常，且 3 种方法异常吻合良好，预示该区深部存在隐伏钨锡矿床；2008—2009 年所做的 CSAMT 电阻率测量结果（见图 6）表明长营岭主采区东部存在一个与长营岭钨锡矿带平行、倾向相反的低电阻异常带；广西有色 204 队在矿区勘探时，在 3 号勘探线主井以东施工 2 个普查钻孔（ZK103 和 ZK127）揭露该区地质条件与长营岭矿区相同，并见到数条钨锡石英脉，其中矿脉最厚 0.33 m，WO_3 0.33%、Sn 0.02%。综上所述，根据该区成矿地质条件及化探、物探矿化信息预测该区发育一条与长营岭钨锡矿带平行的矿带。

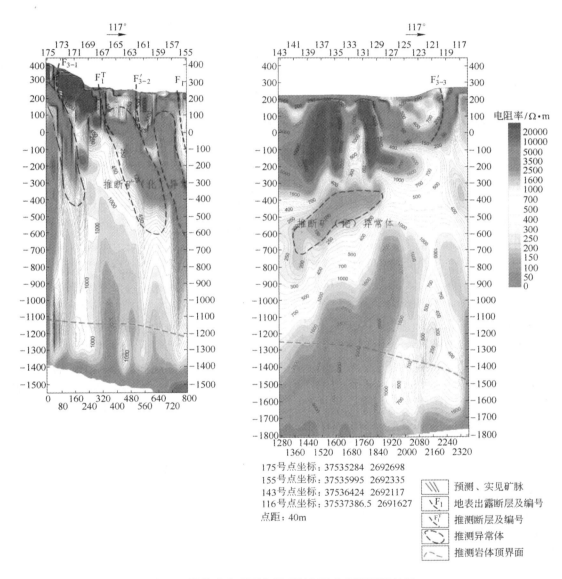

175 号点坐标：37535284 2692698
155 号点坐标：37535995 2692335
143 号点坐标：37536424 2692117
116 号点坐标：37537386.5 2691627
点距：40m

电阻率/Ω·m

预测、实见矿脉
地表出露断层及编号
推测断层及编号
推测异常体
推测岩体顶界面

图 6　长营岭主采区东部 CSAMT 电阻率测量结果

5.3　外围找矿前景

珊瑚地区除长营岭钨锡石英脉型大型矿床外，其西部分布有八步岭钨锡石英脉小型矿床、杉木冲—龙门冲钨锑萤石石英脉小型矿床、大冲山—九华、八步岭—旗岭含钨石英角砾脉小型矿床等，这些矿床地表矿化带规模都较大，长 1.5～2 km、宽 0.5 km，矿脉密集，但仅作了少量深部工作，应重新评价其深部找矿前景。

（1）长营岭西南松宫地区。位于 F_3 和 F_{3-1} 两条 NE 向和 NW 向断裂挟持交汇处，地质、地球物理和地球化学异常反映该地段深部存在隐伏花岗岩，中心部位位于松营一带，地表发现有较为密集的云母线（细）脉和石英线（细）脉 87 条，脉体以 NE 走向为主，次为 NWW 向。脉体中常含少量萤石、毒砂和黑钨矿。脉体中微量元素的含量以富 W、Sn、F、As 贫 Cu、Pb、Zn 亲硫元素为特征，具有同长营岭钨锡石英脉地表脉体矿化相类似特征，根据钨锡石英脉中微量元素剥蚀指标基本属浅剥蚀。1:10000 土壤地化剖面测量显示，该区发育有 2 个 NE 向展布的综合地球化学异常，异常带长约 1500 ~ 1800 m、宽 300 ~ 700 m，元素组合 W、Sn、F、B、As 和 Cu 等，异常强度分别为：$w(W) = (76.5 ~ 106.1) \times 10^{-6}$、$w(Sn) = (55.1 ~ 81.3) \times 10^{-6}$，$w(F) = (2800 ~ 3589) \times 10^{-6}$、$w(As) = (183 ~ 237) \times 10^{-6}$，$w(Cu) = (55 ~ 121) \times 10^{-6}$，异常水平组合分带从中内带→中外带为 Cu、Zn（Ag、Sb）W→(W)、Sn、B、F、Be、As，异常强度和异常水平组合分带具有类似长营岭钨锡石英脉的特征。综合以上资料，该区找矿前景较好。

（2）沙田街地区。位于长营岭大型钨锡矿床东部，地表发现有 0.01 ~ 0.10 m 的云母线脉、云母石英细脉，局部见含钨锡石英脉和萤石石英脉，断续展布长 1 km，走向 NE10° ~ 40°、倾向 SE、倾角 50° ~ 75°，单脉最厚为 0.19 m，$w(WO_3) = 0.087\% ~ 0.78\%$、$w(Sn) = 0.012\% ~ 0.33\%$，有往深部脉幅增大、脉间距变小、脉数增多的趋势。1:20 万区域化探测量显示，沙田街区存在一较好的 W、Sn、Sb、Zn 综合异常。异常强度极大值 $w(W) = 512 \times 10^{-6}$、$w(Sn) = 51 \times 10^{-6}$、$w(Sb) = 990 \times 10^{-6}$、$w(Pb) = 228 \times 10^{-6}$，平均强度 $w(W) = 66.49 \times 10^{-6}$、$w(Sn) = 3.93 \times 10^{-6}$、$w(Sb) = 114.19 \times 10^{-6}$、$w(Pb) = 3.38 \times 10^{-6}$。在该处还出现环形构造影像，推断深部有隐伏岩体。因此该区具有较好的找矿前景。

5.4 找矿方向探讨

（1）长营岭钨锡矿床大部分钻孔从中泥盆统郁江组开孔。据珊瑚钨锡矿田地层剖面，泥盆系郁江组（D_2y）最大厚度 380 m，那高岭组（D_1n）最大厚度 226 m、莲花山组最大厚度（D_1y）390 m，三组总计厚度 996 m。近年不少的钻孔已打到莲花山组较厚的砂岩和泥质砂岩，75 中段坑内钻 ZK3-3 接近 -700 m 标高（地表下 970 m），已接近打穿泥盆系地层，只要没有较强的构造影响，预测已接近莲花山组和下部寒武系地层的不整合面。众多资料表明不整合面的上、下盘层间裂隙常为成矿有利空间位置，该区有可能形成

类似广西大明山钨矿床中深部的似层状钨矿体。大明山钨矿床深部近不整合面上盘中、下泥盆统碎屑岩层中有 10 多层似层状钨矿体，下盘寒武系浅变质砂页岩中同样具有 5 ~ 12 层似层状钨矿体，矿化体为含黑钨矿的微细石英脉，黑钨矿粒度一般小于 0.5 mm，次为白钨矿，似层状矿体规模大，延长及延深深度达 1000 m，品位为 0.1% ~ 0.62%。本区 ZK3-3 在地表下 970 m 处发现一个蚀变砂岩矿化体，连续采样分析，厚度为 10.53 m，WO_3 含量为 0.195%、Sn 含量为 0.01%，其中 46 号样，样长 1.6 m，可见两条含矿石英细脉，其中 WO_3 含量为 0.53%、Sn 含量为 0.01%。该矿段采了 3 件样品作了钨的物相分析，46 号黑钨矿含量为 0.53%、白钨矿含量为 0.02%，47 号样黑钨矿含量为 0.27%、白钨矿含量为 0.04%，43 号样黑钨矿含量为 0.14%、白钨矿含量为 0.005%，表明该钨矿化以黑钨矿为主。前述 28 号勘探线物探 CSMT 电阻率二维反演图推测在 -800 m 标高以下明显存在一个缓倾斜的层状低阻异常，与地质上推断泥盆系与寒武系不整合面位置相近，可能为层状、似层状矿体引起的矿化异常。

综上信息，预测在近 -1000 ~ -700 m 标高空间内可能存在一种受不整合面控制的多层缓倾斜似层状矿体，为今后探索深部找矿提供了新的思路。

（2）珊瑚钨锡矿田除分布有长营岭大型钨锡石英脉型矿床外，外围还发育钨锡萤石石英脉，含钨石英角砾脉型中-小型矿床，矿化主要产于层间裂隙构造中或受张性裂隙控制。研究表明，成矿温度较低，值得注意的是在九华采矿坑道中发现细粒黄铁矿浸染的强硅化蚀变岩，拣块样品分析 Au 高达 16.2 g/t，镜下观察自然金呈薄膜状附着于黄铁矿表面和黄铁矿裂隙中，另外，龙门冲的硅化、绢云母化蚀变岩中含金也较高。因此，在勘查钨锡（锑）矿的同时也要高度重视查明本区金矿的分布规律和评价金矿经济意义。事实上我国不乏钨锑金的共生矿床，如邻省的湖南沃溪锑金（钨）矿床，龙山锑金（钨）矿床，显示钨、锑、金具有一定共生规律，且规模达到大-中型。因此，该区外围的钨锑金矿是该区今后的另一找矿方向。

6 结语

珊瑚石英脉型钨锡矿床近两年深部探矿证明，石英脉型钨锡矿化深度已达 900 m（从地表 200 m 标高到控制最深 -700 m 标高），主要工业脉组矿化强度仍未减弱（矿脉数量和品位较稳定），工业矿化完全可能突破 1000 m，说明深部尚有 300 ~ 500 m 的找矿空间。矿床最北的 12 勘探线，钻孔见矿良好，并且原生

晕异常反映 W、Sn、F 等综合异常未封闭，表明了矿脉北东向尚有较大的延长。根据地质、物探资料分析研究，长营岭钨锡石英脉矿床北部（近葫芦岭东西穹隆轴部）深部很有可能存在一种受泥盆系和寒武系不整合面控制的缓倾斜多层层状、似层状矿体。外围的松宫和沙田也有较好的矿化指标显示。基于上述的认识，该区的找矿前景巨大，只要开展进一步勘查研究，必将取得可观的工业储量，产生巨大的经济效益。预计该区潜在钨锡金属量大于 20 万 t。

参考文献

[1] 广西有色局地质勘探公司 204 队. 广西珊瑚钨锡矿储量总结报告书[R]. 1968.

[2] 广西有色局地质勘探公司 204 队. 广西珊瑚钨锡矿构造控制及矿化规律[R]. 1968.

[3] 桂林冶金地质学院. 广西珊瑚钨锡矿田成矿地质研究及成矿预测[R]. 2001.

[4] 宋慈安. 珊瑚钨锡矿床[M]. 北京：北京工业大学出版社，2001.

[5] 王玉梅. 广西平桂珊瑚矿区地球物理场特征及找矿远景评价报告[R]. 1991.

拓展新理念 采用新技术 实现地质找矿新突破

方啸虎 汪贻水

（中国地质学会矿山地质专业委员会，北京，100814）

2011 年是"十二五"开局的第一年，全国地质勘察投入超过 1200 亿元，其中，固体矿产勘察投入超过 500 亿元，同比增长 30%；在固体矿产勘察投入中，财政投入和社会资金的比例约为 1∶10；全年完成钻探工作量 2000 多万米，新增的各项资源储量大大缓解了国内资源紧缺的局面。随着国民经济的高速发展，国家对矿产资源的需求不断加大，整个"十二五"固体矿产资源的勘探也将不断扩大，年钻探工作量将继续增加，一个真正用钻探换取矿量的新时期已经到来。我们地质工作者应当采取什么理念来迎接新的挑战？运用哪些新技术、新方法来实现地质找矿新的重大突破？本文重点讨论这些问题。

1 建立新理念 落实找大矿找新矿

1.1 相关问题的回顾

多年来，矿山地质专业委员会已经以相对稳定的模式，就是把自己固定在一个比较相对小的范畴内开展工作，这些范畴已经取得相当好的成效，为整个地质找矿工作做了一个重要的补充，尽管是小范畴的，但取得实效是比较明显的。同时，委员会也请过多名老院士，如涂光炽、何继善、李廷栋、裴荣富等来作报告，提高了本委员会的学术水平，拓展了本委员会的视野。并且每年都要出 1~2 本专论，起到了很好的效果，获得中国地质学会多次表彰。

归纳起来，我们认真组织了如下几个方面的讨论：①老矿探边找盲；②隐伏矿床找矿；③矿山专项资源地质新技术；④尾矿综合利用；⑤金刚石及金刚石钻探新技术；⑥数字化地质与微机找矿新技术；⑦矿山环境生态新技术；⑧矿山水文地质新技术；⑨矿山地质废石无害化与资源化利用；⑩矿山水文地质新技术；⑪矿山经济地质新技术；⑫矿山管理地质；⑬矿山复垦与复耕地质；⑭各个时期中央关于地质工作新任务。

出版专著、论文集数十本，近 2000 万字。这些成果无疑为我国资源的保障起到了积极的作用。回顾过去，我们感到无比自豪；展望未来，我们感到责任重大、任重道远。

1.2 落实找大矿、找新矿，树立新理念

回顾"十一五"，根据中国地质学会编印的《"十一五"地质科技和地质找矿获奖成果汇编》介绍，全国地质项目在"十一五"期间荣获科技进步奖近 300 项，其中国家级奖 14 项。地质勘探技术取得巨大进步，危机矿山接替资源找矿效益显著，已经对全国铁、铜及铝等 30 个矿种的固体矿产，1010 个大中型生产矿山进行了资源潜力调查。截至 2010 年末，在 230 个项目中有多项取得突破性进展，探明资源量达到大型矿床规模的有 47 个，达到中型矿床的 82 个，达到小型矿床的 88 个。

2011 年，作为"十二五"的开局之年，全国地质勘察投入超过 1200 亿元，其中，固体矿产勘察投入超过 500 亿元，同比增长 30%，新增的各项资源储量大大缓解了国内资源紧缺的局面。这样大量的有效资金投入是我国历史上从来没有过的，所获得的有效矿量也是没有过的。

2012 年是"十二五"的第二年，中央对国民经济发展有所调整，但资源的需求从来不会停止，找到一些中、小矿，仅仅是矿中找矿，增加的储量远远满足不了需求，矿量使用的比例可能有所微小下调，但对矿产需求量实际的绝对值（总量）不是下降，反而呈上升趋势。

在新情况、新趋势到来之际，我们不能有丝毫懈怠、消极的理由和情绪。只有不断努力，适应新形势，来发展壮大自己。新的要求越来越高，所以我们不能停留在原有的成绩上止步不前。作为矿山地质工作者的一项极为重要的任务是：继续解放思想，必须树立找大矿、找新矿的新理念，而且予以实施，获得成效，才能满足国家的现实要求。

我们矿山地质专业委员会同样有着颇具成效的成果。如近年我们选择了凡口铅锌矿、西部矿业锡铁山矿、铜陵以铜为主的多金属矿、紫金矿业全国第一大金矿等大型矿山作为开会讨论的基地，本次选在广西桂林，都是想借鉴他们的典型经验，推广一系列新的模式来找大矿、找新矿，也是落实一些新的找矿理

念，夯实新的找矿理论基础。以往我们没有特别强调找大矿、找新矿，一些单位没有充分把此议题提高到更自觉、更具体的理念和理论上来认识。

1.3 深部找矿大有可为

在这里我们还要特别强调一下深部找矿问题，深部找矿其实并不是新鲜事。早在20世纪的1982年，就举行过联合国地区间矿产工业钻探学术讨论会，深孔钻探就是会议主要议题之一。1984年，在南非钻探协会召开的学术年会上，该协会主席在开幕词中指出：由于钻进硬岩的孕镶金刚石钻头与绳索取心方法的进展，意味着钻进3000 m深的钻孔将会是很普遍的。1986年3月，加拿大勘探与开发协会在多伦多举行的第54届探矿会议上也指出，加拿大在地质勘探方面，过去是在寻找浅部矿床上做了大量工作，最近的发展趋势是寻找深部矿床。在加拿大，一般把1500 m以下的钻孔视为深孔。我们举一个例子：加拿大的萨德贝里因乔镍矿有3个矿带，上部主矿带为镍，下部为镍铜矿带。早在1929年就开始开采，已经有80多年的矿龄，在我国可能早就是一个废矿了，但他们不断向深部发展，目前正常开采深度超过1000 m，计划开采深度1700 m，已经掌握的矿化深度为3000 m。该矿开始投产时的矿量为7000万t，到目前已开采矿量为1亿t，目前矿产保有量仍不小于1.6亿t。该矿不仅大而且深，这充分说明深部找矿的重要性和价值意义。又如：澳大利亚提出了"1500 m以上玻璃体工程计划"，其含义是1500 m以上国土的矿产量都要像玻璃一样清晰明了，更不用说像美国、俄罗斯这样的矿产大国了。

我国也是一个矿业大国，但在这方面我国的差距是非常大的。当然我们也不得不说一下在20世纪60年代末到70年代初，作为冶金部地质局为了在地质找矿方面赶上世界先进水平，从日本最大的钻探设备公司之一的矿冶株式会社引进了5台1500 m的钻机，但是一段时间内无法送往现场，因为那时这类深孔钻进似乎没有必要，所以送都送不出去，岂不是怪事。时至今日，我国的采矿技术也有了很大进步，深井开拓已经可以到1000～1500 m，固体钻探用钻机已在开发研制钻进1500～2500 m深孔，深孔探矿与国外一样提到了极为重要的课题上。

坦诚地说，目前国内有一种错误的理念，认为深部采矿成本太高，一般不是持积极的态度，或者说认识还不够。所以，我国这些年深部找矿还仅仅处于起步阶段。我们应该强调，任何一个矿业大国，没有不把深部找矿放到重要议事日程上来的。我国的凡口铅锌矿目前开采深度已达600～800 m，铜陵铜矿开采深度已达1000 m以上。假如实际我们已经开采到800 m，若再向下延伸300～500 m，或开采深度已经在1500 m，再往下勘探500 m，这样实际增加成本并不会很高，只要充分认识它，解决其难点问题即可。若是全国都能重视深部找矿，其意义是非常重大的。

1.4 坚决落实"走出去"，是实现资源化的重要途径

我国坚持长期发展经济的道路，随着人们物质生活水平的提高，矿产资源将会变得越来越缺乏，所以"走出去"将是必然的，这将是今后我国基本国策之一。我们与其他国家最大不同点，就是美、日、英等国家是以勘探为主，控制产权，而我们是采取协助勘探，共同开发，共创双赢的方法，所以颇受欢迎。

为了更好地理解此问题，作者提出以下3方面的见解：

（1）"走出去"工作会得到国家大力支持。目前国家总的政策是：矿产资源以国内为主，但必须做到"两个市场、两个渠道"同时重视。就是说：我们在强调西部大开发和深部找矿的同时，对国外的矿业开发也要非常重视，并提供了政策和资金的支持，如中非基金、国外风险勘查基金等。最近，国家又出台了鼓励私人企业到国外去找矿勘查，这就是一个机遇，一个可能做大做强地勘产业的好时机。但是也应该要特别注意积极地去面对这个市场、分析市场、分析企业、分析投资国的实际情况。

（2）改革开放以来的实践已经取得一定的经验。现在我国对外主要投资区域为中国周边、非洲、南美洲以及澳大利亚和北美地区，这些地区都有着较好的成矿背景。但是在政治、安全、法律、环保、专业外语、谈判技巧等方面都制约着我们在国外矿业的投资。例如发达国家或矿业大国，他们对我们就有很多限制，特别是矿产权方面，与他们谈判的附加条件就很多，有时无形之中吃了亏；而非洲、南美洲等总的来说欢迎我们，但他们政权的不稳定性又给我们带来不少麻烦。当政权更替了，原来的协议将可能要重谈，有时也会出现一些经济上的损失，仅仅靠单位或私人财产的能力不足以与这些不利因素抗衡。我们必须总结经验教训，从国家的角度与行业的角度对"走出去"的企业给予指导，提供有利的帮助。同时我们应建立一些国际性的地质友好组织，通过所在国进行友好合作，这样比单打一的独资更为有利。

（3）地质系统已经做了相当多的前期工作。"十一五"以来，国土资源部在跨境成矿带地质对比研究工作方面取得重要成果，编制了71幅区域性地质矿产综合图件，圈定了成矿远景区，特别是在东南亚筛选出40处矿产地作为潜在的矿产资源勘查开发靶区；

提出了老挝、吉尔吉斯斯坦等国多处可供找矿查证的异常区，同时还建立了全球矿产资源信息数据库。

围绕空中、地面、深部矿产勘查以及矿产综合利用等关键技术的研发和仪器的研制，涉及勘查技术的物探、化探、遥感、钻探、分析测试和矿产综合利用等6大领域，基本建成卫星—空间—地面—地下立体的对地勘查技术研发体系并保持世界领先地位。这些工作为我国逐步进入国外地质市场创造了良好的条件。图1至图3是地质和冶金系统组织的国外合作勘探和综合考察实例，取得了良好的实效。

图1　蒙古铁矿考察获得突破

图2　秘鲁马尔科纳铁矿新增储量3.7亿t

图3　秘鲁发现大型铜矿床获得铜金属资源量260万t

2　采用新技术、新方法，拓宽找矿范围

2.1　一定要运用好综合信息

综合信息历来是我们找到新矿床、大矿床的基础，所以加强地质的综合研究，获取综合信息极为重要。来自国土资源部的信息表明，2012年，国内地质找矿力度还要加大。增强资源可持续利用能力，坚持地质找矿新机制，"358"工作目标和以市场为导向的制度平台，全面落实《找矿突破战略行动纲要（2011—2020年）》年度找矿任务，完善布局。而如何贯彻国土资源部地质找矿总体部署意见，充分发挥地质勘查技术优势，按照地质找矿新机制要求，增大国内资源储量，为国内经济发展保驾护航，成为国内地质工作者必须思考的问题。

中国地质调查局围绕地质调查的重大科技成果是：

（1）开展基础地质勘查技术联合攻关和综合研究等方面，取得了丰硕成果。编制了1:2500万世界大型、超大型矿床成矿图、1:500万亚洲地质图、亚洲中部及邻区1:250万系列地质图件，还做了一批分区的1:150万地质图、大地构造图和成矿规律图等，解决了一些重大地质科技问题。

（2）获得宜昌、黄花场等8条全球地层"金钉子"剖面，进一步完善我国大陆地层系统，地层学研究跻身世界前列。

（3）中国大陆构造演化研究取得一系列新认识，探讨中国大陆构造演化和成矿的关系，重点开展了深部构造探测；研究了大别山、秦岭、祁连山—阿尔金等造山过程，构建了中国大陆成矿体系；提出了成矿区带和重要矿集区找矿模式；建立了中国成矿体系和成矿模型；发展区域成矿理论，为矿产勘查评价提供了重要指导。

这些成果的取得付出了极为艰辛的劳动，有很多关键性问题的解决都是一批老院士、老专家亲临一线，还有很多成果是一个或多个团队共同攻关而获得的。这对我们找大矿、找新矿将会起着积极的作用。

2.2　冶金、有色固体矿产找矿技术有进展

我们从事的固体矿产资源工作，有金属与非金属之分，特别是金刚石石材工具发展起来后，石材工业发展得非常快，在10年前其总产量及出口量就居全球首位。现就冶金、有色金属近年找矿技术成果谈一下技术进步问题。

（1）中国冶金地质总局：投入近2亿元引进国内外先进的航空物探、地面物化探、钻探、测量、分析

仪器和交通工具,在固体金属矿产成矿理论研究、深部综合找矿勘探、大比例尺航空物探及大功率高密度电法勘探、构造叠加晕化探方法等处于国内领先水平。形成了地、物、化、测、遥等各种勘察手段,建成航空综合站 1 个,电法综合站 GDP - 32II、V8 共 12 个。航空物探实现 5 架飞机同时作业,项目工作周期缩短到 2 ~ 3 年;地面物探勘察有效深度提高到 1000 m 以上,各类异常评价效率大幅提高。

(2)有色金属矿产地质调查中心:目前拥有多项国家发明专利,如低空航空高精度磁测系统、TEMS - 3S 瞬变电磁测深系统和井中三分量高精度磁测系统、遥感示矿弱信息分离提取、正地貌遥感影像制作技术、特殊景观区的勘查地球化学新技术等。其拥有全国主要有色金属成矿区带和矿床勘查资料及物化探、遥感等技术资料,为勘查选区提供了坚实的资料基础。

尽管多年来我们反复倡导要综合找矿,要打破同一地区不同行业各找各的,避免同一地区重复工作,但冶金和有色金属在某些方法上还是有所不同的。就物探而言,一个可能会强调磁异常多些,而另一个则强调电法异常多些,要是在某些地区整合得好些可能就事半功倍。比如广西地质勘查局的工作模式就很好,注意到冶金与有色金属各自的找矿特点不同,做到了优势互补,各种新工艺、新技术、新方法兼容,发挥了优势,取得了实效。

2.3 深孔钻探的发展值得特别重视

以国土资源部勘探技术所为首,成功研制出了国际先进的 1500 ~ 2500 m 系列全液压岩心钻机;开发了高精度定向对接贯通井技术及配套设备,成功实现 2500 m 深井对接,大大提高了工作效率和钻探的可操作性。

中国冶金地质总局近年岩心钻探采取率达到 90% 以上。2010 年在金青顶矿区施工的深部实验孔 ZK43 - 1 号竣工深度达 2212.80 m,创造了胶东东部小口径斜孔钻进新纪录,取得了许多钻探施工的宝贵经验。

在钻探新技术方面,当前还是要重视人造金刚石深孔钻进技术的发展。最近孔深 12000 m 石油海洋钻探钻机已经进入南海,结束了长期外国钻机在中国领海作业的历史。广西有海岸线,海洋找矿要提到重要议事日程上来。同时,由于深孔钻探设备和深孔长寿命钻头取得了突破性进展,作为探矿的基本手段已经具备,有好的矿床远景区就一定会有所作为。

2.4 继续重视矿产综合开发、综合利用

近年来,我国加强了难选矿物、贫化矿物的研发工作,对尾矿利用等选矿专用技术及设备的研发取得了实质性进展。一批低品位矿产、复杂难利用矿产开发技术和提高资源回收率的技术研究获得突破,提高了资源利用率,大大增加了我国矿产的储量,为缓解我国的资源紧张局面做出了积极贡献。综合起来有:①研发了难选冶铜金铁等矿产的综合利用;②对鲕状高磷赤铁矿的选矿技术有突破,盘活 37 亿 t 铁矿资源;③对高硫铝土矿的选矿工艺研究取得突破,提高了铝土矿利用率;④解决了占我国锰资源储量 97% 的贫锰矿资源利用率低的技术难题;⑤对稀土等难处理矿物开发了一批高水平的综合利用技术。矿产品的综合开发、综合利用是今后我们必须重视的问题,因为这些技术的进步,同样能给我们带来意想不到的大量矿产资源和经济效益。

2.5 必须在地质找矿理论上有突破才可找大矿

近年来,地质找矿理论有所进展,为找矿打下良好基础,这里略举两例:

(1)由地球物理勘查院李惠为首提出的"构造叠加晕找矿法"理论。根据热液矿床成矿严格受构造控制、成矿成晕多期多阶段叠加特点,提出了原生叠加晕,并合理解释了原生晕轴向分带出现的"前尾晕共存"、"反分带"等无规律或反常现象,解决了重大难题,大大提高了盲矿预测的准确性和找矿效果。该方法先后在国内各地几十个金矿山应用,都取得了显著找矿效果。验证预测靶位累计已获黄金金属量 140.6 t,潜在价值 240 多亿元,为国民经济发展带来了巨大的经济效益和社会效益(见图 4 和图 5)。

(2)福建紫金矿业采用当量指标法,也是一项富有突破性的理论。紫金矿业东南地勘公司总经理张锦章的报告阐述了,把一个根本无法开采的细脉形金矿床,采用当量指标法进行重新圈定、重新评价(见图 6)。使之成为我国最大的金矿。使一个亏损的企业变为在香港和上海两地上市的公司,取得了良好的经济效果。

总结我国找矿理论,提出新观点、新理念、新理论是一项非常重要而且艰巨的任务。科学发展观、自主创新,给我们指明了方向。我们要在自主知识产权、自主创新方面敢于提出和应用自己的理论,解决实际问题。

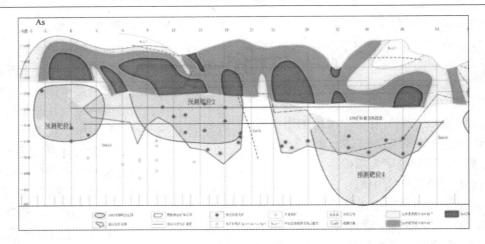

图 4　陕西双王金矿构造叠加晕预测靶位及验证结果垂直投影图

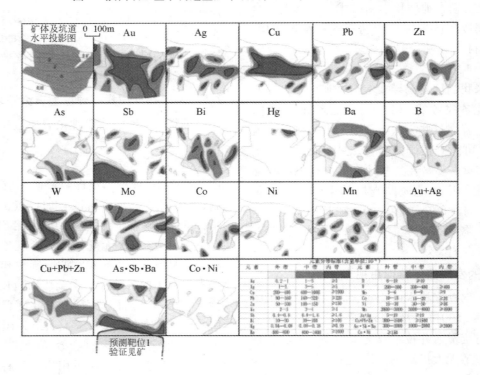

图 5　杨家岭矿区金矿原生晕预测水平投影验证图

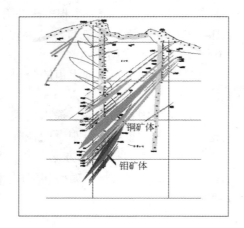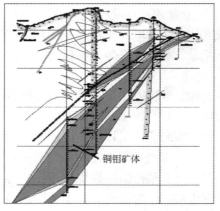

图 6　萝卜岭某剖面采用当量指标法圈定矿体前后对比

3 冶金、有色金属"十一五"找矿新突破、新成就，"十二五"应锦上添花

从有关资料获悉："十一五"期间新发现矿产资源储量中：铁矿石40亿t，锰矿石1.8亿t，铜矿3800万t，铅锌矿8300万t，铝土矿5.2亿t，钨矿100万t，锡矿260万t，金矿1800t，银矿8万t，钾盐4.6亿t。我国铁、锰、铜、铅、锌、铝、钼和金等固体矿种新增查明资源储量均有不同程度的增长。2006年铁矿石查明资源储量为607.26亿t，2009年为646亿t。

"十一五"期间，冶金总局在地质科技及地质找矿中取得了一批可喜的成果，投入各类地质勘查资金累计22.75亿元。其中，中央财政10.8亿元、地方财政1.28亿元、社会资金10.67亿元，开展各类地质勘查项目926个，完成岩心钻探129.06万米、坑探7.4万米、浅井8790 m。槽探75.45万立方米。新增探明的矿产资源储量铁矿15.42亿t、锰矿4902万t、铜矿226万t、铅锌矿172万t、金矿256t、银矿4148 t、钼矿15万t，在国内外初步形成了6个勘查开发基地，不仅全面完成了"十一五"地质找矿工作目标，取得重大地质勘查成果，而且为缓解国内资源紧张局面，提高我国资源保障程度做出了重要贡献。除此之外，地质找矿"走出去"战略也取得较大进展，在国外初步形成了一批勘查基地。在亚洲、南美洲、非洲等国家开展了资源勘查工作。通过实施境外勘查工作，取得了一批可喜的勘查成果。

"十一五"期间，有色金属地调中心在大兴安岭中北段、塔里木盆地西南缘、东天山等地，发现了7个可供开发的大中型矿床，发现了一批可供进一步勘查的矿产地和大量的物化探综合异常地区。其中，在新疆的找矿取得较大进展，突出表现在东天山卡拉塔格发现赋存在奥陶系(志留系)中块状硫化物铜锌金矿，在塔里木西缘乌恰一带第三系中发现乌拉根铅锌矿和萨热克铜矿，新疆乌恰县乌拉根铅锌矿区，跻身全国10大新的资源基地之列；其他如广东、内蒙古等也发现7个可采可探矿产基地。

这些成果无疑带给我们找到新的矿产资源，其中相当一部分获得省、部级科技成果奖、找矿奖等。现列举部分典型例子加以说明，见表1和表2。

表1 冶金系统"十一五"部分主要地质成果

年 份	提交报告	矿种	获得储量	备 注
2006	河北省昌黎县闫庄铁矿详查报告	铁矿	0.49亿t	
	新疆阿勒泰——富蕴铁矿锰矿调查评价报告	铁矿	0.34亿t	
	山东省招远市玲珑金矿田东风矿床171号脉普查报告	金矿金属量	24.26 t	
	广西桂西南优质锰矿勘察报告	矿资源量	3490.65万t	
	内蒙古东乌旗阿尔哈达银铅锌矿1号带7-39线地质详查报告	铅锌金属量 银金属量	57.16万t 635.76 t	
2007	湖北省黄石大冶铁矿深部接替资源勘查	铁矿 铜金属量 金金属量	1412.29万t 5.76万t 3.67 t	
	河北省滦县常峪铁矿详查地质报告	铁矿	1.2亿t	大型矿床
2008	广西靖西县岜爱山矿区优质锰矿普查报告	锰矿		大型矿床
	山东省灵丘县支家地铅锌银矿深部找矿报告	铅锌金属量 银金属量	46.79万t 1816.87 t	
2009	河北省滦县马城铁矿详查报告	铁矿资源	10.4亿t	已列国家详勘计划
	新疆阿勒泰托库孜巴依金矿普查报告	金金属量	13.19 t	
2010	山东省莱州市三山岛金矿接替资源勘查报告	金金属量	60.4 t	接替资源
	山东省招远市玲珑金矿接替资源勘察	估算金金属量	32.6 t	接替资源

表2 有色金属系统"十一五"部分主要地质成果

矿床名称	勘察矿种	已控矿量	远景矿量	备 注
新疆乌恰县乌拉根铅锌矿	铅锌矿	448万t	1000万t以上	
新疆萨克铜矿	铜 银	60.37万t 168.76 t	易选冶矿床，资源潜力巨大	
新疆哈密市卡拉塔格铜锌多金属矿床	铜 锌 金 银	13.83万t 8.12万t 2.82 t 103.84 t	资源量大	多金属矿，综合勘探
内蒙古阿鲁科尔沁敖仑花钼铜矿	钼 铜		资源量大	钼、铜易分离，属于易选矿石
内蒙古鄂伦春自治旗县镍钴矿床	镍		可建大型矿山	矿规模大埋藏浅
新疆富蕴县洗希勒库都克钼铜矿	钼铜金	22759 t	保障矿山30年寿命	
广东省龙川县金石嶂铅多金属矿床	银 铅 锌 铜	316.3 t 1849 t 18099 t 4813 t	金属银量2610 t、铅25万t、锌27万t、铜5万t	多金属矿外围有巨大找矿潜力
新疆乌恰县乌拉根铅锌矿	铅锌	448万t	1000万t以上	
新疆萨克铜矿	铜 锌	60.37万t 168.76 t	资源潜力巨大	

4　几点结论

（1）固体矿产，特别是冶金、有色金属系统的铁、锰、铜、铅、锌、金、银等在国民经济发展中用量大，影响也大，是我们应该引起重视的重点。特别是要在找大矿、找新矿上下工夫。

（2）我们在找矿工作中必须重视基础工作，包括围绕空中、地面、深部矿产勘查以及矿产综合利用等关键技术的研发和仪器的研制，涉及勘查技术的物探、化探、遥感、钻探、分析测试和矿产综合利用等六大领域，要基本建成卫星－空间－地面－地下立体的对地勘查技术研发体系并保持世界领先地位。

（3）在找矿中必须随时进行总结，要用科学发展观，敢于自主创新，要有自主知识产权，要提出新观点、新理念、新理论，这对于我们找大矿、找新矿更具重要意义，要坚决落实到今后找矿工作中去。

（4）要树立综合方法、综合找矿观念，特别是在找深部矿体、找盲矿中更要注重探索。在矿量计算上坚决克服单独找矿、单独评价的错误观点。综合找矿、综合评价往往可把非矿变成矿。要充分认识地质状态的复杂性、综合性，只有这样，我们才能更自觉地运用一些新的理念、新的理论去勘查矿产资源。

（5）随着我国国民经济的持续增长，对矿产需求量不断增加，有的专家已经提出城市矿产经济问题，也有的提出海洋矿产资源问题，还有的提出星球资源利用问题。为解决资源问题，采用"走出去"仍然是有效方法，这样可解燃眉之急。但在实施时要很好研究所在国政治、安全、法律、环保等问题，同时要在专业外语、谈判技巧等方面下工夫，以免受到经济损失。

参考文献

［1］汪贻水，彭觥.中国实用矿山地质学(上册)［M］.北京：冶金工业出版社，2012.
［2］方啸虎.中国超硬材料新技术与进展［M］.合肥：中国科学技术大学出版社，2003.
［3］周剑新.开创地质找矿新篇章［J］.矿业装备，2012.
［4］李广武.21世纪矿山地质学新进展［M］.北京：冶金工业出版社，2012.
［5］谈耀麟.国外新型深孔取心钻机评介［J］.国外地质勘探技术，1990.
［6］孟宪来.论提高生产矿山资源的保障能力［M］.北京：冶金工业出版社，2011.

勘查技术在金矿找矿中的应用

——以澳大利亚 Stawell 金矿勘查为例

李万伦　王学评　张　凡　陈　晶

（中国地质图书馆，北京，100083）

摘　要：近年来，金矿成为全球矿业勘查的热点。本文在总结和综述国内外金矿勘查方法的基础上，以澳大利亚 Stawell 金矿为例，通过该矿区新矿床的勘查发现历史，阐述了地球物理、地球化学、航空遥感及信息技术等综合信息找矿方法在造山带隐伏金矿床勘查中的应用。

关键词：金矿；矿产勘查；Stawell 型金矿

近年来，受黄金价格持续走高的影响，全球黄金勘查投资不断升温。金属经济集团（MEG）报告显示，2010 年全球金矿勘查投资超过 54 亿美元，占所有勘查投资总额（约 121 亿美元）的 51%；而 2011 年全球金矿勘查投资预计增加 28 亿美元，比上一年增加了 52%，且仍然占到了所有勘查投资总额（182 亿美元）的 50.5%。这是自 1999 年以来，金矿勘查投资连续两年超过所有矿业投资总额的一半以上；而且从 2006 年以来，金矿勘查的投资始终高于其他任何矿种。因此，围绕黄金找矿勘查的技术方法也成为研究和关注的焦点。

1　金矿找矿勘查方法

当今，矿产勘查大多数已经从地表找矿转为隐伏矿和深部找矿。地质找矿工作面临着找矿周期延长、找矿成本和难度增加等困境。因此，矿产勘查的技术方法也随之不断改善和更新，综合信息找矿以及新技术、新方法的普遍应用已成为现今全球矿产勘查工作中的重要组成部分。

在过去的金矿地质找矿勘查实践中，运用的新技术、新方法和新手段均有较大地进展。新发现的许多重要金矿床，大部分是综合运用地质、物化探、遥感和钻探方法发现的，包括常规的地质测量、各种比例尺的地质填图和成矿预测；在运用地质理论找矿方面建立各类矿床模型等。特别是近年来，随着现代地球物理、地球化学、遥感等技术的精度、分辨率或探测深度的显著提高，为金矿的发现提供了更有效的保障。同时，地理信息系统等信息技术在地学信息综合与集成中的应用（例如实现数据的正反演、模拟矿体的二维和三维几何形态及分布情况），进一步缩小了金矿勘查的靶区，在勘查实践和矿产预测中发挥了重要作用。

1.1　地球物理勘查方法

20 世纪 90 年代以来，常用地球物理方法及其数据的解释和可视化技术等取得了重要进展。Robertetal.（2007）认为，这些进展的取得跟开展岩石物理性质研究有很大关系，尤其是那些与不同类型金矿及其成矿作用有关的主要岩石物性。近年来，相关研究已经成为在地球物理反演之前必须开展的一项常规步骤。

重力勘探技术被广泛运用到从金矿区远景勘查到局部和金有关的热液型蚀变的识别过程中。最近，航空重力梯度系统的开发更促进了相关应用。重力勘查在沉积岩和火成岩地区（产出卡林型、OIR 型和 RIR 型金矿系统）可开展侵入岩填图，还可用于蚀变带填图。在寻找绿岩带金矿以前，也可通过重力勘探确定绿岩带的几何形态和构造特征。

磁法和放射性法是相对更加成熟的勘查技术，现在仍然十分重要。这些技术不断取得新的进步，主要表现在更好地取样，或使用多个传感器来测量梯度变化，这将有助于对不同测线之间的信息进行内推和插值。同时，三维大地测深技术的发展，使得金矿勘查相对更加容易。例如内华达州 Dee - Rossi（卡林型）金矿床的研究清楚地表明了这一点（Petrick，2007）。

电阻率法主要应用于沉积环境中，因为侵入岩和硅化蚀变带通常比其围岩（各种沉积岩）的电阻率更高。市场上可买到的配有环路接收器的航空时域电磁系统被越来越多地应用到金矿勘查中，如 Newmont - NEWTEM 和 Geotech - VTEM 等。

地震勘查法相对于其他物探方法，其成本更高，因而在硬岩地体中的金矿勘查中没有被广泛使用。

随着对金矿模型的理解加深，物探方法和数据解释及可视化技术也取得很大进步。近年来，地球物理学最重要的进展之一就是对位场数据（磁力和重力）进行常规的三维反演。三维反演技术被应用到与金矿系统相关的蚀变岩填图中，例如澳大利亚的 Wallaby 矿床（Coggon，2004）、加拿大的 Musselwhite 矿床（Wallace，2006）。

1.2　地球化学勘查方法

　　常规的地球化学方法对于黄金勘探仍然非常重要。例如在区域找矿时，水系沉积物地球化学测量仍是金矿勘查最重要的工具。因为许多类型的金矿，例如 RIR 型、造山型和某些浅成低温热液型，都可以形成砂金矿。通过溯源追踪法，可找到原生金矿。但也有例外，例如浸染－网脉状、卡林型和浅成低温热液型等非典型绿岩带金矿床就难以用水系沉积物法。因此，出现了新的地球化学勘查方法。

　　特别是随着勘查工作走向地下更深的空间，非传统地球化学勘探方法变得越来越重要。较新的化探方法有：土壤氧化－还原势能、土壤微生物总体、土壤气体分析、选择性淋滤、卤素浓度及同位素组成。这些技术大多都处于起步阶段，研究实例很少，但它们可能是未来研究中很有希望的方法。

　　岩石地球化学被运用于确定 OIR 型和 RIR 型矿床的有利火成岩组合。例如，全岩样品的 Sr/Y 比值可被用来确定多产的、已氧化的含水熔体；在美国 Comstock 浅成低温热液金矿床中，利用氧同位素来确定流体移动路径（Kelleyetal.，2006）。在卡林地区，使用磷灰石裂变径迹法圈出了与卡林型矿床有关的大型热接触带（Clineetal.，2005；Hickey et al.，2005）。其他地方类似的热异常也可能指示卡林型或斑岩型矿床的存在（Cunninghametal.，2004）。当然，各种化学分析技术的提高也促进了对金矿床类型的重大新认识，而地质年代学的发展则推动了金矿形成演化过程的研究。

1.3　航空遥感技术

　　近年来，卫星和航空遥感影像的空间分辨率与光谱分辨率大大提高、信噪比增强、光谱范围拓宽，便携式野外红外光谱仪也得到广泛运用。岩心光谱自动测量成为可能，提供了比传统岩石地球化学方法更加丰富的数据。这些技术进步尤其提高了在矿区或矿床尺度上进行蚀变、构造、岩性和风化层填图的能力。光谱蚀变填图帮助许多种矿床类型构建了其蚀变模型，包括浅成低温热液型和绿岩带金矿。通过蚀变填图，可以更好地定义矿床蚀变标志，并且对矿物组合进行分带，这种方法还可识别出矿物化学成分的细微变化。

　　光谱矿物成分填图为大型热液系统提供了新的指引工具，将蚀变标志拓展到了以往认识限制范围以外。如此大范围的蚀变标志和更强的矿产指引能力，将大大减小对矿区勘探钻孔的分布密度，特别是在盖层以下的勘探目标。

　　近年来，从区域到矿区尺度蚀变填图最常用的是 ASTER 图像。自从 1999 年 ASTER 被发明以来，已经证明是世界上干旱和半干旱、其次是有植被发育的地区，圈定区域至矿区尺度已出露的高硫化系统最有效的填图工具。通过遥感蚀变填图所发现的丰富的蚀变信息有利于金矿靶区优选和定位。

2　Stawell 型金矿的勘查与新发现

　　Stawell 金矿山是一个开采历史比较早的造山带金矿床。维多利亚西部过去 50 多年来的金矿勘查主要局限在已知金矿附近的露头区。随着时间的推移，位于该地区地表的矿床几乎已经被发现和开采完毕，寻找地下隐伏的金矿成为必然的选择。近 10 多年以来，随着更先进的地球物理技术的出现，对覆盖层下面控制着已知金矿的构造沿走向进行跟踪成为可能。但是，人们也认识到，建立一个经过充分研究的科学的成矿预测模型也极为重要（Dugdaleetal.，2010）。否则，任何先进技术的应用都是盲目的。

2.1　Stawell 金矿地质背景

　　维多利亚西部金矿都发育在寒武纪 Delameria 褶皱带与较年轻的 Lachlan 褶皱带内，自西向东分为 Grampians－Stavely、Stawell、Bendigo 与 Melbourne4 条构造带。其中 Grampians－Stavely 与 Stawell 相邻，并且被深达 100 km 的边界断裂所分割。Stawell 构造带西部地质情况复杂，发育 Moorambool 变质核杂岩体，主要由早寒武世变沉积岩组成（Milleretal.，2006）。Stawell 金矿就位于该构造带西部边缘。

　　Stawell 矿床的金矿脉产在奥陶纪已褶皱的浊积岩（Levianthan 组）里面。鞍状矿脉出现在地层褶皱之前，它是当背斜铰合面弯曲滑动时，因局部较高的孔隙流体压力而形成的。大多数金产在被断层破坏过的鞍状矿脉或颈状矿脉，及沿着断层发育的割阶（见图 1 中上凸起的膨大部位）中。这些割阶因平行于层理的断层沿着背斜一侧发生滑动，并切穿褶皱铰合面而形成。

　　Stawell 金矿受地层控制也比较明显，所有矿体都产在含页岩的地层中或其正下方。最大的一个矿体位于岩穹顶部含页岩的浊积岩中（见图 2），浊积岩可能阻碍流体运动，从而有利于矿质淀积。

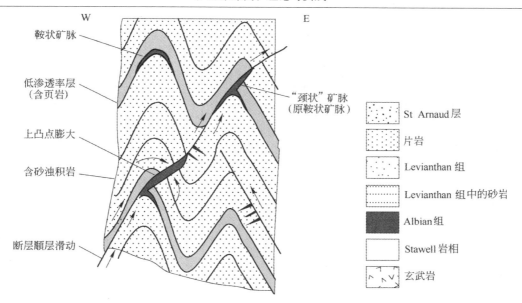

图1 早期鞍状矿脉形成示意图

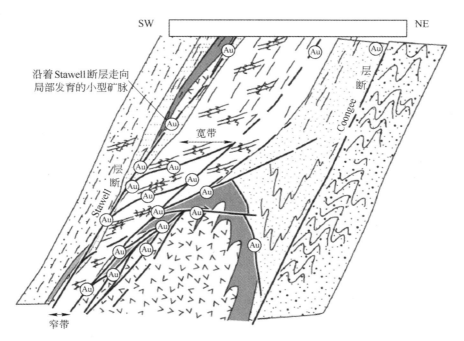

图2 Stll 金矿剖面示意图（图例同图1，来自 Milleretal. , 2006）

2.2 Stawell 金矿勘查发现历史

Stawell 矿山从 1853—1926 年一共生产了 84 t 金。随后停止生产，一直到 1982 年才重新开展勘查工作。从 1992—2003 年，又开采了 31 t 金，并且发现了超过 62 t 的金资源量。目前，该矿床的总资源量已经达到 186 t，属于世界级的大型金矿床（Wilsonetal. , 2006）。

2000 年启动了一个被称为 ARC（SPIRT）的研究项目，在此之前，矿山所有者（MPI）对现有矿山工作面下方还有一个大型的矿体一无所知。所幸 MPI 积极参加了这个项目，从而使得项目研究成果被很快运用到找矿实践中。

后来在该地区新发现了一个名叫 GoldenGift 的金矿，并随之启动了另外一个与 ARC 有关联的项目。当时就意识到，应该把这种新的矿化类型跟附近 Magdala 和 Wonga 矿床中所建立的地层联系起来。而且还认识到，这种新矿床里面的矿石与一种被称为"具有火山成因的"岩层的物理、化学性质密切相关。这种岩层现在已经被正式定名为 Stawell 岩相（Dugdaleetal. , 2006）。不过，还需要详细了解矿化石英脉的形成机制及其分布在较小位移断层和剪切带中不同位置的原因。要想回答这些问题，就必须了解岩体的力学行为及其与应力场的关系，还有蚀变在流体流动系统中所起的作用。

与此同时，在 CRC（原名为 ARC）的找矿预测项目（PmdCRC）中还设立了一个具体区域的研究项目，名为 T1 计划，目的是"在维多利亚西部寻找新的矿床"。该计划着眼于整个成矿系统，旨在通过对 Stawell 走廊中若干典型部位的研究，以加深对维多利亚西部地壳或岩石圈尺度的地质过程的理解。在这样的尺度上回答矿体如何形成的问题，需要将多源多学科的区域数据进行无缝集成，形成一个四维的模型。结合地质年代学，了解成矿系统的三维结构特征，将是分辨哪些地质要素对矿床形成最重要，以及在维多利亚西部何处有可能成矿的关键。这个多学科的研究计划将许多不同学科和背景的研究人员集中起来，包括学术界、勘查行业和维多利亚地调局（GSV），并围绕 CRC 的目标和要求开展工作。为了建立一致的 Stawell 构造带模型，需要将不同数据输入、三维模型和流体流动模型按适当的流程综合起来。

这个区域规模的计划主要使用的预测技术建立在 Stawell 矿山研究成果的基础上。从 GoldenGift 新发现所得到的自信被运用到 Stawell 金矿田重新开展的区域找矿中来，这里 Murray 盆地的沉积厚度更大。运用多学科预测技术，结果在贫矿盖层下面，至少发现了两个新的矿化系统，分别为 Wildwood 和 Kewell。

MPI 认识到，要想在 Murray 盆地之下的勘查中取得成功，就需要一个经过很好研究的预测模型，并且要使用边界品位预测工具，比如流体流动模拟。以往在区域构造上所打的旋转气动冲击钻孔和部分金刚石钻孔均未能发现远景区，初步进行的表面地球化学分析似乎得出了令人兴奋的结果，但最后也被抛弃了。因为，它不支持根据 Stawell 矿床的详细矿化特征和使用地球物理方法远距离探测到的结果所建立起来的预测模型。

建立用于寻找新矿床的 CRC 矿床预测模型（PmdCRC）的第一步是确定 Stawell 矿化系统中关键的地质要素特征，通过消除后期断层的影响，重建成矿作用发生时的玄武岩岩穹形状。通过 CRC 的工作认识到，突出部位不可能是背斜，而是原生火山机构或岩穹状构造。

另外，在包括 Wildwood 和 Kewell 在内的关键远景区，还采集了地球物理资料。尤其是详细的重力数据，结合其他磁性资料，就可以有效地探测到玄武岩岩穹。对重力和磁性数据的反演和模拟，有助于玄武岩岩穹三维模型的建立。有限元网格法被用来对成矿

作用期间的流体流动和扩张情况进行了数值模拟。通过 CRC 资助的研究，已经确定了应力场的方向和岩石物理性质。根据 Stawell 地区的构造演化历史，在东—北东—西—南西向与东西向挤压的联合作用下，引起 Kwell 岩穹肩部之上的流体流动速率总体偏高，尤其是其西—西南侧缓倾伏部位和东—东北侧陡倾伏部位。预测膨胀发生在岩穹的肩部上方。这些高流动区和膨胀区域与遭受剥蚀的 Murray 盆地界面相交，在 Kewell 玄武岩西南侧形成了一条 1.6 km 长的带，而在最北端形成了一条较小的带。这些地带都与岩心地球化学异常升高十分吻合。

综合地球化学异常与流体流动或膨胀模拟的结果，就得到了具体的金刚石钻探靶区的位置。第一个被钻探的靶区位于 Kewell 岩穹的南端，钻孔 KD003 切割到一条被角砾岩化的岩脉，随后是厚层的已矿化的 Stawell 岩相（含有肉眼可见的金），后者位于向西缓倾的玄武岩接触面上。所打到的矿化岩心包括长 4.2 m、金品位是 3.46 g/t 的上盘岩脉，还有长 4.1 m、金品位是 12.6 g/t 的部分内流沉积物。随后部署的 KD005 打到 6.25 m 长、金品位 10.2 g/t 的矿化岩心。进一步的钻探结果，证明了这是又一个重要的新发现。

而 Wildwood 是一个较早确定的远景区，它距离 Stawell 老矿山不远，钻探发现其下方有一个长 3 m 的玄武岩穹，那里的盆地沉积厚度为 40 m。早期的钻探曾打到过长 15 m、金品位为 2.80 g/t 的岩心，但之后就再也没有碰到过。后来 MPI 根据详细的航磁数据，发现在 Stawell 花岗岩北部推断的 Moyston 断层附近，存在显著的总磁场强度差异。而地面重力资料更加清楚地反映了 Coongee 断层与 Stawell 花岗岩之间有明显的布格异常差别。几乎与 Kewell 同时，MPI 公司就在推断的 Wildwood 玄武岩穹北部打了一系列的空心钻，初步结果表明在 10 m 厚的盖层以下，岩穹东西两侧有两条金和砷的异常带。根据 CRC 项目建立的矿产预测模型，经过进一步的打钻证实，发现了 Wildwood 金矿床。

2.3 启示

Wildwood、Kewell 两个矿床在地质、蚀变、矿化和构造等方面都跟世界级 Stawell 金矿十分相似，形成有经济价值的金矿必须具备 3 个要素，即构造背景、热液蚀变和构造条件（Dugdaleetal.，2010）。根据 Stawell 地区 Wildwood、Kewell 两个矿床的发现过程，可得出以下启示：

（1）在跟 Moorambool 变质核杂岩体类似的地体中寻找 Stawell 型金矿，应当遵循一定的步骤，每一步都

要求找到符合上述 3 个要素中的至少 1 个。

（2）勘查早期应当进行地球物理调查，尤其是航磁测量，以便确定构造带的位置，一般周围地层总体磁性较低，而中间有独立的高磁异常（对应于玄武岩）出现。

（3）一旦确定了磁性目标，就可以开展详细的重力勘查，在异常区寻找潜在玄武岩穹的位置。

（4）比较分散的钻孔（比如 400 m 以上）就可以确定磁性目标的长度、宽度和岩性组成，还可以探测到附近是否存在富铁沉积岩，并根据接触面的倾角判断其性质。

（5）从剩磁特征和磁学性质研究结果可得出何种矿物被磁化以及磁化的性质，通过逐步退磁实验可确定剩磁的方向。以单畴磁化为主的样品跟高速流动的流体对应，而多畴磁化样品对应于低速流动的流体。这些信息，结合剩磁方位，可运用到详细的磁性测量中，以便进一步确定潜在的流体高速流动区和成矿作用。

总之，按照上面描述的 Stawell 型的预测模型，可减少穿透沉积物盖层的钻孔数量，从而减少了矿床发现所需时间和成本。

3　结论

Stawell 地区基底为遭受低级变质的寒武纪沉积岩，盖层为第三纪 Murray 沉积岩，Murray 盆地覆盖范围较广，但沉积厚度差异很大。因此，在这样无矿的盖层下面找矿，难度很大，Wildwood 和 Kewell 这两个 Stawell 型金矿的新发现，使该地区金矿勘查找到了新的方向，并重新活跃起来。根据 Wildwood 和 Kewell 的勘查过程，可得出以下结论供参考：

（1）地球物理勘查方法是金矿找矿勘查中的重要手段。在 Stawell 新矿床的发现中地球物理方法起到了关键性的作用。围岩、盖层和含矿岩石物理性质的区别是决定采用何种地球物理方法的重要依据。Stawell 岩相中的硫化物（磁黄铁矿）与磁铁矿具有很高的电导率，而玄武岩自身也比周围的沉积岩有更高的磁化率和更大的比重。这是 Kewell 玄武岩穹能够通过重力和磁法勘探发现的原因所在。

（2）综合信息找矿是成功发现新矿床的必然。分析 Stawell 金矿勘查的历史可见，与许多新矿床的发现一样，Wildwood 与 Kewell 矿床的发现也是通过地球物理、地球化学甚至遥感技术等多学科多领域的综合性勘查技术和方法来完成的。随着找矿深度和找矿难度的增加，新矿床的发现很难依靠某一种技术或方法，而更多的是通过多种技术手段和综合信息集成技术，把完全不同类型的数据无缝整合起来，建立全新的成矿预测模型、流体移动模型等，从而确定钻探最适合的位置。

（3）现代信息技术对矿产勘查影响深远。现代信息技术尤其是三维信息技术在矿产勘查领域中的广泛应用，使得物探、化探和遥感等硬件技术与计算机信息处理的软件技术相结合，应用数据管理、建模和分析系统对勘查所获得的各种数据信息进行处理，形成实用的地质信息和直观的三维图像表达。同时，信息技术的进步也使物探、化探和遥感技术数据的采集和存储更快更高效，准确度和精确度的不断提高，对找矿预测和靶区的圈定有着深远的影响。

参考文献

[1] Metals Economics Group – Strategic Report, Trends in Worldwide Exploration Budgets. November/ Deceber, 2011.

[2] Metals Economics Group – Strategic Report, Trends in Worldwide Exploration Budgets. November/ Deceber, 2011.

[3] Robert F, Brommecker R, Bourne. T, et al. Models and exploration methods for major gold deposit type. In: Proceedigf exploration: fifth decennial international conference on mineral exploratio. E. byMilkereit B, 2007, 691 – 711.

[4] Petrick R. Practical 3D MagnetotelliI. ternal Report, Barrick Gold Corporation, 200. ion: Finally Dispensing with TE and TM: Unpublished Internal Report, Barrick Gold Corporation, 2007.

[5] Cogg J. Magnetism – The Key to the Wallaby Gold Deposit, Exploration Geophysics, 2004, 34, N. 1&2, 125 – 130.

[6] Wallace C. 3D Modellig of Banded Iron Formation Incorporating Demagnetization – A Case Study at the Musselwhite Mine, Ontion, Canada: Australian Earth Sciences Convention Extended Abstracts, 2006.

[7] Kelley D L, Kelley K. D, Coker. B, Caughlin B, and Doherty M. E. Beyond the obvious limits of ore deposits: the use of mineralogical, geochemical, and biological features for the remote detection of mineralization: Economic Geolgy, 2006, 101, 729 – 752.

[8] Cline S, Hofstra Ho, Muntean. L, Tosdal R. M, and Hickey K. A. Carlin – Type Gold Deposits in Nvada: Critil Geolgical Characteristics and Viable Models, in Economic Geology 100th Anniversary Volume, 2005, 451 – 484.

[9] Hickey K A, Tosdal R M, Haynes. R, and Moore,. Tectonics, paleogeography, volic succession, and the depth of formation of Eocene sediment – hosted gold deposits of the northern Carlin Trend, Nevada, in Sediment – hosted gold deposits of the northern Carlin trend – Field Trip May 11 – 13: GeologicalSociety of Nevada, Symposium, 2005.

[10] Cunningham G, Austin W, Naeser W, Rye O, Ballantyne H, Stamm. G, and Barker C. E. Formation of a paleothermal anomaly and disseminated gld depitiated with the Bingham Cayon porphyry Cu – Au – Mo system, Utah: Economic Geology, o2004, 99, 789 – 806.

[11] Dugdale L, Wilson J L, Dugdale. J, et al. Gold mineralization under cover itheast Australia: A revif an exploration initiative for Stawell – type deposits. Ore Geology Reviews, 2010, 37, 41 – 63.

[12] Miller M, Wilson J L. & Dugdale J. Stawell gold deposit: A key to unravelling the Cambrian to Ealy Devonittl evolution of the western Victorian goldfield. Australian Journal of Earth Sciences, 2006, 53, 677 – 695.

[13] Wilson J L, Dugdale J. Gold mineralisation in western Victoria: itttig, new discoveries and tecniques applied to identify blind ore bodie. Australian Journal of Earth Sciences 2006, 53, 671 – 676.

[14] Dugdale L, Wilson J L. & Squire. J. Hydrothermal lttion at the Magdala gold deposit, Stawell, western Victoria. Australian Journal of Earth Sciences, 2006, 53, 733 – 757.

花岗岩型钨锡铌钽矿床成矿规律与找矿标志

余大良[1]   王静纯[1]   徐翠香[2]

（1. 北京矿产地质研究院，北京，100012；）（2. 中国地质博物馆，北京，100034）

本文将冶金和有色金属部门对花岗岩型钨锡铌钽矿床成矿规律研究部分成果进行归纳，为稀有金属找矿勘查和钨锡铌钽矿产综合利用提供参考。花岗岩型铌钽矿床是稀有金属矿床中最重要的类型，铌钽单一矿产少，主要是与钨锡伴共生的综合矿产。深入开展成矿规律研究，加大勘查力度，为我国稀有金属工业的发展提供资源保障。

1 含矿岩体特征

1.1 含矿岩体类型

华南地区已知花岗岩型钨、锡（铌钽）矿床的含矿岩体，为同源岩浆多阶段侵入的复式岩体演化晚阶段小侵入体。形成花岗岩型铌钽矿床（尤其是富钽矿床）的岩体必须是演化至强烈钠长石化、锂（白）云母化的碱长花岗岩。花岗岩型钨锡铌钽矿床的含矿岩体可划分为两个亚型：一为含黑（白）钨矿、铌钽铁矿、细晶石的钠长石白（铁锂）云母化的碱长花岗岩或花岗岩；二为含黑（白）钨矿的白云母（黑云母）二长花岗岩或花岗岩。

第一亚型的主要特点：

（1）一般成规模不大的小岩体（小于 1 km²）、岩盖或岩墙，属多期多阶段复式岩体演化的晚阶段产物，侵位较高，常产出在主岩体顶部或边缘。具有工业价值的岩体（矿床）大多剥蚀浅或隐伏于地下。

（2）岩石多呈细粒结构，石英随着云英岩化加强而增多，有的出现变斑晶；斜长石含量较少且与钠长石化成反比；钾长石一般较少，出现晚期钾化时可增多；钠长石化普遍发育，云母类以白云母为主，部分富氟、富锡的矿区出现铁锂云母，如广西栗木、江西葛源，常出现黄玉、萤石、石榴石及较多的稀有和有色金属矿物，而磁铁矿、钛铁矿含量较少。

（3）岩石化学特征为 Si 较高，富 K、Na，贫 Ti、Ca、Mg、Fe、P，元素比值 R_2O/RO、Na_2O/K_2O 高，TiO_2/SiO_2 低。W、Sn、Be、Nb、Ta 等成矿元素及 Li、Rb、Cs 等稀碱金属含量大大高于花岗岩平均含量。

（4）矿化较强的岩体顶部或边部常不同程度地发育由块体石英或块体微斜长石组成的石英壳或似伟晶岩壳。

（5）除个别矿床（江西徐山）之外，本亚型均与铌钽共生。有时钨的含量低微，只能作为铌钽矿床的伴生矿物以副产回收（如广西栗木、江西葛源、海螺岭等）。

第二亚型的主要特点：

（1）含矿岩体的矿化部分一般是规模较大的晚期岩株的顶部或边缘。

（2）含矿岩体为二长花岗岩。造岩矿物和副矿物均接近正常花岗岩。斜长石一般为奥长石，很少出现板条状、叶片状钠长石。黑云母可不同程度地蚀变成白云母。自交代作用较弱，一般为面型白云母化、钾长石化、云英岩化。

（3）与第一亚型比较，K、Na 相对较低；Ti、Mg、Fe、Cu、P 相对较高，Li、Rb、Cs 含量较低，R_2O/RO、Na_2O/K_2O、TiO_2/SiO_2 比值均有明显差异。

（4）有的岩体边缘也可出现似伟晶岩囊包体，一般发育程度及连续性均不及第一亚型。

（5）不与铌钽伴生。

1.2 含矿岩体演化特征

以香花铺花岗岩型铌钽矿床（据广东 935 地质队）为例，与铌钽成矿密切的尖峰岭花岗岩体，自下而上可划分为 4 个相带，即黑鳞云母二长花岗岩带、铁锂云母花岗岩带、锂白云母碱长花岗岩带、云英岩带。各相带岩石结构、造岩矿物及稀有和其他金属矿物组成特点见表1。

表1　香花铺尖峰岭花岗岩矿物成分演化

相带	颜色	结构	造岩矿物含量/%							主要伴生金属矿物	
			斑晶	石英	微斜长石	斜长石	钠长石	云母	黄玉	铌钽矿物	其他矿物
云英岩	灰白色	中细粒约2 mm	无	55~60				锂云母绢云母5~10	15~20	细晶石,铌钽锰矿	富铪锆石,萤石,石榴石,硫化物
锂白云母碱长花岗岩	白~灰白色	中细粒1~5 mm	无	40~50	10~25		25~45	锂白云母5~10	2~5	铌钽锰矿,细晶石	富铪锆石,锡石,黑钨矿,萤石
铁锂云母花岗岩	浅红~肉红色	中粒,约5 mm	有或无,微斜长石	40~45	25~35	20~30		铁锂云母2~5		钽铌铁矿,钽金红石	萤石,锡石,富铪锆石,锆石,独居石,氟铈镧矿,硫化物
黑鳞云母二长花岗岩	肉红色	中粒似斑状,粒度≥5 mm	微斜长石	35~40	30~40	20~25		黑磷云母3~7		钽铌铁金红石,钽铁金红石	萤石,锆石,独居石,氟铈镧矿,氟碳铈矿,磷钇矿,硫化物

资料来源：据广东冶金地质935队。

岩体自下而上，岩石结构由粗变细，石英增多，钾长石减少，斜长石被次生钠长石所取代；云母的演化序列是：黑磷云母→铁锂云母→锂白云母→锂云母；副矿物中富挥发分矿物和铌钽矿物增多；铌钽矿物具有从钽铁金红石→钽铌铁矿→铌钽锰矿→细晶石的演化趋势。

尖峰岭花岗岩体各相带岩石的稀有元素含量与演化特征见表2。

表2　尖峰岭花岗岩各相带岩石微量元素含量与演化特征

相带	$(Zr, Hf)O_2$/%	Nb_2O_5/%	Ta_2O_5/%	BeO/%	Li_2O/%	Rb_2O/%	Cs_2O/%	$\frac{Ta_2O_5}{Nb_2O_5}$
云英岩	0.052	0.0n	0.0n	0.0035	0.820	0.240	0.0182	1.19
锂白云母碱长花岗岩	0.0048	0.0n	0.0n	0.0021	0.220	0.245	0.0125	1.17
铁锂云母花岗岩	0.0033	0.0n	0.00n	0.00175	0.095	0.094	0.0096	0.67
黑磷云母二长花岗岩	0.0070	0.0n	0.00n	0.0021	0.080	0.129	0.0111	0.37

资料来源：据广东冶金地质935队。

表2显示，岩体自下而上，稀土元素减少，铌、钽、铍、锂、铷、铯含量及 Ta_2O_5/Nb_2O_5 比值均有规律地增高。

2　矿床特征

矿体结构保存完好的矿床，自上而下可划分为：块体石英带→块体微斜长石带→细粒结构带→中细粒结构带。块体石英带和块体微斜长石带在有些矿床界限分明，在另一些矿床中合并成一个带，称为似伟晶岩带，厚度一般为数厘米至数米，可以连续发育，构成岩体的外壳。似伟晶岩带矿化蚀变弱，该带之下的细粒结构带自上而下的热液蚀变分带是：云英岩化→钠长石、白（锂）云母化→钾长石化，矿化强度也是自上而下减弱，但钨的递减趋势没有铌钽那么明显。在似伟晶岩带中，铌钽可有特富（如宜春）和特贫（如大吉山）两种情况。对钨而言，似伟晶岩带一般含钨极微，而最外缘的石英"壳"中可见板状黑钨矿聚集成放射状集合体，产出形态与石英脉中无异。钨（及伴生的铌钽）含量最富的部位，通常距似伟晶岩带之下数十厘米至数米，钠长石化、白云母化发育强度也有类似情况。

矿体为含矿岩体的一部分。含矿花岗岩小侵入体多呈岩钟状，少数成不整合的岩盖（大吉山）或岩脉、岩墙（江西大水塘、九窝）。小侵入体常沿断裂构造侵入，某些岩体形态严格受断裂构造所控制。含矿岩体规模不大，呈岩脉者，长不超过500 m，厚数米至数十米；呈岩钟状者，平面投影面积在0.5 km² 以内。工业矿体几乎无例外地赋存于含矿岩体的顶部，岩体侵位最高部位或岩浆侵入的前锋部位，较小的侵入体，往往整个岩体的上部即为工业矿体，其边界常与岩体顶部接触面相近，形态多呈透镜状或似层状（如广东红岭）。

如大吉山花岗岩型钨矿床，成矿岩体为细粒白云母碱长花岗岩（69号岩体），矿体呈岩盖状，中心高四周向外倾斜，岩体上部为石英相，中部为似伟晶岩带，下部为细粒白云母碱长花岗岩。其内含有细晶石、铌钽铁矿、绿柱石、黑钨矿、白钨矿，其中铌、钽、钨、铍均达工业品位。大吉山矿田的成矿序列及花岗岩演化特点见图1。

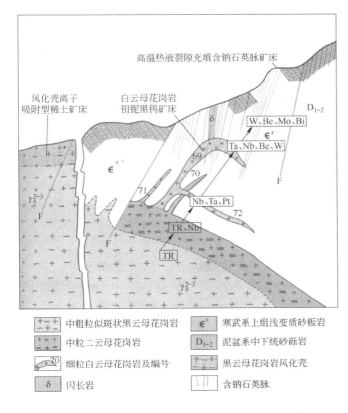

图1　江西大吉山矿田成矿序列及花岗岩演化综合图

3　矿石矿物组成

工业矿石即为含矿花岗岩矿石，有用矿物呈浸染状分布，产于碱长花岗岩或白云母花岗岩中的矿床和二云母花岗岩中的矿床矿物成分各不相同。

3.1　碱性花岗岩中钨锡铌钽矿床矿物组成

（1）非金属矿物：石英含量30%～35%，个别可达40%（广西栗木）；钾长石多为微斜长石，含量常随钠长石化、白（锂）云母化加强而减少，多者达30%，少者小于10%；斜长石一般属于更钠长石，含量不超过15%，随钠长石化、白（锂）云母化加强而减少甚至消失；钠长石呈叶片状、细板条状，交代其他矿物或被包容在自形石英中构成环带状构造，一般大于20%；云母一般为白云母，富锡的矿床可能出现铁锂云母（如江西葛源、广西栗木），含量3%～6%，至岩浆期后阶段叠加云英岩化，云母含量可达10%以上。此外，常见透明的副矿物锰铝榴石、黄玉、萤石等，有些矿区锰铝榴石可达1%，黄玉和萤石一般在出现铁锂云母的富锡矿床中富集。

（2）金属矿物：黑钨矿为主要工业矿物，呈细小

粒状或板状自形晶，浸染状分布于矿石中，粒径一般小于1 mm，整个矿床中可能呈现局部富集的现象，如江西大吉山、九窝等均有黑钨矿矿巢，其矿巢内外矿物特征及相对含量无明显差异；白钨矿含量不一，一般低于黑钨矿，部分矿床以黑钨矿为主，白钨矿极少，如江西大水塘、广西栗木、江西葛源等，含白钨矿较多的矿床，黑钨矿／白钨矿＝（6～10）:1（如江西九窝）至0.4:1（如广东红岭），白钨矿在矿石中呈浸染状分布，偶尔有局部富集成矿巢的现象，两者密切伴生，白钨矿系交代黑钨矿而成；铌、钽矿物常见铌钽铁矿和细晶石，在矿床中含量变化较大，如葛源、栗木等，主要工业矿物是细晶石、铌钽铁矿、含钽锡石等，钨矿物只能作为副产回收，大吉山、九窝的钨和铌、钽均达到工业要求，大水塘以钨为主，铌钽铁矿为伴生矿物，未出现细晶石。徐山则尚未发现铌钽矿物，铌钽含量不具有工业意义，铌钽矿物在矿石、矿床中分布均匀，矿物结晶细小，粒径在0.05～0.1 mm之间，在少量黑钨矿出现局部富集的矿床中，黑钨矿矿巢中铌钽铁矿有增多的趋势；在少数矿床、矿点中出现铍矿物，其中以绿柱石最常见，多均匀分布，个别矿床有似晶石存在于稍晚的含黄铁矿石英细脉中，并见交代绿柱石而成的羟硅铍石；大多数矿床中出现硫化物，常聚集成斑点散布于矿床中，一般有黄铁矿、磁黄铁矿、辉钼矿、辉铋矿、方铅矿、闪锌矿等；某些矿床中富钼或铜，呈浸染状分布。

3.2　二长花岗岩中钨矿床矿物组成

与碱性花岗岩中花岗岩型矿床矿物成分的差异是：典型的二长花岗岩的造岩矿物中，钾长石与斜长石含量相近，为奥长石，通常出现黑云母，但经过岩浆晚期至岩浆期后分异交代作用，也可出现二云母或白云母；金属矿物以白钨矿、黑钨矿为主；个别矿床（如红岭）伴生大量辉钼矿，一般不出现铌、钽、铍、锂。

3.3　黑钨矿化学成分

花岗岩型钨锡铌钽矿床的黑钨矿化学成分属于钨锰铁矿，其主要化学成分与稀有金属含量见表3。

通常情况下，高温形成的钨锰铁矿中Fe的含量偏高，随着温度下降，Fe含量降低，Mn含量增高。同样，在同一个晶体中，内带比外带含更多的Fe。

由上述可知，江西洞脑矿区黑钨矿的FeO含量最高，MnO/FeO比值最低，Sc_2O_3最高；广西栗木矿区黑钨矿的MnO含量较高，Nb_2O_5、Ta_2O_5含量最高；黑钨矿的FeO、MnO、Nb_2O_5、Ta_2O_5含量大体上呈正相关。

表3　花岗岩型钨矿床黑钨矿化学成分

矿床	成分含量/%							MnO/FeO
	WO_3	FeO	MnO	Nb_2O_5	Ta_2O_5	Sc_2O_3	$\dfrac{Nb_2O_5}{Ta_2O_5}$	
江西大吉山	72.82	12.27	13.13	0.762	0.361	0	1.035	1.07
广西栗木	69.16	10.31	11.21	1.645	0.784	未测	2.429	1.04
广东红岭	74.38	10.04	11.01	0.179	0.031	0.0013	0.210	1.10
江西洞脑	73.29	15.89	8.82	0.880	0.210	0.0360	1.090	0.56
平均	72.41	12.25	11.04	0.866	0.346	0.0124	1.212	0.90

资料来源：据文献[1]整理。

4　成矿规律与找矿标志

4.1　矿化富集规律

（1）空间上，铌钽富集于大岩体的边缘，小岩株顶部或隐伏岩体相对突起部位。构造上，含铌钽花岗岩多产于区域性大断裂旁侧或次级断裂交汇部位，围岩褶皱隆起部位对成矿有利。

（2）铌钽矿化富集于酸性花岗岩中，属于铝过饱和与硅酸过饱和的碱性岩石，贫 Fe^{2+}、Ca^{2+}、Mg^{2+}，富含挥发分。经岩浆结晶分异交代演化的岩石，对铌钽矿化最为有利。

（3）沿矿体水平方向铌钽品位变化不大，沿垂直方向上富下贫，钽/铌比值从大变小，如栗木矿。矿体受主干断裂带控制，铌钽上下和两翼贫，中部富，如大吉山矿。钽铌矿物含量与锡石、富铪锆石含量同步消长，与钠长石化、黄玉化蚀变强度密切相关。

4.2　找矿标志

（1）花岗岩型钨锡铌钽矿床，特别是在华南地区，主要与燕山早期花岗岩体有关，矿体产在花岗岩体顶部，边缘的小岩株、岩枝的顶部。岩浆结晶分异交代完全，对铌钽富集有利。

（2）岩浆演化系列完整，岩体自下而上岩相变化清楚，相带演化有序，对铌钽成矿有利。而锂云母、

萤石石英脉出露于地表为其直接找矿标志。

（3）岩石化学成分富含碱金属、挥发分和稀有碱金属（F、Li）；Fe^{2+}、Ca^{2+}、Mg^{2+}含量低，铝含量相对增高。

（4）岩性上为细粒、细－中粒、普遍遭受钠长石化、黄玉化的白云母花岗岩。

（5）构造上，应注意区域性构造及其次一级构造的交汇复合部位，这些部位有利于岩浆岩的侵入，挥发组分相对集中有利于成矿。

5　结语

我国在20世纪中期，对钨锡铌钽矿床的发现和研究取得了令人瞩目的成果。其中广西栗木铌钽矿床就是典型的铌、钽和钨、锡共生的矿床，是我国发现的第一个以钽为主的花岗岩型稀有金属矿床。栗木矿区之所以从锡矿为主变为以钽为主的矿床的关键所在，是抓住了矿石物质组分查定这一重要环节。

1959年，栗木矿地质科在钨锡精矿和炉渣中发现了铌钽元素，又在老虎头勘查评价中发现了黑色金属矿物，在锡的选矿流程中Sn回收率57.91%，铌钽回收率66.33%。经过原冶金部北京地质研究所等单位深入研究，发现了多种铌钽独立矿物，基本查清其赋存状态，为工业利用提供了可靠的地质依据。勘查部门根据其成矿、富集规律，又先后找到了水溪庙、金竹源两个隐伏的大型铌钽矿床，取得了铌钽找矿的突破。

花岗岩型钨锡铌钽矿床成矿富集规律与赋存状态研究，对铌钽找矿与回收利用有重要的指导意义。

参考文献

[1] 冶金部南岭钨矿专题组.华南钨矿[R].1981.
[2] 当代中国有色金属工业编委会.新中国有色金属地质事业[C].1987：350－356.

地电化学新方法寻找隐伏多金属矿研究

——以青海三岔矿区为例

黄　标[1,2]　　罗先熔[1,2]　　覃斌贤[1,2]　　黄学强[1,2]　　姚　岚[1,2]　　唐志祥[1,2]

（1. 广西地质工程中心重点实验室，广西桂林，541004；2. 桂林理工大学隐伏矿床预测研究所，广西桂林，541004）

摘　要：文章通过在青海省湟中县三岔多金属矿区开展以地电化学勘查为主，土壤离子电导率（摘）和吸附相态汞为辅，寻找隐伏多金属矿研究，确定该方法在三岔地区有效。研究圈出土壤吸附相态汞异常、土壤离子电导率异常和其他地电提取异常多个，综合各异常及以往工作成果，表明在该地区具有一定的隐伏多金属矿的找矿潜力。因此说明该组合方法在该区寻找隐伏矿效果显著，该技术组合方法在相同地质条件下值得推广应用。

关键词：地电提取；离子电导率；吸附相态汞；隐伏多金属矿；青海三岔

近年来，我国地质工作者围绕深部找矿开展一系列工作，取得了较好的成果。但随着找矿目标由浅部矿、易识别矿开始向隐伏矿、深部矿、难识别矿的转变，在寻找隐伏矿的理论、方法及技术手段方面发展缓慢。因此在厚层覆盖区以及常规化探工作成果不显著的地区，借助有效探矿技术手段找矿是非常必要的。地电化学技术起源于苏联，称为部分提取金属法（CHIM 法），20 世纪 70 年代初期，俄罗斯学者率先提出了"部分提取金属法冶等一系列地电化学勘探技术"，该方法有助于发现厚层疏松沉积覆盖物之下的深部目标和筛选物探异常，对寻找隐伏矿床有很大帮助。20 世纪 80 年代，桂林理工大学隐伏矿床研究所罗先熔教授率先在国内开展了地球电化学勘查技术寻找隐伏矿床的研究工作，并陆续在国内外 50 余个矿区的各种厚层覆盖区开展了该方法找矿的可行性研究，取得了理想效果，使地电化学找矿勘查形成了一套较为完整的勘查模型。此次通过在青海省湟中县三岔多金属矿区开展地电化学找矿研究，验证该方法找矿的有效性及可行性，并总结隐伏矿床中地电化学的特征，为进一步寻找类似矿床提供了更多的思路和线索，研究成果达到了评价成矿远景的目的。

1　矿区地质概况

1.1　地质背景

三岔铜多金属矿普查区位于拉脊山古生代褶皱带中，地层主要由中元古生代长城纪湟中群青石坡组、早古生代寒武纪大道沟组及第四纪组成。

（1）中元古代长城纪湟中群青石坡组，分布于普查区北部，为区内较为重要的地层单元，呈北西向带状分布，倾角 45°～70°，局部直立。岩石为千枚状粉砂质钙质板岩、千枚岩、砂岩、粉砂岩、灰白色大理岩、结晶灰岩、灰绿色凝灰千枚岩、安山质凝灰岩、片岩等组成，为中浅变质的浅海相岩石组合。三岔金铜矿地层主要以千枚岩、结晶灰岩为主。

（2）早古生代寒武纪大道沟组，为普查区主要地层之一，岩层为蚀变、变余安山岩、安山质凝灰质熔岩、凝灰岩、英安岩、角粒状熔岩、熔岩角砾岩。凝灰岩、千枚岩、砂岩常呈互层出现，层位上较稳定，与下伏地层呈断层接触。

（3）第四纪地层，为晚更新世冲积物，分布于河流、河谷地区。

1.2　矿体特征

矿点产于中元古代长城纪湟中群青石坡组地层中，以千枚岩、结晶灰岩（白云岩化）为主，矿点北部以千枚岩为主，中部矿体附近为结晶灰岩夹千枚岩，南部为较厚的千枚岩。

矿点形成于通过该区的主干断裂所引起的派生断裂中，因后期侵入的闪长岩体影响，破碎带走向 NW 向。铜镍金矿化体位于闪长岩脉和两侧的蚀变破碎带中，深部蚀变主要为硅化和黄铁矿化。已知该矿（化）体控矿斜深 200 m。矿体总体呈透镜状，金矿体（或矿脉）都分布在铜镍矿体中，金一般产出在铜镍矿体富集部位。矿体厚度不稳定，矿体主要赋存于蚀变闪长岩中，产状与蚀变闪长岩体基本一致。矿物成分为黄铜矿、黄铁矿、磁黄铁矿、砷黝铜矿、斑铜矿、石英、绿泥石等。围岩蚀变带见绢云母化、硅化、云英岩化、碳酸盐化、绿泥石化、高岭土化，属中温热液成因类型。

2　地电化学原理及成晕机制

2.1　地电化学原理

地电提取法的理论基础是电解池原理，通过人工电场驱动，使得处于有效提取域内活动态的阴阳离子发生定向迁移，在电极处被强吸附材料制成的离子接收器所吸收。土壤离子电导率法是地电化学的另一种方法，其实质是通过测定样品中多种成晕离子的代参数——电导率来达到寻找隐伏矿的目的。

2.2　离子成晕机制

内生矿床成矿理论表明，在矿床及其围岩存在具有成因关系的矿物共生组合和元素分带特征。几乎所有金属矿体都是非均匀地质体，不同类型金属矿物具有不同稳定电位，由于电位差异而形成微小氧化还原电场。其中，高电位值的矿物作为阴极，低电位值的矿物作为阳极。由若干微电场相互叠加，在宏观上形成局部高强度综合电场。硫化矿物经过一定地质历史时期综合电场作用下，发生电化学溶解形成离子，并伴随着半定向选择性迁移。离子的迁移促进了电化学反应向溶解方向进行，元素在综合电场作用下经过一定地质时期的迁移，可以在矿体上方形成离子晕。

3　地电化学方法有效性研究

为了研究地电化学技术方法在寻找隐伏矿床的有效性，包括元素特征含量变化对各地质体、地质情况的反映，分析研究单剖面是最直接、有效的途径。因此，我们选择穿越已知矿体布设本次找矿试验研究剖面。

图 1 为已知 Cu - 1 号矿（化）体上 S7 线剖面地质、地电、地化综合剖面图。从图 1 可见，在已知 Cu - 1 矿体（矿化体）上，出现了明显的地电提取 Cu、Au、W、Pb 和离子电导率综合异常带。据异常带中一峰值异常与一脉体对应的特点，在异常值出现的 1 号和 11 号点间，共有 3 个综合异常区，除剖面 6 号点为 Cu - 1 矿（化）体对应外，尚可见 3 号点、10 号点有另两综合异常区，推测为两个未知矿化体引起。

研究表明，在矿体（含矿岩体）赋存范围内，集中分布有这 3 种方法的异常，各指标异常均有一定的规模和强度，而且较为同步，综合示矿效果非常明显。因此认为，以地电提取测量（CHIM）为主、土壤离子电导率测量（CON）和土壤热释汞测量（Hg）为辅的方法，在青海三岔寻找隐伏矿床是科学合理的，是一套成功高效的找矿新方法，在该区的未知区域寻找相似类型的矿体（矿床）是可行的。

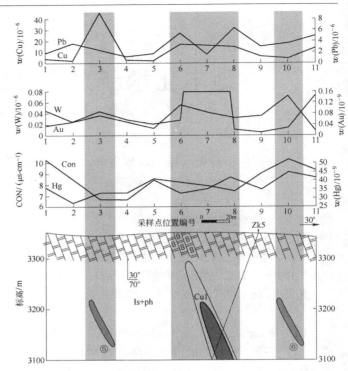

图例：薄、中层结晶灰岩　已知矿体及编号　黄铁矿化　推测矿体及编号

**图 1　青海湟中县三岔地区多金属矿 S7
地质、地电、地化综合剖面图**

4　未知区域找矿预测

在青海湟中县三岔地区多金属矿区开展地电提取、土壤离子电导率、土壤吸附相态汞 3 种进行找矿预测研究，共 7 条剖面。各个元素方法的异常平面图如图 2 至图 7 所示。

按照异常综合评价准则，以 Cu、Au 异常峰值为主，土壤离子电导率、土壤吸附相态汞为辅，结合已知矿脉体或矿化蚀变带的矿化强弱，共圈定了 3 个找矿靶区，按照找矿潜力大小分 3 个等级，即 I 类、II 类、III 类（见图 8）。

I（类）靶区：Cu、Pb、Au、Co 异常规模和强度大，多指标异常重合性好，并有一定程度吻合。靶区中部已有部分工程验证见到铜矿体。

II（类）靶区：Cu、Au、Hg、Pb 异常主要沿小石头沟的 S4、S5 的北前端测线分布，各元素重合程度较高，类比已知矿体上异常特征，认为本区有较大的找矿潜力。

III（类）靶区：跨越 S2、S3 两条测线，各个元素均有异常并有一定规模、强度，不排除该靶区有寻找隐伏矿体的前景，值得引起关注。

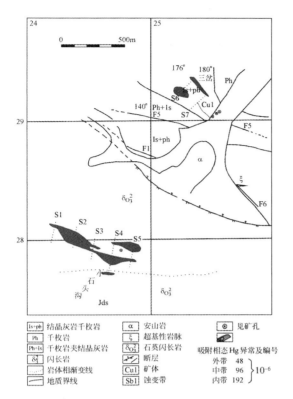

图2　青海省湟中县三岔多金属矿
吸附相态 Hg 异常、地质综合剖面图

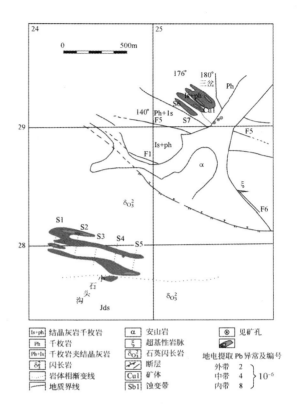

图4　青海省湟中县三岔多金属矿
地电提取 Pb 异常、地质综合剖面图

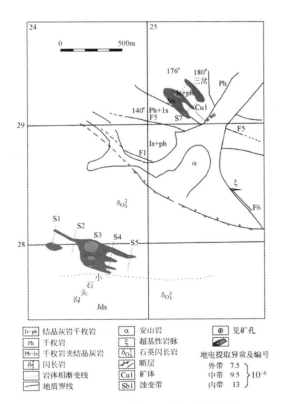

图3　青海省湟中县三岔多金属离子
电导率 CON 异常、地质综合剖面图

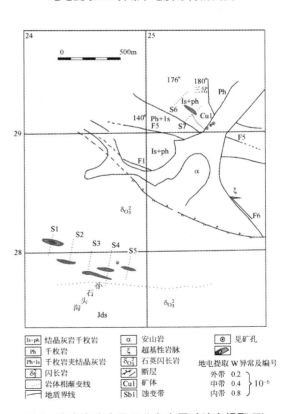

图5　青海省湟中县三岔多金属矿地电提取 W
异常、地质综合剖面图

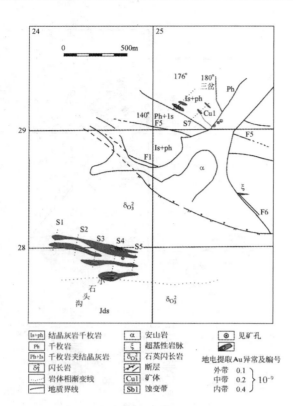

图6　青海省湟中县三岔多金属矿地电
提取 Au 异常、地质综合剖面图

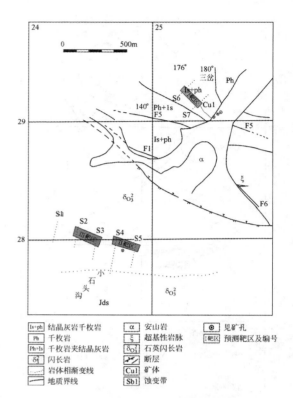

图8　青海省湟中县三岔多金属矿地质、
地电成矿靶区预测图

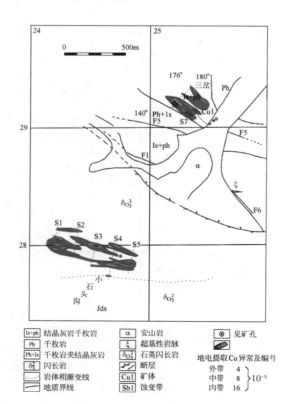

图7　青海省湟中县三岔多金属矿地电
提取 Cu 异常、地质综合剖面图

5　结论及认识

（1）通过在青海三岔地区多金属矿区开展地电提取测量（CHIM）、土壤离子电导率测量（CON）、土壤热释汞测量（Hg）找矿预测研究工作，在三岔地区多金属矿区已知矿化体上获得清晰可辨的 CON、Hg、Cu、Au、Pb、W 等的异常，且各方法异常规模大、强度高、吻合完好。因而认为，地电化学集成技术在该地区寻找隐伏矿是科学合理的。

（2）三岔地区多金属矿区含铜、金矿（化）体的地电、地化找矿标志是：CON、Hg、Cu、Au 异常为主的综合异常段（带），一般地电提取 Cu 在中带浓度以上（$\geqslant 8 \times 10^{-6}$），则有蚀变带或破碎蚀变带存在。

（3）在青海三岔地区多金属矿区开展找矿预测研究，共获得电导率异常4个，吸附相态 Hg 异常4个，地电提取 Cu 异常10个，地电提取 Au 异常5个，地电提取 Pb 异常8个，地电提取 W 异常4个。结合该矿体受构造断裂带控矿的特点，与上述异常组合的形态、规模和套合对应关系，已知地质工程的控制，进行找矿前景分析研究，划分出 Ⅰ、Ⅱ、Ⅲ 三类异常靶区，Ⅰ 靶区已经工程见矿，Ⅱ 靶区找矿前景较好，Ⅲ 靶区有待于进一步查证。地电化学为该区未知区域找矿提供了依据。

参考文献

[1] 曹新志, 张旺生, 孙华. 我国深部找矿研究进展综述[J]. 地质科技情报, 2009, 28 (2): 104 - 10.

[2] Alekseev S G, Dukhanin S, Veshev A, Voroshilo A. Some aspects of practical use of geoeletrochemical thods of exploration for deep - seated mineralization [J]. Journal of Geochemical Exploration, 1996, 56 (1): 79 - 8.

[3] 刘吉敏, 刘占元. 地电化学勘探法在厚层覆盖区的应用研究[J]. 物探与化探, 1990, 14 (4): 255 - 26.

[4] 罗先熔, 康明, 欧阳菲, 等. 地电化学成晕机制、方法技术及找矿研究[M]. 北京: 地质出版社, 2007: 46 - 7.

[5] 高锡根, 罗先熔, 单江涛, 吕明芬. 土壤离子电导率方法在云南木利寻找隐伏锑矿的研究[J]. 地质与资源, 2009, 18 (2): 152 - 15.

河南周庵矿区铜镍多金属矿床
地电化学异常特征及找矿预测

姚　岚[1,2]　罗先熔[1,2]　黄志昌[3]　黄学强[1,2]　黄　标[1,2]　李世铸[1,2]

（1. 桂林理工大学隐伏矿床预测研究所，广西桂林，541004；
2. 广西地质工程中心重点实验室，广西桂林，541004；3. 胜利石油管理局现河采油厂采油一矿，山东东营，257000）

摘　要：通过在河南南阳周庵铜镍矿区开展地电提取（CHIM）、土壤离子电导率（CON）、土壤热释汞（Hg）等多种新方法找矿预测研究，认为该集成技术在河南南阳周庵铜镍矿区寻找隐伏铜镍多金属矿是可行的、有效的，在此基础上，在周庵铜镍矿区开展了深部找矿预测研究，结果在研究区发现了 3 个具有找矿前景的综合异常靶区，为该区的找矿预测指明了方向。

关键词：地化新方法；铜镍矿；找矿预测；河南周庵

1　引言

通过在周庵铜镍矿区开展地电提取、土壤离子电导率、土壤热释汞 3 种方法的找矿示范研究，不论沿矿体（含矿岩体）走向（长轴）还是倾向（短轴），在矿体（含矿岩体）赋存范围内，均集中分布有这 3 种方法的异常，各指标异常均有一定规模和强度，而且较为同步，综合示矿效果非常明显。因此认为，地电化学集成技术在河南周庵矿区寻找隐伏铜镍矿是科学合理的，是一套成功高效的找矿新方法，在该区的未知区域寻找相似类型的矿体（矿床）是可行的。

地电化学因能提供隐伏矿的找矿信息，已成为找寻隐伏矿的重要手段之一。周庵矿床是秦岭—大别造山带最大的铜镍矿床，更是完全隐伏的难识别的大型铜镍矿床。为了解决该矿区的深部找矿问题，在河南南阳周庵铜镍矿区开展了地电提取测量（CHIM）、土壤热释汞测量（Hg）、土壤离子电导率测量（CON）的地化新方法找矿预测研究。

2　地质概况

2.1　地质背景

周庵铜镍矿床位于南阳盆地的唐河县西南 29 km 的湖阳镇杨庄—曲庄—叶山一带。矿区地处秦岭造山带东段，商丹断裂以南的南秦岭造山带北缘。其为北亚热带向暖温带过渡地区，属北亚热带季风型大陆气候，四季分明，气候温和。矿区及附近为新生代沉积物覆盖，几乎没有基岩出露，仅在矿区东部出露少量的中-新元古界朱家山群大雀山组地层。大雀山岩组岩性为（炭质）白云石英片岩、斜长角闪片岩、片状白云石英岩、浅粒岩、条带状白云石大理岩、石墨大理岩，局部见石榴斜长角闪岩，总体为大理岩与片岩互层。

2.2　岩体地质特征

周庵含矿超基性岩体与围岩大雀山组呈侵入接触关系，围岩受到较轻的接触变质作用，矿区大雀山岩组地层之上覆盖 30~120 m 厚的新生界地层。倾向 260°~290°，倾角 30°~42°。钻探表明，朱家山群大雀山组之上不整合覆盖新第三系的含砾白云质灰岩、砂砾岩、含砾泥岩等，以及第四系砂砾石，含砾砂质黏土等。

研究区岩浆岩较发育，主要为花岗岩、超基性岩、基性岩，其中超基性岩是区内主要的含矿岩石。含矿岩体属超基性岩体，隐伏于新生界地层之下，侵位于朱家山群大雀山组。

岩体经历了较强的蚀变，岩性变化较大，根据蚀变程度可分为蚀变岩（次闪石岩、蛇纹岩、绿泥石-次闪石岩、次闪石-绿泥石岩）、弱蚀变岩以及未蚀变的原岩。此外，在岩体内部还有较多后期的基性脉岩。

2.3　矿床地质

铜镍矿体主要产于岩体内接触带，在岩体顶部围岩中和橄榄岩与二辉橄榄岩的相变带，也可见矿化现象。K1 矿带位于岩体顶部蚀变带中，构成"上矿带冶；K2 矿带产于岩体底部蚀变带中，构成"下矿带冶。矿带形态、产状与岩体顶底面基本一致，矿带与围岩呈渐变过渡关系，无明显界限（见图1）。

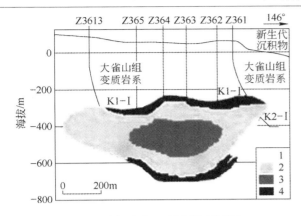

图 1　周庵矿区 36 勘探线剖面图

1—橄榄岩相带；2—二辉橄榄岩相带；3—橄榄辉石岩相带；4—矿体

3　找矿方法简介

本次深部找矿预测工作采用的技术方法主要为地电化学提取测量法。该方法是以地下岩石中的离子动态平衡状态为基础的地球化学方法，在人工电场的作用下，地下岩石中的离子动态平衡被破坏，如果地下深部有矿体存在，矿体电化学溶解产生的金属离子就会源源不断地向上迁移，形成动态平衡的离子晕。人工电场促使元素富集到元素接收器中，经过对元素接收器中样品的测试分析，得到每个测点上指示元素的地电提取含量变化规律，从而达到探测隐伏矿床的目的。

土壤离子电导率法是地电化学的另一种方法，其实质是通过测定样品中多种成晕离子的代参数——电导率来达到寻找隐伏矿的目的。

本次工作采用的设备是桂林理工大学隐伏矿床预测研究所特制的离子收集器和电源系统。离子收集器是由一定大小的精致炭棒，裹上经过特殊处理的泡塑和滤纸组成的接收电极，它的一端有导线引出。电源系统由 9 V 电池与离子收集器组成。本次工作参数为：提取液为 20% 硝酸溶液，供电电源为 9 V 干电池，供电电流为 0.4 A，供电时间为 48 h。

4　方法有效性试验研究

在研究区内，我们选择 NW – SE 方向布设的 12 号测线作为本次找矿可行性试验研究剖面，该剖面长 1200 m，经过 5 个钻孔施工（Z121、Z122、Z123、Z124、Z125），控制了矿体宽约 1826 m、矿带分布宽约 1398 m。其中 K1 – Ⅰ（上矿带）矿体埋深 290 ~ 390 m，K2 – Ⅰ（下矿带）埋深 730 ~ 890 m。根据地电提取（CHIM）、土壤热释汞（Hg）、土壤离子电导率（CON）3 种方法异常的吻合程度，可将该剖面的异常划分为 4 个综合异常区段。

从南到北依次编号为Ⅰ区段、Ⅱ区段、Ⅲ区段、Ⅳ区段（见图 2）。试验结果表明这种方法在这个地区寻找隐伏铜镍金属矿床方面十分有效。

从图 2 上可看出，玉区段在 4 ~ 14 号点之间，3 种方法异常均具有较大的规模和强度。推测为已知矿体南侧边缘带引起。域区段位于 19 ~ 37 号点之间，CHIM 异常具有较大的规模和强度，整体有"南高北低"的趋势，CON 以负异常为主，该异常区段正是矿体赋存地段，为已知矿体引起，这与土壤离子电导率成晕机制相吻合。芋区段位于 40 ~ 48 号点之间，3 种方法异常均具有较大的规模和强度，异常多呈双峰形态分布，异常较同步，并有一定程度吻合，推测为已知矿体北侧边缘带引起。郁区段位于 64 ~ 74 号点之间，CON 和 Hg 异常较弱，CHIM 异常则有一定规模、强度。限于地质资料有限，野外也无污染记录，暂推测为未知矿体引起的异常。

5　找矿标志与预测

5.1　找矿标志

总结本区地电化学找矿标志如下：

（1）CHIM 标志。地电提取以 Cu、Ni 异常为中心，重叠或套合有其他元素异常，且异常间连续性、同步性较好，可指示矿体的赋存范围。

（2）CON 标志。在矿体上方以负异常为主，而在边缘地段（附近）出现对称的峰值异常。

（3）Hg 标志。矿体上以高强度单峰异常为主，在剖面上多呈不连续跳跃分布。综上标志，初步建立河南南阳盆地周庵铜镍矿区地电化学理想找矿模型（见图 3）。

5.2　找矿预测

为解决该区的深部找矿问题，在工作区共完成 6 条剖面，其中 5 条测线沿 NW – SE 方向布设，测线分别编号为：00、11、12、36、52，测线长均为 8 km，线距 750 m。另一条测线沿 NE – SW 向布设，即 70 测线，线长 6 km。在周庵矿区深部开展地电化学找矿研究。

5.3　异常平面特征

对地电提取 Cu、Ni 和 Hg、CON 的分析数据，采用概率曲线图解法，确定各元素的背景值分别取 Cu 2.3×10^{-6}，Ni 1.1×10^{-6}，Hg 23×10^{-9}，CON 12 μs/cm。根据对地电化学提取 Cu、Ni、Hg 和 CON 元素数据处理结果，对各元素的异常划分及描述情况分述如下。

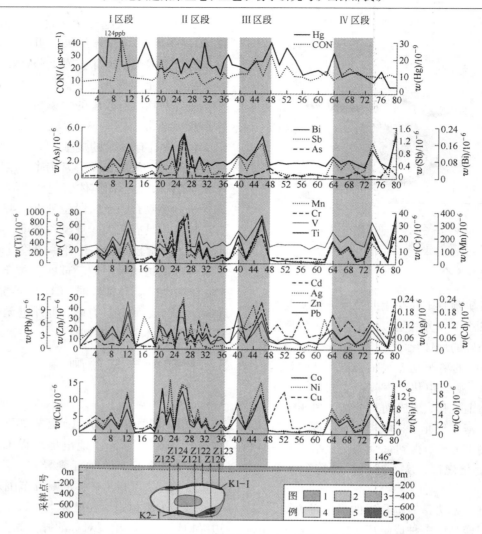

图2　河南周庵矿区12测线地质、地电、地化异常综合剖面图

1—新生代沉积物；2—大雀山组变质岩系；3—橄榄辉石岩相带；4—二辉橄榄岩相带；5—橄榄岩相带；6—矿体

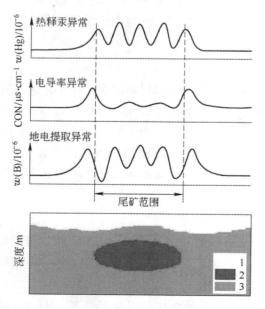

图3　河南周庵矿区电化学找矿模型图

1—新生代沉积物；2—大雀山组变质岩系；3—矿体

5.3.1　地电提取异常平面分布特征

Cu 异常平面分布特征。根据数据统计结果，Cu 的异常分带参数依次为 4.38×10^{-6}、6.46×10^{-6}、8.54×10^{-6}。根据异常规模和分带完整情况，测区内共划分了 8 个 Cu 异常带（见图4）。

周庵测区地电提取铜（Cu）规模较大，除了 Cu - 4、Cu - 5、Cu - 6 为单点异常以及 Cu - 7、Cu - 8 为单线异常外，其余异常均跨越 3 条测线以上。从异常强度来看，大部分异常均达内带以上异常（Cu - 4 只发育中带异常）。即三级浓度分带亦较明显，矿体整体异常均呈椭圆状，与已知矿体吻合完好。此外，Cu - 1、Cu - 3 也有一定规模、强度，参考已知矿体上的 Cu - 2 异常，单从地电化学找矿的角度考虑，Cu - 1、Cu - 3 为矿致异常的可能性较大，不排除其深部有隐伏矿体（含矿岩体）的可能性。

地电提取 Ni 异常平面分布特征。Ni 的异常分带参数依次为 2.89×10^{-6}、4.71×10^{-6}、6.53×10^{-6}，

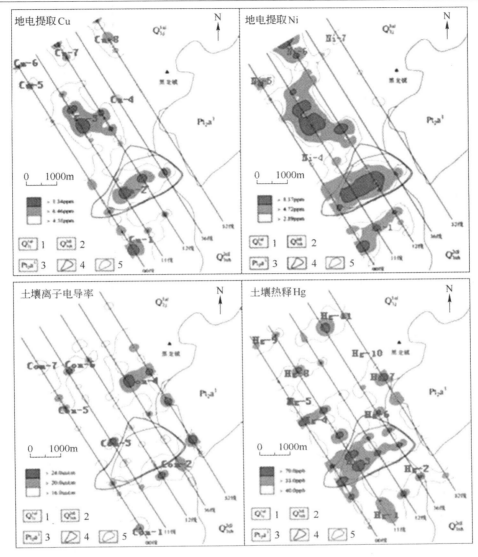

图 4　河南南阳周庵矿区地电、地化异常平面图

1—第四系亚黏土 - 腐殖土；2—第四系黏土 - 亚黏土；3—大雀山组变质岩；4—岩体垂直投影；5—矿体垂直投影

根据异常规模和分带完整情况。测区内共划分了 7 个地电提取镍（Ni）异常（见图 4），编号为 Ni - 1，Ni - 2，…，Ni - 7。

周庵测区地电提取镍（Ni）规模也较大，除了 Ni - 4、Ni - 5、Ni - 7 为单点异常以及 Ni - 6 为单线异常外，其余异常均跨越 3 条测线以上。整体走向 NEE 向，向西有增强趋势，是测区内规模较大的异常之一。

异常三级浓度发育较好，内带亦有较大规模，整体呈椭圆状，与已知矿体吻合非常好。参考已知矿体上的 Ni - 2 异常，单从地电化学找矿的角度考虑，Ni - 3 为矿致异常的可能性较大，不排除其深部有隐伏矿体（含矿岩体）的可能性。此外还有 Ni - 1 异常，走向和 Ni - 2 一样，整体呈 NEE 向，向西有增强趋势，但未追索完整。有一定规模、强度，限于目前地质资料有限，暂推测为矿致异常。

5.3.2　土壤离子电导率异常平面分布特征

CON 的异常分带参数依次为 18.04 μs/cm、23.48 μs/cm、28.92 μs/cm，根据异常规模和分带完整情况。测区内共划分了 7 个土壤离子电导率（CON）异常（见图 4），编号为 CON - 1，CON - 2，…，CON - 7。

在已知矿体上方以较弱单点异常为主，大部分则为负异常。从平面上看，除了 CON 2 和 CON - 4 有一定规模外，其他电导率（CON）异常规模较小，都是单线甚至单点异常。所有异常中，除 CON - 7 只具有外带异常外，其他异常均发育三级浓度带。此外，在已知矿体（含矿岩体）上方，仅 12 - 20、36 - 19 两个测点的数据达异常值，其异常整体呈环状围绕矿体分布。这与土壤离子电导率成晕机制以及示范研究的结论是吻合的。

5.3.3 土壤热释汞（Hg）异常平面分布特征

Hg 的异常分带参数依次为 39.3×10^{-9}、55.6×10^{-9}、71.7×10^{-9}，根据异常规模和分带完整情况。测区内共划分了 11 个土壤热释汞（Hg）异常（见图4），编号为 Hg－1，Hg－2，…，Hg－11。所有异常，除 Hg－6 有一定规模外，其他异常规模都较小，但大多异常三级浓度发育较好。此外不难发现，在已知矿体正投影上方，基本没有热释 Hg 异常分布，异常则是围绕矿体（含矿岩体）周边，整体呈环状分布。鉴于地质资料有限，暂推测为隐伏断裂或者隐伏矿体（含矿岩体）引起。

从整体上看，高浓度的 Hg 异常主要集中分布在矿体上方及边缘地段，显示了 Hg 对隐伏矿床的指示作用。

6 综合异常区（段）特征

本次工作将异常地段进行分类分级处理，即将异常区划分为 I 类靶区、II 类靶区、III 类靶区（见图5）。

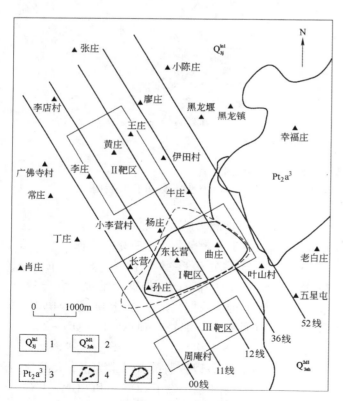

图5 河南周庵矿区地电化学找矿预测靶区图

1—第四系亚黏土－腐殖土；2—第四系黏土－亚黏土；
3—大雀山组变质岩；4—岩体垂直投影；5—矿体垂直投影

I 类靶区：位于测区中南侧，成矿元素 Cu、Ni 异常规模和强度大，成矿相关元素异常较明显，同时分布较大面积的电导率负异常及土壤热释 Hg 异常。多指标异常重合性好，吻合较佳。靶区中部已有工程控制的铜镍矿体（矿床）。

II 类靶区：位于测区中部，主要沿 11 测线分布，在两端向 12 线延伸，整体呈"C"形分布。主成矿元素及伴生指示元素规模和强度一般，但重合程度较高，类比已知矿体上异常特征，认为本区有较大的找矿潜力。

III 类靶区：位于测区北端，主成矿元素及伴生指示元素异常强度较高，吻合也较好。

考虑到各异常规模较小，大多都是单线甚至单点异常，在为了解地质情况下，暂时把该区段划分为 III 类靶区，认为该区找矿的潜力不大。

7 结论及建议

（1）通过在河南周庵铜镍矿区开展以地电提取测量（CHIM）为主，以土壤热释汞测量（Hg）、土壤离子电导率测量（CON）为辅的找矿预测研究。确定该组合方法在南阳盆地寻找隐伏铜镍多金属矿是可行的，认为本次工作所圈定的找矿预测靶区有一定的找矿潜力。

（2）通过在河南周庵铜镍矿区深部找矿预测研究，共发现地电提取 Hg 异常 6 个，地电提取 CON 异常 7 个，地电提取 Cu 异常 5 个，地电提取 Ni 异常 5 个，对上述异常找矿前景的分析研究，最终圈定 3 个成矿靶区，为该区未知区域找矿提供了依据。

（3）建议对圈出的找矿预测靶区做进一步的地质调查工作，根据地质情况考虑布置深部工程验证。

参考文献

[1] 刘吉敏，刘占元. 地电化学勘探法在厚层覆盖区的应用研究[J]. 物探与化探，1990，14（4）：255－265.

[2] 罗先熔，康明，欧阳菲，等. 地电化学成晕机制、方法技术及找矿研究[M]. 北京：地质出版社，2007：46－138.

[3] 高锡根，罗先熔，单江涛，吕明芬. 土壤离子电导率方法在云南木利寻找隐伏锑矿的研究[J]. 地质与资源，2009，18（2）：152－154.

[4] 罗先熔. 地球电化学勘查及深部找矿[M]. 北京：冶金工业出版社，1996：134－217.

河北金厂峪金矿床成矿规律研究及深部找矿预测

高永军　杨志刚

（中国黄金集团公司，北京，100011）

摘　要：本文通过引用多种成矿理论对金厂峪金矿已有地质资料进行系统整理，对金厂峪金矿（摘）区范围内的Ⅱ、Ⅲ、Ⅳ、Ⅴ带及深部开展地质、构造等综合研究，总结了构造透镜体控矿和断裂构造控矿规律，形成多期岩浆热液型成因、韧-脆性剪切带构造控矿、石英脉型和复脉带型金矿床的认识，对原有成矿模式进行了修正，建立了新的成矿模式，预测金厂峪金矿找矿靶区成效明显。

关键词：河北；金厂峪金矿；成矿规律；综合研究；找矿预测

河北金厂峪金矿床是有悠久开采历史的大型金矿床，累计探明储量达 60 多吨，是全国著名金矿之一。由于多年开采，截至 2004 年底，矿山保有金属量仅 2612 kg，资源严重危机。为了寻找黄金接替资源，实现地探增储和找矿突破，中国黄金集团公司组织集团内部专家对金厂峪金矿已有科研成果、探矿资料、生产开拓系统等矿山地质资料进行整理分析，开展地质综合研究和成矿规律研究，共同完成了"河北金厂峪金矿床成矿规律研究及深部找矿预测"科研项目，并对金厂峪金矿区深部进行了有效的盲矿预测，在第二成矿空间找到了金矿体，新增储量 10823 kg，使资源危机矿山再次走上良性发展的道路。

1　金厂峪金矿区前期探矿工作概述

1965—1968 年，由原地质部金矿地质局和中国黄金矿产总公司组成了跨系统的地质、设计、基建施工"三结合"的金厂峪勘探大会战，累计投入坑探工程 9125 m、钻探 26513 m、施工钻孔 76 个，在 0 m 标高以上，共探获 C + D 级储量 4.7 t、表外矿 3.9 t。

1975—1982 年，河北省地质五队在金厂峪矿区开始第二轮找矿，在金厂峪矿段已进行勘探的矿体下部及外围黑石峪、桑家峪共 3 个矿段累计投入钻探 70 孔，进尺 21000 m，总共提交储量 2.58 t。

1982 年以后，针对金厂峪金矿区深部是否有矿，专家学者争论不休，为了验证金厂峪矿区深部到底是否有矿，1987 年矿山开展第三轮找矿。当时设计钻孔 18 个（多数钻孔深度也在 -300 m 标高以上，只在桑家峪矿段布置了几个深孔），进尺 7975 m，到 1991 年 18 个孔全部打完，没有获得储量。

1991 年底，在中科院黄金科技领导小组办公室的支持下，由中科院地质所开始进行地质科研工作，首先进行构造分析、地球化学、地球物理勘探（地震勘探）、数学地质分析、遥感、岩石学等多种科研手段相结合的研究，提出本区断裂与褶皱联合控矿，成矿热动力作用与印支—燕山期花岗斑岩有关的观点，认为 -600 m 标高以上有矿，再向深部已无赋矿构造地层。1994—1998 年，矿山组织勘探力量对预测靶区进行验证，历时 4 年，施工钻孔 57 个，完成钻探工程量 42613.83 m，探获 D 级金属量 5720 kg。

2　区域地质背景

金厂峪金矿床位于天山—阴山东西向构造带（玉级）、燕山褶皱带（域级）、燕山准地槽（芋级）、马兰峪复背斜与山海关隆起（郁级）的衔接处（见图 1）。该区是我国太古宙高级变质岩主要出露区之一，在构造上经历了前寒武纪的多期变形、变质和岩浆作用，以及显生宙的后期改造作用，从而使得地质、构造条件极为复杂。

区内地质构造复杂，构造体系、类型发育齐全。基本上经历了 3 次大的构造运动，早期的东西向构造为先，南北向构造次之，后期的新华夏构造体系叠加和改造了前期的构造形迹，形成了目前的地貌布局。区内岩浆活动频繁，主要为燕山期的花岗岩，在矿区西部青山口和西北部贾家山一带，以中酸性岩体为主。

3　矿区地质特征

金厂峪金矿床分布在南北长 6200 m、东西宽 200～900 m 的狭长的含金片理化带内，出露面积 5 km²。矿区分为相连的 3 个矿段：北部黑石峪矿段（36 线以北）长约 1700 m，中部金厂峪矿段（36～43

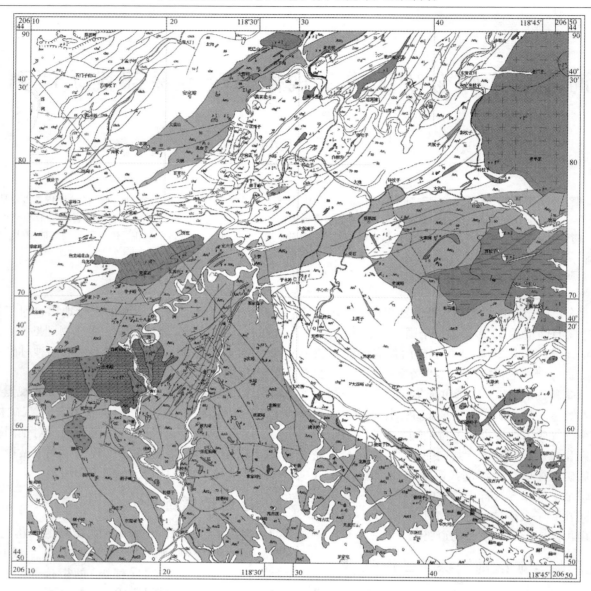

图1　河北金厂峪金矿区域地质图

线之间）长约 1500 m，南部桑家峪矿段（43 线以南）长约 3000 m（见图 2）。主要金矿体集中于中部金厂峪矿段。

3.1　地层

矿区地层为冀东太古界八道河群王厂组，主要岩性为透辉斜长角闪岩，其下部常有角闪石英岩夹磁铁石英岩出现。矿区西部出露有角闪斜长片麻岩，矿区内出露有斜长角闪岩和混合岩化长英质条痕斜长角闪岩。

3.2　构造

矿区内构造发育，其构造形迹比较复杂，从现存的现象中，大致能够恢复基本轮廓，依其叠加和穿插关系，可划分出 3 次较大的构造期。

（1）早期的东西向构造。本期构造由于后期构造的改造，在矿区内其形迹保留极少，只在 16 线和 37 线保留东西向的一些痕迹，并可看出片理化带岩脉呈东西向展布。

（2）中期的南北向构造。南北向构造在矿区内形成了一组紧密褶皱和挤压应变带，受后期地质事件作用的影响，使其呈北北东向展布。

本期构造是控矿、成矿的主要构造。在构造应力集中区内形成一套片理化岩石，由于分异和压熔作用，使其主成分发生运移，硅、钠、金沉淀并富集在片理化带内形成金矿床。

（3）晚期新华夏构造。本期的构造形迹明显，以断裂为主，并对以前的印支、燕山期构造进行叠加、复合、改造。在断裂带内出现十几厘米到几米厚的断层角砾和断层泥。依据相互关系，可分：F_1 组断裂、

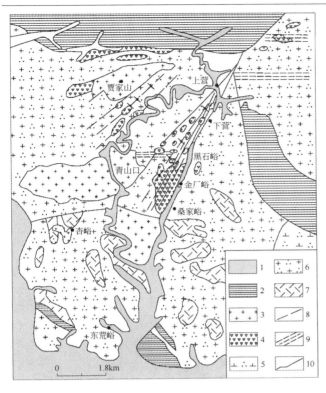

图2　金厂峪金矿田地质图

1—第四系；2—长城系；3—中生代花岗岩、闪长岩；
4—斜长角闪岩；5—奥长花岗岩；6—英云闪长岩；
7—麻粒岩；8—脆性断裂；9—韧性剪切带；10—地质界线

F_{II}组断裂、F_{III}组断裂、F_{IV}组断裂和F_{V}组断裂。上述5组断裂，叠加在脉带和矿体上，并对矿体的完整性和连续性有破坏作用，其中F_{IV}组断裂对矿体破坏大，断距达10 m，同时在一些低层次的羽状剪切裂隙中，又使含金黄铁矿重新聚集，对矿体的形成又是相对有利的因素。

3.3　岩浆岩

在矿区西部2 km和西北7 km处出露有燕山期的青山口和贾家山花岗岩体，在矿区内部出露的只有脉岩相的岩石。

4　矿床地质特征

4.1　矿带分布特征

金厂峪金矿区北起36线南至43线，总长1500 m，总宽460～900 m。主要脉带由西向东划分为0、I、II、III、IV、V共6个脉带，多呈北北东向分布（见图3）。0、I、III、IV脉带北至32线尖灭；II、V两脉带北与黑石峪脉带相接；0、IV、V脉带向南延伸到桑家峪；II脉带南延至39线。

依走向分为3大组：20°组走向18°～45°；0°组走向340°～17°；60°组走向45°～70°。

4.2　各含金复脉带的特征

（1）0脉带。分布于矿区西侧，呈脉状及透镜状。走向北东或近南北，倾向南东或东，长几米至百米，厚几米。地表露头由绢云母片岩－钠长石英脉组成，有零星矿体。

（2）I脉带。分布于24～27线间，长1000 m，宽10～25 m。走向北东，倾向北西，倾角40°～60°。以次生石英岩为主，地表矿化不连续，但局部有绢云母片岩－钠长石英脉并矿化较好，在11～27线间与II带复合。

（3）II脉带。分布于36～43线间，长1500 m，宽20～85 m。走向20°，倾向南东或北西，倾角80°左右。岩性以石英脉、绢云母片岩－石英脉、绢云母片岩－钠长石英脉及绢云母片岩为主。

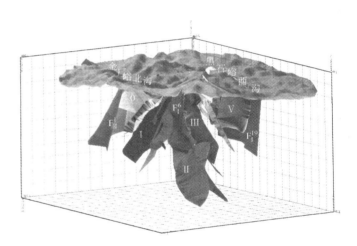

图3　金厂峪金矿床含金复脉带三维立体图形

F_I^{19}—断层编号；III—含金复脉带编号

（4）III脉带。分布于19～20线，长850 m，宽20 m。走向20°，倾向南东，局部倾向北西，倾角60°～83°。岩性以绢云母片岩和绢云母片岩－钠长石英脉为主。

（5）IV脉带。浅部分布于20～19线间，长700 m，该脉带8线南有零星的集聚的脉群，宽10～54 m。此脉带向下部平行于III脉带并靠近会合向下延伸。

（6）V脉带。分布于矿区东部，地表出露长约1300 m，宽17～72 m。该带走向20°，倾向北西，倾角85°或近直立。钻孔控制最低标高在－700 m见矿，仍未尖灭，说明深部还有较好的矿化存在，有很好的找矿前景。

上述6个脉带，多呈雁列状似“多”字形排列，其脉带内部0°组的脉体从不越过20°组、60°组的脉体。含矿最好者为II、III带，0、I、V、IV脉带次之。

5 矿体特征

5.1 矿体产出特征

在 0 ~ V 6 个含金复脉带内共圈出 16 个工业矿体，矿体在空间分布上具有一定的规律性，含矿脉带主要赋存在迁西群韧性剪切带内绿片岩中，由绿泥石片岩、绢云母片岩以及分布在其中的石英脉、钠长石英复脉组成。矿体规模相差悬殊，最大者长 890 m，小者长仅数米，一般长度 50 ~ 150 m，厚度一般 1 ~ 6 m，最厚 40 m。矿体形态极为复杂，有脉状、透镜状、扁豆状、褶曲状、弯钩状等（见图 4）。

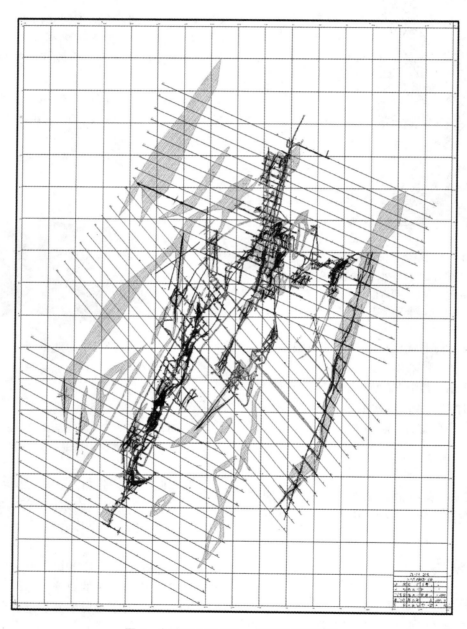

图 4　金厂峪金矿 183 m 标高地质平面图

0 脉带矿体位于矿区最西部，在 3 ~ 7 线间及 16 线附近，标高由 410 ~ 180 m，由 4 个小矿体组成，地表矿体走向南北或 30°，倾向东或北西，倾角 55° ~ 80°。最大一条矿体由 16 线 29 孔控制，见矿标高 235 m，长 95 m，视厚度 8 m，品位 11.04×10^{-6}，但距主矿体较远。

I 脉带矿体位于 1 ~ 29 线间，由探槽、老硐、钻孔及少量坑道控制。控制标高 310 ~ 175 m。该矿体连续性差，走向 20°，倾向大部分向北西，倾角 65° ~ 75°。一般长 15 ~ 40 m，厚 2 m 左右，最厚达 8.5 m，延深不超过 90 m。平均品位 10.44×10^{-6}。

Ⅱ带矿体分布于 42~43 线间，由 Ⅱ-1 至 Ⅱ-5 共 5 个规模较大的矿体组成(见图 5)。

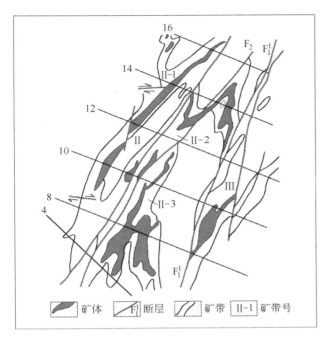

图 5　金厂峪金矿 314 坑道平面图

Ⅱ-1 矿体位于 2~30 线间，标高 415~160 m。倾向南东，倾角 60°~70°。

Ⅱ-2 矿体位于 2~42 线间，标高 343~193 m，倾向南东，倾角 70°~80°。

Ⅱ-3 矿体位于 4~14 线间，标高 340~147 m。倾向东，倾角 61°。

Ⅱ-4 矿体位于 4~7 线间，标高 358~204 m。倾向南东，倾角 78°。

Ⅱ-5 矿体位于 4~43 线间，标高 314~20 m，倾向南东，倾角 50°~70°为主，该矿体为全区最大的矿体，矿体长 890 m，最厚 24 m，一般厚 1~4 m，延深 300 余米。平均品位 1.86 g/t。

Ⅲ脉带矿体分布于 13~22 线间，由 Ⅲ-1 至 Ⅲ-5共 5 个矿体组成。

Ⅲ-1 矿体位于 Ⅱ-2 矿体东南侧，4~14 线间，由 4 个不连续的小矿体组成。倾向南东，倾角 70°，长 70 m，最厚 9 m，一般厚 6 m，延深 65 m，平均品位 12×10^{-6}。

Ⅲ-2 矿体位于 10~16 线间，标高 382~205 m。倾向东，倾角 79°，矿体地表长 45 m，一般厚 2 m，坑道最厚达 13 m，延深 170 余米，平均品位 1.78×10^{-6}。

Ⅲ-3 矿体位于 10~18 线间，标高 370~23 m。

倾向南东，倾角 75°~80°。

Ⅲ-4 矿体位于 14~22 线间，标高 317~-135 m。倾向南东，倾角 60°~70°。

Ⅲ-5 矿体位于 4~13 线间，标高 309~90 m。倾向南东，倾角 70°。

Ⅳ脉带矿体分布于 0~20 线间，由 Ⅳ-1 至 Ⅳ-5共 5 个矿体组成。

Ⅳ-1 矿体位于 0~8 线间，标高 339~95 m。倾向南东，倾角 70°~78°。

Ⅳ-2 矿体位于 4~22 线间，标高 335~166 m。走向 30°，倾角直立。

Ⅳ-3 矿体位于 8~18 线间，标高 319~68 m。

Ⅴ脉带矿体：分布于 5~26 线间，标高 81~200 m。倾向南东，倾角 70°~80°。

5.2　矿化类型

矿化主要分为蚀变岩型和石英脉型两种。

(1) 蚀变岩型。含矿最好的是绢云母绿泥石片岩-钠长石英脉，其中的石英呈细脉状，黄铁矿主要是它形粒状，以浸染状、细脉状或团斑状形式分布于矿石中。

(2) 石英脉型。产于石英单脉中，黄铁矿主要呈网脉状或粉末状分布于石英节理中。

5.3　围岩蚀变特征

与成矿有关的围岩蚀变主要有绢云母化、黄铁矿化、钠长石化、硅化、绿泥石化等。碳酸盐化基本与成矿无关。

绢云母化、绿泥石化发育普遍，呈带状分布，是脉带的重要组成部分。其他蚀变均叠加于其上。由矿体向外依次为：绢云母化→绿泥石化→围岩。而它们的组合体是找矿的重要标志。

硅化形成不同程度的硅化岩，强烈者有"次生石英岩"；钠长石化一般沿石英脉边缘交代，常与硅化伴生；碳酸盐化以白云石为主，方解石次之，呈细粒状、脉状，分部于脉带中或近脉带围岩中。上述 3 种蚀变无明显分布规律。

金主要与黄铁矿伴生，特别是石英脉中或石英脉与片岩接触处的黄铁矿化，是重要的找矿标志。总之，黄铁矿化、绢云母化、绿泥石化与成矿关系密切，是重要的找矿标志。

6　矿床成因

金厂峪金矿矿质来源于太古界古老变质岩系。在漫长的地壳发展演化过程中，金元素经多次活化、迁移富集，但成矿的主要是太古代的区域变质作用和中生代的燕山期。据同位素测定，金厂峪金矿床成矿时代是燕山期，地质年龄 195 Ma。

矿区西部燕山期青山口花岗岩体中主体侵入相和附加侵入相中皆含金[人工重砂含金量分别为 0.06×10^{-6} 和 0.26×10^{-6}，其脉岩相（花岗斑岩、石英脉等）亦含金，有的已构成工业矿体]，花岗岩体被认为是金的主要物质来源，是成矿母岩。

据黄铁矿中微量元素分析，含金石英脉中 Co 含量为 $(279 \sim 461.3) \times 10^{-6}$，Ni 含量为 $(96.5 \sim 614.6) \times 10^{-6}$，Co/Ni 一般小于1，属深成成因。

从氢氧同位素看，δD 为 $-67.5‰ \sim -65.7‰$，$\delta^{18}O_{H_2O}$ 为 $-0.35‰ \sim +3.4‰$，此数值既不属于典型的岩浆水（δD 为 $-80‰ \sim -48‰$，$\delta^{18}O$ 为 $+6‰ \sim +9‰$），也不属于典型的变质水（δD $-20‰ \sim -65‰$，$\delta^{18}O$ $+5‰ \sim +25‰$），而是由二者组成的一种混合水。

碳同位素表明，$\delta^{13}C$ 值变化范围在 $-7.6‰ \sim 3.5‰$，平均值是 5.28‰，与自然界某些已知地质体中的 $\delta^{13}C$ 相比，本区的 $\delta^{13}C$ 值落入岩浆氧化态碳和岩浆成因的碳酸岩同位素范围内。说明该区的碳酸盐化属岩浆热液成因。

矿体呈脉状，沿断裂构造充填，断裂为北北东向压扭性构造，矿床与新华夏构造有生成联系。围岩蚀变发育，尤以黄铁矿化、绿泥石化、绢云母化、碳酸盐化强烈，交代作用不明显。矿床成矿温度在 $260 \sim 320℃$ 之间，属中温热液的范围。

7　构造控矿规律研究及靶区预测

7.1　断裂构造与金矿体的关系

金厂峪地区的脆性断裂构造较为复杂，不同力学性质、不同序次和不同等级的断裂极为发育，但以北北东向构造为主（见图6）。

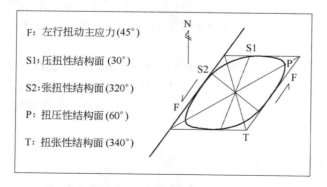

图中标注：
F：左行扭动主应力（45°）
S1：压扭性结构面（30°）
S2：张扭性结构面（320°）
P：扭压性结构面（60°）
T：扭张性结构面（340°）

图6　金厂峪金矿区新华夏系左行剪切应力场应变椭球体

以断裂走向及其相互关系为主要依据，将断裂构造划分为5组：

第一组（F_I）：走向 $20° \sim 30°$，倾向主要南东，还有北西，倾角多为 $70°$ 以上或变陡直立，沿走向及倾向均有波状变化。该组断层最发育，规模最大，长数百米至千米以上，典型的有 $F_I^{1 \sim 6、9、13、19}$，其中 F_I^1 和 F_I^{19} 贯通全区，并向桑家峪、黑石峪段延伸。该组沿走向大体平行，并叠加在含矿脉带上，但如 F_I^1 等断层不仅叠加在含矿脉带上，而且也穿过围岩，其总方向仍吻合于脉带。以 F_I^1 为界，Ⅱ带矿体在其西侧受其破坏较大，Ⅲ、Ⅳ带矿体在其东侧受其破坏较小。该组 $F_I^{2、3、5}$ 断层向北逐渐收敛靠拢于 F_I^1。

该组断层向下延伸较深，据深孔控制，主要断层在 $-100 \sim 0$ m 标高以下仍有延深。该组断层叠加脉带部分，条数增密，往往呈束状吻合于脉带。据断层面特点、发育断层泥、断层错切地质体及断层面上的压碎物质，属破矿断层。该组断裂和矿区片岩带总体方向一致，北西盘向南西平移，属扭压性断裂组。

第二组（F_{II}）：走向 $50° \sim 70°$，绝大多数南东倾，倾角 $60° \sim 80°$。规模大小不等。长多在数十米至百米之间，个别如 F_{II}^1、F_{II}^5 长达 $700 \sim 1000$ 余米。该组与第一组斜交，但没有穿越第一组断层。一般叠加在走向近60°方向脉带中，唯有 F_{II}^1 控制一条长而薄的片理化带。该组断层叠加、破坏脉带及穿切围岩，为破矿构造。断层面特点和第一组相似，属压扭性平移逆断层，多北西盘向北东移，低序次的小断层移动方向则相反。

第三组（F_{III}）：走向 $320° \sim 340°$，倾向北东或南西，倾角变化大。发育程度不及前两组，规则大者如 $F_{III}^{3、5、7}$ 长达 $300 \sim 500$ m，规则小者长仅十余米至数十米。多数分布于 F_I^1 东侧，北西端顶于 $F_I^{1、14}$ 之上，而未穿越 $F_I^{1、14}$ 断层。该组断层横切脉带或破坏矿体，并穿越第二组断层，断层面间多为压碎岩或断层泥，部分断层被后期煌斑岩所充填，一般近南北向的短小断层也属此组。该组断层属平移性质，北东盘向北西移动。

第四组（F_{IV}）：走向北西西或近东西向，少数走向80°左右，倾向北或南，一般倾角陡，个别 $30° \sim 50°$。规模小，长仅十余米至四五十米，断距十余米，不发育，主要分布在 F_I^1 以西Ⅰ、Ⅱ带中，并横切该两脉带及破坏 F_I^4 组断层。该组断层属次级平移正断层，多数北盘向东移动。

第五组（F_V）：走向 $10° \sim 350°$，倾向东或西，陡倾角，部分较缓，40°左右。规模较小，长度十余米至 60 m。该组断层叠加在南北向脉带上，往往出现在第一组断层之一侧，与它构成"人"字形，实属第三组的范畴，为张扭性结构面，大多数西盘南移。

7.2 韧性剪切带与金矿的关系

金厂峪韧性剪切带形成于太古宙末，主要有东西向和北北东向两组（见图7），前者形成稍早。北北东向剪切带由南向北逐渐变窄，在上营附近消失。其东部以脆性断裂为界，西部渐变过渡为未变形岩石，在金厂峪矿区内全长 6200 m，最窄部位约 200 m，最宽部位约 900 m，出露面积 5 km^2。东西向韧性剪切带向北倾斜，倾角 42°，西部被青山口花岗岩穿切，东部被北北东向韧性剪切带改造，又被脆-韧性剪切带和脆性断裂所切割。

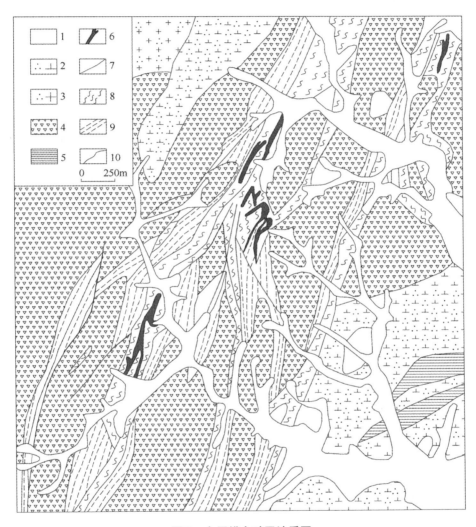

图7　金厂峪金矿区地质图

1—第四系；2—奥长花岗系；3—英云闪长岩系；4—斜长角闪岩；5—磁铁石英岩；
6—含金石英矿体；7—断层；8—脆-韧性剪带；9—韧性剪切带；10—地质界线

金厂峪韧性剪切带的宏观、微观组构都显示出北北东向韧性剪切带具有右行滑移的特点；东西向韧性剪切带具有左行的特征。应变分析表明，北北东向韧性剪切带以简单剪切为主，并兼有压扁作用的特征。

矿体与韧性剪切带的产状不一致，它们主要受叠加于其上的脆-韧性剪切带和脆性断裂控制，脆-韧性剪切带是主要的控矿构造。

韧性剪切带为后期脆-韧性构造的叠加提供了构造条件，但与金矿物形成无直接的成因联系，金矿形成于韧性剪切带之后。

7.3 靶区预测

通过对金厂峪金矿床控矿、成矿规律研究和生产探矿实践中摸索的经验，矿体的分布和产出受新华夏系左行剪切应力场影响，在矿田内，存在压性和压扭性构造，在压性和压扭性构造带转化为张性构造带时，造成容矿空间的负压区，使热液进入其中，如果发生压力突降，还会造成硫化物生成的有利环境，对于金的成矿很有利。具体表现为金厂峪金矿区无论是在平面上还是从剖面上都体现大小不等的菱形格子状构造组合特征(见图4、图8)，北北东向压扭性构造为主导控矿构造，而与其成锐角相交的南北向张扭性构造及北东东向片理化带为容矿构造。北北东和南北向这两组控矿构造都是由多条规模大小不等的平行构造组成，大的构造控制大矿体，小构造控制小矿体；从形态上看，矿体围绕在透镜体周围，透镜体为斜长角闪岩，透镜体的边部和转折部位，矿体较好，在平剖面上均成Y字形出现，形成明显的透镜体控矿特征。

根据以上认识，有以下主要规律：

(1)根据工程揭露情况分析Ⅱ、Ⅲ、Ⅳ、Ⅴ脉带在垂直方向上在大小不等的菱形格子状构造组合特征基础上(见图8)，沿不同方向构造面有依次向下延伸交汇趋势，并产生走向、倾向转折。首先是Ⅱ、Ⅲ、Ⅳ带交汇，向下是其交汇下延部分与Ⅴ带交汇。脉带的交汇部位及Y字形构造的平行构造是成矿的有利

部位。在Y字形构造控矿基础上，深部寻找另一个与Ⅱ脉带空间构造类型相似矿脉的可能性是很大的。

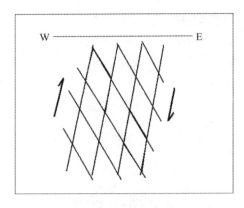

图8　新华夏系结构面剖面组合方式

(2)从纵投影图(见图9)上看Ⅰ、Ⅱ、Ⅲ、Ⅳ脉带矿体均向南侧伏，侧伏角度不等。

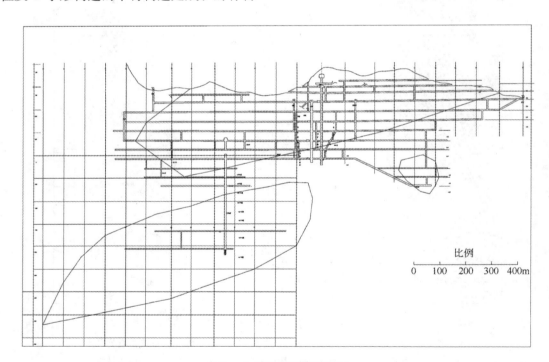

图9　金厂峪金矿纵投影图

7.4　工程验证结果

项目划定了3个探矿靶区并作了地探设计。投入坑探工程10508 m，钻探10452.3 m，共49个孔。在深部-417中段及以下，发现了蚀变岩型矿体，并控制了部分储量。同时，在-417中段南部找到一条石英脉型矿体，矿体规模很大，是上部成矿最好的Ⅱ脉带下延的另一富集梯段的开始。

8　经验及认识

金厂峪金矿深部探矿工作，取得以下几点认识：

(1)要把矿山放在整个区域地质范围内，不可局限于目前的矿区，应着眼于区域地质环境的研究，用地质研究成果做指导，有针对性地应用探矿新技术、新方法。

(2)应用新的科研手段，引用多种成矿理论对矿

山地质资料进行综合分析，对矿床形态及其与周边区域地质环境的关系有一个新认识，对原有成矿模式进行修正，建立新的成矿模式。成矿模式的重新认识，往往成为一些老矿区出现新突破的关键。

（3）在老矿山深部找矿首先要利用多种形式交流、研讨、会诊，对矿山历年来所有专家、学者的观点和认识，进行全面细致地整理和研究，从中发现新的成矿线索与找矿信息，提出新的成矿与控矿认识，然后确定矿床类型，再建立矿床模型，利用该类型矿床模型提取出已知矿床下一步找矿的关键地质因素，指明找矿方向并标定靶区。

（4）合理运用成矿理论，充分利用专家的宏观理论优势和矿山地质人员的局部实践优势，做到理论联系实际，使二者相互结合、完善提高，才能在最短的时间内获得较好的地质科研成果和最佳的探矿效果。

参考文献

[1] 刘志宏. 冀东金厂峪地区的构造与金矿[J]. 黄金，1995，16（10）：2 - 5.

[2] 杨志刚，余勇，杨春福，等. 中国黄金集团专家组关于金厂峪金矿探矿工作的建议和意见[R]. 200.

[3] 许晓峰. 一个韧 - 脆性剪切变形带型金矿床——金厂峪金矿床[J]. 矿产与勘查，1990（4）.

[4] 柳少波，刘连登，刘晨. 论金厂峪后韧性剪切带金矿床及其成因[J]. 长春地质学院学报，1993，23（3）：286 - 291.

广西佛子冲铅锌矿成矿规律与成矿预测

覃明飞　陈有大　杨俊杰　张　慧

（广西壮族自治区二七一地质队，广西临桂，541100）

摘　要：文章通过对前人资料的整理分析，总结了广西佛子冲铅锌矿的成矿规律。矿体主要赋存在志留系下统第四组地层的白云质灰岩、泥质灰岩、浅变质的砂岩中，呈层状、似层状、透镜状产出。在利用地质、物探、化探等综合信息对该区进行综合分析的基础上，建立了矿床预测模型，并对广西佛子冲铅锌矿外围开展定性成矿预测。最终在佛子冲铅锌矿外围圈定了成矿预测区，并对预测区进行了评价。

关键词：佛子冲铅锌矿；成矿预测；成矿规律；预测模型

广西佛子冲铅锌矿床位于广西岑溪市城谏乡，由河三牛卫坑口、河三勒寨、佛子冲石门—刀支口等铅锌矿段组成，属热水沉积－热液改造型铅锌矿床。本文在研究成矿地质背景、矿床地质特征、成矿规律的基础上，建立矿床预测模型，开展定性成矿预测，对佛子冲外围的地质勘查工作方向有一定参考意义。

1　地质背景

本区大地构造位置位于广宁深成岩带、六万大山－大容山岩浆弧及粤西弧内盆地。

区域出露地层主要为下古生界奥陶系碎屑岩或变质岩，志留系浅变质的砂岩、板岩夹少量白云质泥质灰岩或层状矽卡岩（绿色岩）等，主要赋矿层位及含矿岩性为志留系下统第四组地层的白云质灰岩、泥质灰岩、浅变质的砂岩。

区内断裂构造十分发育，相伴有紧闭褶皱，按空间展布方向分 NNE、NE、NW 和 SN 走向 4 组，其中以 NNE、NE 组最为发育，各构造体系相互干扰、利用、迁就或穿插，形成了本区复杂的构造格局。其中 NE 向断裂具压扭性质，规模宏大，牛卫断层（F_9）系博白—岑溪深大断裂带的组成部分，具有多期、多阶段活动特征，该断裂控制区内下古生界地层、燕山晚期火山岩分布及区域 Pb、Zn、Ag 等矿产的产出，控岩、控相、控矿作用明显。

区内岩浆活动频繁，岩体分布广泛，大小不等，产出形态各异，种类颇多，从岩基、岩株、岩脉、岩枝、岩被均有，由深成至喷出岩俱全，时代以燕山早期为主，晚期次之。岩性为黑云母花岗岩、花岗闪长岩、英安斑岩、流纹岩、花岗斑岩等，岩体、岩脉总体呈北北东、南北向展布，部分为东西向展布，显示受北北东、南北向和东西向构造带的复合控制。其中燕山期花岗闪长岩、花岗斑岩微量元素 Pb、Zn、Ag 含量高，在空间上与成矿关系密切。

区域内 W、Pb、Zn、Ag、Au，与燕山期花岗岩浆作用、早古生代（热水）沉积作用有关矿产为铅锌，类型主要为热水沉积－热液改造型铅锌矿，以佛子冲矿为代表；与燕山期花岗岩浆作用有关矿产主要为钨、金、银，矿产类型为脉状钨、金银矿。

区域内已知有铅锌矿床、矿（化）点 28 处，其中中型铅锌矿床 3 处（佛子冲、龙湾、六塘）、小型铅锌矿床 5 处（牛卫、大罗坪、勒寨、凤凰冲、午龙岗），矿（化）点 20 处。由北向南，矿化具以下水平分带现象：Cu、Pb、Zn—Pb、Zn—Pb、Zn、Ag。

2　地球物理、地球化学特征

本区布格重力异常主要为一组北西向延伸的重力高、重力低异常带，中部为一条北西向展布的重力梯极带（变异带），将异常分为北西两个场值明显差异的异常区，主要反映了两大地质构造区不同岩相过渡带内的岩石密度差异特征。剩余重力异常带展布更为清晰，推断北西向展布的重力梯极带（变异带）主要是区域性深大断裂构造引起的异常反映。推断重力低是酸性侵入岩体和混合岩化的反映。

本区 Pb、Zn 元素的地球化学场分布特征较为一致，高值区、高背景区主要分布于预测区东部佛子冲—鸭坑一带、南西部龙湾—小楚—新田—木梓一带及北西部城村—回河一带；Pb、Zn 低值区、低背景区分布较为零散。总体而言，Pb、Zn 高值区基本反映了预测区内已知铅锌矿床（点）的空间分布特征。

本区 Pb、Zn、Cu、Ag、Cd、Ba 组合异常发育，异

常浓度均具外、中、内带，且异常吻合程度高。总体而言，Pb、Zn、Cu、Ag、Cd、Ba 组合异常基本能反映区内含矿建造及铅锌矿床（点）的空间分布特征，对区内已知的铅锌矿床（点）反映较好。

3 成矿作用

3.1 控矿地层

佛子冲铅锌矿控矿地层为志留系第四组，按岩性可分为上下段：

上段：深灰色页岩、粉砂质泥岩夹砂岩，顶部夹白云质灰岩、泥灰岩，在白板地区夹火山角砾岩、细碧角斑岩，厚度大于 120 ~ 904 m，为弧后断陷盆地半深海沉积相粉砂质泥岩、粉砂岩、碳酸盐岩建造。

含矿岩系从下往上岩石组合如下：

（1）石英砂岩夹砾状灰岩透镜体，砾状灰岩厚 1 ~ 50 m，层理不发育，主要产于第四组下段下部，是重要的含矿岩系组合，河三矿床矿体产于其中。

（2）粉砂岩夹钙质砂岩、泥质灰岩 2 层，单层厚 10 m，主要产于第四组下段上部，是重要的含矿岩系组合，河三矿床矿体产于其中。

（3）细砂岩夹粉砂岩、钙质砂岩、6 ~ 13 层含白云泥质灰岩、矽卡岩，单层厚 0.28 ~ 11.9 m，最厚 21.9 m，其底部的宽条带灰岩夹薄层板岩为标志，主要产于第四组上段下部，是最重要的含矿岩系组合，佛子冲矿床大部分矿体产于其中。

（4）粉砂岩夹泥质砂岩、多层薄层泥质灰岩，局部为砾状灰岩、矽卡岩，单层厚 0.2 ~ 1.0 m，主要产于第四组上段中上部，少量矿体产于其中。

下段以灰白色中厚层砂岩为主，夹泥岩、粉砂质泥岩，底部为含砾不等粒砂岩。厚度 123 ~ 402 m。为弧后断陷盆地浅海 - 半深海沉积相砂岩、泥岩建造。

3.2 控矿构造

博白—岑溪深断裂控制区内下古生界地层、燕山期岩浆岩分布及区域 Pb、Zn、Ag 等矿产的产出，控岩、控相、控矿作用明显。早古生代的同生断裂活动，形成博白—岑溪断陷盆地，伴随火山、潜火山热液的喷流，并带来了 Pb、Zn、Cu、Ag 等成矿元素，形成初始矿（源）层；次级 NE、NNE 和 NW 向断裂构造控制了中酸性、酸性岩的产出，含矿岩浆热液叠加改造早期生成的矿源层形成层状、似层状铅锌矿体，并伴有裂控型脉状矿体的产出；NE - NNE 向小背斜构造则控制层状、似层状矿体的产出，层状、似层状矿体常产于背斜构造的两翼。

3.3 成矿岩浆岩

本区热水沉积 - 热液改造型铅锌矿成矿岩浆岩主要为燕山早期花岗闪长岩、燕山晚期花岗斑岩、燕山期黑云母花岗岩，岩石化学成分具高硅、低铝、低钛、低铁、镁、钙的特征，属铝过饱和系列岩石。成矿元素含量高（见表 1）。

表 1 佛子冲地区成矿岩浆岩微量元素特征表

成岩时代	岩性微量	元素含量/%															
		Cu	Pb	Zn	Ag	WO$_3$	Sn	V	Cr	Mn	Co	Ni	Sr	Ba	Ga	B	F
燕山早期	花岗闪长岩	26×10^{-4}	26×10^{-4}	43×10^{-4}	0.28×10^{-4}	3×10^{-4}	2.2×10^{-4}	50×10^{-4}	18×10^{-4}	815×10^{-4}	14×10^{-4}	35×10^{-4}	406×10^{-4}	905×10^{-4}	39×10^{-4}	23×10^{-4}	488×10^{-4}
燕山晚期	花岗斑岩	8.5×10^{-4}	54×10^{-4}	137×10^{-4}	0.15×10^{-4}	2.5×10^{-4}	65×10^{-4}	21×10^{-4}	478×10^{-4}	11×10^{-4}	24×10^{-4}	339×10^{-4}	959×10^{-4}	23×10^{-4}	14×10^{-4}	628×10^{-4}	

3.4 矿床地质特征

（1）矿体特征。矿体产于志留系下统第四组含矿岩系中，主要呈层状、似层状、透镜状产出，产状与含矿层基本一致，并与含矿地层同步褶曲。主要矿体一般长 200 ~ 500 m，个别达 650 m，延深 200 ~ 300 m，个别达 450 m，厚一般 1.00 ~ 4.00 m，最厚 17 m。

（2）矿石矿物组合。矿石矿物以铁闪锌矿、闪锌矿、方铅矿、磁黄铁矿为主，少量的黄铜矿、黄铁矿、磁黄铁矿，偶见毒砂及白铁矿；脉石矿物主要有石英、透辉石、透闪石、绿帘石，少量绿泥石、方解石等，偶见石榴石。

（3）矿石结构。矿石主要呈自形 - 半自形粒状结构、他形粒状结构、边缘交替结构、残余结构、纤维状结构、碎裂（状）结构。矿石构造较简单，以条带状构造为主，次为致密块状构造、（细脉）浸染状构造、少量碎裂（状）构造、纹层状、重力滑塌构造等。

（4）矿石类型。条带状硫化物矿石、致密块状硫化物矿石、（细脉）浸染状硫化物矿石，含硫化物碎裂

（状）岩矿石。矿石在空间分布上无明显的规律，常掺杂在一起，在矿体的某些地段，常以一种或两种矿石类型为主。

（5）围岩蚀变。矿体围岩为砂岩、粉砂岩、灰岩、花岗闪长岩、花岗斑岩、片岩等，蚀变主要有硅化、绿帘石化。

3.5　矿床成因分析

佛子冲铅锌矿床成因主要有岩浆热液矽卡岩型及喷流（热水）沉积－热液改造型两种成因观点，我们偏向于喷流（热水）沉积－热液改造型观点。

（1）成矿物质来源。硫同位素：硫同位素 $\delta^{34}S$ 变化范围为 $-0.33‰ \sim 4.0‰$，平均为 $2.20‰$，具有一定的集中性，在硫同位素组成直方图上，却不具有塔式分布特征，与热水沉积型矿床硫同位素特征相似，可见硫的来源不是单一的，可能是深源与浅源几种硫源混合所致。铅同位素：矿石 $^{206}Pb/^{204}Pb$ 比值为 $18.366 \sim 18.881$，$^{207}Pb/^{204}Pb$ 比值为 $15.368 \sim 15.959$，$^{208}Pb/^{204}Pb$ 比值为 $38.670 \sim 39.533$，小于地层比值，大于岩浆岩比值，在铅同位素组成坐标图上，矿石铅同位素位于地壳线附近，说明铅不是单一来源，可能为地层及岩浆铅的混合铅源。

（2）成矿温度。成矿温度为 $150 \sim 390℃$。

（3）氢、氧同位素。$\delta D -52.7‰ \sim 74.8‰$，平均 $-61.94‰$，$\delta^{18}O -7.41‰ \sim 6.2‰$，平均 $-0.46‰$，在 $\delta D - \delta O$ 图解上，10 件样中 2 件样落在原生岩浆水区，8 件样落在原生岩浆水区和雨水区之间，成矿流体为岩浆热液和大气降水混合而成的深循环热液。

（4）成矿时代。加里东期—燕山期（$56.9 \sim 382.3$ Ma，Stace 正常铅两阶段法），相对集中在 $296.4 \sim 382.3$ Ma；$205 \sim 238.2$ Ma；$56.9 \sim 169.4$ Ma 区间，大体相当于加里东期—华力西期，印支期—燕山中晚期。

佛子冲地区志留系以前具有较强的海底火山喷发或喷流活动，形成一系列海底火山岩和喷流（热水）沉积岩。绿色岩（层状矽卡岩）由透辉石、透闪石、绿泥石、绿帘石等组成，其形态、产状和分布不受岩体接触带制约，也不出现围绕岩体的分带现象，而呈层状、似层状顺层产出。此外，矽卡岩只见于矿体中，近矿围岩中很少有矽卡岩矿物，说明矿田矽卡岩的形成过程与典型的接触交代型矽卡岩矿床是不同的。

佛子冲矿床层状－似层状铅锌矿体常受绿色岩（或称层状矽卡岩）和硅质岩等喷流（热水）沉积岩层控制，矿体产状与地层大体一致，并同步褶曲，且矿体常具多层性，构成相互平行产出的矿体群。矿石构造中常见典型的喷流（热水）沉积及同生沉积组构，如纹层状、条带状构造及重力滑塌构造、同生角砾状构造等。综上，佛子冲铅锌矿床成因为热水沉积－热液改造型矿床。

4　成矿规律

4.1　深大断裂对矿床空间定位的控制

博白—岑溪深大断裂具同生断裂及长期活动特点，为区内重要控相、控岩和控矿构造。沿博白—岑溪深大断裂带，岩浆活动频繁，从深成至喷出，从浅源深成的改造型花岗岩到深源浅成的同熔型花岗岩类均有产出；早古生代时期的博白—岑溪同生大断裂，它的下盘东侧为云开隆起，西侧为大容山—六万大山隆起，随着两侧的上升，形成一条北东向的大型地堑型断陷盆地。在早古生代起接受滨浅海相－半深海相碎屑夹火山岩的沉积，为 Pb、Zn、Cu、Ag 等多金属元素地球化学异常场，在凹陷区有佛子冲、鸡笼顶、下水、东桃、江督等铅银铜矿床（点）分布，构成桂东南铅锌铜银多金属成矿带。博白—岑溪同生大断裂活动形成的在凹陷区是"佛子冲冶式碳酸盐岩－细碎屑岩铅锌矿（热水沉积型）"的赋存空间。

4.2　成矿岩浆岩对矿床空间定位的控制

碳酸盐岩－细碎屑岩铅锌矿与岩浆岩间存在空间和成因上的联系，在燕山早期花岗闪长岩、燕山期花岗斑岩外接触带，常见层状和脉状铅锌矿体产出，在岩体内带偶见铅锌矿脉分布，显示燕山期岩浆侵位过程中，伴随有热液活动和铅锌成矿。岩浆活动一方面提供了大部分物源，另一方面提供了充足热源，使地层中 Pb、Zn、Cu、Ag 等成矿元素活化，迁移至有利构造部位或成矿空间富集成矿。

4.3　岩相古地理与成矿

早古生代的博白—岑溪同生断裂活动，形成博白—岑溪断陷盆地，伴随火山、潜火山热液的喷流，并带来了 Pb、Zn、Cu、Ag 等成矿元素，在闭塞还原条件下沉积一套碎屑岩夹层状矽卡岩、矽卡岩化碳酸盐岩组合，因热水作用、化学作用，铅锌等成矿物质初始富集形成矽卡岩、矽卡岩化碳酸盐岩矿（化）层（初始矿层或矿源层）。

4.4　矿化具严格的层位选择性

矿床（点）主要分布在志留系第四组特定层位的含矿岩系内，矿体产状与围岩地层一致，并沿一定层位呈带状分布。据原广西有色 204 队资料：地层中成矿元素含量较高，变化大。Pb 变化范围为 $(20 \sim 237) \times 10^{-6}$，绝大多数大于 100×10^{-6}，Zn 变化范围为（40

$\sim 280) \times 10^{-6}$，绝大部分大于 100×10^{-6}，为成矿提供物质基础。

碳酸盐岩－细碎屑岩中铅锌矿体，主要呈层状、似层状顺层产于志留系下统第四组层状含矿岩系（绿色岩）中，其产状与地层基本一致，并随地层同步褶曲，并具多层相间平行展布的特点，其矿石和绿色岩中常保留有典型的同沉积组构，表明矿床的形成与早古生代热水沉积形成的层状矽卡岩、矽卡岩化碳酸盐岩、钙质碎屑岩有关。

4.5　矿化具明显的对称性

矿化的对称性主要出现在褶皱构造的两翼，如佛子冲背斜，两翼具有相同的含矿层位，在含矿层位中形成的矿体呈对称分布。

4.6　方向性分布明显

矿化带总体上呈北东向展布。成矿主要受燕山期花岗岩、花岗斑岩、北东向断裂、次级褶皱的联合控制。从西至东，大致可分为3个矿带：西带为牛卫—水滴北东向铅锌矿带、中带为午龙岗—勒寨北东向铅锌矿带、东带为佛子冲—六塘—大罗坪北东向铅锌矿带。

5　找矿标志

5.1　民采与地表矿化标志

地表或民采所揭露的含铅锌矿化破碎带或含铅锌矿化白云质、泥质灰岩等不纯碳酸盐岩层及铁帽露头，预示深部存在层状、似层状铅锌矿体，是直接找矿标志。

5.2　地层岩性标志

奥陶系中统、下志留统第四组、古墓组出现层状矽卡岩、矽卡岩化碳酸盐岩是重要找矿标志。

5.3　构造标志

NE－NNE 向断裂是有利的构造找矿标志。区内 NE、NNE 和 NW 向断裂构造，多呈菱形网格状展布，在两组断裂构造交汇部位，常有中酸性、酸性岩浆侵入，在其外围有利的地层中形成层状、似层状铅锌矿（化）体。NE－NNE 向小背斜构造也是本区重要的构造找矿标志，矿体常产于背斜构造的两翼。

5.4　岩浆岩标志

NE－NNE 向中酸性—酸性岩浆岩（燕山期花岗闪长岩、燕山期花岗斑岩、黑云母花岗岩）集中分布区，特别是花岗斑岩脉成群成带分布地段，是重要找矿标志。

5.5　围岩蚀变标志

赋矿地层或 NE－NNE 向构造带中，出现较强的绿帘石化、矽卡岩化、硅化、黄铁矿－褐铁矿化、绿泥石化、绢云母化等蚀变时，是间接找矿标志。

5.6　化探异常标志

水系沉积物异常规模大、梯度陡、浓集中心明显，异常值一般为 $w(\mathrm{Pb}) > (300 \sim 600) \times 10^{-6}$，$w(\mathrm{Zn}) > (100 \sim 400) \times 10^{-6}$，$w(\mathrm{Ag}) > (0.2 \sim 0.5) \times 10^{-9}$ 的地区，是间接找矿标志。

6　成矿预测

6.1　预测模型

通过对佛子冲矿田内矿床（点）的成矿地质背景、成矿地质特征、矿化富集规律、时空分布规律等的分析研究，建立广西佛子冲铅锌矿预测模型（见表2、图1）。

表2　广西佛子冲铅锌矿区域预测模型要素表

区域预测要素	描述内容
成矿时代	加里东期—燕山期
大地构造位置	广宁深成岩带、六万大山—大容山岩浆弧及鄂西弧内盆地
古地理	浅海相
沉积建造	碳酸盐岩－细碎屑岩建造
构　造	北北东向、北东向断裂
岩浆岩	燕山早期黑云母二长花岗岩
含矿层位、岩系	志留系第四组矽卡岩、碳酸盐岩、细碎屑岩中
矿体规模	矿体一般长 $30 \sim 500$ m、斜深 $50 \sim 300$ m，厚度一般 $0.8 \sim 5.6$ m，最厚 18.5 m
矿体形态、产状	以似层状、透镜状为主，大体顺层产出，产状与围岩产状基本一致

续表2

区域预测要素	描述内容
矿物组合	金属矿物主要为方铅矿、闪锌矿、铁闪锌矿、磁黄铁矿、黄铜矿、黄铁矿及少量毒砂、白铁矿，脉石矿物主要为石英、透辉石、透闪石、绿帘石，少量绿泥石、方解石
矿石结构构造	粒状结构、他形粒状结构、交代结构；角砾状、条带状、块状构造为主，浸染状、揉皱状、纤维状构造为主
围岩蚀变	矽卡岩化、绢云母化、硅化、绿泥石化、碳酸盐化
风　化	铁帽、褐铁矿化矽卡岩零星出露
矿床(点)	分布有铅锌矿床(点)、矿化点共28处
化探综合异常	Pb、Zn、Ag、Au、Sb、As等元素异常发育，异常吻合程度高，异常强度较高、浓度分带明显。有以Pb、Zn为主成矿元素的综合异常分布
单元素化探异常	Pb、Zn、Cu、Ag、Cd、Ba等元素异常发育，异常吻合程度高且连续性好，异常强度较高、浓度分带明显、具一定的水平分带特征
重力磁测	(1)布格重力低推断的隐伏岩体内外接触带，重力异常梯度带局部成扭曲部位或重磁推断的断裂构造带复合部位；(2)具线性特征的磁异常推断的断裂构造，成串珠状高磁异常带中

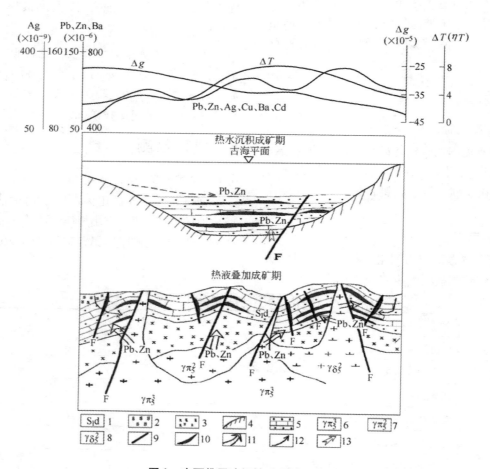

图1　广西佛子冲铅锌矿区域预测模型

1—志留系下统第四组；2—上覆地层；3—下覆地层；4—基底地层；5—碎屑岩夹碳酸盐岩建造；
6—燕山晚期花岗斑岩；7—燕山早期花岗斑岩；8—燕山早期花岗闪长岩；9—断层；
10—矿(化)体；11—岩浆热液；12—大气降水；13—喷流热水

6.2 成矿预测

根据预测区成矿地质条件的优劣、成矿潜力的大小，划分为 A 级、B 级、C 级。

A 级：成矿地质条件优越，找矿标志明显，与预测模型匹配程度较高；分布于已知矿床深部及外围。

B 级：成矿地质条件比较优越，具有较好的矿化信息，分布有已知矿点，或同时具备直接找矿标志和间接找矿标志，与预测模型基本匹配。

C 级：具有一定的成矿地质条件，无已知矿点分布，与预测模型匹配程度较低。

通过成矿地质条件、已知矿床点特征、物化遥特征等综合信息与已建立的预测模型对比分析，判别预测区成矿潜力优劣，最后，在广西佛子冲铅锌矿及其外围共圈定 A 级预测区 2 个、B 级预测区 1 个（见图 2）。

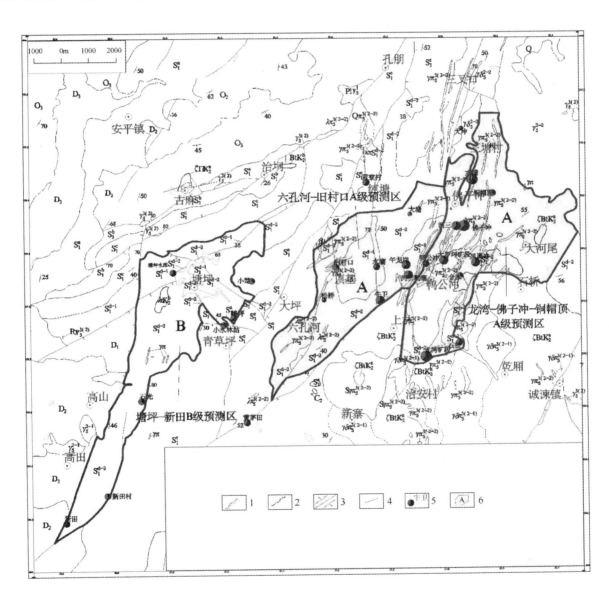

图 2 广西佛子冲铅锌矿区域地质及成矿预测略图

Q—第四系；D_3—泥盆系上统；D_2—泥盆系中统；D_1—泥盆系下统；S^d_1—志留系下统第五组；S^{d-2}_1—志留系下统第四组上段；S^{d-1}_1—志留系下统第四组下段；S^d_1—志留系下统第三组；S^b_1—志留系下统第二组；S^a_1—志留系下统第一组；O_3—奥陶系上统；O_2—奥陶系中统；ξBtK^a_2白垩系上统下组英安质角砾凝灰岩；$\gamma\delta\pi^{3(2-1)}_5$ 燕山晚期花岗闪长斑岩；$\gamma\pi^{3(2-2)}_5$ 燕山晚期霏细斑岩脉；$\gamma\pi^{3(2-2)}_5$ 燕山晚期石英斑岩脉；γ^{2-2}_5 燕山早期黑云母花岗岩；$\gamma\delta^{2-2}_3$ 燕山早期花岗闪长岩；1—实/推测地质界线；2—不整合地质界线；3—实测正/逆断层；4—实测性质不明断层；5—铅锌矿床（点）；6—成矿预测范围及级别

（1）龙湾—佛子冲—铜帽顶 A 级预测区。位于岑溪市诚谏镇佛子冲一带，交通方便。测区出露含矿地层下志留统第四组上段。北东、北北东向褶皱、断裂发育。中酸性岩浆岩广泛分布，主要有燕山早期花岗闪长岩、燕山晚期花岗斑岩。区内佛子冲铅锌矿、龙湾铅锌矿、凤凰冲铅锌矿已作过普查、勘探工作。化探 Pb、Zn、Cu、Ag、Cd、Ba 异常规模大，浓集中心明显且较为吻合，此外还分布有方铅矿重砂 II 级异常、铅族重砂 III 级异常。成矿条件十分有利，预测依据充分，成矿匹配程度高，有较大找矿潜力。

（2）六孔河—旧村口 A 级预测区。位于岑溪市诚谏镇、太平镇河三—大塘一带，交通方便。测区出露含矿地层下志留统第四组上段、下段。北东、北北东向褶皱、断裂发育。中酸性岩浆岩广泛分布，主要有燕山早期花岗闪长岩、燕山晚期花岗斑岩。区内河三铅锌矿作过普查工作，还发现几处铅锌矿化点。化探 Pb、Zn、Cu、Ag、Cd、Ba 异常规模大，元素套合性好、分带明显。成矿条件较为有利，成矿匹配度较高，有一定的找矿潜力。

（3）塘坪—新田 B 级预测区。位于岑溪市糯垌镇塘坪—新田一带，有简易公路通行，交通尚属方便。测区出露含矿地层下志留统第四组上段，主要呈单斜产出；北东、北北东向断裂发育；中酸性岩浆岩发育，主要有花岗岩脉及白垩系霏细岩、霏细斑岩；化探 Pb、Zn、Cu、Ag 异常较明显，元素套合性一般。该区地质工作程度较低，成矿条件有利，有预测依据。

7　结论

通过对佛子冲铅锌矿床成矿地质背景、成矿地质特征、矿化富集规律等的综合分析、总结，提取了本区成矿要素，建立了矿床预测模型；通过成矿地质条件、已知矿床点特征、物化遥特征等综合信息与已建立的佛子冲地区热水沉积 - 热液改造型铅锌矿预测模型对比分析，最后共圈定 3 个成矿预测区。建议可对龙湾—佛子冲—铜帽顶和六孔河—旧村口 A 级预测区加强勘查工作的投入。

参考文献

[1] 朱文通，黄运房.广西壮族自治区岑溪县佛子冲铅锌矿床（石门－刀支口矿段）勘探总结报告[R].广西壮族自治区冶金地质勘探公司 204 队，1978.

[2] 杜明祥.广西岑溪县佛子冲铅锌矿床大罗坪矿段详查地质报告[R].中国有色金属工业总公司广西地质勘探公司 204 队，1987.

[3] 徐海，杜明祥.广西岑溪县佛子冲铅锌矿田龙湾矿段普查地质报告[R].中国有色金属工业总公司广西地质勘探公司 204 队，1993.

[4] 莫琼林，黄瑞棠，等.广西岑溪县河三矿田水滴、牛卫铅锌矿床地质找矿评价报告[R].广西冶金地质勘探公司 204 队，1982.

[5] 徐海，李德荣.广西岑溪市佛子冲铅锌矿田六塘矿段普查地质报告[R].广西有色地质勘探局 204 队，1998.

[6] 莫次生，黎兆喜.广西岑溪市凤凰冲矿区铅锌矿地质详查报告[R].广西 271 地质队，2006.

[7] 石土定，等.广西岑溪市佛子冲铅锌矿田控矿因素与找矿方向研究[R].广西 271 地质队，2006.

[8] 宋金林，路启福，等.广西铅锌矿资源潜力评价成果报告[R].广西矿产资源潜力评价项目办公室，2011.

[9] 郜兆典，等.广西区域成矿研究报告[R].广西地质矿产开发局，2004.

[10] 范永香，阳正熙，等.成矿规律与成矿预测[M].徐州：中国矿业大学出版社，2003.

[11] 广西壮族自治区地质矿产局.广西壮族自治区区域地质志[M].北京：地质出版社，1985.

广西宾阳县某锑矿区地球物理特征及构造研究

黄理善　敬荣中　刘雯婷　王建超　王　晔

（中国有色桂林矿产地质研究院有限公司，广西桂林，541004）

摘　要： 广西某锑矿床以脉状矿体产出，矿化脉带及矿体严格受断裂破碎带控制。在矿区投入了以寻找断裂破碎带为目的的物探激电扫面和大地电磁测深方法，根据围岩和矿石物性参数测试与在已知构造带上的物探响应特征，确认测区内物探激电高阻低极化即为破碎带存在的标志，大地电磁测深二维电性资料较好地查明了高阻体的延深。后期施工2个钻孔的揭露结果与物探推断的信息（破碎带的存在、位置、规模和产状）一致，物探工作为矿山下一步找矿工作提供了较准确的依据。

关键词： 锑矿；地球物理；激电；大地电磁测深；构造

地球物理电（磁）法勘探测量的目标物可以是低阻强蚀变带，也可以是高阻的硅化带。许多硫化物含量极低的矿床，特别是与石英脉有关的矿床，单独使用激电极化率参数评价异常往往收效甚微，而电阻率参数在该类矿床上的探测效果就比较明显。广西宾阳县某锑矿床严格受断裂破碎带控制，断裂主要由石英脉填充，硅化强烈，破碎带出露宽 0.8～15 m，由于矿区地表残坡积物覆盖层较厚、工作程度低，断裂的连续性、延深、走向等尚未明了。综合矿区的地质、地球物理和地形因素，投入了物探激电扫面和大地电磁测深勘探方法。

1　矿区地质及地球物理特征

1.1　地质特征

矿区位于南华准地台桂中—桂东台陷大瑶山凸起西段某隆起区北侧。区域出露地层主要为下古生界寒武系和上古生界泥盆系、石炭系、二叠系，缺失奥陶系、志留系。寒武系主要为水口群二三组轻变质细砂岩、粉砂岩夹深灰色泥岩、板岩，为类复理石建造，分布于该隆起区中部，上古生界主要出露泥盆系莲花山组、那高岭组和郁江组，为砂、泥岩建造，分布于隆起西翼，呈角度不整合覆盖于寒武系之上，石炭系中上统及二叠系为碳酸盐岩，分布于隆起区外围，其余地层属零星分布。

断裂构造发育，主要有近南北向、北西向、北东—北东东向 3 组。近南北向断裂主要有蒙公—云表大断层、尘峰山断层、蒙田断层；北西向断层主要有羊角山—长帽岭逆断层，铜巷—昌六压扭性正断层，田僚—云表断层；北北西—北西向断裂主要有三炊岭

断裂；而北东—北东东向断裂主要有黎塘断裂带，它是凭祥—大黎大断裂的组成部分。羊角山—长帽岭断层伴随岩浆活动，控制着本区岩浆岩的分布，是导岩、导矿构造，近南北向、北北西—北西向两组断裂是本区的主要容矿构造。

区域矿产以多金属热液充填型矿化为特征，赋存于寒武系和泥盆系下统，严格受断裂构造控制。矿产分布有分区产出特点，穹隆中和南部以铜、铅、锌、锑矿为主，主要受昌六—铜巷断裂带、田僚—云表断裂带、六花断裂带控制；穹隆北部以锑矿为主，主要受南北向、北北西向—北西向两组断裂构造破碎带控制。

矿区出露地层主要由两大构造层组成，下部基底层为寒武系中上统水口群，分布于三炊岭背斜轴部及其两翼，上部盖层为下泥盆统莲花山组，分布于小圣山呈残留顶盖。

1.1.1　基底构造

基底寒武系褶皱发育，呈紧密线状分布，走向近东西向，背向斜轴相互平行排列，主要褶皱构造有三炊岭复式背斜，轴部位于尖峰—三炊岭—二七顶一带，轴线长大于 7.5 km，被南北向和北北西—北西向两组断裂带所错切。轴部出露地层为寒武系水口群第二组上段，两翼为寒武系水口群第三组下段，呈近似对称型，两翼地层倾角一般在 30°～45°左右，局部达 50°～60°，核部平缓，倾角 5°～6°左右，两翼次级褶皱、挠曲构造发育。

1.1.2　断裂构造破碎带

本区主要断裂构造破碎带有：F_3、F_9、F_{10}、F_{13}、F_{14} 和 F_{16}，此外，在南北向断裂带中常发育北北西、北

西向次级小断裂。

本矿区矿床以脉状矿体产出为其特征，矿化脉带及矿体严格受破碎构造控制，体现为脉中有矿体，呈断续脉状、透镜状产出的特点。本矿区内主要含矿构造破碎带有 3 号、9 号、10 号、13 号、14 号、16 号脉。已发现的矿体主要赋存在 14 号含矿构造破碎带中。

1.2 地球物理特征

在室内采用泥团法对主要围岩和矿石进行电阻率籽和极化率 F 测定，测定结果见表 1。

表 1 矿区围岩和矿石标本物性测定统计表

围岩、矿石名称	视电阻率变化范围/(Ω·m)	电阻率常见值/(Ω·m)	极化率变化范围/%	电阻率常见值/%	备 注
锑矿石	1~59.5	54.9	6.2~17.6	6.6	中阻高极化
石英脉	138~224.3	176.6	0.8~1.2	0.9	高阻低极化
砂岩	58~179	97.7	1.3~4.4	2.6	中阻中极化
细砂岩	48.1~266.7	59	0.8~3.6	2.4	中阻中极化

矿区构造破碎带以含锑矿为主，锑矿石地球物理性质表现为中阻高极化，不含矿石英脉表现为高阻低极化特征；矿区内出露主要围岩为细砂岩、砂岩，表现为中阻中极化，测区各岩性物性差异明显。矿区断裂破碎带规模较大，硅化较强，石英脉的地球物理特征占主导地位，本次工作的目标物应为高阻低极化的含石英脉破碎带。

2 物探方法选择

21. 激电中梯扫面

中间梯度装置如图 1 所示，A、B 为供电电极，M、N 为接收电极，通过移动接收电极。

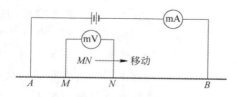

图 1 激电中梯装置示意图

中梯装置一次敷设供电电极（A、B），可在一个较大范围内观测，测试或计算参数为视极化率 F_s 和视电阻率 ρ_s，异常形态简单明了，易于解释，常用于普查。视极化率 F_s 和视电阻率 ρ_s 是由于金属硫化矿体受双频电流的激发而产生化学反应后而反映的找矿信息，

因此可以根据视极化率及视电阻率，达到找矿的目的。本次工作使用中南大学生产的双频激电仪测量。

2.2 大地电磁测深法

大地电磁测深法是利用宇宙中的太阳风、雷电等入射到地球上的天然电磁场信号作为激发场源，又称一次场，该一次场是平面电磁波，垂直入射到大地介质中，由电磁场理论可知，大地介质中将会产生感应电磁场，此感应电磁场与一次场是同频率的，引入波阻抗 Z。在均匀大地和水平层状大地情况下，波阻抗是电场 E 与磁场 H 的水平分量的比值。

$$z = \left| \frac{E}{H} \right| e^{i(\varphi_E - \varphi_H)} \tag{1}$$

$$\rho_{xy} = \frac{1}{5f} |Z_{xy}|^2 = \frac{1}{5f} \left| \frac{E_x}{H_y} \right|^2 \tag{2}$$

$$\rho_{yx} = \frac{1}{5f} |Z_{yx}|^2 = \frac{1}{5f} \left| \frac{E_y}{H_x} \right|^2 \tag{3}$$

式中 f 为频率，Hz；ρ 为视电阻率，Ω·m；E 为电场强度，mV/km；H 为磁场强度，nT；φ_E 为电场相位 mrad；φ_H 为磁场相位 mrad。

把电磁场（E、H）在大地中传播时，其振幅衰减到初始值 1/e 时的深度，定义为穿透深度或趋肤深度 δ

$$\delta = 503 \sqrt{\frac{\rho}{f}} \tag{4}$$

由式（4）可知，趋肤深度（δ）将随视电阻率（ρ）和频率（f）变化而变化，测量是在和地下研究深度相对应的频带上进行的。一般来说，频率较高的数据反映浅部的电性特征，频率较低的数据反映较深的地层特征。

本次大地电磁测深工作采用的是由美国 EMI 公司和 Geometrics 公司联合推出的新一代电磁仪 EH-4 型 StrataGem 电磁系统，能观测到离地表几米至千米内的地质断面的电性变化信息，其工作方式见图 2。采集到的数据经专业反演软件处理，即可得到地下二维电阻率分布信息。

3 地球物理探测结果及构造分析

激电工作能获得测区的视电阻率和视极化率参数，结果如图 3 所示。测区内激电视极化率 F_s（见图 3a）和视电阻率 ρ_s（见图 3b）特征复杂。低阻高极化异常区经地面查证，断裂构造不发育，确认其为具有低阻高极化率特征的泥岩、砂岩等围岩引起。已知断裂破碎带 F_{14} 位于 2 号~4 号线，破碎带宽 0.5~8 m，硅化强烈，视极化率低于 4%，对应位置视电阻率高于 800 Ω·m，地球物理特征为高阻低极化。根据激电扫面结果，推断了断裂破碎带 F_{14} 往北和往南延伸的

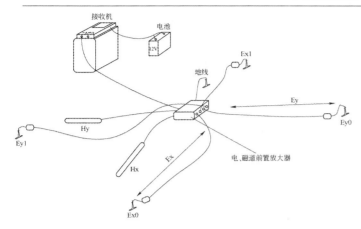

图2　大地电磁测深工作方式示意图

具体位置，并在测区新发现了5条高阻低极化带，经过地质工作查证，5条高阻低极化带均为断裂破碎带（F_{14-1}、F_{14-2}、F_{14-3}、F_{16}和F_{16-1}）引起。在矿区外围，发现F_{19}和F_{31}往北延伸，但无法追索到其延伸的位置，根据0线、1线和2线的激电结果，推断两断裂往北延伸至2线往北约40 m处。激电工作查明了测区断裂的位置及走向。

根据激电扫面结果，在矿区布置了若干大地电磁测深剖面，图4为2线物探激电中梯视电阻率、视极化率曲线和大地电磁测深电阻率二维反演剖面图。激电视电阻率、视极化率曲线图中，测线6号~8号点范围，出现大于800 Ω·m的高阻异常，视电阻率最高达1800 Ω·m，异常中心位置在7号点，宽约60 m，对应6号~8号点位置，视极化率低于3.5%，表现为高阻低极化异常，该异常位于现有的探矿坑口位置，推断激电异常由F_{14}破碎带引起。坑道内观测到F_{14}破碎带的产状向东倾斜，但根据物探大地电磁测深探测结果，对应6号~8号点位置下方，出现一似直立条带状高阻异常，视电阻率范围500~4000 Ω·m，且异常不连续，结合地面地质资料，推断7号点下方条带状异常为F_{14}破碎带引起，破碎带具有一定宽度，向西倾斜，延深至5号点标高0 m处。后期紧接着展开了工程验证工作，在测线5号点位置布置了一深400 m、方位角为85°的钻孔（见图4 ZK01），在孔深350 m处见到厚约2 m的破碎带，带内见到锑矿及毒砂，这一结果与物探推断一致。

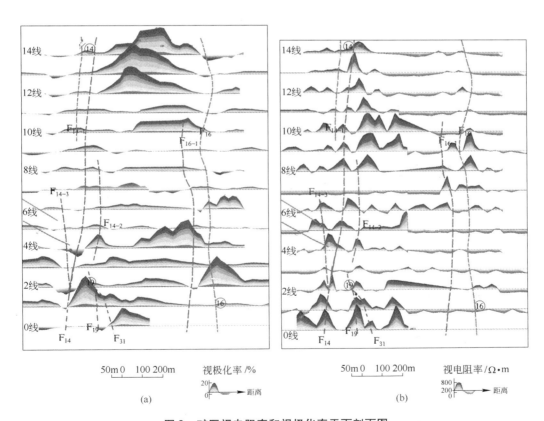

图3　矿区视电阻率和视极化率平面剖面图
（a）视极化率平面剖面图；（b）视电阻率平面剖面图

测线10号~11号点位置，出现大于800 Ω·m的高阻异常，异常宽40 m，异常中心位置在11号点，

对应位置视极化率低于4%，表现为高阻低极化异常，推断该区域有破碎带存在。在该位置进行了槽探揭

露，发现了 2 条含石英脉破碎带，破碎带产状近似直立，结合其他测线激电测量结果，推测该 2 条破碎带分别为 F_{19} 和 F_{31} 往北延伸的部分。大地电磁测深二维电阻率剖面图中，10 号~13 号点下方出现 500~4000 $\Omega \cdot m$ 的高阻异常，异常不连续，向东倾斜，推断该高阻体即为 F_{19} 和 F_{31} 破碎带的综合反映，F_{19} 延深较浅，F_{31} 延深较深，均向东倾斜。后期在 11 号点位置布置一个深 300 m、方位角 85°的钻孔（见图 4ZK02），

在孔深 90 m 及 180 m 位置，分别见到了含矿石英脉破碎带，证实了 F_{19} 和 F_{31} 往东倾斜及深部延伸的推断是正确的。

由上述 2 个钻孔的揭露和验证情况来看，激电的高阻低极化即为破碎带存在的标志，物探工作对构造带的存在、产状、规模作出较准确的推断，为下一步探矿工作提供了准确的信息。

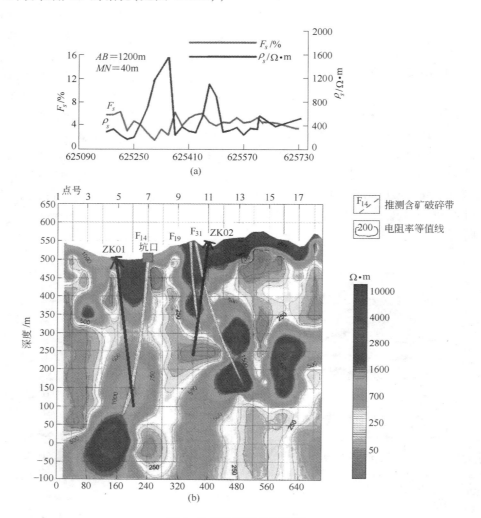

图 4 2 线物探综合推断图

（a）2 线激电中梯视极化率与视电阻率曲线图；（b）2 线大地电磁测深电阻率二维反演结果及推断图

4 结语

（1）利用综合物探方法，圈定了矿区激电异常，确认了断裂破碎带的存在及其延续性，利用大地电磁测深查明了破碎带的延深，解决了深部构造问题，物探推断结果与钻孔揭露结果高度一致，取得了良好的地质效果。

（2）物探工作需结合矿区的地质因素和地形条件开展，需明确物探寻找的目标物及其地球物理特征，

并合理运用多种物探方法，采用科学的数据处理手段，才能充分发挥物探的作用。

参考文献

[1] 何继善. 双频激电法[M]. 北京：高等教育出版社, 2005.
[2] 傅良魁. 激发极化法[M]. 北京：地质出版社, 1984.
[3] 柯马罗夫, 闫立光, 等译. 激发极化法电法勘探[M]. 北京：地质出版社, 1983.
[4] 陈乐寿, 王光谔. 大地电磁测深法[M]. 北京：地质出版社, 1990.

［5］王家映. 大地电磁拟地震解释法［M］. 北京：石油工业出版社，1995.

［6］敬荣中. 新世纪勘查地球物理发展及我院勘查地球物理发展对策思路［J］. 2001，15（2）：73～76.

［7］敬荣中，鲍光淑，郭仁敏. 矿山可持续发展综合物探方法技术研究［J］. 2002，16（3）：187～190.

［8］黄理善，敬荣中，等. 人工合成岩矿石频谱参数对比及其找矿意义研究［J］. 大众科技，2012（1）：188～191.

［9］涂光炽，等. 中国超大型矿床（I）［M］. 北京：科学出版社，2000.

广西恭城县栗木锡矿接替资源勘查

覃宗光　姚锦其　林德松　邓贵安　董业才　李学彪　颜自给

（中国有色桂林矿产地质研究院有限公司，广西桂林，541004）

摘　要：项目为国土资源部下达的 2006 年第二批全国危机矿山接替资源勘查新开项目和 2008 年第一批全国危机矿山接替资源勘查续作项目。项目承担单位、勘查单位为桂林矿产地质研究院。工作时间为 2006 年 12 月—2009 年 12 月。共完成槽探 9484 m^3，钻探 19299.85 m，1∶25000 高精度磁测 36.9 km^2，激电测井 1858 m，1∶25000 土壤地球化学、烃、汞气剖面测量 223 km，1∶25000 氡气剖面测量 67 km，EH-4 658 点。勘查投入共计 1946 万元。2011 年 4 月 8 日报告通过终审。

勘查区位于广西壮族自治区桂林市恭城县栗木镇。矿区处于次级恭城复向斜的北端扬起部位。出露寒武系边溪组、泥盆系、下石炭统。区内次级南北向褶曲发育，断裂构造主要有北东向、东西向、南北向、北北东向四组，而以东西向和南北向断裂组成本区的基本构造格架；岩浆岩主要为栗木花岗岩，是一个燕山早期三次成岩、两次成矿的复式花岗岩体。

本次工作在水溪庙东南部、鱼菜、三个黄牛，初步查明花岗岩型锡、钨矿体共 52 个，矿体总厚度达 69.27 m，主要矿体有 S1-①、S2-①、S3-①、Y1-①号 4 个。矿体赋存于花岗岩顶上部及其较陡一侧的过渡部位，呈不等厚的似层状。锡石、黑钨矿呈浸染状较均匀分布，但在有微构造裂隙发育处锡矿化更强。水溪庙东南边缘 15 线以南、鱼菜、三个黄牛钨锡矿床成矿时代为燕山早期第二阶段，水溪庙东部 15 线以北矿床成矿时代为燕山早期第三阶段。矿床是岩浆结晶（或演化）晚期分离的岩浆汽化-热液经自交代作用而形成的。各矿段开采的水文地质条件属简单-中等复杂类型，层状岩类工程地质条件为第 Ⅲ 类简单型，地质环境类型为第 Ⅱ 类。

在水溪庙东南部、鱼菜、三个黄牛探获的 333 各类资源量共计：矿石量：2912.25 万 t，金属量：Sn 53971.36 t，WO_3 23314.65 t、Ta_2O_5 1052.38 t、Nb_2O_5 1805.09 t。其中，333 工业锡矿资源量：矿石量 1193.87 万 t，金属量：Sn 41830.24 t，平均品位：Sn 0.350%，平均铅直厚度 13.21 m；333 工业三氧化钨资源量：矿石量 675.75 万 t，WO_3 金属量 11150.17 t，平均品位：WO_3 0.165%，其中共生三氧化钨资源量：矿石量 568.88 万 t，WO_3 含量 9679.08 t，平均品位：WO_3 0.170%。新增资源量可延长矿山服务年限 14 年。

建议尽快对水溪庙花岗岩型钨锡矿段进行生产勘探，对鱼菜花岗岩型钨锡矿段先期开展详查，为转入勘探提供资料，早日提交矿山生产。

关键词：栗木；锡矿；接替资源勘查

1　项目概述

1.1　项目来源

项目为国土资源部下达的 2006 年第二批全国危机矿山接替资源勘查新开项目和 2008 年第一批全国危机矿山接替资源勘查续作项目。任务书编号：[2006] 121 号、[2008] 057 号；项目编码：200645091；省级主管部门：广西壮族自治区国土资源厅、财政厅；财政预算年度：2006 年、2008 年。

1.2　承担单位、勘查单位

项目承担单位和勘查单位：桂林矿产地质研究院。

1.3　监审专家

杭长松、罗德宣、张启才等。

1.4　工作时间

立项时间：2006 年 10 月，设计时间：2007 年 3 月；实际实施的工作时间：2007 年 4 月—2009 年 11 月；野外验收时间：2009 年 12 月 8 日；报告初审时间：2010 年 9 月；报告终审时间：2011 年 4 月 8 日。

1.5　投入工作量

槽探 9484.0 m^3，1∶25000 高精度磁测 36.9 km^2，1∶25000 土壤地球化学、烃、汞气剖面测量 223 km，1∶25000 氡气剖面测量 67 km，激电测井 1858 m，EH-4 658 点；共施工钻孔 34 个，钻探总进尺 19299.55 m，采集基本分析样品 1556 件。

1.6　投入经费

项目总投资 1946 万元，其中中央财政 916 万元，自治区财政配套 170 万元，桂林矿产地质研究院自筹

860万元。

1.7 人员组成

项目自始至终由覃宗光具体负责。

参加项目地质工作的人员有：覃宗光、邓贵安、吴开华、何政才、董业才、李大德、林德松、李晓秦、汪恕生；参加项目化探工作的人员有：姚锦其、李学彪、颜自给、阳翔、黎绍杰、李果兵、赵友方、陈德松、李红明、曾晖、曾高福、刘运锷；参加项目物探工作的人员有：杨立功、敬荣中、曾晖、曾高福、黄理善等。

报告是我院职工及有关技术人员集体智慧的结晶，主要由覃宗光负责完成，其他执笔人有：林德松（鱼菜矿床特征），姚锦其、李学彪、颜自给（土壤地球化学异常特征及评价），董业才、汪恕生协助完成了报告中部分表格的参数计算和统计。资源量计算由覃宗光、汪恕生、董业才完成。电子制图主要由邓贵安、汪恕生、董业才、李学彪完成。专题研究报告主要由中国地质大学（北京）崔彬、侯建光、赵磊、曹瑞欣完成。

项目实施过程当中，多次得到危矿办舒斌处长、张志副处长，自治区国土资源厅黎修旦处长、李活英高工、蔡贺清高工及危矿办专家罗德宣、杭长松、张启才等和我院林德松、蔡宏渊、姚金炎教授级高工等

人的现场指导，在此一并感谢。

2 矿区、矿床（体）特征及获得的主要成果

栗木锡矿大地构造属于桂东北凹陷海洋山褶断带，成矿区属桂东北灌阳—贺县成矿区。地质构造自下而上可分为3个构造层，第一构造层为加里东构造层，由寒武系互层砂页岩组成，代表准地槽发育阶段，第二构造层为印支构造层，由上古生代沉积岩组成，代表准地台发育阶段；第三构造层为燕山构造层，由侏罗系、白垩系红层组成，代表准地台活化阶段。区域褶皱构造为恭城复向斜，矿区位于复向斜北部扬起部位。断裂构造大多为走向断层，可分为4组：北东向断裂构造、东西向断裂构造、南北向断裂构造、北北东向断裂构造。区域岩浆岩主要有海洋山岩体、都庞岭岩体、西屏山岩体和栗木岩体，本区钨锡钽铌成矿活动与栗木岩体关系密切。

2.1 矿区地质特征

2.1.1 地层

矿区内出露地层有：寒武系边溪组、泥盆系、下石炭统及第四系、缺失中上石炭统及以上地层（见图1）。

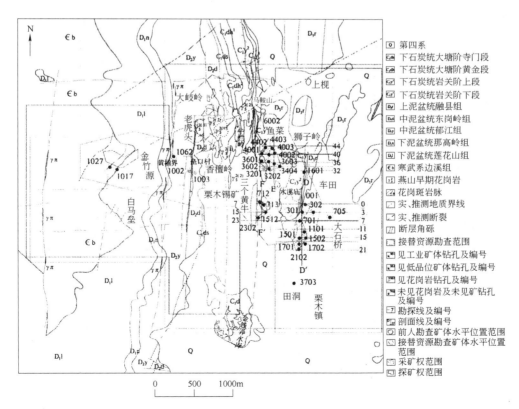

图1 广西恭城县栗木锡矿地质图

（1）寒武系。分布于矿区西部金竹源至白马垒一带，岩层走向为北东和近东西向，岩石轻微变质，为一套浅海相复理石建造。由杂色浅变质砂岩、泥质砂岩、粉砂岩、石英砂岩、长石石英砂岩、页岩、板岩、泥质灰岩组成，常呈互层产出，各种岩性间常有相变过渡现象，分层困难，产原始海绵化石，其中底部夹数层灰、灰黑色薄层状泥灰岩、灰岩、白云岩、白云质灰岩，具铅锌矿化。

（2）泥盆系。本区发育较全，主要分布于东西两侧。下部为碎屑岩，上部为碳酸盐岩，局部夹硅质岩，厚3348 m，按岩性及化石分为3个统，各统间呈整合关系。

1）下统莲花山组（D_1l），分布于矿区西部金竹源至八字界一带，岩性为：底部厚层状砾岩，与寒武系边溪组呈明显角度不整合接触；下部为中厚层状石英砂岩、粉砂岩，含有数层含砾粗砂岩；上部为中厚层状泥质砂岩、细砂岩、石英砂岩为主，间夹粉砂岩、页岩。

2）下统那高岭组（D_1n），分布于矿区中偏西部，为浅海相砂页岩等碎屑岩。下部为砂岩、泥质砂岩、砂质页岩、石英砂岩含钙质团块，具黄铁矿化；中部砂岩夹页岩；上部：细 - 中粒石英砂岩、粉砂岩夹薄层页岩，含少量云母及黄铁矿化。

3）中统郁江组（D_2y），分布于矿区中西部，下部石英、泥质粉砂岩夹泥岩、页岩，局部夹钙质粉砂岩，含铁砂岩薄层。上部中厚层状石英砂岩、泥质粉砂岩、泥岩与页岩，其中上部夹1~3层鲕状、豆状赤铁矿及黄铁矿薄层，产石燕化石。

4）中统东岗岭组（D_2d），分布于矿区中部，岩性：底部为泥灰岩，产珊瑚、层孔虫、枝状层孔虫、苔藓虫、腕足类等化石；下部为白云岩夹灰岩，局部形成珊瑚、层孔虫生物礁灰岩；上部主要为灰岩，其次为白云质灰岩、白云岩。

5）上统融县组（D_3r），分布于矿区东部，岩性：下部薄 - 厚层状灰岩夹少量白云质灰岩、白云岩，底部为灰黑色灰岩；上部薄—厚层状、白云岩为主，夹疙瘩状、条带状白云质灰岩，顶部为白云岩。

（3）石炭系。主要分布在矿区中部、中东部，仅有下统出露，未见顶。据岩性和化石分岩关阶和大塘阶。

1）岩关阶（C_1y）与下伏融县组呈假整合或平行不整合接触，分上、下两段。

下段（C_1y^1）：分布于水溪庙东、狮子岭、马鞍山、栗木头东面—卢家一带，岩性以钙质页岩为主，夹薄层状或透镜状泥质灰岩，在狮子岭一带，页岩中含硅质，至马鞍山其下部为灰、灰黑色钙质页岩，夹透镜状灰岩，上部为灰黑色硅质页岩，在栗木头为灰黑色硅质页岩，偶夹粉砂岩薄层，在水溪庙钻孔及坑道中新鲜面为黑色薄层灰岩、炭质灰岩、弱硅化和黄铁矿化，锂云母萤石细脉带在地表分布较广，泥质灰岩中产腕足类、海百合茎化石。

上段（C_1y^2）：分布于水溪庙、狮子岭、三个黄牛、老鼠岭—马鞍山、栗木头—井塘一带，岩性为中—厚层状灰岩夹白云质灰岩、燧石结核灰岩，部分夹硅质灰岩，局部硅质页岩。在水溪庙、狮子岭以中 - 厚层状以灰岩、结晶灰岩为主，上部夹含燧石结核和透镜状钙质页岩，锂云母萤石细脉带在地表极为发育，且分布广泛；在马鞍山、栗木头一带，其下部为薄层状深灰、灰色微晶灰岩夹硅质页岩。本段灰岩中产珊瑚、古长身贝等化石。

2）大塘阶（C_1d）分为黄金段和寺门段。黄金段（C_1dh）：分布于矿区中部虎头岭—井塘一带，分上、下两段。下段（C_1dh^1）：下部为条带状泥质灰岩为主，夹条带状泥岩薄层与含燧石结核灰岩，上部为泥质岩夹灰岩。上段（C_1dh^2）：为中厚层状灰岩、硅质岩、含燧石灰岩及硅质页岩，顶部为薄层状、泥质灰岩夹团块状、条带状燧石结核。

寺门段（C_1ds）：分布于矿区中部香檀岭—井塘一带，下部为硅质页岩夹硅质灰岩透镜体，中部为硅质页岩夹砂质页岩，上部为砂质页岩，页岩纹理较明显，在栗木头西坡一带，以页岩为主，局部夹粉砂岩。

（4）第四系。大面积分布于矿区中部、东部，厚度9.35~130.36 m，由洪积、冲积和残坡积层组成，岩性主要为砂砾、砂质黏土、亚黏土、黏土，在水溪庙、三个黄牛、高屋坪、大岐岭等地洪积、冲积层中含砂锡矿。

2.1.2 构造

矿区位于恭城复式向斜的北部扬起端西侧。

（1）褶皱。恭城复式向斜南起莲花，往北于本区扬起、收敛，全长约60 km。恭城向斜是一个形态不规则，不对称的复式向斜，轴向近南北，在矿区附近一段，轴向约为北东20°，东翼地层倾角较缓，一般倾角20°~30°，西翼较陡，一般倾角60°~80°。由北向南，向斜逐渐开阔。两翼地层由下泥盆统莲花山组、那高岭组及中泥盆统郁江组、东岗岭组组成，轴部由上泥盆统融县组及下石炭统岩关阶和大塘阶组成。

恭城向斜内次级南北向褶曲发育，自西向东主要有：栗桂—狗头寨向斜、牛形岭—马路桥背斜、井塘—栗木头—上大营倒转向斜、复船岗—下大营复背斜、水溪庙—田洞向斜、江家—渡船头背斜，此外，在该复向斜上还叠加有东西向的次级布结—立新横跨向斜。

（2）断裂。矿区内断裂构造主要有北东向、东西向、南北向、北北东向四组，此外尚有北西向，而以东西向和南北向断裂组成本区的基本构造格架。

1）北东向断裂构造，前期表现为压扭性，后期表现为张性，并形成裂陷构造盆地，沿断裂带常形成压碎岩、糜棱岩和构造透镜体，蚀变主要有硅化，本区属于北东向断裂的有黄关—观音阁、立新两条断裂带。

2）东西向断裂构造，主要有马眼—五指山、全会—马路桥两条断裂带，断续成组分布，两旁伴随有平行的次一级断裂组成断裂带，在航、卫片上时隐时现，也表现为基底断裂。

3）南北向断裂构造，南北向断裂主要分布在高山顶背斜边缘及恭城向斜中，它属于切割盖层岩系，但不明显地进入基底岩系的断裂，明显受北东向断裂带所限制，规模上一般较北东向和东西向断裂小，延长几千米至几十千米，在性质上既有张性也有压性，山前断裂多为正断层，而山前断裂的次一级断裂多为冲断层，区内规模较大的南北向断裂有白马垒—平步垒断裂、井塘—殴寨山前断裂两条，此外还有次一级南北向断裂，如马路桥—狗头寨、虎头岭—荆田村、石柏山—水溪庙断裂等。

4）北北东向断裂构造，分布在五指山—水溪庙东侧，延长 8～10 km，呈 10°～25°方向展布，有 70°～80°与 340°～350°与其斜交的一对扭裂面，又有与其垂直的 280°～290°张扭性裂面伴生。

5）北西向断裂构造，分部在老虎头—凤尾庄之间，呈 320°方向展布，规模较小，一般延长几百米至 1 km。

2.1.3 岩浆岩

矿区内岩浆岩主要为栗木花岗岩，此外，尚发育有花岗斑岩脉、花岗伟晶岩脉等，沿断裂破碎带侵入。

栗木花岗岩的形成严格受构造控制。在寒武系分布区，主体沿近东西向断裂构造侵入，在泥盆系、石炭系分布区，主体沿近南北向断裂构造破碎带侵入。已知岩体呈东西向展布，主要受东西向基底断裂控制，其上部明显受盖层构造所制约，形成若干呈南北向分布的岩株群。地表出露面积约 1.5 km²，呈岩株状产出，据钻探揭露，已控制面积约 8 km²，大部分呈隐伏状态，深部可能是一个岩基（见图 2）。

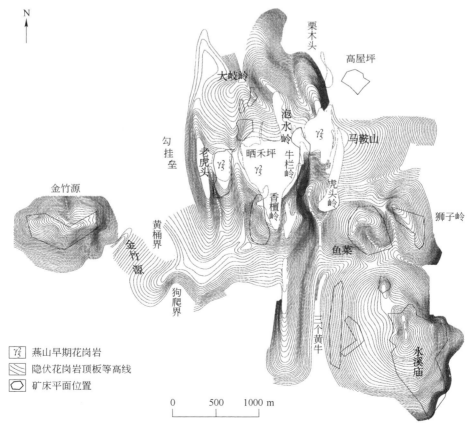

图 2　广西恭城县栗木锡矿隐伏岩体顶板等高线图

依据岩体切割关系、岩石学、副矿物特征及铀-铅法同位素地质年龄测定资料，花岗岩属燕山早期产物，可分三个阶段，是同源、同期、不同阶段的复式岩体。

第一阶段，岩性为细粒斑状铁白云母花岗岩，被第二阶段花岗岩切割、包裹，细粒斑状结构，同位素地质年龄196～185 Ma，见于矿区内泡水岭一带，目前尚未发现与其有关的工业钨锡铌钽金属矿化。

第二阶段，岩性为细-中粒斑状锂铁白云母花岗岩和中粒似斑状锂铁白云母花岗岩，被第三阶段花岗岩切割并同时有云英化蚀变边，细-中粒似斑状结构，同位素地质年龄174 Ma，具钨锡矿（化），主要分布于牛栏岭、香檀岭、栗木头、金竹源、三个黄牛、鱼菜等地，在岩体内、外接触带形成脉状钨锡矿床，在隐伏岩体的钟状突起部位或向外凸出部位还可形成花岗岩型锡钨矿床。

第三阶段，岩性为细-中粒铁锂云母（或锂云母）钠长石花岗岩，中细粒结构，同位素地质年龄160 Ma，见于老虎头、水溪庙、金竹源和狮子岭等地，在岩体顶凸部位及其较陡一侧的过渡部位，形成花岗岩型锡铌钽矿床，在岩体外带形成花岗伟晶岩型铌钽锡矿床和长石石英脉型锡钨矿床。

2.1.4　变质作用

主要表现为热接触变质作用，即栗木岩体侵入时围岩受热变质，其中的碳酸盐岩矿物方解石重结晶变成大理石，石灰岩变成大理岩，这种变质作用越是靠近岩体越强，从内向外依次为：

（1）大理岩。分布于隐伏岩体周围，厚70～350 m不等，岩石重结晶强烈，原岩特征基本消失，大理岩中发育花岗岩脉和花岗伟晶岩脉，个别岩脉锡矿化较好，且具工业价值。

（2）大理岩化灰岩。厚数十米至250余米，发育有锂云母萤石石英小脉，局部有锡钨矿化。

（3）斑状大理岩化灰岩。厚数米至数十米，原岩未白云质灰岩，节理面上发育有锂云母萤石细脉。

（4）未变质的碳酸盐岩。

围岩中由于热液交代而发育绢云母化、高岭土化和萤石化等，主要见于裂隙及其两侧，一般蚀变的规模和强度都不大。

此外还有轻微区域变质作用，发生在寒武系砂页岩中，普遍绢云母化。

2.1.5　地球化学

本次1:25000土壤地球化学、烃、汞气、氦气测量，获得并圈定编号综合异常20个，其中3号、4号、8号、11号、12号5个异常是已知的高屋坪、老

虎头、牛栏岭、香檀岭、金竹源、三个黄牛、水溪庙矿床的反映，此外20号氦气异常东段深部有隐伏狮子岭花岗岩型锡矿床，亦是已知矿床的响应。

老虎头—香檀岭—牛栏岭4号异常，以F、Bi、Cu、Sn、W、烃类组合为特征，伴有Ag、Hg、Li、Be、Pb、Zn、Sb、Mo等；金竹源8号异常以W、Sn、Be、Ag、F、Li组合为特征，伴有Cu、Pb、Bi等；水溪庙12号异常以F、Li、Be、W、Sn、Cu、Zn、Ag、Bi、烃类、Hg、Rn组合为特征。

本次工作验证了三个黄牛11号Sn、W、Hg、Rn多元素异常，鱼菜—狮子岭20号Rn异常，黄桶界—狗爬界9号W、Sn、Li、Be、Ag、Cu、Bi、Pb、Mo、Sb、F多元素异常，田洞14号Sn、W、Hg、Rn异常，发现了三个黄牛、鱼菜花岗岩型钨锡工业矿床，在黄桶界深部揭露到数层岩体型钨矿体，找矿取得了进展。

2.1.6　地球物理

二七一队于20世纪70年代开展的本区1:50000磁法测量及我院2007年开展的1:25000高精度磁测：栗木岩体出露区、金竹源、老虎头表现为负磁异常；垒口村有一个较规整的负磁异常，面积1000 m×500 m；水溪庙、鱼菜、狮子岭为正磁低值异常向负磁异常的过渡地带；水溪庙东南、蛋子江水库—狗头寨为大面积低缓负异常。中弱、负磁异常总体反映了区内岩体的分布状况。

2.2　矿床特征

2.2.1　矿体规模、形态、产状

本次接替资源勘查，在水溪庙东南部、鱼菜、三个黄牛，共圈出50余个锡钨矿体，其中工业矿体12个（水溪庙东南部5个、鱼菜4个、三个黄牛3个）。

（1）水溪庙东南部矿体规模、形态、产状。

水溪庙东南部钨锡矿段隐伏于当地侵蚀基准面以下370.80～856.24 m，海拔标高在-167.91～-648.49 m之间，矿体赋存于岩体顶上部或内接触带，西面与原已勘探的钽铌矿段相接。本次工作矿段控制面积0.247 km²，共圈定锡、钨矿体15个，矿体总平均厚度25.08 m，其中工业锡（钨）矿体3个，总平均厚度17.44 m，平均品位：Sn 0.369%、WO₃ 0.067%、Ta₂O₅ 0.0051%、Nb₂O₅ 0.0082%；工业钨矿体2个，总平均厚度9.63 m，平均品位：Sn 0.013%、WO₃ 0.144%、Ta₂O₅ 0.0031%、Nb₂O₅ 0.0068%。主要矿体有S1-①、S2-①、S3-①3个，以S1-①号矿体规模最大，是本矿段的主矿体。

矿体顶板距岩体接触面0～24.05 m，矿体呈似层状、透镜状，整体呈波状起伏，近平行产出，顶板围岩为灰岩、大理岩或花岗岩，底板岩石为花岗岩（见

图3）。又可分为两个矿段，15线以北主要为锡，15线以南以钨为主，两者互相重叠或呈紧密相连，逐渐过渡。

部分主要工业矿体分述如下。

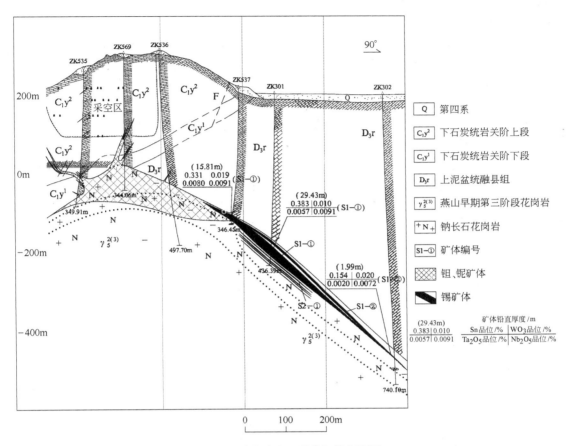

图3 水溪庙矿床3号勘探线剖面图

1）S1-①号工业锡钨矿体，位于0~21线之间，产于隐伏花岗岩体顶、上部，矿体走向南北向，呈似层状产出，形态简单，其顶板距岩体接触面0~25.14 m，矿体东倾，平均倾角44.9°，该矿体由13个钻孔控制，控制南北长1120 m，东西宽120~280 m，平均厚13.30 m，平均品位Sn 0.363%、WO₃ 0.050%、Ta₂O₅ 0.0053%、Nb₂O₅ 0.0078%。

2）S2-①号工业锡矿体，位于0~17线之间，产于S1-①矿体下部，与S1-①矿体近于平行，相距4.22~9.04 m，呈似层状产出，矿体东倾，平均倾角45.5°，其顶、底板围岩均为花岗岩，该矿体有5个钻孔控制，控制南北长850 m，东西宽60~110 m，平均厚2.92 m，平均品位Sn 0.282%、WO₃ 0.028%、Ta₂O₅ 0.0027%、Nb₂O₅ 0.0045%。

3）S3-①号工业锡钨矿体，位于9~17线之间，产于S2-①矿体下部，与S2-①矿体近于平行，相距15.21~26.83 m，呈似层状产出，矿体东倾，平均倾角47.7°，其顶、底板围岩均为花岗岩，该矿体有4个

钻孔控制，控制南北长320 m，东西宽80~330 m，平均厚6.18 m，平均品位Sn 0.485%、WO₃ 0.237%、Ta₂O₅ 0.0047%、Nb₂O₅ 0.0137%。

（2）鱼菜矿体规模、形态、产状。

鱼菜矿段隐伏于当地侵蚀基准面以下255.56~581.25 m，海拔标高在-30.23~-362.86 m之间，矿体赋存于岩体顶上部或内接触带。矿段控制面积0.214 km²，共圈出25个锡、钨矿体，矿体总平均厚度22.28 m，其中工业锡钨矿体1个，工业锡矿体2个，工业钨矿体1个，工业锡（钨）矿体总平均厚度6.96 m，平均品位：Sn 0.286%、WO₃ 0.171%、Ta₂O₅ 0.0027%、Nb₂O₅ 0.0051%。主要矿体有Y1-①、Y2、Y8-①、Y14-①号，以Y1-①号矿体规模最大，是矿床的主矿体。

矿体顶板距岩体接触面0~22.22 m，矿体呈似层状、透镜状产出，其波状起伏，彼此平行，产状平缓，形态简单，顶板围岩为大理岩、云英岩、花岗岩，底板岩石为花岗岩（见图4）。矿段西、北部以钨矿为

主，东南部主要为钨锡矿，两者互相重叠或紧密相连，逐渐过渡。部分主要工业矿体分述如下。

1）Y1－①号工业锡钨矿体，位于32～44线之间，产于花岗岩体顶、上部，隐伏于当地侵蚀基准面以下255.56～400.14 m，相当于标高－30.23～－179.82 m之间，矿体长轴南北向，呈似层状产出，矿体在38线附近出现分叉现象，至36线分成上、下2层矿体，矿体顶板距岩体接触面0～49.97 m。矿体倾向南东，倾角15.4°～71.6°，平均40.5°。该矿体由七个钻孔控制，南北长570 m，东西宽250～400 m，平均厚6.17 m，平均品位 Sn 0.289%、WO_3 0.184%、Ta_2O_5 0.0026%、Nb_2O_5 0.0050%。

2）Y2号工业锡矿体，位于34线至40线之间，产于花岗岩体顶部，隐伏于当地侵蚀基准面以下255.56～373.29 m，相当于标高－30.23～－155.29 m之间，矿体长轴近南东向，呈似层状产出，顶板围岩为大理岩、底板围岩为花岗岩。矿体倾向南，平均倾角29.4°。该矿体由两个钻孔控制，控制南北长350 m，东西宽100～110 m，平均厚2.14 m，平均品位 Sn

0.252%、WO_3 0.074%、Ta_2O_5 0.0038%、Nb_2O_5 0.0066%。

3）Y8－①号工业锡矿体，位于40线附近，产于花岗岩体下部，隐伏于当地侵蚀基准面以下341.36～391.18 m，相当于标高－116.04～－168.50 m之间，矿体长轴近东西向。矿体倾向南，平均倾角26.8°。该矿体由两个钻孔控制，东西向长230 m，南北宽120 m，平均厚1.76 m，平均品位 Sn 0.282%、WO_3 0.068%、Ta_2O_5 0.0026%、Nb_2O_5 0.0044%。

4）Y14－①号工业钨矿体，位于36～38线之间，产于花岗岩体内接触带下部，隐伏于当地侵蚀基准面以下401.51～513.99 m，相当于标高－149.15～－288.08 m之间，其长轴近东西向，呈似层状产出，矿体顶板距岩体接触面91.92～100.12 m。矿体倾向南东东，平均倾角37°。该矿体由两个钻孔控制，控制东西长260 m，南北宽130 m，平均厚2.23 m，平均品位 Sn 0.044%、WO_3 0.122%、Ta_2O_5 0.0033%、Nb_2O_5 0.0039%。

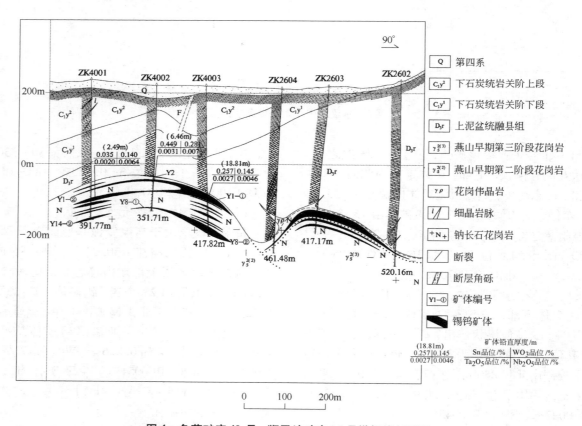

图4　鱼菜矿床40号、狮子岭矿床26号勘探线剖面图

（3）三个黄牛矿体规模、形态、产状。

三个黄牛矿段隐伏于当地侵蚀基准面以下389.

83～490.25 m，海拔高程在－176.83～－277.25 m之间，矿体赋存于岩体上部或内接触带产状变化部位，即剖面上由缓变陡部位。矿段控制面积 0.048 km²，圈出钨矿体 12 个，矿体总平均厚度 21.91 m，其中工业钨矿体 3 个，总平均厚度 6.12 m，平均品位：Sn 0.048%、WO₃ 0.140%、Ta₂O₅ 0.0021%、Nb₂O₅ 0.0044%。

矿体顶板距岩体接触面 0 ~ 19.87 m，矿体呈似层状、透镜状产出，顶板岩石为钙质粉砂岩、花岗岩，底板岩石为花岗岩（见图 5）。矿床以钨矿为主，局部地段也有钨、锡同时富集成矿，而形成钨锡矿体。主要矿体有 H1 - ①、H2 - ①号。

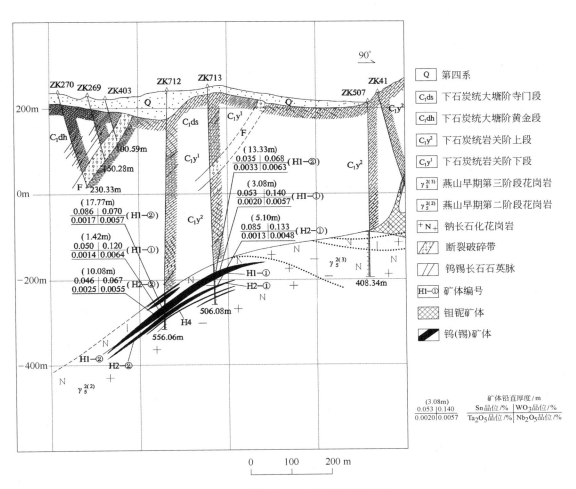

图 5　三个黄牛矿床 7 号勘探线剖面图

1）H1 - ①号工业钨矿体，位于 5 ~ 21 线之间，产于花岗岩体上部，隐伏于当地侵蚀基准面以下 411.15 ~ 516.13 m，相当于标高 - 198.15 ~ - 286.15 m 之间，矿体长轴近南北向，呈似层状产出，矿体顶板距岩体接触面 21.32 ~ 45.55 m，顶、底板围岩为花岗岩。矿体西倾，倾角 16° ~ 37.2°，平均 23°，该矿体由四个钻孔控制，控制南北长 430 m，东西宽 90 ~ 160 m，平均厚 2.12 m，平均品位 Sn 0.040%、WO₃ 0.140%、Ta₂O₅ 0.0019%、Nb₂O₅ 0.0062%。

2）H2 - ①号工业钨矿体，位于 7 ~ 17 线之间，产于 H1 - ①号工业钨矿体下部，相距 17.49 ~ 38.25 m，隐伏于当地侵蚀基准面以下 449.40 ~ 463.06 m，相当于标高 - 216.32 ~ - 273.12 m 之间，矿体长轴近南北向，顶、底板围岩为花岗岩。矿体西倾，平均倾角

19.8°，该矿体由 ZK713、ZK1512 两个钻孔控制，控制南北长 280 m，东西宽 90 ~ 160 m，平均厚 5.71 m，平均品位 Sn 0.055%、WO₃ 0.138%、Ta₂O₅ 0.0022%、Nb₂O₅ 0.0035%。

2.2.2　矿石质量

2.2.2.1　矿石一般品位

（1）水溪庙东南部钨锡矿段。

矿石一般品位 Sn 0.200% ~ 0.500%、WO₃ 0.020% ~ 0.120%、Ta₂O₅ 0.0030% ~ 0.0060%、Nb₂O₅ 0.0035% ~ 0.0080%，最高品位 Sn 2.53%、WO₃ 1.561%、Ta₂O₅ 0.0128%、Nb₂O₅ 0.0461%，最低品位 Sn 0.024%、WO₃ < 0.005%、Ta₂O₅ < 0.0020%、Nb₂O₅ < 0.0020%，平均品位 Sn 0.347%、WO₃ 0.063%、Ta₂O₅ 0.0049%、Nb₂O₅ 0.0081%。

（2）鱼菜钨锡矿段。

矿石一般品位 Sn 0.150% ～ 0.400%、WO_3 0.070% ～ 0.180%、Ta_2O_5 0.0020% ～ 0.0035%、Nb_2O_5 0.0035% ～ 0.0070%，最高品位 Sn 0.16%、WO_3 0.110%、Ta_2O_5 0.0054%、Nb_2O_5 0.0079%，最低品位 Sn 0.069%、WO_3 < 0.030%、Ta_2O_5 < 0.0020%、Nb_2O_5 < 0.0020%，平均品位 Sn 0.250%、WO_3 0.137%、Ta_2O_5 0.0029%、Nb_2O_5 0.0050%。

（3）三个黄牛钨（锡）矿段。

矿石一般品位 Sn 0.050% ～ 0.090%、WO_3 0.120% ～ 0.160%、Ta_2O_5 0.0015% ～ 0.0025%、Nb_2O_5 0.0025% ～ 0.0035%，最高品位 Sn 0.105%、WO_3 0.240%、Ta_2O_5 0.0038%、Nb_2O_5 0.0086%，最低品位 Sn 0.020%、WO_3 0.085%、Ta_2O_5 0.0010%、Nb_2O_5 0.0020%，平均品位 Sn 0.048%、WO_3 0.140%、Ta_2O_5 0.0021%、Nb_2O_5 0.0044%。

2.2.2.2　矿物组成

主要金属矿物有锡石、黑钨矿、白钨矿，伴生矿物有钨锰矿、铁铌锰矿、闪锌矿、黄铁矿、黝锡矿、黄铜矿、方铅矿、辉钼矿、含铪锆石、独居石等，脉石矿物主要有黄玉、石榴子石、长石类、云母类、方解石、萤石、含锰菱铁矿等。

2.2.2.3　矿石的结构构造

锡石和黑钨矿的产出形式有两种：浸染状和微细脉状。水溪庙矿石的构造以浸染状构造为主，微细脉状次之，局部有条带状构造。鱼菜矿床中锡石在花岗岩矿体中以浸染状产出为主，微细脉状次之，而黑钨矿则以微细脉产出居多，浸染状为次。三个黄牛矿床锡石、黑钨矿在花岗岩矿体中以浸染状产出为主，微细脉状次之。

矿石的结构主要有自形晶粒状结构，半自形晶粒状结构，他形晶粒状结构，不均匀粒状结构，水溪庙矿床中矿石的结构尚有乳浊状结构和文象结构。

2.2.2.4　矿石的自然类型和工业类型

矿石自然类型仅有原生矿石类型一种，按工业利用可分为两种类型，一种是工业矿石类型（平均品位大于或等于最低工业品位），另一种是低品位矿石类型，平均品位小于最低工业品位，大于边界品位。

2.2.3　矿石化学组分

（1）工业矿石中主要组分平均含量：

Sn 0.312%、WO_3 0.089%、Ta_2O_5 0.0043%、Nb_2O_5 0.0073%、Rb_2O 0.171%、Li_2O 0.152%、Sr 0.0014%、Ba 0.0013%。

（2）低品位锡矿石中主要组分平均含量：

Sn 0.174%、WO_3 0.014%、Ta_2O_5 0.0047%、

Nb_2O_5 0.0062%。

（3）低品位三氧化钨矿石中主要组分平均含量：

WO_3 0.079%、Sn 0.048%、Ta_2O_5 0.0025%、Nb_2O_5 0.0051%。

2.2.4　围岩蚀变

矿区的围岩蚀变类型根据部位和先后顺序可以划分为：

（1）碳酸盐岩地层中的热接触变质带：产生大理岩化灰岩、大理岩，范围 60 ～ 330 m，锂云母、萤石脉发育，出现含锡钨脉体及含钽铌花岗伟晶岩脉体。

（2）碱性交代阶段：以面型蚀变为主，岩体内广泛发育，产生钠化和钾化蚀变类型，范围 10 ～ 150 m，钠长石交代钾长石、斜长石、石英、云母等矿物，局部叠加云英岩化，厚数十米，自上而下其强度递减，最后过渡到钾长石化带。矿区内具工业意义的锡钨钽铌矿床基本上赋存在强钠长石化亚带中。

（3）酸性淋滤阶段：以面型蚀变为主，产生云英岩化、黄玉化蚀变类型，主要发生在似伟晶岩壳下的花岗岩中，厚数米，岩石由铁锂云母、石英、黄玉等矿物组成，局部构成锡钽铌工业矿体。

（4）热液交代阶段：以裂隙线型蚀变为主，产生绢云母化、高岭土化和萤石化等蚀变类型。总的来说，钨、锡、钽、铌成矿作用与面型蚀变的钠长石化、云英岩化、黄玉化关系密切。

2.2.5　成矿期次、成矿阶段划分

水溪庙东南边缘 15 线以南、鱼菜、三个黄牛钨锡矿床成矿时代为燕山早期第二阶段，水溪庙东南部 15 线以北锡矿床成矿时代为燕山早期第三阶段。

矿区交代蚀变作用有碱质交代、酸性淋滤（退变质作用）、岩浆期后热液作用三个阶段。钨、锡是多阶段成矿的，开始于碱质交代阶段，结束于热液阶段，但最主要富集于云英岩化作用阶段。

2.2.6　矿床成因、类型

矿床成因为岩浆结晶（演化）晚期分离的岩浆气化 - 热液自交代作用而成矿。矿床成因类型为晚期岩浆矿床。矿床工业类型为花岗岩型钨锡矿床。

2.2.7　矿床开采技术条件

水溪庙东南部、鱼菜、三个黄牛钨锡矿床（段）开采的水文地质条件属简单 - 中等复杂类型，层状岩类工程地质条件为第Ⅲ类简单型，环境地质属第Ⅱ类中等型。

2.3　主要成果

（1）通过 1：25000 土壤地球化学、烃、汞气、氡气测量，获得了较系统的多元素地球化学数据成果，并圈定化探异常 20 个，为今后矿山勘查及成矿预测研

究提供了基础资料。

（2）在鱼菜花岗岩凸起部位及水溪庙南部、三个黄牛花岗岩体内接触带发现了具有工业意义的浸染状钨锡矿；在三个黄牛及水溪庙东南部岩体深处首次发现了白钨矿，为栗木矿区拓展了找矿思路和空间。

（3）大致查明了水溪庙东南部钨锡矿、三个黄牛钨锡矿、鱼菜钨锡矿的矿体形态、产状、规模、品位变化及矿石工业类型和品级。

（4）新增资源量：本次在水溪庙东南部、鱼菜、三个黄牛探获的 333 各类资源量共计：矿石量 2912.25 万 t，金属量 Sn 53971.36 t，WO_3 23314.65 t、Ta_2O_5 1052.38 t、Nb_2O_5 1805.09 t。其中：

333 工业锡矿资源量：矿石量 1193.87 万 t，金属量：Sn 41830.24 t，平均品位：Sn 0.350%。

333 工业三氧化钨资源量：矿石量 675.75 万 t，金属量：WO_3 11150.17 t，平均品位：WO_3 0.165%，其中共生三氧化钨资源量：矿石量 568.88 万 t，金属量：WO_3 9679.08 t，平均品位：WO_3 0.170%。

333 低品位锡矿资源量：矿石量 319.05 万 t，金属量：Sn 5394.94 t，平均品位：Sn 0.169%。

333 低品位三氧化钨资源量：矿石量 1292.46 万 t，金属量：WO_3 10290.20 t，平均品位 WO_3 0.080%。

新增资源量相当于 1 个大型锡矿床和 1 个中型钨矿床规模，项目取得了突破性进展，完成了设计批复的任务。计算的矿产资源量可作为矿山建设总体规划的依据。

（5）对矿床开发的经济意义进行了概略评价，新增资源量按现有生产规模可延长矿山服务年限约 14 年，取得了较好的社会和经济效益。

3 成矿特征及成矿规律

3.1 成矿特征

3.1.1 含钨锡花岗岩一般特征

岩石普遍遭受钠长石化、黄玉化、云英岩化等蚀变交代作用，一般具有交代结构特征如变余花岗结构、残留结构和溶蚀结构等。造岩矿物中钠长石、石英、黄玉含量显著增加，而钠更长石、钾长石遭受破坏而减少，云母含量少；在化学成分上富硅、碱金属、挥发分，以及锡、钨、钽、铌等成矿元素，贫钛、铁、钙、镁等二价元素。

3.1.2 交代蚀变作用与矿化关系

交代蚀变作用有 3 个阶段。

第一阶段为碱质交代阶段，接着是钽铌矿化富集，因此，钠长石化与钽铌矿化关系密切，成正消长关系。

第二阶段为酸性淋滤阶段（退变质作用），主要形成云英岩化，钨锡矿物大量富集，因此锡矿化与云英岩化成正消长关系。

第三阶段为岩浆期后热液作用阶段，主要形成萤石化、绢云母化、硅化，生成黑钨矿、白钨矿、锡石和硫化物等。

钨、锡是多阶段成矿的，开始于碱质交代阶段，结束于热液阶段，但最主要富集于云英岩化作用阶段。

3.1.3 成矿特征

综合水溪庙、鱼菜、三个黄牛含钨锡花岗岩型矿床，主要地质特征有：

（1）矿体赋存于花岗岩顶上部，呈不等厚的似层状。

（2）鱼菜矿体上部及水溪庙钨锡矿体的过渡带上部，钨、锡融为一体，钨矿化深度大于锡。

（3）水溪庙钨锡矿段有中部富而厚，南、北贫而薄的趋势，而西侧较之东侧富；鱼菜矿段西、北边以钨矿为主，东南边主要为钨锡矿，东南部富而厚，西南、北部贫而薄，而东侧较之西侧富。

（4）钨锡矿体在剖面上表现为中上部富而下部偏贫。

（5）钨锡矿体相伴而生，水溪庙东南部从西向南东是：钽铌→钽铌锡→钨锡→钨矿体。鱼菜从西向南东是：钨→钨锡矿体。

（6）锡石和黑钨矿的产出形式有两种：浸染状和微细脉状。锡石在花岗岩矿体中以浸染状产出为主，微细脉状次之，而黑钨矿则以微细脉产出居多，浸染状为次。

（7）矿化与钠长石化有密切关系，但与云英岩化的关系更密切。

（8）水溪庙钨锡长石石英脉型矿床、锡钽铌花岗伟晶岩脉型矿床和内带的含钨锡钽铌花岗岩型矿床，构成三位一体的成矿系列。

3.2 成矿规律

3.2.1 成矿的时间和空间分布

3.2.1.1 成矿的时间性

矿区内从第一阶段到第三阶段花岗岩，随着岩浆的分异演化，使微量元素 F、Li、Rb 等及成矿元素 W、Sn、Ta、Nb 逐渐富集，表现在第二阶段花岗岩内带和凸起顶部形成脉状钨锡矿床（牛栏岭、香檀岭）及小中型岩体型钨锡矿床（水溪庙 15 线以南、鱼菜、三个黄牛）；演化到晚期第三阶段花岗岩时，才形成岩体型中-大型锡钽铌矿床（老虎头、水溪庙、金竹源、狮子岭）。因此，在有多期（次）侵入的复式岩体中，与成矿关系密切的应为侵入时代较晚的小岩株。水溪庙东南边缘 15 线以南、鱼菜、三个黄牛钨锡矿床成矿时代为燕山早期第二阶段，水溪庙东部 15 线以北锡矿床成矿时代为燕山早期第三阶段。

3.2.1.2 矿床空间分布

水溪庙含矿岩体呈岩钟状侵入栗木向斜东翼，由岩关阶形成的层间挠曲组成的背斜褶曲构造轴部，构成局部的圈闭构造。锡钽铌矿体赋存于岩钟状突起的岩体上部，钨锡矿体赋存于岩钟状突起的东、东南部，呈似层状、透镜状产出，产状平缓，形态简单，无构造破坏，矿化连续，品位均匀，钨锡矿物主要呈浸染状分布在矿石中。矿床具有明显的垂向分带特征，自上而下为：锂云母、萤石细脉带（标志带）→钨锡长石石英脉带→花岗伟晶岩（花岗岩枝）带→钠长石化、云英岩化带（锡钽铌矿床）→钾长石化花岗岩带。

鱼菜含矿花岗岩侵入层间挠曲形成的鱼菜次级向斜褶曲构造与断裂构造复合部位，钨锡矿体赋存于岩钟状突起的岩体上部，矿体呈似层状、透镜状产出，产状较平缓，形态简单，矿化连续，品位均匀，钨锡矿物呈浸染状、细脉状分布在矿石中。

三个黄牛隐伏含矿花岗岩隐伏于下石炭统岩关阶上段泥质粉砂岩、灰岩之下，岩体接触面向西倾。据钻孔资料，其与水溪庙含锡钽铌花岗岩体相连，两者实为同一岩体。矿体赋存于岩体上部或内接触带产状变化部位，即剖面上由缓变陡部位，以钨矿为主，矿体呈似层状，形态简单，无构造破坏，矿化连续，品位均匀，钨（锡）矿物呈浸染状分布在矿石中。

3.2.2 矿化富集规律

在同一矿床中，矿化富集与标高成正比，富矿体多集中于岩钟状突起的顶部，钽铌矿物和锡石、黑钨矿均呈浸染状分布于花岗岩中，矿化较均匀，局部形成矿囊，钽、铌、钨、锡之间，一般具有同步消长关系。在矿化深度上，铌比钽大，锡比钽铌大，而钨比锡更大。

水溪庙钨锡矿段产于岩体接触面较缓的一侧，岩钟突起由缓变陡部位，钨锡矿体与钽铌矿体互相重叠或呈紧密相连渐变过渡关系。钨锡矿段又可分为两个矿段，15 线以北主要为锡，15 线以南以钨为主，两者互相重叠或呈紧密相连，逐渐过渡。锡矿化富集规律总的情况是：位于 3～11 线之间，矿体厚但品位稍低，到 15～17 线，矿体稍薄而品位高，在水平方向上是 3～17 线富而厚，边缘贫而薄，有中部富而厚，南、北贫而薄的趋势，而西侧较之东侧富，在垂向上，中上部富而下部偏贫。钨矿化富集规律总的情况是：在 15 线，矿体厚而品位高，以此为中心，有中部富而厚，

南、北贫而薄的趋势，在垂向上，中上部富而下部偏贫。

鱼菜矿床西、北边以钨矿为主，东南边主要为钨锡矿，两者互相重叠或呈紧密相连，逐渐过渡。从横向或垂向来看，在隐伏含矿岩体的不同部位，锡钨成矿富集程度不同，有以锡为主，或以钨为主，也有两者同时富集成矿，因而分别形成锡矿体、钨矿体和锡钨矿体。一般在岩体顶部及偏东一侧矿体厚而富，而岩体边部矿体往往较薄而贫。相对锡而言，钨矿化延深较大，可达岩体垂深 100 m 仍赋存有钨矿体。钨、锡矿化富集规律总的情况是：在 40 线矿体厚而品位高，在水平方向上是 36～40 线富而厚，有东南部富而厚，西南、北部贫而薄的趋势，而东侧较之西侧富，在垂向上，顶上部富而下部偏贫。

3.2.3 矿床成因

关于花岗岩型钨锡钽铌矿床的成因问题，多年来国内外地质学者提出的成因观点，归纳起来主要有岩浆结晶成因和交代作用成因两种。根据本次野外和室内研究资料，认为栗木花岗岩型锡钨钽铌矿床是岩浆结晶（或演化）晚期分离的岩浆汽化－热液经自交代作用而形成的，主要根据如下：

（1）本区矿床具有良好的蚀变分带，自上而下为氢交代（带）→钠化（带）→酸性淋滤退变质（带）→钾化（带），即 Li、H、K、SiO_2（Ca、Fe、Mg）→Na→（SiO_2）→K。

（2）测温资料表明成矿温度最高达 400～500℃，可能成为汽化－溶液状态，根据 Barncs 实验和胡受奚教授的观点，当汽化－溶液进入半开放的环境（如本矿床顶部裂隙带），由于温、压梯度急剧变化，便发生沸腾作用，首先引起酸碱分离，使上部溶液由于温度降低，引起酸性组分的凝结或凝缩，使它们的活度增高，溶液的 pH 降低，进一步促进酸性淋滤交代作用，即云英岩化和氢交代阶段，使下部溶液的非挥发的碱金属（Na、K）等离子浓度或盐度增大，pH 增高，更有利碱质交代作用的进行，即钠化和钾化阶段，溶液与围岩作用也发生酸碱分离，因为当含矿溶液与围岩交代过程中，发生一系列离子交换及其他反应，特别是早期碱交代过程中，由于强碱（基）离子 K^+、Na^+ 等相继变为固相（形成钠长石、钾长石等），而较弱的基或弱基（Ca^{2+}、Mg^{2+}、Fe^{3+}）等转入溶液，同时由于强酸 F^-、Cl^- 等只呈少量或相对较少地转入固相（形成萤石、黄玉和方柱石、云母等）。因此，造成酸－碱分离，使成矿溶液向酸度方向转化，王玉溶等实验资料，证实酸－碱分离和 pH 变小的趋向，为本区成矿提供了重要的理论依据。

碱交代作用以钾交代为先导，钠离子浓度相对增加，因而引起钠化，由于钠的析出，较弱的碱—Li^+，随深度相对升高，可能参加到各种云母中形成含锂的云母；Rb^+、Cs^+，虽是强碱，但其浓度小，因而在晚期集中，对于 Ca^{2+}、Mg^{2+}、Fe^{2+} 较弱的基来说，在早期碱交代过程中被交代转移，后期在云英岩化以更晚的交代与成矿过程中形成萤石、黄铁矿、磁黄铁矿、毒砂、云母、钨锰铁矿、锡石以及各种碳酸盐等。

概括地说，花岗岩成矿过程表现为 $K^+ \rightarrow Na^+ \rightarrow Li^+$、$H^+$、$K^+$、$SiO_2$ 的交代更替过程，也就是强基逐渐过渡为弱基的交代过程。

（3）矿床含矿岩体具有明显的交代结构。据镜下观察，钠长石交代早期的微斜长石、更钠石、石英及早期黄玉；云英岩化阶段形成的细粒石英、含锂云母和晚期黄玉、萤石及氟磷铁锰矿交代早期矿物亦十分明显，形成变余花岗结构、残留结构、溶蚀结构、筛状构造以及细脉穿插等一系列交代结构。

（4）矿床交代蚀变与矿化关系密切。水溪庙含矿岩体中钠长石化普遍发育，它与钽铌矿化关系极为密切，有同步消长系，同时伴生少量钨锡，而到云英岩化阶段，锡石大量析出，成为锡矿重要的成矿阶段。

（5）据包裹体研究，在含矿岩体内也找到一些熔融包体，但大量发育的是气液包体，熔融包体形成较早，反映熔体结晶环境；而气液包体发育较晚，反映交代作用进行的环境，因此，认为含矿岩体至少经历两个阶段。

（6）据镜下资料，含矿岩体中见到石英晶体内有钠长石小晶体呈环状分布，形成交代环带结构，认为是交代作用成因的。

（7）花岗岩型钨锡矿床与花岗岩型锡铌钽矿床特征对比。栗木岩体是一个燕山早期三次成岩、两次成矿的复式花岗岩体。其中，水溪庙南部、鱼菜、三个黄牛岩体属于燕山早期第二阶段钨锡成矿花岗岩体。通过对比研究认为，尽管它们与第三阶段锡铌钽成矿花岗岩均形成岩体型矿床（老虎头、水溪庙、金竹源、狮子岭矿床），具有相似的矿床特征，但同时也存在一系列差异。现分述如下：

1）水溪庙南部、鱼菜、三个黄牛含矿岩体顶部似伟晶岩不发育或发育很差。众所周知，似伟晶岩是在相对封闭条件下含矿岩浆经过充分演化形成的，是岩浆高度分异演化的标志之一。而在栗木第三阶段含锡铌钽花岗岩体顶部，似伟晶岩则普遍发育，尤以老虎头矿床最为典型，不仅似伟晶岩厚度大，而且类型多，除了团块状似伟晶岩外，还发育十分特征的条带状似伟晶岩。金竹源锡铌钽矿床也有发育完善的似伟晶岩。水溪庙锡铌钽矿床仅局部发育似伟晶岩，不过在岩体外接触带形成具有一定规模的花岗伟晶岩脉带。

2）水溪庙南部、鱼菜、三个黄牛矿床的带状分布特征不甚明显。所谓带状分布系指同一矿床内各种矿体、矿脉或岩脉、细脉，依含矿岩体的远近呈递变的分布规律。这一特征在水溪庙、金竹源锡铌钽矿床表现十分明显。在水溪庙锡铌钽矿床，从含矿岩体接触带向远离岩体方向，分带顺序为锡铌钽矿体花岗岩带→含钽铌锡花岗伟晶岩-细晶岩脉带→含锡钨长石石英脉带→锂云母萤石细脉带。其中伟晶岩-细晶岩脉均生根于岩体顶部花岗岩内，岩脉与顶部花岗岩呈过渡关系。而水溪庙南部、鱼菜、三个黄牛矿床尽管发育各种细脉（以萤石细脉为主）、长石石英小脉、细晶岩脉，但缺乏水溪庙锡铌钽矿床上述这种典型的分带顺序，而且大多数细晶岩脉也不生根于岩体顶部花岗岩中，主要是赋存在岩体外接触带 130～180 m 范围内。

3）从含矿花岗岩造岩矿物、副矿物组合以及交代蚀作用来看，水溪庙南部、鱼菜、三个黄牛含锡钨花岗岩与含锡铌钽花岗岩总体上颇为相似。不过，从造岩矿物云母来看，水溪庙南部、鱼菜、三个黄牛含钨锡花岗岩以含锂白云母为主，而含锡铌钽花岗岩中云母的类型多，除了含锂白云母外，有黑鳞云母、铁锂云母，甚至局部出现锂云母。从副矿物组合来看，两类含矿花岗岩不同之处在于，含锡铌钽花岗岩中出现富铪锆石以及多种多样的钽铌矿物（钽铌锰矿、细晶石、钽铁金红石、钛钽锰矿）。

在交代蚀变作用方面，尽管两类含矿花岗岩的蚀变类型相同，但其表现形式和蚀变强度有所差异。水溪庙南部、鱼菜、三个黄牛含矿花岗岩中钠长石化作用相对较弱，并且钠长石多为细粒状、厚板状，有时以条纹形式出现于钾长石中或呈聚集体状交代钾长石；而含锡铌钽花岗岩中钠长石化强烈，钠长石特征也略有不同，多为小板条状、叶片状，晶形完整，同时，双晶组合也较为复杂。在两类含矿花岗岩中，晚期中低温热液蚀变作用均有发育，蚀变类型相同，相对而言，水溪庙南部、鱼菜、三个黄牛含钨锡花岗岩中表现更为强烈广泛，而且部分钨锡矿物也在这一热液蚀变阶段晶出。

4）在上述两类花岗岩型矿床中，成矿元素含量特征不同。锡铌钽矿床以富 Sn、Nb、Ta 为特征，W 含量低；锡钨矿床中 Nb、Ta 含量低。反映在 Sn/WO_3 比值上，锡铌钽矿体花岗岩中比值高。据老虎头、水溪庙、金竹源矿床统计，Sn/WO_3 比值为 13.5～32.9，表明钨不是成矿主元素；而水溪庙南部、鱼菜、三个黄牛矿体花岗岩中其比值低，平均为1.36，显然锡钨均是主要成矿元素。此外，上面已述，在水溪庙南部、鱼菜、三个黄牛矿床中锡石与黑钨矿的铌钽含量明显低于锡铌钽矿床中锡钨矿物的铌钽含量。

5）两类矿床的矿体形态相似，均呈似层状、透镜状产出。在水溪庙南部、鱼菜、三个黄牛矿床中，矿体赋存于隐伏岩体浅部和内接触带，锡钨形成2～3层的多层矿，局部矿化深度可达岩体垂深100 m。在锡铌钽矿床中，矿体产于岩体的顶凸部位，其中铌钽一般为单层矿，而锡可形成2层以上的多层矿，但矿化深度相对较浅，通常不超过岩体垂深50～60 m。

6）在矿石矿物产出形式方面，两类矿床也有差异。水溪庙南部、鱼菜、三个黄牛矿床的锡石、黑钨矿均以浸染状、细脉状两种形式产出，而锡铌钽矿床中则以浸染状构造为主，仅仅局部见锡石呈细脉状、条带状和小矿包体产出。

通过上述含矿岩体及矿床特征的对比研究，表明两类矿床虽属同一矿床成因系列，具有共同的基本特征，但仍显示多方面差异。我们认为，在同一矿田范围之内，造成上述差异主要取决于花岗岩的演化程度。尽管与两类矿床相关的花岗岩都是经历了高度演化的花岗岩，具有富集F、P等挥发组分、岩石分异指数高的共同特点，但是，在栗木矿田与锡铌钽成矿相关的第三阶段花岗岩是在第二阶段含锡钨花岗岩基础上进一步分异演化的最终产物，而非独立的特殊岩浆产物。因此，花岗岩的不同演化程度很可能是造成两类岩体型矿床特征差异的决定因素。

3.2.4　成矿规律

（1）矿区EW向和SN向断裂构造交叉发育组成该区构造基本格架，两组断裂交汇部位是含矿花岗岩就位有利场所；次级断裂及花岗岩中小裂隙带是脉状锡钨矿床形成的有利容矿构造；构造上几组断裂交叉部位，同时斜切次一级背、向斜地段，往往是花岗岩型锡钨钽铌矿成矿有利部位。

（2）壳源重熔型复式花岗岩体发育是本区锡钨钽铌矿床形成的决定因素。栗木花岗岩形成于燕山早期，由同源、同期、三次先后侵位的三阶段花岗岩组成，晚阶段侵位的第三阶段细-中粒铁锂云母（或锂云母）钠长石花岗岩隆起外侧及向外突出或呈岩钟状突起，是钽铌、锡矿体赋存部位，如老虎头、水溪庙、金竹源、狮子岭。

（3）第二阶段锂铁白云母花岗岩是栗木岩体的主体，通过近3年来的工作，对该阶段花岗岩的成矿作用有了新的认识，改变了过去认为该阶段只是在内接

触带形成石英脉型钨锡矿床（如牛栏岭、香檀岭）的传统观点。勘查研究表明，不仅在该阶段的内带，而且在其外带围岩中也可形成脉状钨锡矿床（如大岐岭、三个黄牛），甚至在其隐伏岩体的凸起部位及内接触带还可形成具有工业意义的浸染型钨锡矿床（如水溪庙矿床南部、鱼菜、三个黄牛），在三个黄牛距岩体顶板100.42 m（ZK1512）及水溪庙东南部距岩体顶板47.79 m（ZK1502）深处，首次发现具工业意义的浸染型白钨矿，为栗木矿区今后找矿拓展了思路和空间。

形成上述不同矿床类型的控制因素，可能与岩体的侵位深度、围岩特点及构造裂隙性质和发育程度有关。

（4）作为本区岩浆演化晚阶段高侵位的第三阶段花岗岩，在其顶部形成岩体型浸染状（钨）锡钽铌矿床，矿体即是岩体的一部分，其中的锡钽铌矿床中钽铌矿体和锡矿体或彼此重叠（老虎头矿床），或紧密相连、渐变过渡（水溪庙、金竹源矿床），而钨锡矿床中钨矿体和锡矿体或彼此重叠（鱼菜），或紧密相连、渐变过渡（水溪庙东南部矿床）。研究表明，钽铌主要在岩浆-热液过渡阶段成矿，发育钠长石化，一般为单层矿，而钨锡主要在岩浆-热液过渡阶段和高中温热液阶段成矿，往往形成多层矿，伴随云英岩化发育。

在含矿岩体顶部都不同程度发育似伟晶岩壳，表明岩体处于封闭-半封闭构造环境。此时，岩浆分异充分，并伴随有强烈的蚀变交代作用，主要有钠长石化、云英岩化、黄玉化、绢云母化、叶蜡石化等，硫化物增多。在空间上，这些蚀变组合具有垂向分带特征，岩体自上而下，为伟晶岩（化）—钠长石化—云英岩化、黄玉化—绢云母化—叶蜡石化，表明热液温度由高到低的变化趋势。出现这种逆向分带现象，是在相对稳定、封闭条件下，岩浆不断冷凝，温度降低过程中交代变质作用的反映。

（5）栗木矿区具有矿床分带特征，即在同一矿床内，各种矿体、矿脉或岩脉、细脉，依距含矿岩体的远近表现出分带特点，这一现象在水溪庙、金竹源表现尤为明显。从含矿岩体接触带向远离岩体方向，分带顺序为含钽铌锡（钨）矿花岗岩带—含钽铌锡（钨）花岗伟晶岩脉、花岗岩枝带—含钨锡长石石英脉带—锂云母萤石细脉带。上述矿床分带演变特点，显然是受构造、岩浆作用和气液作用共同控制的。

3.2.5　找矿标志

（1）在第四系残坡积或洪积层中有砂锡矿异常分布。（2）构造上常为几组断裂交叉部位，同时有地层挠曲形成局部构造圈时，对成矿更有利。如水溪庙由于层间挠曲形成背斜褶曲，鱼菜由于层间挠曲形成向

斜褶曲，同时有次级断裂斜切部位，成为控岩与成矿的有利构造条件。

（3）地表标志带：含钨锡的萤石、锂云母细脉、长石石英细、小脉、细晶岩脉成组、成带产出。

（4）地球化学找矿标志：

1）地表土壤、岩石中出现 F、Li、Be、W、Sn、Nb、Ta、Cu、Mo、Bi、Ti 等次生晕、原生晕组合异常及放射性 Rn 异常，是其地球化学找矿标志。其中挥发性组分 F 和活泼性元素 Li、Be、放射性 Rn 是矿床的远程指示元素；成矿元素 W、Sn、Nb、Ta 和伴生元素 Cu、Mo、Bi 主要指示矿体的赋存部位；Be、Ti 仅在锡钽铌矿体及其前缘形成明显异常，矿体尾部没有异常反应。

2）围岩中出现 F、Li、Be、W、Sn、Cu 异常，则指示深部有锡铌钽矿体存在。

3）含钨锡萤石 - 锂云母 - 石英细脉或长石石英细脉的锡石中 Ta、Nb 自上而下增高，可指示其下部隐伏含矿岩体的存在。

（5）地球物理找矿标志：

1）局部重力低异常和中、弱磁异常反映了区内花岗岩体的存在，可作为寻找隐伏岩体的信息。本区岩体型矿床均处于磁正低值向负低值过渡部位，并且主要位于负低值一侧（ +10 ~ -30 nt 之间），如老虎头、水溪庙、鱼菜—狮子岭矿床，均反映了这样的特点。

2）电测深解释的岩体凸起，卫片的"环形影像冶构造，可作为寻找隐伏岩体及其凸起的信息资料。

（6）含矿岩体标志：

1）岩体呈岩钟状突起。

2）燕山早期具钠长石化、云英岩化的浅色花岗岩。

3）岩石化学成分是富硅、富碱和挥发分，而贫钛、铁和镁、钙等二价元素的岩石，REE 浓度显著偏低，Eu 强烈亏损。

4）岩石中富含氟磷酸铁锰矿，它是含锡花岗岩的标型矿物。

5）花岗岩型钽铌矿床的边缘或周围。

4 勘查方法技术应用及其作用

4.1 勘查方法技术应用及其作用

4.1.1 物、化探应用及其作用

本次物、化探工作主要有 1:25000 高精度磁测、1:25000 土壤地球化学、烃、汞、氡气测量，按 200 m ×400 m 网度，测线按 90°方位布设，其目的是发现、圈定异常，缩小找矿靶区，为工程布置提供依据。

5.1.2 探矿工程应用及其作用

本次探矿工程有槽探、钻探。槽探目的是揭露地、物、化异常，发现地表找矿标志带，为成矿预测、钻探工程布置提供依据，一般垂直物化探异常长轴方向或垂直含矿地质体走向布设。

钻探目的：一是对地表地、物、化异常发育地段进行中深部验证，寻找隐伏矿体；二是探查已知矿体的延伸，探求资源量。

4.2 新技术、新方法的使用和效果

本次开展的 1:25000 氡气测量，在水溪庙、三个黄牛、狮子岭含矿岩体上方几乎无例外地显示有氡气体异常，无论矿体近地表，或深埋藏，氡气体异常大多分布于矿体两侧地表投影点附近，异常漂移小，能较准确地指示矿体的空间位置，所以在本区开展氡气体测量是行之有效的。

本次工作新发现的鱼菜花岗岩型钨锡矿床，就是在对地质、高精度磁测、氡气测量成果等资料的综合整理和研究的基础上，总结成矿规律，优选找矿靶区，最后施工钻探验证而新发现的。

参考文献

[1] 栗木钨锡矿区地质勘探总结报告书[R]. 广西冶金地质勘探公司二七一队，1963.

[2] 广西栗木矿田水溪庙钽铌花岗岩矿床储量报告书[R]. 广西冶金地质勘探公司二七一队，1974.

[3] 金竹源花岗岩型钽铌锡矿床地质评价报告[R]. 广西冶金地质勘探公司二七一队，1984.

[4] 广西栗木矿田锡成矿规律成矿预测研究报告[R]. 广西有色地勘局二七一队，1993.

华北克拉通古元古代金矿床成矿作用探讨[①]

邱小平[1,2]　张长青[3]　姜志幸[4]

（1.中国地质科学院地质研究所，北京，100037；2.福州大学紫金矿业学院，福建福州，350108；
3.中国地质科学院矿产资源研究所，北京，100037；4.烟台市福山区杜家崖金矿，山东烟台，265500）

摘　要：辽宁猫岭金矿床与杜家崖－杨家夼金矿床是在华北克拉通变质岩区保存较好的含 As（毒砂）微细浸染型金矿床，在胶辽金矿集中区众多中生代构造－岩浆活化型金矿床中出现显得十分特殊。由于含 As 的毒砂矿物的 Re－Os 和铁白云石 Pb－Pb 同位素测年系统的稳定性，保留了古元古代金矿成矿信息。金矿床形成于中低温环境，而毒砂、铁白云石等属于中低温矿物，在中高温条件下同位素计时系统随毒砂等矿物的分解而归零重新计时。只有在特定地质环境，前寒武纪金矿成矿作用的同位素记录才得以保存。复原前寒武纪金矿地质背景，有助于开拓金矿床深部找矿勘探的空间。

关键词：华北克拉通；含 As 微细浸染型金矿床；古元古代金矿成矿作用

　　长期以来，国内外主流的矿床学界一直认为华北克拉通，或者中国东部以致整个中国境内没有前寒武纪金矿成矿作用（Goldfarb. R. J. Workshop of Ore Deposits Models and Exploration，2008，昆明）。华北克拉通在前寒武纪是否具有成规模的金矿成矿作用，近十几年来，夹皮沟金矿、张家口金矿、猫岭金矿等一批重要金矿床相继应用锆石 U－Pb、碳酸盐 Pb－Pb、毒砂 Re－Os 同位素等时线测定出成矿年龄属于新太古代－古元古代（沈保丰，1994；李俊建，1996；邱小平，1997；邱小平，2004；陈江峰，2004；喻钢，2005），特别是辽宁猫岭金矿，根据金矿脉主体均与古元古代辽河旋回早期构造（S1 面理）同时协调产出，S2 面理及晚期面理均切穿金矿脉，与金矿化密切共生的毒砂矿物 Re－Os 同位素等时线测年结果为（2316±140）Ma（邱小平，2004；喻钢，2005），猫岭金矿古元古代的成矿时代得以确认。山东烟台市杜家崖—杨家夼金矿与辽宁猫岭金矿相似，也是在华北克拉通变质岩区保存较好的极少数的含 As（毒砂）微细浸染型金矿，具有古元古代成矿特征，与胶辽金矿集中区众多中生代构造－岩浆活化改造型金矿床（造山带型金矿床）相比较，显得十分特殊。本文试图从胶辽地块杜家崖—杨家夼含 As（毒砂）微细浸染型金矿床地质特征分析古元古代金矿成矿作用。

1　杜家崖—杨家夼金矿成矿地质背景

　　山东烟台市杜家崖—杨家夼金矿位于胶北隆起（栖霞复背斜）的东北翼的早元古代变质岩块体，桃村—东陡山断裂西北盘，早元古代粉子山群以 NWW 向展布为主。韧性剪切带以近 EW 走向往 S 缓倾和 NWW 走向往 SSW 或 NNE 陡倾二组为主，前者往往赋存了缓倾斜低 As 微细粒型金矿体，后者为复背斜东北翼的粉子山群变质岩块体的滑脱型剪切构造。脆性断裂构造则以走向 NE 倾向 SE 为主，为矿区含 As 微细粒型金矿体的容矿构造。缓倾斜韧性剪切带低 As 型金矿脉主要赋存在粉子山群祝家夼组的长石石英岩和黑云长石石英片岩—片麻岩，以及祝家夼组与张格庄组的白云大理岩接触界面附近；含 As 金矿体则赋存在粉子山群张格庄组透闪岩段和白云石大理岩段。

1.1　地层记录

　　按烟台市福山区、芝罘区、莱山区 1∶50000 地质图资料，区域出露的岩石地层主要有新太古界胶东群，古元古界粉子山群，新元古界蓬莱群，新生界第四系等。古生界、中生界和新生界大部分在矿区附近基本缺失，表明该区经历了长期的隆升剥蚀作用，即原有金矿床也经历强烈的抬升剥蚀和表生变化。

1.1.1　新太古界胶东群变质岩系

　　该岩系主要出露在金矿区 SW 部栖霞复背斜核部地区，大部分已经被交代重熔或混合岩化，残存的主要为郭格庄岩组（Ar3jG），岩性为黑云变粒岩、细粒斜长角闪岩、角闪变粒岩、条纹条带状黑云变粒岩夹

---
①　本文为全国危机矿山项目：桂东－粤西地区铅锌金矿床成矿规律总结研究（编号2008946）的资助成果。

磁铁(角闪)石英岩、石榴石透辉石含磁铁石英岩等。众多研究成果表明胶东群变质岩系是金矿成矿物质的初始来源。

1.1.2 古元古界粉子山群变质岩系

粉子山群是金矿区出露的主要岩石地层单位,分别出露祝家夼组(Pt₁fZ)一段、二段,张格庄组(Pt₁fZg)一至三段,巨屯组(Pt₁fJ)等,厚度巨大,由老到新分述如下:

(1)祝家夼组一段(Pt₁fZ¹),为长石石英岩、片岩夹大理岩段,由厚层长石石英岩(石英岩)、黑云片岩、黑云变粒岩夹透辉石白云石大理岩,底部以具有底砾岩性质的中厚层石英岩或紫红色长石石英岩与新太古代五台期—阜平期栖霞超单元回龙夼单元(qHw14)英云闪长岩呈韧性剪切带接触。矿区附近的黑云片岩、黑云变粒岩,常含有石墨,对于电法勘探具有一定的干扰效应。该段总厚度约251.4 m。

(2)祝家夼组二段(Pt₁fZ²),为变粒岩、片岩、长石石英岩段,主要岩性有黑云变粒岩(角闪黑云变粒岩)、石榴石黑云片岩、石墨黑云片岩夹黑云角闪片岩、中厚层长石石英岩,是杜家崖金矿韧性剪切带低As型金矿体的主要赋矿层位。总厚度约407.2 m。

(3)张格庄组一段(Pt₁fZg¹),为下白云石大理岩段,主要岩性为灰白-浅灰色薄-中厚层、细-中粗粒白云石大理岩,夹少量黑云变粒岩、透辉石大理岩和透闪石大理岩。底部岩石易风化,常伴有滑石化和蛇纹石化。总厚度约211.5 m。

(4)张格庄组二段(Pt₁fZg²),为透闪岩段,主要岩性为暗绿色透闪岩、透闪石片岩,夹黑云变粒岩、黑云片岩及少量长石石英岩、大理岩,是杜家崖含As金矿体和邢家山钼矿的主要赋矿层位。总厚度约262.4 m。

(5)张格庄组三段(Pt₁fZg³),为上白云石大理岩段,主要岩性为白云石大理岩、透辉大理岩和方解石大理岩,间夹薄层斜长透闪岩等,该段也是杜家崖含As金矿体和邢家山钼矿的主要赋矿层位,底部的方解石大理岩,是优质的水泥原料。总厚度约235.2 m。

(6)巨屯组(Pt₁fJ)。主要出露在金矿区东北部的张格庄一带,主要岩性为石墨大理岩、黑云片岩、黑云变粒岩及少量透闪石片岩(透闪岩)、长石石英岩等,共分两个岩性段,总厚度约900余米,未见金矿化。

(7)岗嵛组(Pt1fG)。主要出露在金矿区东北部的蓬莱庄一带,主要岩性有黑云片岩、透闪石岩、二长片岩夹黑云变粒岩、长石石英岩等,也分出两个岩性段,总厚度约800余米,未见金矿化。

1.1.3 新元古界震旦系蓬莱群

蓬莱群豹山口组(ZpB)主要出露在门楼水库的浒口、权家山一带,杜家崖金矿附近呈NNE向的狭窄线性槽状分布,与下伏地层为构造接触,未见有明显的金属矿化,分为三个岩性段:

豹山口组(ZpB¹)一段:变质砾岩、板岩段,主要为灰-灰黄-灰紫色绢云千枚岩或千枚状板岩,局部夹大理岩薄层,底部有一层厚0.2~1.0 m的砾状石英岩,石英砾径约2~5 cm,磨圆度和分选性良好,铁硅质胶结,为与下状岩层区分的标志层。层厚约171 m。

豹山口组(ZpB²)二段:大理岩段,下部为灰白色厚层细粒大理岩和浅肉红色中细粒含磷大理岩、绢云母大理岩,局部夹千枚岩薄层;上部为褐灰色板状大理岩,板理较发育,风化后褐红色。层厚约758 m。

豹山口组(ZpB³)三段:板岩段,下部为青灰、紫色含锰板岩、钙质含锰板岩夹贫锰矿层和薄层千枚状大理岩;上部为灰紫-黄绿色千枚状板岩、钙质板岩、硅质板岩,局部夹千枚状大理岩,厚约500 m。

1.1.4 新生界第四系(Q)

第四系(Q)在门楼水库和内外夹河流域发育,主要为临沂组(Q₄¹)冲积物,由黏土质粉砂、含砾中细砂及砂质黏土等组成,时代为全新世,厚度约5 m。

1.2 岩浆岩

胶东地区的岩浆活动从新太古代直到新生代绵延不绝,前中生代和中生代燕山早期以壳源交代重熔花岗岩或混合花岗岩为主,燕山晚期则以壳幔混源或幔源的侵入岩和火山岩为主。但杜家崖矿区附近仅出现新太古代五台期—阜平期栖霞超单元回龙夼单元英云闪长岩、古元古代吕梁期莱州超单元西水夼单元和众多脉岩,与金矿的成矿关系目前尚不清楚。

(1)新太古代五台期—阜平期栖霞超单元回龙夼单元英云闪长岩:条带状细粒含角闪黑云英云闪长岩,浅灰色,鳞片柱粒状变晶结构,条带状—片麻状构造,矿物粒度0.3~2.2 mm,$Na_2O > K_2O$,据单颗粒锆石U-Pb和U-Pb谐和线等同位素测年方法测定,回龙夼单元花岗岩年龄数据集中在2716.6~2858 Ma,分布在杜家崖以南至栖霞境内。靠近杜家崖一带实际上多数岩石为深色角闪斜长片麻岩和浅色长英质片麻岩组成的黑白相间条带,应当属于晚太古代胶东群变质岩。

(2)古元古代吕梁期莱州超单元西水夼单元:分布在张格庄镇西水夼一带,呈脉状顺层侵入于张格庄组大理岩与透闪岩之间,走向NW310°,倾向SW,出露长度约5000 m，宽200～500 m，面积约3 km²，与张格庄组地层共同遭受变形作用，其边部片理较发育，角闪石略具定向排列，与大理岩接触处粒度变细。岩石成分为斜长角闪岩，据资料推测为基性岩墙的变质产物，岩石新鲜面呈暗绿色，粒状变晶结构，斑点状及块状构造。主要造岩矿物：角闪石，含量占66%，呈柱状，显微镜下呈棕黄色，多色性明显，定向排列；其次为斜长石，含量约30%，板状或柱状，常呈斑点状集合体产出，显微镜下聚片双晶和卡钠双晶明显，常被钠黝帘石交代，另含少量磁铁矿、石英和石榴石，铁质含量高的部分可构成变质磁铁矿型贫铁矿石。其SiO_2 47.76%，Na_2O 3.59%，K_2O 1.67%，$Na_2O/K_2O=2.15$，属于偏钠质的弱碱钙质岩石系列。

（3）脉岩系：杜家崖矿区出露的脉岩以中生代燕山期石英闪长玢岩为主，尚有一些闪斜煌斑岩和伟晶岩等。

石英闪长玢岩（$\delta o\mu 53$）：在杜家崖矿区出露较为广泛，呈岩脉状侵入到粉子山群和蓬莱群，总体NE走向，向SE方向倾斜，倾角中等偏缓，长度几十米至数千米不等，宽度几米至数十米，边部蚀变强烈，常在金矿体的顶底板附近与矿体平行产出，偶见其切割矿体，同时又对矿体起到改造和再富集作用。岩石呈灰白色，斑状结构，块状构造，斑晶成分为斜长石、角闪石和黑云母。斜长石10%～30%，半自形板状，粒度0.3～3.0 mm，具有韵律环带，普遍绢云母化；角闪石含量10%，黑云母5%，均呈短柱状及片状，粒度0.2～2.0 mm。基质为微粒结构，粒度0.02～0.1 mm，由斜长石和钾长石组成。岩石化学成分贫硅、富碱及铁镁质为特征。氧化系数0.15，表明岩体形成于还原环境。

煌斑岩（$\chi 53$）：岩脉状，NW或EW走向，倾向S或SW，倾角中等偏缓，长度几百米，宽数十米，也常和金矿体相伴产出，时而切割矿体。岩石呈灰绿、棕绿或灰黑色，斑状结构，块状构造，斑晶主要为角闪石，基质为角闪石、斜长石、石英和少量磷灰石。角闪石含量40%～55%，半自形柱粒状，部分蚀变为绿泥石和绿帘石。基质斜长石40%～53%，半自形板条状，聚片双晶明显，具环带构造，表面黏土化蚀变；石英4%～5%，它形粒状，表面洁净，沿长石、角闪石晶隙分布，磷灰石微量副矿物。岩石化学成分显示为SiO_2弱饱和、弱碱性的深色脉岩。

1.3　区域构造

杜家崖金矿位于胶北隆起（栖霞复背斜）的东北翼的早元古代变质岩块体，桃村—东陡山断裂西北盘，早元古代粉子山群围绕栖霞复背斜核部的太古宙高级变质岩—混合花岗岩，以NWW向展布为主。区域范围内出露多组深层次韧性剪切带，以近EW走向往S缓倾和NWW走向往SSW或NNE陡倾二组为主，其形成时代应属元古宙。脆性断裂构造以桃村—东陡山断裂区域断裂为代表，矿区内则以NE走向往SE倾为主，为矿区含As微细粒型金矿体的容矿构造。线性构造带主要为NE向和NW向韧性剪切带和脆性断裂带，线性褶皱构造主要发育在粉子山群变质岩区，南部交代重熔花岗岩区褶皱构造保留形迹主要为柔肠状流变褶皱。

（1）桃村—东陡山断裂带。为胶东著名的线性断裂构造，其SE盘为举世瞩目的苏鲁超高压变质带，NW盘为久负盛名的胶东太古宙古陆核变质岩—花岗绿岩带—混合花岗岩金矿带，是一条重要的大地构造与成矿构造的分界线。桃村—东陡山断裂出露长度超过120 km，北部进入黄海，为一系列相互平行的密集断裂束构成，宽度几百米至几千米，总体NE40°走向，区内陡倾向SE，倾角70°，带内岩石强烈破碎，角砾岩化、糜棱岩化发育。总体为左行剪切，将SE盘燕山晚期院格庄花岗杂岩体一切两半，NW盘位移到桃村、蛇窝泊一带，断距将近50 km。因此，该断裂为强烈剪切位移的断裂，而且在大规模剪切的同时，NW盘大幅度隆升，造成深层次韧性剪切带和含金构造出露，SE盘则大幅沉降，接受白垩纪沉积，成为莱阳盆地的一部分。杜家崖矿区距离断裂带约15 km，一部分NE向脆性断裂属于桃村—东陡山断裂的分支构造。

（2）杜家崖韧性剪切带。分布杜家崖、黄连墅一带，尽管被NW向断裂剪切带错断，往东仍然可与车家—集贤韧性剪切带相连，在福山境内出露长度约15 km，走向NEE至近EW向，倾向S或SSE，平均倾角约20°，带内可以观察到黑云片岩质糜棱岩，S-C组构、"A"形褶皱、石英矿物等拉伸线理、云母鱼和膝折带等韧性构造变形发育，流变面理优势面倾向155°，倾角约20°，根据S-C组构和拉伸线理判断，属于缓倾斜压缩型韧性剪切带，即剪切带SE盘（上盘）向NW方向逆掩推覆，使得东南部的晚太古代胶东群片麻岩、回龙夼单元英云闪长岩以及古元古代荆山群片岩-大理岩推覆到古元古代粉子山群之上。矿区IX矿带的容矿构造也就是属于该韧性剪切带下盘古元古代粉子山群的次级韧性剪切带，矿区范围内许多倒转岩片也可能是韧性剪切带的推覆-滑覆作用造成的。

（3）岔夼韧性剪切带。分布杜家崖南部、岔夼村一南部，在福山境内出露长度约2 km，两端均延伸到栖霞范围，走向近 EW 向，倾向北，倾角 30° ~ 50°，带内可以观察到糜棱岩、小型剪切褶皱，根据剪切褶皱枢纽呈 EW 向近水平展布判断，属于平移走滑型韧性剪切带，参考区域资料，可能属于右行平移剪切带。该剪切带平移造成古元古代荆山群片岩－大理岩系楔入到晚太古代回龙夼单元英云闪长岩之中，岔夼金银多金属矿点与该韧性剪切带上盘的 NW 向张性面理－裂隙系统有关。

（4）下许家－谭家庄韧性剪切带。分布门楼水库东南下许家、谭家庄一线、出露长度约 8 km，宽度约 200 m，走向 NW，倾向 SW，总体产状 215°∠65°，拉伸线理近水平呈 SE 走向，属于陡倾斜左行平移型韧性剪切带，即剪切带 NE 盘（下盘）向 NW 方向平移剪切，切穿错断杜家崖韧性剪切带，并造成古元古代荆山群片岩－大理岩与粉子山群片岩构造接触。矿区附近的权家山背斜等褶皱可能就是该韧性剪切带左行平移作用形成的次级褶皱。

（5）权家山－王家庄断裂带。分布于门楼水库以西的权家山－王家庄一带，包括台上断裂、牛山前－松岚断裂、丁家夼－北侯旨沟断裂、西厅－南厚滋沟断裂、南十里堡－桃园断裂和钟家庄断裂等，北部断裂之间间距约 1000 m，形成一个向南部（杜家崖方向）收敛，向北东部撒开的断裂束，NE 端终止于大型东西向吴阳泉断裂，断裂长度 12 km。断裂带总体产状走向 20° ~ 30°，倾向 SE，倾角 35° ~ 70°，沿断裂常见挤压透镜体、糜棱岩、摩擦镜面和擦痕等，根据地层标志的错断分析，断裂主要为右行张扭剪切位移，上盘（SE 盘）向 SW 方向斜向下滑，最大总滑距达 140 m 左右。对杜家崖矿区影响最大的是断裂带南部收敛段的台上断裂，切割粉子山群张格庄组和蓬莱群豹山口组，造成蓬莱群板岩系呈断层楔形状插入到粉子山群岩系中，其中南部有 Ⅰ 矿带金矿体和石英闪长玢岩脉的贯入，是重要的控矿构造之一。

2 杜家崖金矿区矿床地质特征

杜家崖金矿区处在胶东金矿集中区的中部，栖霞复背斜的东北翼的早元古代粉子山群和蓬莱群浅变质岩块体内。由于大型复背斜褶皱和多种类型韧性剪切带的变形作用，叠加上后期的脆性断裂变形，形成本区主要以次级褶皱加逆冲－滑覆岩片和脆性断裂的成矿－控矿构造格架。杜家崖矿区内的金矿体的成矿与控矿构造，都是上述区域构造在矿区内的表现：即近 EW 走向往南缓倾的韧性剪切带赋存了缓倾斜低 As 微细粒型金矿体（Ⅸ 和 Ⅱ 矿带）；脆性断裂构造，如台上断裂则以 NE 走向往 SE 倾为主，为矿区含 As 微细粒型金矿体的容矿构造（Ⅰ 矿带）。杜家崖金矿床的容矿围岩，御矿带主要为粉子山群祝家夼组（Pt_1fZ）长石石英岩（石英岩）、角闪黑云变粒岩、黑云片岩等，Ⅰ 矿带和 Ⅱ 矿带为张格庄组（Pt_1fZg）白云石大理岩，透辉石大理岩和透闪石岩等。

2.1 缓倾斜低 As 微细粒型金矿体（Ⅸ 和 Ⅱ 矿带）

（1）Ⅸ 矿带位于杜家崖金矿主矿体 Ⅱ 矿带露天采场的南部，容矿围岩主要为粉子山群祝家夼组（Pt_1fZ）长石石英岩、角闪黑云变粒岩、黑云片岩等。金矿体赋存在近 EW 走向往南缓倾的韧性剪切带内，属于杜家崖韧性剪切带下盘的平行次级剪切带，呈舒缓波状，总体产状 155°∠20°，局部反倾为 335°∠20°，波棱方向即是矿体的走向线，矿体内部和顶底板围岩发育众多枢纽向南缓倾的"A"形褶皱，枢纽线理产状变化范围 150° ~ 210°∠5° ~ ∠25°，也有后期 SN 向、NNE 向脆性断层的叠加，并对矿体有一定程度改造。矿体厚度一般 3 ~ 5 m，基本都是原生矿，平均含金品位 2 ~ 3 g / t，含 As 16.19×10^{-6}，硫 8.78%，矿石类型为低 As 微细粒型金矿，矿体中还常可观察到气液爆破角砾岩型金矿石。

（2）Ⅱ 矿带位于 Ⅸ 矿带逆掩推覆剪切带的北部前锋，与 Ⅸ 矿带实际上共同受杜家崖韧性剪切带的控制，只是容矿围岩的差异而已，Ⅱ－4 矿体在地表露头标高约为 + 170 m，Ⅸ 矿体采矿区标高约为 + 140 m，越往南越低，显示出向南缓倾斜的剪切带构造面。Ⅱ 矿带就位于张格庄组二段透闪石岩段与三段白云石大理岩层间接触界面附近，蓬莱群豹山口组板岩穿插其中，还有石英闪长玢岩脉的侵入穿插。矿体近 EW 走向，往四周缓倾，略呈穹隆状，矿体巨大，长约 500 m，厚 20 ~ 160 m，其中的 Ⅱ－4 矿体为杜家崖金矿床的主矿体。矿体中还常可观察到气液爆破角砾岩，角砾成分简单，基本都是就地的张格庄组透闪石岩与白云石大理岩，磨圆度差异大（即分选性差），从棱角状到浑圆状，大小从几毫米至数十厘米，胶结物为气液流体沉淀的钙硅铁质物，相当大部分气液爆破角砾岩本身就是金矿体。矿体内部透闪石岩段发育众多尖棱紧闭的小型流变褶皱。上部氧化矿基本采空，下部为氧化和原生混合矿，平均含 Au 品位 3 ~ 5 g/t，其中氧化矿石平均含 Au 6.8 g/t，As 0.18%，S 0.11%；混合矿石平均含 Au 3.76 g/t，As 0.38%，S 0.65%；矿石类型为含 As 微细粒型金矿。

2.2 脆性断裂构造含 As 微细粒型金矿体（Ⅰ 矿带）

Ⅰ 矿带位于 Ⅱ 矿带西南部，沿 NE 向脆性断裂（台上断裂）分布，矿带走向 NE45°，长度 1500 余米，宽 15～150 m，倾向 SE，倾角 35°～55°，主要由 I_1、I_2、I_3 等 3 个金矿体组成。矿带就位于粉子山群祝家夼组长石石英岩与张格庄组白云石大理岩层间接触界面附近，因依附脆性断裂产出，构造糜棱岩、角砾岩和碎裂绢英岩和劈理化带发育，并有后期石英闪长玢岩脉的侵入穿切。上部氧化矿基本采空，下部矿体未作勘探工作，氧化矿石平均品位含 Au 4.72 g/t，As 0.29%，S 0.45%。矿石类型为破碎带含 As 微细粒型金矿。

2.3　各矿带的成因联系和成矿作用探讨

杜家崖韧性剪切带由 SSE 向 NNW 方向逆掩推覆时，粉子山群甚至基底胶东群的金矿质在高温高压和流体系统作用下得到活化、迁移。当剪切带应力松弛，其运动方向反转向 SSE 滑脱时，由于围压的骤降，成矿流体的压力平衡被打破，内压超过围压，引发成矿流体急剧汽化沸腾，发生大规模气液爆破和金矿质沉淀成矿，沿剪切带滑脱面形成大范围的缓倾斜低 As 微细粒型金矿体。剪切带的转换滑脱同时还激活深部流体的上涌，在杜家崖 II 矿带和杨家夼 I 矿带形成流体上拱形的穹隆含矿构造，赋存着厚大的主矿体。NE 向脆性断裂对原矿体的改造又形成走向 NE，倾向 SE 的杜家崖 I 矿带和杨家夼 II 矿带。

IX、II、I 矿带成矿作用特征、矿石类型、成分组成等均相近，应属同一成矿热液(流体)系统在不同岩石单元界面和构造部位就为形成的不同类型的矿体，特别是 IX、II 矿带，产状相同或相近，包括杨家夼金矿都受杜家崖韧性剪切带的控制，并且都存在糜棱岩型金矿体和气液爆破角砾岩型金矿体，而 I 矿带则赋存在 NE 向脆性断裂中，它们共同特征是低(微) As 微细粒型金矿。

上述综合研究表明，控矿因素主要包括祝家夼组的长石石英岩中一组近 EW 走向缓倾斜的早期逆掩晚期伸展滑脱韧性剪切糜棱岩带、气液爆破角砾岩化作用、铁白云石碳酸盐化、黄铁绢英岩化蚀变作用等。本区金矿体的主要载金矿物为黄铁矿、石英、毒砂、方铅矿、黄铜矿、闪锌矿、毒砂及磁铁矿，金属硫化物在金矿体中主要呈微细粒结构，块状、网脉状、浸染状构造，而且金矿体品位与矿石中硫化物含量具正相关关系，具备高电阻高极化或低电阻高极化的地球物理电性特征。

3　胶辽地块古元古代金矿成矿作用

杜家崖—杨家夼金矿与辽宁猫岭金矿为目前仅有的我国华北克拉通前寒武变质岩容矿的含 As(毒砂)浸染型金矿，也是著名的大型低品位、难选冶的金矿床。猫岭金矿是在中国华北克拉通变质岩区保存较好的含砷(毒砂)浸染型金矿之一，通过系统而仔细的矿床地质与构造地质的野外观察和研究，鉴别出金矿脉并非单纯的硫化物矿脉，而是含毒砂—磁黄铁矿—黄铁矿的硅化石英脉，S1 面理与金矿脉为同一构造期产物，形成于辽河旋回第一幕构造从北往南伸展滑脱阶段，与金密切共生的毒砂矿物 Re-Os 同位素等时线测年结果为 (2316±140) Ma(见图 1)(邱小平，2004；喻钢，2005)，金矿成矿时代为古元古代。成矿时形成的强硅化蚀变圈，因具有不透水性和强硬的岩石力学性质，造成封闭—半封闭的屏蔽环境，才使得猫岭金矿的古元古代的成矿特征(包括矿石矿物组成、结构构造、铅同位素和 Re-Os 同位素组成，以及辽河旋回早期的 S1 面理)得以保存下来，免遭后期的构造—岩浆热事件的改造和破坏。

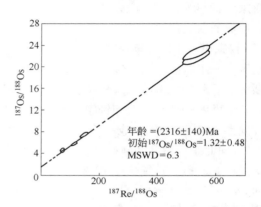

图1　猫岭金矿毒砂的 Re-Os 等时线图

(据喻钢，2005)

杜家崖—杨家夼金矿也是华北克拉通古元古代变质岩容矿的含 As 微细粒型金矿床，与辽宁猫岭金矿有多方面的相似性。由于多次采集的样品毒砂矿物粒度太细，未能挑出高纯度的毒砂单矿物来进行 Re-Os 同位素测年工作，幸运的是，在杜家崖金矿 II-4 主矿体我们采集到 4 块脉状铁白云石碳酸盐化金矿石样品，通过对铁白云石碳酸盐矿物 Pb-Pb 等时线测年工作(见表 1，图 2)，获得铁白云石碳酸盐化蚀变金矿化年龄为 2109 Ma(应用 ISOPLOT 程序计算结果)。尽管数据点较少和误差较大，仍然可以推断杜家崖—杨家夼金矿的成矿时代为古元古代。在金矿区和区域范围古元古界上部的巨屯组(Pt_1fJ)和岗嵩组(Pt_1fG)巨厚岩层，以及古元古代不整合面的上覆新元古界震旦系蓬莱群盖层均未发现此含 As 或低 As 微细粒型金矿化，杜家崖—杨家夼金矿成矿年龄应该在古元古代早期，支持铁白云石碳酸盐矿物 Pb-Pb 等时线测年的结果。微细粒毒砂样品还在继续采集分离中，争取获得杜家崖毒砂 Re - Os 同位素等时线年龄，与猫岭成矿年龄精确对比。杜家崖—杨家夼金矿床位于胶北隆起（栖霞复背斜）的 NE 翼部层间滑脱构造带，属于偏张性的伸展滑脱环境，受后期构造—岩浆热事件改造较弱，因而也保留了金矿床的古元古代成矿的相应特征。

表 1　杜家崖金矿石铁白云石蚀变岩 Pb - Pb 同位素等时线测定结果

样品号	岩石名称	$^{206}Pb/^{204}Pb$	$^{207}Pb/^{204}Pb$	$^{208}Pb/^{204}Pb$	$^{208}Pb/^{206}Pb$	2σ	$^{207}Pb/^{206}Pb$	2σ
04121002	Ank 长英质砂岩	19.9597	15.7974	39.6682	1.98741	1.1E - 04	0.79147	3.7E - 05
04121003	Ank 化大理岩	20.2319	15.8470	39.6971	1.96211	3.8E - 04	0.78327	1.9E - 04
04121004	Ank 化大理岩	20.9630	15.9968	39.4462	1.88171	6.6E - 05	0.76310	3.3E - 05
04121007	Ank 蚀变片麻岩	18.0592	15.6046	38.0407	2.10645	1.6E - 04	0.86408	6.2E - 05

资源来源：中国地质科学院地质研究所同位素地质研究实验室。

注：Model 2 Solution（on 4 points Age = 2109Ma，MSWD = 6.2E + 5，相关系数（correl）= 0.97965，Growth - curve intercepts at 320 and 1950Ma）。

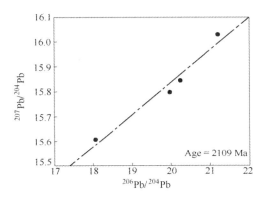

图 2　杜家崖金矿铁白云石的 Pb - Pb 等时线图

4　讨论

　　华北克拉通古元古代金矿床的类型主要是绿岩带型金矿床和沉积岩容矿的含 As 微细粒型金矿床，形成于低温或中温环境（常印佛，1983，1996；Russell M.J.，1988）。显生宙以来多旋回的构造—岩浆热事件，特别是中生代华北克拉通的全面构造活化，绝大多数前寒武纪金矿床被后期的构造 - 岩浆热事件所改造，含 As 的毒砂等矿物在中高温环境被分解，微细粒结构因重结晶而消失，同位素测年体系被归零而重新记年，造成目前华北金矿基本都是中生代或新生代的成矿年龄。只有如辽宁猫岭金矿的硅化保护圈，杜家崖—杨家夼金矿穹窿翼部伸展滑脱构造带等特殊部位，或者铁白云石、锆石等成矿蚀变期的特殊矿物，还保留着前寒武纪金矿成矿作用的矿物成分、矿石结构、构造和同位素组成。

　　古元古代是华北克拉通构造急剧活动的演化阶段，由新太古代—古元古代大量含铁石英岩建造代表的"过氧成矿事件"向中元古代大批块状硫化物矿床出现的"缺氧成矿事件"的过渡时期（裴荣富等，1999；邱小平，1999，2002），猫岭金矿和杜家崖—杨家夼金矿的出现成为华北陆块北缘块状硫化物矿床在中元古代"成矿大爆发"的先驱和前兆，在区域成矿作用中具有特殊的地位。

　　随着金矿床测年工作的深入推进，华北克拉通前寒武纪成矿的金矿床的数量将不断增加。就当前的研究程度而言，含 As 微细粒型金矿床是华北克拉通古元古代金矿化的重要类型。进一步研究和发现总结华北克拉通前寒武纪金矿成矿规律，有助于开拓金矿床科学研究思路和深部找矿勘探的空间。

参考文献

[1] Russell M. J. A model for the genesis of sediment - hosted exhalative (SEDEX) ore deposits; In; Proceedings of the Seventh quadrennial IAGOD symposium. Sweden. 1988, 59 - 66.

[2] 常印佛，董树文，黄德志. 论中 - 下扬子"一盖多底"格局与演化[J]. 火山地质与矿产，1996，17（1 - 2）：1 - 15.

[3] 常印佛，刘学圭. 关于层控式矽卡岩型矿床[J]. 矿床地质，1983，2（1）：11 - 20.

[4] 陈江峰，喻钢，薛春纪，等. 辽东裂谷带铅锌金银矿集区 Pb 同位素地球化学[J]. 中国科学（D 辑），2004，34（1）：1 - 8.

[5] 李俊建，沈保丰，毛德宝，等，吉林夹皮沟金矿成矿时代的研究[J]. 地质学报，1996，70（4）：335 - 341.

[6] 裴荣富，邱小平，尹冰川，等. 成矿作用爆发异常及巨量金属堆积[J]. 矿床地质，1999，18（4）：333 - 340.

[7] 邱小平. 深部韧性剪切变形与金矿成矿作用[J]. 黄金地质，1999，5（3）：6 - 12.

[8] 邱小平，胡世兴，王军，等. 河北小营盘石英—碳酸盐型金矿床成矿作用[J]. 地质学报，1997，71（4）：350 - 359.

［9］邱小平. 碰撞造山带与成矿区划［J］. 地质通报, 2002, 21(10)：675 - 681.

［10］邱小平. 猫岭金矿床成矿构造演化特征［J］. 矿床地质, 2004, 23 (2)：198 ~ 205.

［11］沈保丰, 骆辉, 李双保, 等. 华北陆台太古宙绿岩带地质及成矿［M］. 北京：地质出版社, 1994：4 ~ 87.

［12］喻钢, 杨刚, 陈江峰, 等. 辽东猫岭金矿中含金毒砂的 Re - Os 年龄及地质意义［J］. 科学通报, 2005, 50 (12)：1248 ~ 1252.

山西堡子湾—九对沟隐爆角砾岩型金矿和钼矿成矿关系探讨

龙灵利[1,2]　王玉往[1,2]　廖　震[1,2]

(1. 有色金属矿产地质调查中心，北京，100012；2. 中色地科矿产勘查股份有限公司，北京，00012)

摘　要：山西堡子湾—九对沟金钼矿为一隐爆角砾岩型矿床。通过金、钼矿成岩成矿时代、成矿母岩地球化学特征、同位素地球化学特征以及矿石中黄铁矿稀土元素特征的对比研究，初步认为该金、钼矿成矿时代相近、成矿物质均来自岩浆，可能为同一I型富集地幔源区岩浆经过演化形成的不同产物。氧化度高、分异演化程度低的二长花岗质岩浆形成堡子湾 Au 矿床，相对氧化程度低、分异演化程度高的流纹质岩浆形成九对沟 Mo 矿化。

关键词：山西；堡子湾；隐爆角砾岩型；金钼矿

位于山西阳高县境内的堡子湾隐爆角砾岩型(Yan, 2000)金矿是一个以金为主，伴生有银、铜及铅锌的多金属矿床，规模已达中型。近年来找矿工作在堡子湾矿区西南的九对沟地区取得突破，发现了隐爆角砾岩型钼矿，经工程揭露在 ZK1031 孔见钼矿体视厚度 2.30～23.60 m，钼品位 0.030%～0.054%，钼矿化呈脉状、细脉状、网脉状产出。

对堡子湾金矿区，前人在矿床地质特征、矿床地球化学特征、成矿年代学、矿床成因、成矿模式及隐爆机制等(李景云等，1996；张北廷等，1997；Yan, 2000；张文亮和李朝辉，2001；朱翠伊等，2002；郭淑芳，2003；吴保全，2003；何云龙等，2008)方面做过大量研究工作，形成了一定的认识；对九对沟钼矿研究较少，仅对矿区岩石地球化学及成矿物质来源做过初步研究(龙灵利等，2011，2012)。对于研究区隐爆角砾岩型金矿和钼矿的成矿关系缺乏研究，本文在前人研究的基础上，拟通过成岩成矿时代、成矿母岩地球化学特征、同位素地球化学特征以及硫化物单矿物稀土元素地球化学特征研究，对二者成矿关系进行初步探讨。

1　成矿地质背景

矿区位于华北地台北缘内蒙古地轴的古老变质岩中，北邻中亚增生型造山带。在长期的地质演化过程中，区域上经历了两次强烈的改造。新太古代强烈的构造—岩浆活动导致中高级区域变质和中层次构造作用的发生，形成了古老的结晶基底和基本构造格架。

古元古代地壳活动不断减弱，新元古代华北地台进入稳定发展阶段，一直持续到古生代末期。第二次强烈活动表现为中生代构造—岩浆活动，第一阶段在二叠纪末期，由于西伯利亚板块与华北板块强烈碰撞形成了 NEE 向构造—岩浆岩带，它控制着与印支期花岗岩和碱性、偏碱性岩类有关的金银多金属成矿带。第二阶段由于太平洋板块向华北板块的俯冲，在已有的构造基础上叠加了以 NNE 向为主的断裂，形成了本区网格状构造—岩浆多金属成矿带。本矿区即位于 NEE 向多金属成矿带的次级断裂—岩浆岩带内的隐爆角砾岩体中。

该区一级构造为阳高山前断裂破碎带和采凉山断裂，受其影响形成九对沟—胡窑张扭性次级破碎带。该次级破碎带从西到东总体走向为 80°～90°，向南倾，倾角 70°～75°，控制了海西期末—印支期火山—侵入岩浆活动的范围，是本区主要控矿、控岩构造。研究区含矿隐爆角砾岩体即分布于该带内(见图 1)。

区内地层主要为太古界集宁群麻粒岩，局部有侏罗系流纹岩出露，其他地区被新生代沉积物覆盖。

研究区岩浆岩发育，以海西期—燕山期为主。北部出露燕山期西施沟花岗岩；南部发育印支期九对沟—胡窑石英二长(斑)岩—二长花岗(斑)岩(角砾岩)带(24.3 Ma，山西省地质矿产局，1989；24.9 Ma，朱翠伊等，2002)，带内从西到东，分布有九对沟隐爆角砾岩体、堡子湾隐爆角砾岩体及胡窑石英二长岩体；此外发育吕梁期辉绿岩以及海西期—燕山期正长斑岩、石英斑岩、流纹斑岩和花斑岩。

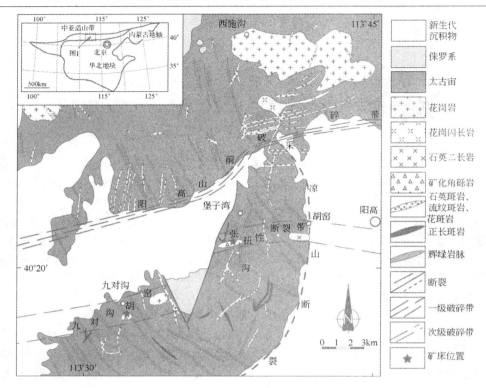

图 1　堡子湾 – 九对沟地区地质简图
（山西省地质矿产局，1989）

2　矿床特征

2.1　堡子湾金矿区

堡子湾二长花岗质角砾岩体东西长 2 km，南北宽约 1.2 km，总体走向 78°，向南倾。角砾大小悬殊，有的达数十至百余厘米，多呈棱角状。胶结物成分与主岩角砾成分基本相同，主要为晶屑、浆屑等。

矿化产于隐爆角砾岩中，矿化带延长 800 m，出露宽 30～100 m，控制延深 410 m，由 3 个矿体组成，从北到南依次为 2 号、1 号、3 号矿体。矿体产于隐爆角砾岩体内及其与围岩的接触带，产状与隐爆角砾岩体基本一致，呈北东东向展布，空间上与二长花岗（斑）岩关系密切。在垂向上，由上到下矿床具有明显的分带：浅部矿体充填在隐爆角砾岩体顶部的放射状裂隙中，平面上呈透镜状，剖面上呈楔状，矿体厚大，深部矿体充填于角砾岩体的脉状裂隙中，呈薄脉状（朱翠伊等，2002；郭淑芳，2003）。矿体中心以块状、团块状硫化物型矿石为主，伴有稠密浸染状矿石，向外逐渐过渡为稀疏浸染状，且矿体矿脉密度逐渐降低，脉幅由大变小，矿化强度减弱（冯学刚等，1994）。

矿石具交代、交代残余、包含和固溶体分离结构，角砾状、浸染状、细脉状、网脉状、蜂窝状、团块状和块状构造等。

金矿物主要为银金矿、自然金，以晶隙金为主，其次为裂隙金，包裹金所占比例很小，主要嵌布于黄铁矿、褐铁矿、黄铜矿、含砷硫化物、石英及方铅矿内。金与黄铁矿关系最密切，绝大多数包裹金、裂隙金均镶嵌于黄铁矿中。

2.2　九对沟钼矿区

九对沟隐爆角砾岩体在区内出露有 3 处，由北向南依次为马牙石山隐爆角砾岩、九对沟隐爆角砾岩和饮牛沟隐爆角砾岩。从宏观地质特征推测它们可能为同一角砾岩体，走向大体为南北向，倾向南西或西，倾角较陡。含钼角砾岩体强烈绢云母化、碳酸盐化。角砾成分以肉红色流纹斑岩为主，此外可见长英质霏细岩、石英二长岩、闪长岩、花岗岩等角砾；胶结物主要为石英、白云石、白云母、辉钼矿等。在钼矿体周边有肉红色流纹斑岩岩体出露，推测其为含矿母岩。

经 2003—2004 年地勘公司施工的坑探及钻探工程揭露，该矿区在 2 线剖面共发现有 10 层钼矿体和 6 层金矿体。其中钼矿体厚 1.10～2.90 m，钼品位 0.030%～0.095%，呈脉状产出，产状 110°～145°∠60°～75°。在 103 线经 ZK1031 号工程揭露，在井深 21.20～379.60 m 处全部为角砾岩体，且在其内见有 6 层金矿体和 5 层钼矿体。其中钼矿体见矿视厚度 2.30～23.60 m，钼品位 0.030%～0.054%。钼矿以辉钼矿的形式产出，主要与石英、白云石、白云母、黄铁矿(偶见黄铜矿)等一起作为胶结物胶结角砾。辉钼矿主要与白云母(绢云母)一起分布在石英脉壁上,也有部分为纯辉钼矿脉分布于角砾中。

3 成矿关系讨论

3.1 年代学特征

前人获得堡子湾金矿区矿化石英脉中石英 Ar–Ar 年龄为 245.9 Ma(朱翠伊等,2002),含矿石英二长岩(成矿母岩)K–Ar 同位素年龄为 247 Ma(山西省地质矿产局,1989)。研究资料表明,堡子湾金矿形成于印支期,且成岩与成矿时代相近。九对沟钼矿区两个流纹斑岩(成矿母岩)Rb–Sr 同位素计算出流纹岩形成时代为 246 Ma(龙灵利等,2012),隐爆角砾岩型矿床成矿与成矿母岩浆关系密切,该年龄一定程度上反映了成矿时代。已有资料显示研究区金、钼矿形成于同一时期。

3.2 含矿岩石地球化学特征

堡子湾金矿区成矿母岩二长花岗(斑)岩为过铝质钙碱性岩石,K_2O/Na_2O 比值为 0.88,全碱($K_2O + Na_2O$)含量为 3.32%,铝饱和指数 A/CNK 为 1.97,σ 为 0.35;ΣREE 为 66.4×10^{-6},无明显 Eu 异常($\delta Eu = 0.93$);岩石氧化率 OX 为 0.67,分异指数 DI 为 79.97。九对沟钼矿区成矿母岩——流纹斑岩为过铝质高钾钙性岩石,K_2O/Na_2O 比值为 1.94~44.67,全碱($K_2O + Na_2O$)含量为 5.48%~7.4%,铝饱和指数 A/CNK 为 1.34~1.65,σ 为 0.91~1.61;ΣREE 为 $(80.6 \times 10^{-6} \sim 100.2) \times 10^{-6}$,具弱负 Eu 异常($\delta Eu = 0.49 \sim 0.74$);岩石氧化率 OX 为 0.44~0.49,分异指数 DI 为 84.45~93.36(龙灵利等,2012)。

岩石地球化学特征表明,堡子湾金矿区、九对沟钼矿区成矿岩石间存在差异,前者氧化性高、分异程度低,后者氧化性低、分异程度高,二者的稀土元素特征虽有不同,但总的配分模式可类比。

3.3 同位素地球化学特征

堡子湾—九对沟金、钼矿区硫同位素值($\delta^{34}S = -4‰ \sim +8‰$)反映成矿中硫主要来源于与成矿有关的隐爆角砾岩及深部的岩浆岩(龙灵利等,2011)。金矿区成矿期石英的 $\delta^{18}O(10 \sim 14.9)‰$ 及其包裹体 $\delta D(-64 \sim -90)‰$ 同位素结果表明,成矿热液主要为岩浆水和变质水的混合(李景云等,1996;曹国雄等,2000)。金、钼矿区与成矿有关的岩石 Sr–Nd 同位素特征均表明其源区可能为 I 型富集地幔(龙灵利等,2011),Pb 同位素研究结果也显示成岩成矿的幔源特征(曹国雄等,2000)。

3.4 单矿物稀土元素特征

从金矿区和钼矿区矿石中分别挑选出黄铁矿,对其进行单矿物稀土元素地球化学分析。在稀土元素球粒陨石标准化图中(见图2)可看出金矿区矿石中黄铁矿稀土特征与成矿母岩稀土特征类似,反映成矿物质可能来源于成矿母岩浆;钼矿区也有类似特征。金、钼矿区黄铁矿稀土配分特征较为类似,钼矿区稀土总量偏低。

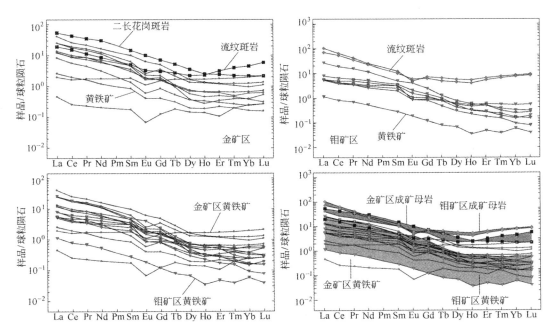

图2 研究区矿石中黄铁矿稀土元素球粒陨石标准化图

总的表现为研究区金、钼矿区矿石中黄铁矿特征类似，且与二者的成矿母岩特征可对比，反映出成矿物质的岩浆来源，这与前人在金矿区取得认识一致（曹国雄等，2000）。

综合研究区成岩成矿时代、岩石地球化学特征、同位素地球化学特征以及黄铁矿稀土元素地球化学特征的研究，以及金、钼矿区的对比研究，认为堡子湾金矿和九对沟钼矿形成时代相当，成矿岩浆可能为同一源区岩浆。它们同为来自 I 型富集地幔源区的岩浆，经过演化，氧化度高、分异演化程度低的二长花岗质岩浆不断活动上侵、隐爆，最后形成堡子湾隐爆角砾岩型金矿；而相对氧化程度低、分异演化程度高的流纹质岩浆经过一系列岩浆活动、隐爆作用等形成九对沟隐爆角砾岩型钼矿。

参考文献

[1] Sun S S, McDonough W. Chemil and itpiystematics of ocean basalts: implicatifor mantle coposition and p [A]. In: Saunders A Do, Norry M. Magmatism in ocean basin [sC]. Geol. So. London. Spe. Pu. , s 1989, 42: 315 – 345.

[2] Yan F. Puziwan gold deposit in Shanxi, China: a special linear cryptoexplosive breccia type gold deposit [J]. Acta Geol. Sin. , 2000, 72 (2): 554 – 558.

[3] 郭淑芳. 山西堡子湾金矿床地质特征及成因[J]. 黄金, 2003, 24(18): 18 – 20.

[4] 冯学刚, 李占新, 刘新江. 山西省堡子湾隐爆角砾岩型金矿富集规律[J]. 华北地质矿产杂志, 1999, 14 (1): 101 – 105.

[5] 吴保全, 山西堡子湾金矿床地质地球化学特征[J], 铀矿地质, 2003, 19(4): 220 – 224.

[6] 李景云, 聂维清, 张维根. 山西省堡子湾金矿地质特征[J]. 矿床地质, 1996, 15(3): 216 – 228.

[7] 龙灵利, 王玉往, 王京彬, 廖震, 张会琼, 唐萍芝. 山西堡子湾 – 九对沟金（钼）矿区岩石地球化学特征及其意义[J]. 矿床地质, 2012, 393: 493 – 505.

[8] 山西省地质矿产局. 山西省区域地质志[M]. 北京: 地质出版社, 1989: 1 – 780.

[9] 吴保全. 山西堡子湾金矿床地质地球化学特征[J]. 铀矿地质, 2003, 19(4): 220 – 224.

[10] 张北廷, 刑福林, 张承, 刘凤岐, 马文忠. 山西阳高堡子湾金矿地质特征及找矿标志[J]. 华北地质矿产杂志, 1997, 12(1): 75 – 84.

[11] 张文亮, 李朝辉, 堡子湾金矿床成因及成矿模式[J]. 地质找矿论丛, 2001, 16(2): 125 – 130.

[12] 朱翠伊, 廖永骨, 卿敏, 韩旭. 山西堡子湾金矿成矿时代探讨[J]. 黄金地质, 2002, 8(1): 17 – 20.

大力重视矿山生产勘探

汪贻水　彭　觥　肖垂斌　王静纯

（中国地质学会矿山地质专业委员会，北京，100814）

近几年，有色金属生产矿山大力发展寻找接替资源，成绩很大。其中十分重要的三点经验，特别要引起我们重视，对其总结，供生产矿山、广大矿山工作者及矿山领导参考。

1　资源是矿山命脉，必须长期坚持生产勘探

矿山领导和矿山地质工作者一定要在国家地质勘探、基建勘探的基础上，与采掘或采剥工作紧密相结合，进行矿山的生产勘探工作。特别是一些矿山在资源不足情况下，更应持之以恒地抓紧工作，做到常抓不懈。主要目的在于提高矿床的勘探程度，达到储量等级，并查明勘探的成果。这是进行采剥生产设计、编制矿山生产计划，进行生产矿量平衡及采矿生产地质的依据。现举 3 个例子。山西某铜矿，自 2008 年 12 月到 2011 年 3 月坚持 3 年找矿，获铜 14.8 万 t、钴 5109.39 t，金 1.63 t，使 1800 人的矿山，延长 40 年的开采年限。又如辽宁某铜矿，从 2004 年 3 月至 2009 年，坚持 6 年找矿，获铜 12.1 万 t，锌 16.4 万 t，13000 人的矿山，可延长开采 10 年。安徽某铜矿，从 2005 年 12 月到 2009 年 3 月，前后历时 5 年勘探，获铜 21.42 万 t，铁矿石 696.51 万 t，2500 人的矿山可延长生产 26 年。

3 个铜矿山例子，都说明矿山资源是矿山命脉，只要不断提高认识、长期坚持生产勘探，在科学思想指导下，一定会取得良好成效。

2　生产勘探必须坚持长期投入

对于生产矿山生产勘探，必须采用一定勘探技术手段或与采掘、采剥工作相结合进一步圈定矿体，详细查明采区的矿体形态及其空间赋存条件和特征。同时，对影响生产最大的地质构造曲线进行控制。进一步查明矿产质量，准确划分矿石工业类型及技术品级。进行综合研究，查明矿产数量，查明水文工程和开采条件，查明矿产分布规律。这些都需投入，动用维简费、或摊入采矿生产成本，往往需要一笔可观的财力。这对于生产矿山领导或矿山地质人员来说是一个考验，也是一种风险。

正确的态度就是敢于迎着困难，进行科学预测，拿出决心，大胆地进行投入，取得实效。我们举两个例子。山西某铝土矿，动用了 237 万元，在国家支持下，新增铝土矿 1457.6 万 t，平均品位 65.35%，延长矿山服务年限 11.3 年，使 200 人的矿山队伍保持稳定。又如河南某铝土矿，自己拿出 200 万元，在国家支持下，新增铝土矿 182.9 万 t，使 142 人的矿山队伍稳定，延长就业 5 年。该铝土矿依靠科技，加强矿山生产勘探，下决心拿出巨款进行勘探、取得了收益。

3　生产勘探必须坚持采用坑探、钻探，探采结合

有色生产矿山的生产勘探虽然已有 60 多年的历史，常用的是钻探（包括坑内钻探）、坑探或坑钻结合的技术方法，同时采用探采相结合的方法，能取得良好的效果，是最经济的方法，但是也不能否定物、化探等方法及其他技术手段。探采结合是一种降低成本、提高质量、有利于生产的方法和手段。探采结合有利于打破部门界限，贯穿于生产的系统工程。

我们从铅锌矿山的 3 个实例来说明问题。如湖南某大型铅锌矿，矿山生产勘探动用坑探 1031.6 m，加上钻探 20641.46 m，获得铅+锌 51.71 万 t，金 22.9 t，银 607 t，5000 人的矿山，服务年限延长 13 年。又如湖南一铅锌矿，生产探矿动用坑探 5157.6 m，钻探 20368.32 m，获得铅+锌 72.7 万 t，金 12.59 t，铜 8.7 万 t，银 717 t，使 2000 人的矿工队伍，延长 60 年的服务年限。湖南某铅锌矿动用坑探 4008.1 m，钻探 18604.78 m，获得钨 13.04 万 t、钼 3.84 万 t、铅锌 51.4 万 t、铜 2.68 万 t、铋 3.98 万 t、萤石 731 万 t、铁矿石 3968 万 t、锡 13.08 万 t，稳定了 4326 位矿工就业，延长矿山服务年限 70 年，成绩十分巨大。

以上 3 个实例说明，坑探钻探是生产矿山生产勘探根本手段，矿山地质人员应该坚持用好矿山钻探及生产坑探的常用手段，坑钻结合，多快好省地提高生产勘探的成效。

图书在版编目(CIP)数据

矿山地质选集第五卷:工艺矿物学研究与矿山深部找矿/汪贻水,
彭觥,肖垂斌主编. —长沙:中南大学出版社,2015.7
　ISBN 978 - 7 - 5487 - 1734 - 8

　Ⅰ.矿…　Ⅱ.①汪…②彭…③肖…　Ⅲ.①矿山地质 - 文集②工艺
矿物学 - 文集③矿山 - 深部地质 - 找矿 - 文集
　Ⅳ.①TD1 - 53②P57 - 53③P624 - 53

　中国版本图书馆 CIP 数据核字(2015)第 159749 号

矿山地质选集第五卷:工艺矿物学研究与矿山深部找矿

主编　汪贻水　彭　觥　肖垂斌

□责任编辑	刘石年　胡业民	
□责任印制	易红卫	
□出版发行	中南大学出版社	
	社址:长沙市麓山南路	邮编:410083
	发行科电话:0731-88876770	传真:0731-88710482
□印　　装	湖南地图制印有限责任公司	

□开　　本	880×1230　1/16	□印张 16.5	□字数 561 千字
□版　　次	2015 年 8 月第 1 版	□印次　2015 年 8 月第 1 次印刷
□书　　号	ISBN 978 - 7 - 5487 - 1734 - 8		
□定　　价	126.00 元		